普通高等教育 电气工程 自动化 系列教材

计算机控制系统
第 2 版

刘士荣　陈雪亭　黄国辉　孔亚广　编著

赵光宙　主审

机械工业出版社

本书内容覆盖了工业控制计算机、输入/输出接口与过程通道技术、计算机控制系统的理论基础、计算机控制算法、计算机控制软件技术与工控组态软件、分布式计算机控制系统、计算机控制系统设计与实现等。本书还将 MATLAB/Simulink 用于计算机控制系统的分析和控制器的设计，以引导读者能按理论分析、仿真研究、工程设计与实现等步骤，循序渐进地进行计算机控制系统的分析、设计和实现。

本书是作者在总结近年的教学和科研成果的基础上，结合计算机控制技术的发展和课程教学内容的改革要求，在第 1 版的基础上编写而成。

本书可供自动化类、电气工程类、电子信息类、机械工程类等专业学生作为教材使用，也可供工程技术人员阅读参考。

图书在版编目（CIP）数据

计算机控制系统/刘士荣编著 . —2 版 . —北京：机械工业出版社，2012.10（2024.1 重印）

普通高等教育"十二五"规划教材

ISBN 978-7-111-39650-5

Ⅰ.①计⋯　Ⅱ.①刘⋯　Ⅲ.①计算机控制系统—高等学校—教材
Ⅳ.①TP273

中国版本图书馆 CIP 数据核字（2012）第 210095 号

机械工业出版社（北京市百万庄大街 22 号　邮政编码 100037）
策划编辑：于苏华　责任编辑：于苏华
版式设计：姜　婷　责任校对：张　媛
封面设计：张　静　责任印制：张　博
北京中科印刷有限公司印刷
2024 年 1 月第 2 版第 9 次印刷
184mm×260mm・19.5 印张・479 千字
标准书号：ISBN 978-7-111-39650-5
定价：55.00 元

电话服务　　　　　　　　　网络服务
客服电话：010-88361066　　机 工 官 网：www.cmpbook.com
　　　　　010-88379833　　机 工 官 博：weibo.com/cmp1952
　　　　　010-68326294　　金 书 网：www.golden-book.com
封底无防伪标均为盗版　　机工教育服务网：www.cmpedu.com

前言

随着微电子、自动控制、计算机硬件与软件、传感器与检测、计算机通信与网络等技术的发展,计算机控制技术和应用也得到了快速发展。计算机控制系统已经广泛地应用于工业、国防和民用的各个领域,尤其是成为现代工业和现代国防不可缺少的重要组成部分。计算机控制系统或计算机控制技术已经成为我国高等学校自动化类、电气工程类、电子信息类、机械工程类等专业的主干专业课或主要选修课之一。

本书的作者长期从事计算机控制的教学、科研和技术开发,深深感到计算机控制的教学内容需要随着控制技术、计算机硬件、软件和网络通信技术的发展而不断地更新。本书第1版自2008年出版以来,经过4年的教学实践,承蒙广大读者的支持和鼓励,提出了不少宝贵的意见和建议。第2版基本保持了第1版的内容体系,在总结近年教学实践的基础上,吸纳了任课教师和学生的意见和建议,对部分章节内容进行了增删,通过对工程应用项目的提炼,增强了计算机控制应用系统的相关内容,并订正了一些文字错误。

本书内容的选取体现了系统性、先进性、实用性和工程性,内容覆盖了工业控制计算机、输入/输出接口与过程通道技术、计算机控制算法、计算机控制软件技术与工控组态软件、分布式计算机控制系统、计算机控制系统设计与实现等。本书将 MATLAB/Simulink 用于计算机控制系统的分析和控制器设计,以引导读者能按理论分析、仿真研究、工程设计与实现等步骤,循序渐进地进行计算机控制系统的分析、设计和实现。

全书共9章,主要内容如下:

第1章是绪论,主要包括计算机控制系统的组成及典型结构、计算机控制系统实例、计算机控制系统性能要求、计算机控制系统的发展概况及趋势。

第2章是输入/输出接口与过程通道技术,主要包括模拟量输入/输出通道、数字量(开关量)输入/输出通道、信号调理、过程通道的抗干扰与可靠性设计,测量数据的预处理等内容。

第3章是工业控制计算机,主要包括工业控制计算机的特点和系统结构、工业控制计算机的总线结构及总线型工控机。对 IPC(工业控制机)和 DCS 现场工作站进行了较深入的讨论,为计算机控制系统的设计选型打下了较好的基础。

第4章是计算机控制系统的理论基础,主要包括 Z 变换理论、计算机控制系统的数学描述、系统分析以及连续系统的离散化。本章将为尚未学习采样控制系统理论的读者提供必要的基础。

第5章是数字 PID 控制算法,这是应用广泛的实用工业控制策略。主要包括基本数字 PID 控制算法及其各种改进算法、PID 参数整定、数字 PID 控制器的工程实现、MATLAB/Simulink 在数字 PID 控制器设计中的应用。对上述各种 PID 算法的分析均有 MATLAB 仿真程序或框图相对应,以便读者验证和参考。

第6章是复杂控制算法，主要包括数字控制器设计原理、最小拍控制及其改进算法、施密斯预估控制、大林预估控制、串级控制、前馈-反馈控制、模型预测控制和模糊控制等。这些控制策略是针对不同的被控对象和控制要求而提出的，在实际工业控制中已有不少应用。因篇幅有限，本章仅讨论了这些控制算法的基本形式，以期为复杂控制策略的进一步深入研究和应用奠定基础。

第7章是计算机控制系统的软件设计，主要包括计算机控制系统软件的组成和功能、实时数据库技术、系统的软件设计和工业控制组态软件。根据工业控制计算机系统的软件设计要求，对操作系统、开发平台和实时数据库的选择、应用软件构建和编程、实时控制程序的结构进行了系统讨论，概要地介绍了工控组态软件的开发、调试及运行。

第8章是分布式计算机控制系统，主要包括分布式计算机控制系统（DCS）的体系结构、典型的DCS系统、基于IPC的分布式控制系统、基于PLC的分布式控制系统、典型的现场总线及通信协议、基于工业以太网和现场总线的控制系统。

第9章是计算机控制系统设计与实现，主要包括计算机控制系统的设计原则与步骤，计算机控制系统的可靠性技术，讨论了生物发酵过程控制、污水处理过程控制、火电厂发电机组的热工过程控制、带材纠偏控制等4个典型计算机控制系统的设计实例。

陈雪亭副教授、孔亚广副教授、黄国辉高级工程师参与了第2版的修订工作，全书由刘士荣教授统稿。陈德传教授级高工提供了相关应用实例的素材，在此表示衷心感谢。

本书在编写过程中，引用了参考文献所列的论著、教材和论文的有关内容，在此谨向这些作者表示衷心感谢。

本教材配有电子课件，可供选择该教材的教师在教学时使用。采用电子课件教学的学时数约为50学时，内容可根据教学要求取舍。

由于作者水平有限，缺点和不足在所难免，敬请读者批评指正。

作 者

目　　录

前言

第 1 章　绪论 ……………………………… 1
1.1　计算机控制系统概述 …………………… 1
1.1.1　一般概念 ……………………………… 1
1.1.2　系统的组成 …………………………… 2
1.1.3　系统的典型结构 ……………………… 4
1.2　计算机控制系统实例简介 ……………… 7
1.2.1　计算机过程控制系统 ………………… 7
1.2.2　计算机运动控制系统 ………………… 8
1.3　计算机控制系统性能 …………………… 10
1.3.1　系统性能指标 ………………………… 10
1.3.2　控制对象对控制性能的影响 ………… 11
1.4　计算机控制系统的发展概况与趋势 …… 11
1.4.1　发展概况 ……………………………… 11
1.4.2　发展趋势 ……………………………… 13
思考题与习题 …………………………………… 14

第 2 章　输入/输出接口与过程通道技术 ………………………………… 15
2.1　输入/输出过程通道概述 ………………… 15
2.2　模拟量输入通道 ………………………… 16
2.2.1　信号调理 ……………………………… 16
2.2.2　多路转换开关 ………………………… 24
2.2.3　可编程增益放大器 …………………… 26
2.2.4　采样保持器 …………………………… 27
2.2.5　A/D 转换器 …………………………… 30
2.2.6　模拟量输入通道设计举例 …………… 34
2.3　模拟量输出接口与通道 ………………… 36
2.3.1　模拟量输出通道 ……………………… 36
2.3.2　D/A 转换器及其接口 ………………… 37
2.3.3　电压/电流转换器 ……………………… 40
2.4　数字量（开关量）输入/输出通道 ……… 42
2.4.1　数字量（开关量）输入/输出通道概述 ………………………………………… 42
2.4.2　数字量（开关量）输入通道 ………… 42
2.4.3　数字量（开关量）输出通道 ………… 44
2.5　过程通道的抗干扰与可靠性设计 ……… 46
2.5.1　干扰源与干扰的耦合 ………………… 46
2.5.2　过程通道抗干扰措施 ………………… 49
2.6　测量数据的预处理 ……………………… 53
2.6.1　数字滤波 ……………………………… 53
2.6.2　其他数据预处理 ……………………… 55
思考题与习题 …………………………………… 58

第 3 章　工业控制计算机 ………………… 60
3.1　工业控制计算机的特点与组成结构 …… 60
3.1.1　工业控制计算机的特点 ……………… 60
3.1.2　工业控制计算机的组成结构和分类 …………………………………… 61
3.2　工业控制计算机的总线结构 …………… 64
3.2.1　总线结构概述及分类 ………………… 64
3.2.2　常用总线 ……………………………… 65
3.3　总线型工业控制计算机 ………………… 67
3.3.1　IPC 工业控制机 ……………………… 67
3.3.2　DCS 现场控制站 ……………………… 70
思考题与习题 …………………………………… 74

第 4 章　计算机控制系统的理论基础 …… 75
4.1　信号的采样与保持 ……………………… 75
4.1.1　采样过程 ……………………………… 75
4.1.2　采样过程的数学描述及特性分析 …………………………………… 77
4.1.3　信号保持 ……………………………… 77
4.1.4　采样定理 ……………………………… 78
4.2　Z 变换理论 ……………………………… 79
4.2.1　Z 变换定义 …………………………… 79
4.2.2　Z 变换性质 …………………………… 80
4.2.3　Z 变换方法 …………………………… 83

4.2.4　Z反变换 …………………………… 84
4.3　计算机控制系统的数学描述 …………… 86
　4.3.1　差分方程及其求解 ………………… 86
　4.3.2　脉冲传递函数 ……………………… 88
4.4　计算机控制系统的分析 ………………… 91
　4.4.1　计算机控制系统的稳定性分析 …… 91
　4.4.2　计算机控制系统的稳态误差分析 …………………………………… 94
　4.4.3　计算机控制系统的性能指标 ……… 96
4.5　连续系统的离散化 ……………………… 97
　4.5.1　连续系统的离散化方法及特点 …… 97
　4.5.2　MATLAB在连续域—离散域变换中的应用 ………………………… 98
　4.5.3　采样周期及保持器对离散系统的影响 …………………………… 102
思考题与习题 ………………………………… 103

第5章　数字PID控制算法 …………………… 106
5.1　准连续PID控制算法 ………………… 106
　5.1.1　模拟PID调节器 ………………… 106
　5.1.2　基本数字PID控制 ……………… 107
5.2　数字PID控制的改进 ………………… 109
　5.2.1　积分项的改进 …………………… 109
　5.2.2　微分项的改进 …………………… 110
　5.2.3　其他改进算法 …………………… 113
5.3　数字PID参数的整定 ………………… 113
　5.3.1　PID控制器参数对控制性能的影响 ………………………………… 113
　5.3.2　控制周期的选取 ………………… 116
　5.3.3　PID控制参数的工程整定法 …… 117
　5.3.4　PID控制参数的自整定法 ……… 119
5.4　数字PID控制器的工程实现 ………… 121
　5.4.1　给定值处理 ……………………… 122
　5.4.2　被控量处理 ……………………… 123
　5.4.3　偏差处理 ………………………… 123
　5.4.4　PID计算 ………………………… 124
　5.4.5　控制量处理 ……………………… 124
　5.4.6　自动/手动切换 …………………… 125
　5.4.7　无扰动切换 ……………………… 126
　5.4.8　PID控制块参数表 ……………… 126
5.5　MATLAB在数字PID控制器设计中的应用 ……………………………… 127
　5.5.1　PID控制算法的M文件编写 …… 127
　5.5.2　利用Simulink设计数字PID控制器 …………………………………… 128
思考题与习题 ………………………………… 129

第6章　复杂控制算法 ………………………… 130
6.1　数字控制器设计原理 ………………… 130
6.2　最小拍控制系统的设计 ……………… 131
　6.2.1　最小拍控制原理 ………………… 131
　6.2.2　最小拍控制器设计的稳定性问题 ………………………………… 135
　6.2.3　无纹波最小拍控制系统设计 …… 137
　6.2.4　有限拍控制 ……………………… 138
　6.2.5　惯性因子法 ……………………… 140
6.3　纯滞后控制 …………………………… 141
　6.3.1　施密斯预估控制 ………………… 141
　6.3.2　大林算法 ………………………… 144
6.4　常用多回路控制 ……………………… 146
　6.4.1　串级控制 ………………………… 147
　6.4.2　前馈-反馈控制 …………………… 149
6.5　模型预测控制 ………………………… 151
　6.5.1　模型预测控制的基本原理 ……… 151
　6.5.2　模型算法控制 …………………… 152
　6.5.3　动态矩阵控制 …………………… 156
　6.5.4　预测控制软件包 ………………… 160
6.6　模糊控制 ……………………………… 163
　6.6.1　模糊控制概述 …………………… 163
　6.6.2　模糊控制的数学基础 …………… 164
　6.6.3　模糊控制系统的结构与原理 …… 173
　6.6.4　模糊控制器的设计步骤与方法 … 176
　6.6.5　模糊控制器的改进 ……………… 180
　6.6.6　MATLAB在模糊控制器设计中的应用 ………………………… 182
思考题与习题 ………………………………… 185

第7章　计算机控制系统的软件设计 ………… 186
7.1　计算机控制系统软件概述 …………… 186
　7.1.1　系统软件的组成 ………………… 186
　7.1.2　系统软件的功能 ………………… 186
7.2　实时数据库技术 ……………………… 187
　7.2.1　数据库技术概述 ………………… 187
　7.2.2　计算机控制系统中的实时数据库 ………………………………… 191
　7.2.3　实时数据库的设计 ……………… 193

7.2.4 实时数据库的实例 …………… 195
7.3 计算机控制系统的软件设计 ………… 199
　　7.3.1 应用软件设计的需求 ………… 199
　　7.3.2 操作系统的选择 ……………… 199
　　7.3.3 应用程序开发平台 …………… 203
　　7.3.4 实时数据库的选择 …………… 204
　　7.3.5 应用软件的构建 ……………… 205
　　7.3.6 应用软件编程的基本方法 …… 206
　　7.3.7 实时控制程序的结构设计 …… 208
7.4 工控组态软件 ……………………… 210
　　7.4.1 工控组态软件概述 …………… 210
　　7.4.2 工控组态软件的组成与特点 … 210
　　7.4.3 工控组态软件开发及调试 …… 213
　　7.4.4 用工控组态软件构建应用控制
　　　　 软件的基本步骤 ……………… 216
思考题与习题 ……………………………… 216

第8章 分布式计算机控制系统 …… 217
8.1 分布式计算机控制系统概述 ………… 217
　　8.1.1 系统的基本组成 ……………… 217
　　8.1.2 系统的特点 …………………… 217
　　8.1.3 系统的发展 …………………… 219
8.2 分布式控制系统（DCS）的体系
　　结构 …………………………………… 222
　　8.2.1 DCS的层次结构 ……………… 222
　　8.2.2 DCS的硬件结构 ……………… 223
　　8.2.3 DCS的软件结构 ……………… 225
　　8.2.4 DCS的网络结构 ……………… 228
　　8.2.5 DCS实例 ……………………… 228
8.3 分布式控制系统基本类型 …………… 230
　　8.3.1 集散型控制系统 ……………… 230
　　8.3.2 集散型控制系统存在的问题
　　　　 及发展趋势 …………………… 233
　　8.3.3 基于IPC构成的分布式控制
　　　　 系统 …………………………… 234
　　8.3.4 基于PLC构成的分布式控制
　　　　 系统 …………………………… 238
8.4 现场总线控制系统 …………………… 239
　　8.4.1 现场总线概述 ………………… 239
　　8.4.2 基金会现场总线 ……………… 240
　　8.4.3 过程现场总线 ………………… 242
　　8.4.4 LonWorks总线 ………………… 243
　　8.4.5 HART通信协议 ……………… 245
　　8.4.6 CAN总线 ……………………… 247

　　8.4.7 现场总线控制系统设计 ……… 249
8.5 基于工业以太网和现场总线的分布
　　式控制系统 …………………………… 251
　　8.5.1 工业以太网技术 ……………… 251
　　8.5.2 基于工业以太网和现场总线构
　　　　 成的分布式控制系统 ………… 256
思考题与习题 ……………………………… 257

第9章 计算机控制系统设计与实现 … 258
9.1 系统设计的原则与步骤 ……………… 258
　　9.1.1 系统设计的原则 ……………… 258
　　9.1.2 系统设计的步骤 ……………… 259
9.2 计算机控制系统的可靠性技术 ……… 262
　　9.2.1 控制系统的抗干扰设计 ……… 262
　　9.2.2 控制系统的软件可靠性设计 … 267
　　9.2.3 控制系统的冗余设计 ………… 269
　　9.2.4 自动/手动切换 ……………… 269
9.3 基于工业PC的计算机测控系统设
　　计实例 ………………………………… 271
　　9.3.1 系统方案设计 ………………… 271
　　9.3.2 系统硬件设计 ………………… 273
　　9.3.3 系统软件设计 ………………… 274
9.4 基于网络结构的计算机测控系统设
　　计实例1 ……………………………… 275
　　9.4.1 系统方案设计 ………………… 275
　　9.4.2 系统网络结构设计 …………… 279
　　9.4.3 系统硬件设备选型与设计 …… 280
　　9.4.4 系统软件设计及系统组态 …… 282
9.5 基于网络结构的计算机测控系统设
　　计实例2 ……………………………… 285
　　9.5.1 控制功能要求 ………………… 285
　　9.5.2 FSSS控制功能 ……………… 287
　　9.5.3 CCS控制功能 ………………… 290
　　9.5.4 MCS功能 …………………… 291
　　9.5.5 第三方设备/系统通信站的冗余
　　　　 设计 …………………………… 293
　　9.5.6 系统配置 ……………………… 294
9.6 带材纠偏计算机控制系统设计实例 … 295
　　9.6.1 控制功能要求与方案设计 …… 295
　　9.6.2 硬件设计方案 ………………… 296
　　9.6.3 软件设计方案 ………………… 297
　　9.6.4 系统数学模型与控制算法 …… 297
思考题与习题 ……………………………… 300

参考文献 …………………………………… 301

第 1 章 绪　　论

计算机控制系统是当前自动控制系统的主流方向。它是利用计算机的硬件和软件代替了自动控制系统的控制器，以自动控制技术、计算机技术、检测技术、计算机通信与网络技术为基础，利用计算机快速强大的数值计算、逻辑判断等信息加工能力，使得计算机控制系统除了可以实现常规控制策略之外，还可以实现复杂控制策略和其他辅助功能。如今计算机控制系统已经广泛地用于国防、工业、农业、交通以及其他民用领域。

计算机技术、先进控制技术、检测与传感技术、现场总线智能仪表、通信与网络技术的高速发展，使得计算机控制水平大大提高。现在的计算机控制已经从简单的单回路、单机控制发展到复杂的集散型控制系统、计算机集成制造系统等。另外，由于计算机的微型化、网络化、性价比的上升和软件功能的日益强大，计算机控制系统不再是一种昂贵的系统，它几乎可以用于任何场合：实时控制、实时监控、数据采集、信息处理等。在化工、电力、冶金、建材、制药、机电、纺织、食品以及公用事业工程等行业中，各类先进的计算机控制设备正在发挥着巨大的作用。

本章主要介绍计算机控制系统的一般概念、性能指标以及计算机控制系统的发展概况和趋势。

1.1　计算机控制系统概述

自动控制系统通常由被控对象、检测传感装置、控制器等组成。控制器既可以由模拟控制器构成，也可以由数字控制器构成，数字控制器大多是用计算机实现的。因此，计算机控制系统指的是采用了数字控制器的自动控制系统。在计算机控制系统中，用计算机代替自动控制系统中的常规控制设备，对动态系统进行调节与控制，实现对被控对象的有效控制。

1.1.1　一般概念

计算机控制系统包括控制计算机（包括硬件、软件和网络）和生产过程（包括被控对象、检测传感器、执行机构）两大部分。典型计算机闭环控制系统如图 1-1 所示，该系统的过程（被控对象）输出信号 $y(t)$ 是连续时间信号，用测量传感器检测被控对象的被控参数（如温度、压力、流量、速度、位置等物理量），通过变送器将这些量变换为一定形式的电信号，由模/数（A/D）转换器转换成数字量反馈给控制器。控制器将反馈信号对应的数字量与设定值比较，控制器根据误差产生控制量，经过数/模（D/A）转换器转换成连续控制信号 $u(t)$ 来驱动执行机构工作，力图使得被控对象的被控参数值与设定值保持一致。这就构成了计算机闭环控制系统。

如将图 1-1 中的具有变送器和测量元件的反馈通道断开，这时被控对象的输出与系统的设定值之间没有联系，这就是计算机开环控制。它的控制是直接根据给定信号去控制被控对象，这种系统本质上不会自动消除控制系统误差。它与闭环控制系统相比，控制结构简单，

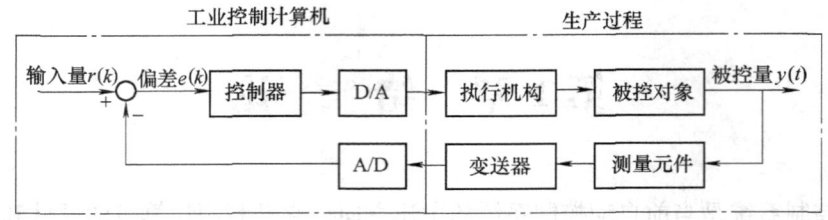

图 1-1 典型计算机闭环控制系统

但性能较差,通常用于对控制要求不高的场合。

计算机控制系统可以充分发挥计算机强大的计算、逻辑判断与记忆等信息加工能力。只要运用微处理器的各种指令,就能编写出相应的控制算法的程序,微处理器执行该程序就能实现对被控参数的控制。由于计算机处理的输入/输出信号都是数字量,因此在计算机控制系统中,需要有将模拟信号转换为数字信号的模/数(A/D)转换器,以及将数字控制信号转换为模拟信号的数/模(D/A)转换器。除了这些硬件之外,计算机控制系统的核心是控制程序。计算机控制系统执行控制程序的过程如下:

(1) 实时数据采集 对被控参数按一定的采样时间间隔进行检测,并将结果输入计算机。

(2) 实时计算 对采集到的被控参数进行处理后,按预先设计好的控制算法进行计算,决定当前的控制量。

(3) 实时控制 根据实时计算得到的控制量,通过 D/A 转换器将控制信号作用于执行机构。

(4) 实时管理 根据采集到的被控参数和设备的状态,对系统的状态进行监督与管理。

由以上可知,计算机控制系统是一个实时控制系统。计算机实时控制系统要求在一定的时间内完成输入信号采集、计算和控制输出,如果超出这个时间,也就失去了控制的时机,控制也就失去了意义。上述测、算、控、管的过程不断重复,使整个系统按照一定的动态品质指标进行工作,并且对被控参数或设备状态进行监控,对异常状态及时监督并做出迅速的处理。

由上面的分析可见,在计算机控制系统中存在着两种截然不同的信号,即模拟(连续)信号和数字(离散)信号。以计算机为核心的控制器的输入/输出信号和内部处理都是数字信号,而生产过程的输入/输出信号都是模拟信号,因而对于计算机控制系统的分析和设计就不能完全采用连续控制理论,需要运用离散控制理论对其进行分析和设计。

1.1.2 系统的组成

从图 1-1 可见,简单地讲,计算机控制系统由控制计算机和生产过程两大部分组成。控制计算机是计算机控制系统中的核心装置,是系统中信号处理和决策的机构,相当于控制系统的神经中枢。生产过程包含了被控对象、执行机构、测量变送等装置。从控制的角度看,可以将生产过程看作广义对象。虽然计算机控制系统中的被控对象和控制任务多种多样,但是就系统中的计算机而言,计算机控制系统其实也就是计算机系统,系统中的广义被控对象可以看做是计算机外部设备。计算机控制系统和一般计算机系统一样,也是由硬件和软件两部分组成的。

1. 系统硬件

计算机控制系统的硬件主要由主机、外围设备、过程输入/输出通道和生产过程组成，如图 1-2 所示。现对各部分作简要说明。

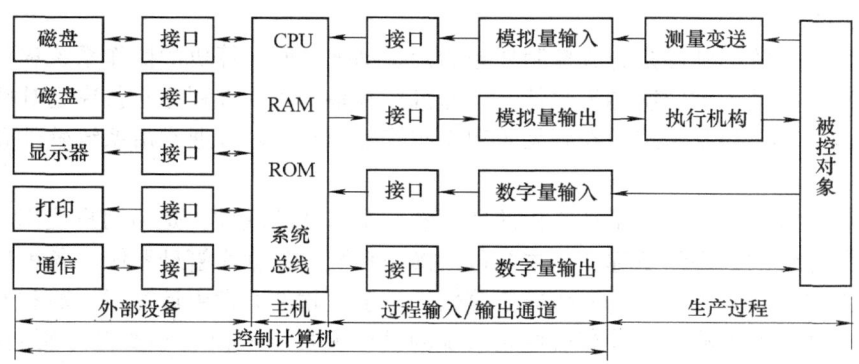

图 1-2　计算机控制系统硬件组成框图

（1）主机　主机由 CPU 和内存储器（RAM 和 ROM）通过系统总线连接而成，是整个控制系统的核心。它按照预先存放在内存中的程序指令，由过程输入通道不断地获取反映被控对象运行工况的信息，并按程序中规定的控制算法，或操作人员通过键盘输入的操作命令自动地进行信息处理、分析和计算，做出相应的控制决策，并通过过程输出通道向被控对象及时地发出控制命令，以实现对被控对象的自动控制。

（2）常规外部设备　计算机的常规的外围设备有 4 类：输入设备、输出设备、外存储器和网络通信设备。

- 输入设备　最常用的有键盘，用来输入（或修改）程序、数据和操作命令。鼠标也是一种常见的图形界面输入装置。
- 输出设备　通常有 CRT、LCD 或 LED 显示器、打印机和记录仪等。它们以字符、图形、表格等形式反映被控对象的运行工况和有关的控制信息。
- 外存储器　最常用的是磁盘（包括硬盘和软盘）、光盘和磁带机。它们具有输入和输出两种功能，用来存放程序、数据库和备份重要的数据，作为内存储器的后备存储器。
- 网络通信设备　用来与其他相关计算机控制系统或计算机管理系统进行联网通信，形成规模更大、功能更强的网络分布式计算机控制系统。

以上的常规外部设备通过接口与主机连接便构成通用计算机，若要用于控制，还需要配备过程输入/输出通道构成控制计算机。

（3）过程输入/输出通道　过程输入/输出通道，又简称过程通道。被控对象的过程参数一般是非电物理量，必须经过传感器（又称一次仪表）变换为等效的电信号。为了实现计算机对生产过程的控制，必须在计算机与生产过程之间设置信息的传递和变换的连接通道。过程输入/输出通道分为模拟量和数字量（开关量）两大类型。关于过程通道的详细内容将在第 2 章重点介绍。

（4）生产过程　生产过程包括被控对象及其测量变送仪表和执行装置。测量变送仪表将被控对象需要监视和控制的各种参数（如温度、流量、压力、液位、位移、速度等）转换为电的模拟信号（或数字信号），而执行机构将过程通道输出的模拟控制信号转换为相应的控制动作，从而改变被控对象的被控量。在计算机控制系统设计过程中，检测变送仪表、电动和气动执行机构、电气传动的交流、直流驱动装置是需要熟悉和掌握的内容，读者可以查阅相关的书籍和资料。

2. 系统软件

计算机控制系统的硬件是完成控制任务的设备基础，而计算机的操作系统和各种应用程序是执行控制任务的关键，统称为软件。计算机控制系统的软件程序不仅决定其硬件功能的发挥，而且也决定了控制系统的控制品质和操作管理水平。软件通常由系统软件和应用软件组成。

（1）系统软件　系统软件是计算机的通用性、支撑性的软件，是为用户使用、管理、维护计算机提供方便的程序的总称。它主要包括操作系统、数据库管理系统、各种计算机语言编译和调试系统、诊断程序以及网络通信等软件。系统软件通常由计算机厂商和专门软件公司研制，可以从市场上购置。计算机控制系统的设计人员一般没有必要自行研制系统软件，但是需要了解和学会使用系统软件，才能更好地开发应用软件。

（2）应用软件　应用软件是计算机在系统软件支持下实现各种应用功能的专用程序。计算机控制系统的应用软件是设计人员针对某一具体生产过程而开发的各种控制和管理程序。其性能优劣直接影响控制系统的控制品质和管理水平。计算机控制系统的应用软件一般包括过程输入和输出接口程序、控制程序、人机接口程序、显示程序、打印程序、报警和故障联锁程序、通信和网络程序等。一般情况下，应用软件应由计算机控制系统设计人员根据所确定的硬件系统和软件环境来开发编写。

计算机控制系统中的控制计算机与通常用作信息处理的通用计算机相比，它要对被控对象进行实时控制和监视，其工作环境一般都较恶劣，且需要长期不间断可靠地工作，这就要求计算机系统必须具有实时响应能力和很强的抗干扰能力以及很高的可靠性。除了选用高可靠性的硬件系统外，在选用系统软件和设计编写应用软件时，还应该满足对软件的实时性和可靠性的要求。

1.1.3 系统的典型结构

工业控制计算机系统与所控制的生产过程的复杂程度密切相关，不同的控制对象和不同的控制要求，有不同的控制方案。下面从应用特点、控制目的出发介绍几种典型的结构。

1. 操作指导控制系统

计算机操作指导控制系统（OGC 系统）的结构如图 1-3 所示。计算机根据一定的算法，根据检测仪表测得的信号数据，由数据处理系统对生产过程的大量参数做巡回检测、处理、分析、记录以及参数的超限报警等。通过对大量参数的积累和实时分析，可以对生产过程进行各种趋

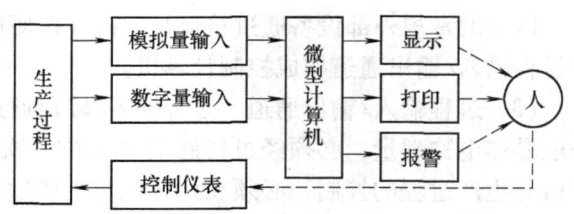

图 1-3　计算机操作指导控制系统结构

势分析，为操作人员提供参考，或者计算出可供操作人员选择的最优操作条件及操作方案，操作人员则根据计算输出的信息去改变调节器的给定值或者直接操作执行机构。这种系统也

称为计算机数据采集与检测系统。

2. 直接数字控制系统

直接数字控制（Direct Digital Control）系统，简称 DDC 系统，其系统构成如图 1-4 所示。

在 DDC 系统中，计算机代替常规模拟控制器，直接对被控对象进行控制。很明显，DDC 系统是闭环控制。实际上，它是在操作指导控制系统里将人的决策用计算机来代替，并加入过程输出通道就构成了 DDC 系统。DDC 系统工作过程是计算机首先通过过程输入通道实时地采集被控对象运行参数，然后按给定值和预定的控制规律计算出控制信号，并由过程输出通道直接控制执行机构，使被控量达到控制要求。

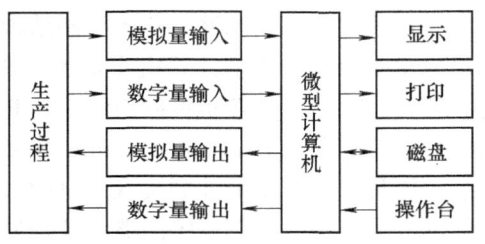

图 1-4　直接数字控制系统结构图

3. 计算机监督控制系统

在 DDC 方式中，被控对象的给定值是预先设定的，它不能根据生产过程工艺信息和生产条件的改变及时得到修正。所以 DDC 系统不能使生产过程处于最优工况。

在计算机监督控制（SCC）系统中，计算机按照生产过程的数学模型计算出最佳给定值送给模拟调节器或者 DDC 计算机，模拟调节器或 DDC 计算机控制生产过程，从而使生产过程始终处于最优工况。SCC 系统较 DDC 系统更接近生产变化的实际情况，它不仅可以进行给定值控制，而且还可以进行顺序控制、自适应控制和最优控制等。这类系统有两种结构形式：一种是 SCC + 模拟调节器控制系统；另一种是 SCC + DDC 控制系统。

（1）SCC + 模拟调节器控制系统　该系统原理图如图 1-5 所示。在此系统中，由计算机系统对各物理量进行巡回检测，按一定的数学模型计算出最佳给定值并送给模拟调节器，此给定值在模拟调节器中与检测值进行比较，偏差值经过模拟调节器运算，产生控制量，然后输出到执行机构，以达到调节生产过程的目的。SCC 出现故障时，可由模拟调节器独立完成操作。

（2）SCC + DDC 控制系统　该系统原理如图 1-6 所示。这实际上是一个两级控制系统，一级为监督级 SCC，另一级为控制级 DDC。SCC 的作用是完成车间或工段级的最优化分析和计算，并给出最佳给定值，送给 DDC 级计算机直接控制生产过程。

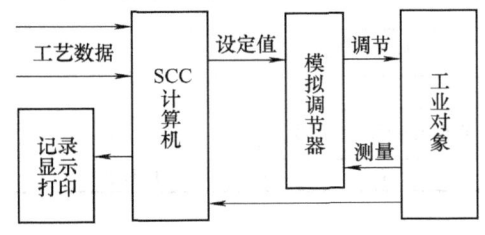

图 1-5　SCC + 模拟调节器控制系统

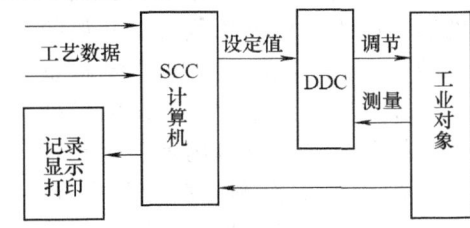

图 1-6　SCC + DDC 控制系统

4. 集散控制系统

计算机控制发展初期，控制计算机采用的是中、小型计算机，价格昂贵。为充分发挥计算机的功能，对复杂的生产对象的控制都是采用集中控制方式。一台计算机控制多个设备，多个回路，以便充分利用计算机。计算机的可靠性对整个生产过程的影响举足轻重，一旦计算机出故障，生产过程将受到极大影响。若采用冗余技术，需增加备用计算机，投资太大。20 世纪 70 年代中期随着功能完善而价格低廉的微处理器、微型计算机的出现，分散控制和集中管理的控制思想和网络化的控制结构的提出，用分散在不同地点的若干台微型计算机分担原先由一台中、小型计算机完成的控制与管理任务，并用数据通信技术把这些计算机互连，便构成网络式计算机控制系统。这种系统具有网络分布结构，所以称为分散式（或分布式）控制系统（Distributed Control System，DCS）。但在自动化行业更多称其为集散控制系统，简称 DCS。集散控制反映了分散式控制系统的重要特点：操作管理功能的集中和控制功能的分散。集散控制系统的典型结构如图 1-7 所示。

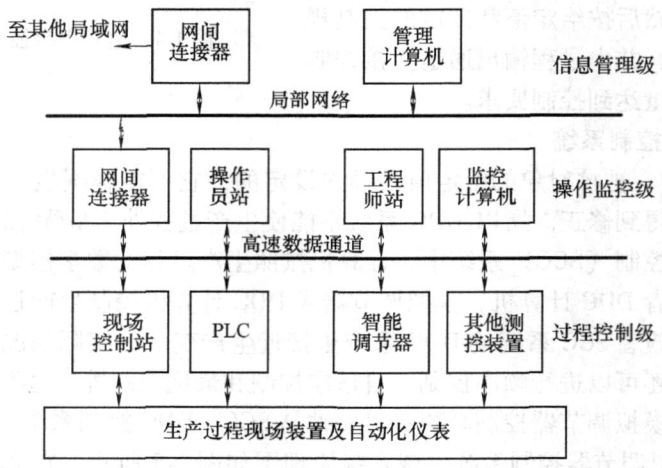

图 1-7 集散控制系统的典型结构

5. 现场总线控制系统

集散控制系统的应用提高了工业企业的综合自动化水平。然而，由于 DCS 采用了"操作站-控制站-现场仪表"的结构模式，系统造价较高。DCS 的另外一个弱点是各个自动化仪表公司生产的 DCS 有其自己的标准，不能互连，设备互换性和互操作性较差。

20 世纪 90 年代初，出现了一种新型的用于工业控制底层的现场设备互连的数字通信网络——现场总线技术。现场总线是连接现场智能仪表与自动化系统的数字化、双向传输、多分支的通信网络。现场总线既是开放的通信网络，又可组成全分布的控制系统，用现场总线把组成控制系统的各种传感器、控制器、执行机构等连接起来就构成了现场总线控制系统（Fieldbus Control System，FCS）。现场总线控制系统的简单结构如图 1-8 所示。

FCS 有两个显著特点：一是系统内各设备的信号传输实现了全数字化，提高了信号传输的速度、精度，增加了信号传输的距离，使系统的可靠性提高；

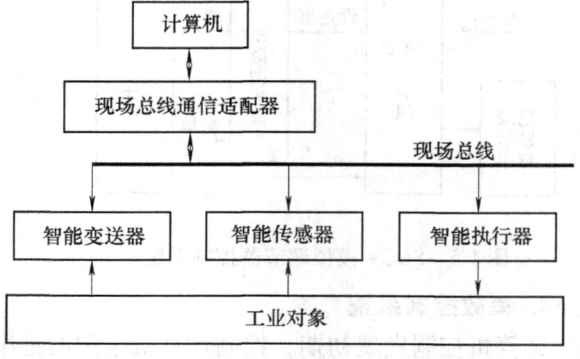

图 1-8 现场总线控制系统的简单结构

二是实现了控制功能的彻底分散,即把控制功能分散到各现场设备和仪表中,使现场设备和仪表成为具有综合功能的智能设备和仪表。FCS的结构模式是"工作站-现场智能仪表",比DCS的三层结构模式少一层,降低了系统成本,提高了系统可靠性。在统一的国际标准下可实现真正的开放式互连系统结构。

6. 工业过程计算机集成制造系统

随着工业生产过程规模的日益复杂与大型化,现代化工业要求计算机系统不仅要完成直接面向过程的控制和优化任务,而且要在获取全部生产过程尽可能多的信息基础上,进行整个生产过程的综合管理、指挥调度和经营管理。由于自动化技术、计算机技术、数据通信等技术的发展,已完全可以满足上述要求,能实现这些功能的系统称之为计算机集成制造系统(Computer Integrated Manufacture System,CIMS)。当CIMS用于流程工业时,简称为流程CIMS或CIPS(Computer Integrated Processing System)。流程工业计算机集成制造系统按其功能可以自下而上地分为若干层,如直接控制层、过程监控层、生产调度层、企业管理层和经营决策层等,其结构如图1-9所示。

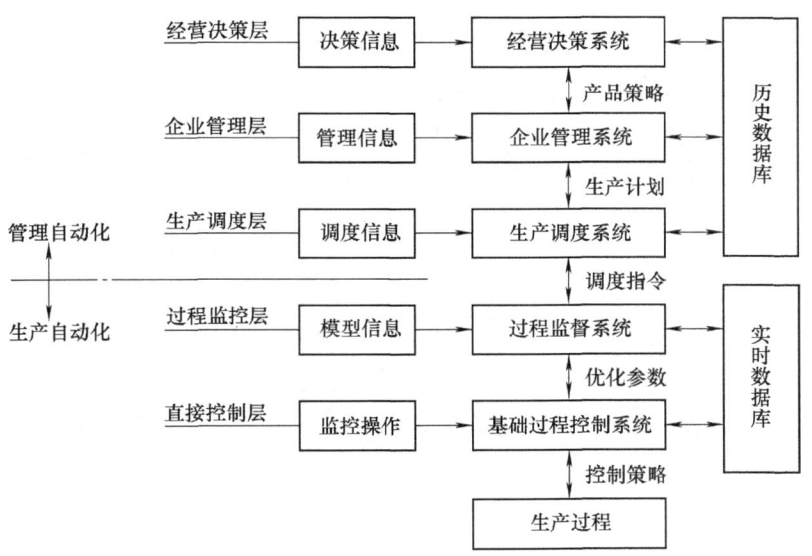

图1-9 流程工业计算机集成制造系统

1.2 计算机控制系统实例简介

1.2.1 计算机过程控制系统

过程控制主要是指石油、化工、冶金、电力、轻工、纺织等连续生产过程的自动控制,其被控量主要是温度、压力、流量、料位和成分等。实现生产过程的自动控制需要充分考虑被控过程的特点及控制系统的需求。过程控制系统通常要求保持被控参数为某一确定值或按照某一定规律变化。

生物发酵是食品、制药工业的关键生产工序之一。在发酵过程中,发酵条件是影响过程代谢变化的主要因素。因此,保证发酵在最佳的条件下进行是实施自动化控制的根本目的。综合来说,在发酵条件方面应有以下一些工艺要求:

(1) 温度 微生物生长、维持及产物的生物合成都是在一系列酶的催化作用下完成的,温度是保证酶活性的重要条件。因此,发酵必须在一个严格的温度条件下进行,工艺上应有用于温度调节的设备并配合自动控制系统完成温度的控制。

(2) 压力 为了使发酵物不被细菌感染,需要对通入的压缩气体进行过滤消毒,并保证发酵罐内呈现正压,以免外部未经处理的空气进入。

(3) pH 值 pH 能影响酶促反应、代谢途径的变化及细胞的结构和功能,还会影响化合物的离解程度。因此,工艺上必须保证能对发酵罐的 pH 值进行调整。

(4) 溶解氧 在发酵的过程当中,为获得大量的能量来满足菌体的生长、繁殖以及产物的合成,往往需要消耗大量的氧,溶解氧的浓度影响到微生物的呼吸并最终影响到代谢。因此,工艺上往往采用调节通风量和搅拌电动机转速的方法来对溶解氧进行调整。

发酵过程控制点示意图如图 1-10 所示。

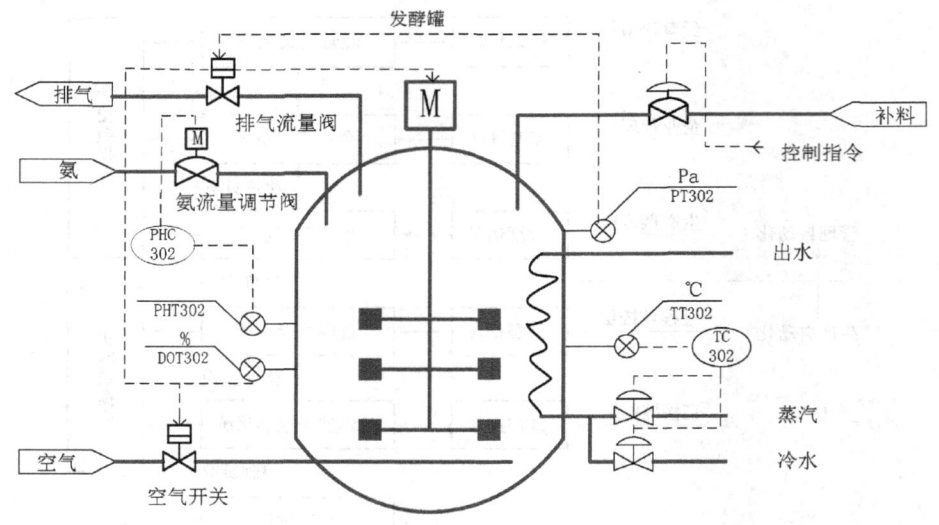

图 1-10 发酵过程控制点示意图

根据对象特性以及控制系统性能指标的要求,选择基于 IPC(Industrial Personal Computer)的计算机控制系统,其设计过程详见第 9 章,其系统示意图如图 1-11 所示。

1.2.2 计算机运动控制系统

运动控制通常是指在复杂条件下,将预定的控制方案、规划指令转变成期望的机械运动。一般表现为对电动机的控制,完成位置、速度及加速度等实时控制,使运动部件按照预期的轨迹和规定的运动参数完成相应的动作。

运动控制系统是以机械运动的驱动设备——电动机作为控制对象,以控制器为核心,以电力电子功率变换装置为驱动单元,在控制理论指导下组成的电气传动控制系统。这类系统控制电动机的转矩、转速和转角,将电能转换为机械能,对被控机械设备实施精确的位置、速度、加速度、转矩或力的控制,实现运动机械的各种运动要求。

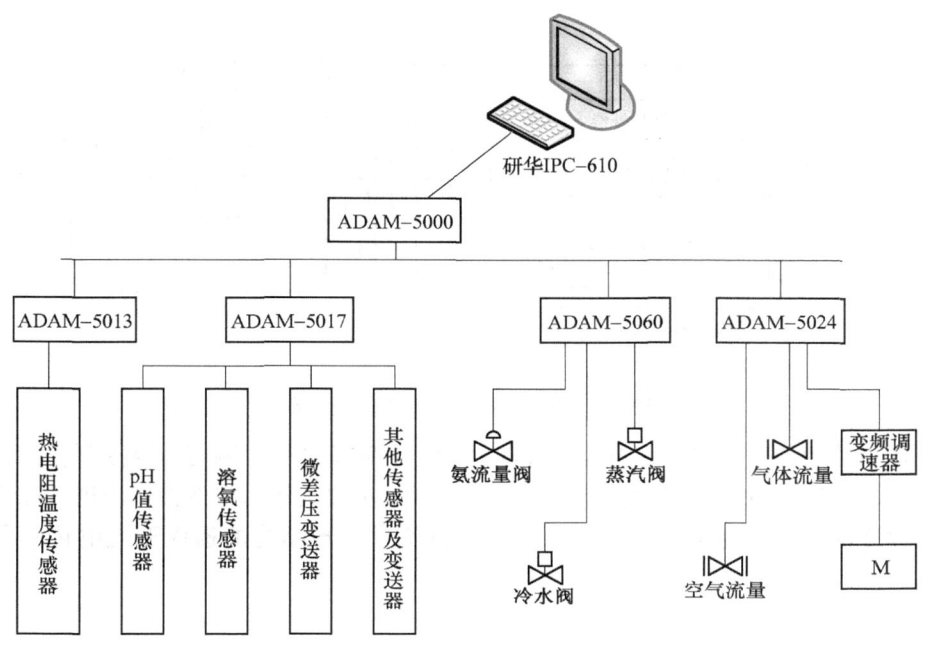

图 1-11 基于 IPC 的计算机测控系统示意图

根据统计，在用电系统中，电动机作为主要的动力设备而广泛地应用于工农业生产、国防、科技及社会生活等各个方面。电动机负荷约占总发电量的 70%，成为用电量最多的电气设备，电机拖动运动控制系统的应用已相当普及，到处可以看到以运动控制系统为核心的各种机械、设备或电器。

在纺织、印染加工中，带形织物（如布料等）向前运行时伴随左、右摆动存在着跑偏，跑偏现象严重影响了纺织、印染加工设备的正常运行，造成大量废品，且车速越高，跑偏现象越严重，甚至无法正常生产。这种现象主要是由于加工生产设备中客观存在的机械振动、导向辊偏差、轴承磨损、运动带形织物的张力波动以及设备中各生产单元的运行速度失调等因素造成的。

所以，在处理加工带形织物的时候，需要对偏移的带形织物进行及时的纠偏操作，这个过程称之为纠偏。实现纠偏自动控制，是由纠偏机构、电动机驱动、控制器、传感器等部件组成纠偏控制系统，是典型的运动控制应用系统。纠偏系统应用广泛，除了纺织、印染，在包装、印刷、标签、建筑材料、造纸、塑料、成衣、线缆及金属加工等行业也都是必不可少的。一个典型的纠偏控制系统工作流程示意图如图 1-12 所示。

来自前道工序的带材的边缘常呈现左右交叠状态，需在下一工序前进行纠偏。为此，图 1-12 所示系统的基本纠偏过程为：当传感器检测到带材的边缘向左（右）偏时，纠偏控制器即给执行系统发出动作命令，再由电动推杆（滚珠丝杆）机构推动摆动式导向辊的扭转运动以克服跑偏的影响，这种纠偏方法是依据运动带材沿着与导向辊轴线相垂直的方向行进的原理。此外，检测带材边缘跑偏量的传感器安装在机械设备的固定处，不随摆动式导向辊而动。图中的纠偏控制器是以高速 MCU（C8051F020）为核心，A/D 为 MCU 片内模/数转

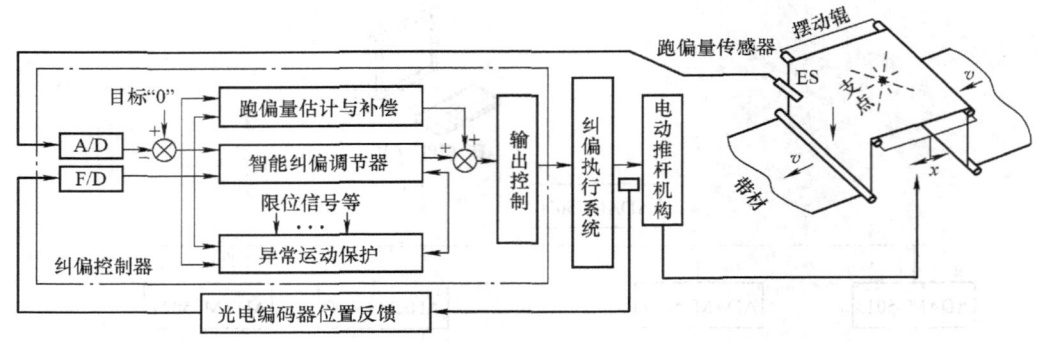

图1-12 纠偏控制系统工作流程示意图

换器；F/D为脉冲信号接口；跑偏量估计与补偿是对跑偏进行观测与前馈控制；异常运动保护是对故障、动作限位等进行联锁保护；输出控制是对控制作用与保护作用进行综合判断后再形成给速度伺服系统的命令；跑偏量传感器是采用U形结构的透射型光电传感器，以检测带材的边缘跑偏量。

1.3 计算机控制系统性能

1.3.1 系统性能指标

计算机控制系统的性能分析和要求与连续控制系统相似，可用系统的稳定性、能控性、能观性、动态特性及稳态特性（精度）来表征，衡量系统优劣的指标通常用稳定裕量、动态指标、稳态指标和综合指标等。

稳定性是对控制系统最基本的要求。一个控制系统只有稳定，才有可能工作，也才能谈得上控制性能的优劣。因此，对于计算机控制系统来说，稳定性分析同样是一个重要的方面。通常采用控制理论中的离散系统稳定性分析方法来分析计算机控制系统的稳定性，用稳定裕量（即相角裕量和幅值裕量）来衡量计算机控制系统的稳定程度。

动态指标能够比较直观地反映控制系统的过渡过程特性。常用时域指标有：延迟时间t_d、上升时间t_r、峰值时间t_p、调节时间t_s和超调量$\sigma\%$。在实际应用中，常用的动态性能指标为上升时间t_r、调节时间t_s和超调量$\sigma\%$。通常用t_r或t_p评价系统的响应速度，用$\sigma\%$评价系统的阻尼程度，而t_s则是同时反映响应速度和阻尼程度的综合指标。在工程中，也常用频域指标来衡量控制系统动态性能的优劣。常用的频域指标有：开环频域指标为相角裕量、幅值裕量和穿越频率等；闭环频域指标为谐振峰值、谐振频率和系统的带宽等。

稳态指标是控制系统控制精度或抗干扰能力的一种度量，常用稳态误差e_{ss}来表征。通常在阶跃函数、斜坡函数或加速度函数作用下进行测定或计算。e_{ss}表示系统的稳态输出量与期望值之间的差值，希望e_{ss}越小越好。

在控制理论中，经常使用综合性指标来衡量控制系统的性能。积分型指标是主要的综合性指标之一，它主要以误差$e(t)$对时间的不同积分来表征，其中有误差二次方的积分、时间乘误差二次方的积分、时间乘误差绝对值的积分、误差绝对值的积分以及加权二次型性能指标等。

在控制系统设计时，选择不同的性能指标，设计得到的系统结构和参数是有区别的。因此，在设计时应当根据具体情况和要求，正确选择性能指标，既要考虑到能对系统的性能做出正确的评价，又要考虑到数学上便于处理及工程上容易实现。所以，在选择性能指标时，通常需要做一定的试探和比较。

1.3.2 控制对象对控制性能的影响

假设控制对象的特性归结为对象的控制通道 $G(s)$ 和对象的扰动通道 $G_n(s)$，如图 1-13 所示。控制通道的放大系数为 K_m、惯性时间常数为 T_m 和对象的纯滞后时间常数为 τ；扰动通道放大系数为 K_n、惯性时间常数为 T_n 和纯滞后时间常数为 τ_n。控制系统的性能采用超调量 $\sigma\%$、调节时间 t_s 和稳态误差 e_{ss} 等来表征。根据控制理论知识可以得出如下结论：

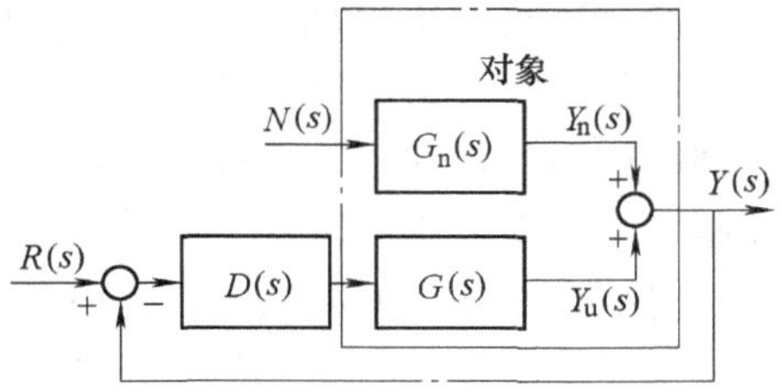

扰动通道的放大系数 K_n 越小，稳态误差 e_{ss} 也越小，控制精度就越高，故希望 K_n 尽可能小；K_m 对系统的性能没有影响，因为 K_m 完全可以由控制器的比例系数 K_p 来补偿。

图 1-13 对象特性对反馈控制系统性能的影响

当扰动通道的 T_n 加大或惯性环节的阶次增加时，可以减小超调量 $\sigma\%$；而 T_m 越小，系统的反应就越灵敏，控制也就越及时，控制性能就越好。

扰动通道的纯滞后时间 τ_n 对控制系统的性能没有影响，只是使扰动引起的输出量 $y_n(t)$ 沿时间轴平移了 τ_n；而控制通道的纯滞后时间 τ 使控制系统的超调量 $\sigma\%$ 增大，调节时间 t_s 延长，纯滞后时间 τ 越大，控制性能就越差，甚至导致系统不稳定。

1.4 计算机控制系统的发展概况与趋势

1.4.1 发展概况

世界上第一台数字计算机于 1946 年在美国诞生，起初计算机用于科学计算和数据处理，之后，人们开始尝试将计算机用于导弹和飞机的控制。20 世纪 50 年代开始，首先在化工生产中实现了计算机的自动测量和数据处理。1954 年，人们开始在工厂实现计算机的开环控制，1959 年 3 月，世界上第一套工业过程计算机控制系统应用于美国德州一家炼油厂的聚合反应装置，该系统实现了对 26 个流量、72 个温度、3 个压力和 3 个成分的检测及其控制，控制的目标是使反应器的压力最小，确定 5 个反应器进料量的最佳分配，根据催化剂的活性测量结果来控制热水流量以及确定最优循环。1960 年，在美国的一家合成氨厂实现了计算机监督控制。1962 年，英国帝国化学工业公司利用计算机代替了原来的模拟控制，该计算机控制系统检测 224 个参数变量和控制 129 个阀门，因为计算机直接控制过程变量，完全取代了原来的模拟控制，所以称其为直接数字控制，简称 DDC。这是计算机控制系统发展的初级阶段。由此开始，工业计算机控制进入实用和开始逐步普及的阶段。由于小型计算机的商品化，计算机控制系统的可靠性不断提高，而成本却逐年下降，控制算法也在应用中得到考验和发展，因此计算机在生产控制中的应用有了很大的发展。此阶段中，受设备、控制理论等方面的约束，计算机控制以集中型的计算机控制系统为主。其缺点是，集中型的计算机采用高度集中的控制结构，控制系统的任何故障将导致严重的后果，如生产装置损坏和生产系统停产。解决的方法是采用硬件冗余结构，增加备份计算机，但这会导致投资增加。

随着超大规模集成电路技术的突破，微型计算机于1971年问世。微型计算机的出现使得计算机控制进入了一个崭新的发展阶段。计算机控制系统开始逐步普及，与此同时，控制结构、控制理论、实时控制的安全性和可靠性也得到充分的研究，特别是分级分布式控制系统结构的理论与方法得到了重视和应用。另外，现代工业的复杂性，生产过程的高度连续化、大型化的特点，使得局部范围的单变量控制难以提高整个系统的控制品质，必须采用先进控制结构和优化控制等来解决。这就导致了计算机控制系统的结构发生变化，从传统的集中控制为主的系统逐渐转变为集散型控制系统（DCS）。它的控制策略是分散控制、集中管理，同时配合友好、方便的人机监视界面和数据共享。集散式控制系统或计算机分布式控制系统为工业控制系统的水平提高提供了基础。DCS系统成功地解决了传统集中控制系统整体可靠性低的问题，从而使计算机控制系统获得了大规模的推广应用。1975年，世界上几个主要计算机和仪表公司几乎同时推出了计算机集散控制系统，如美国Honeywell公司的TDC-2000以及后来新一代的TDC-3000，日本横河公司的CENTUM等。DCS系统已得到了广泛的工业应用。但是，DCS不具备开放性、互操作性，布线复杂，且费用高。

随着微处理器在测量仪表、执行装置等自动化仪表上的应用不断深入，促使自动化仪表和装置向智能化方向发展。20世纪90年初出现了将现场控制器和智能化仪表等现场设备用现场通信总线互连构成的新型分散控制系统——现场总线控制系统（FCS）。FCS具有开放性、互操作性和彻底分散性等特点，并且易于同上层管理级以及互联网实现互联，构成多级网络控制系统。FCS的可靠性更高，成本更低，设计、安装调试、使用维护更简便。因此，FCS已成为现今计算机控制系统发展的新潮流。

除了生产过程方面的计算机控制的不断发展和完善之外，计算机控制还在机电装备、交通运输工具、航空航天等领域得到了广泛的应用。如机器人控制、数控机床、电气传动控制、船舶自动驾驶仪、高速列车控制、磁悬浮列车控制、飞行器自动驾驶仪、通信卫星的姿态控制、射电望远镜天线控制等，在这些领域计算机控制已经成为不可缺少的技术。

计算机控制的发展不仅和计算机技术的发展关系密切，而且与控制理论的应用与发展也有密切的关系。几十年来，随着计算机技术的发展，计算机控制系统及其技术已经取得了巨大进步和发展，得到了广泛的应用。但是，大多计算机控制系统的控制功能并没有得到充分的发挥，其应用水平仍然较低。绝大多数工业过程计算机控制系统至今仍然沿用传统的PID控制。然而，当对象参数的时变性、不确定性、非线性等变得突出时，传统的PID就不能达到较好的控制效果。只有不断提高控制水平，才能发挥计算机控制系统的更大潜在功能。为此，要进一步加强先进控制理论，特别是智能控制理论的研究，发展各种实用简便的先进控制策略。同时，要加速发展计算机控制理论与技术方面的教育，培养更多从事计算机控制的研究、开发和工程应用的专业人才。

1.4.2 发展趋势

计算机控制技术的发展与数字化、智能化、网络化为特征的信息技术发展密切相关。微电子技术、传感器与检测技术、计算机技术、网络与通信技术、先进控制技术、优化调度技术等都对计算机控制系统发展产生了重要的影响。要推广和应用好计算机控制系统,就需要对被控对象或生产过程有较深刻的了解,要对过程检测技术、先进控制理论与技术、计算机技术等领域进行较深入的研究。计算机控制系统的发展趋势大致如下。

1. 先进计算机控制系统得到大力推广与普及

可编程序控制器(PLC)是当前应用最成功的计算机控制系统,高端的可编程序控制器已经完全具备了工业控制计算机的主要功能,除了具有逻辑控制、顺序控制、数字控制功能以外,还具有人机交互、网络通信等功能。带有智能 I/O 模块的 PLC,可以很方便地实现对生产过程的控制,并具有高可靠性。智能调节器不仅可以接受 4~20mA 电流信号,还具有 RS-232 或 RS-422/485 异步串行通信接口,可以方便地与上位机连成主从式测控网络。以单片机、DSP、基于 ARM 芯核的 32 位单片机为核心的专用控制装置、通用型控制模块等低成本基础自动化装置将得到迅速发展。以位总线(Bitbus)、现场总线(Fieldbus)、工业以太网等网络通信技术为基础,具有先进控制、优化调度、系统自诊断等功能的新型 DCS 和 FCS 控制系统,将向低成本综合自动化系统方向发展。

2. 智能控制系统得到深入研究与开发

随着现代工业生产过程的复杂化,传统的反馈控制、现代控制理论和大系统理论在应用中碰到不少难题。由于这些控制系统的设计和分析依赖于精确的系统数学模型,而实际系统的精确数学模型难以获得;另外,为了提高控制性能,使得控制系统变得极其复杂,增加了设备的投资,降低了系统的可靠性。智能控制已经成为解决复杂系统控制与优化的主要途径。计算机控制系统是智能控制技术应用的主要载体。当前,智能控制系统主要的发展方向有:复杂系统的智能优化与控制,自适应、自学习和自组织系统,分级递阶智能控制系统等。进化计算、仿生计算、模糊系统、神经网络、神经模糊系统、学习算法等已经成为复杂控制系统的优化与控制的重要方法与工具。

3. 大力加强企业综合自动化系统的研究、开发与应用

企业综合自动化系统集成了自动化基础装备、制造执行系统(MES)和企业资源计划(ERP),它是具有三层结构体系的高端自动化系统。企业综合自动化系统已成为现代工业发展的决定性因素之一,深刻地影响着工业生产的质量、效率、安全和环保。在综合自动化系统中,过程控制系统(基础自动化)是基础,制造执行系统(MES)是关键。为了适应变化的经济环境,减少消耗,降低成本,提高生产效率,保障运行安全,必须对于控制、优化、计划与调度以及生产过程管理实现无缝集成。企业要节能降耗减排、降低生产成本、提高产品质量,只能通过全流程的优化设计、全系统及全过程优化管理、调度与控制来实现。为此,结合国情、面向行业,大力加强企业综合自动化系统的研究、开发与应用是重要的发展趋势。

思考题与习题

1-1 典型的计算机控制系统与常规控制系统之间有哪些区别？
1-2 典型计算机控制系统有哪些主要组成部分？试用框图表示系统的硬件结构。
1-3 计算机控制系统结构有哪些分类？并指出主要的应用场合。
1-4 计算机控制系统有哪些性能指标？
1-5 列举一个计算机控制系统的应用实例，并给出该系统必要的说明。

第 2 章 输入/输出接口与过程通道技术

2.1 输入/输出过程通道概述

在计算机控制系统中，输入/输出过程通道（简称过程通道）是连接计算机和生产过程（被控对象）必不可少的重要部分。过程通道的主要任务是将生产过程中的各种参数和状态通过检测器件转换成计算机所能接收的信息送入计算机，计算机按确定算法计算后，又将计算结果以数字量或转换成模拟量的形式输出给执行机构，从而对被控对象进行自动控制。因此，过程通道起到了 CPU 和被控对象之间的信息传送和变换的桥梁作用。过程通道包括模拟量输入通道、模拟量输出通道、数字量输入通道和数字量输出通道 4 种，如图 2-1 所示。

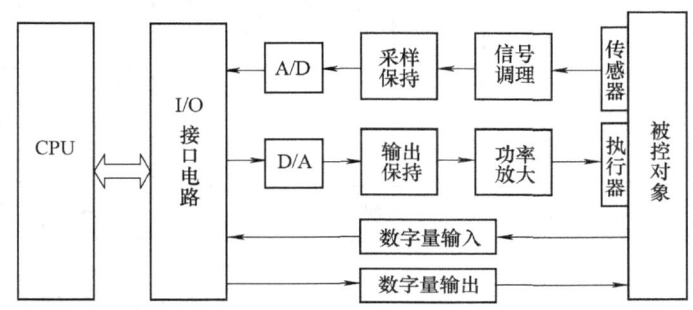

图 2-1 输入/输出过程通道组成结构图

对生产过程实现自动控制，就必须对它的运行状态和参数进行检测。模拟量输入通道和数字量（或开关量）输入通道就是为此目的而设置的两种检测通道。生产过程的被控参数（包括压力、流量、温度、液位等）都是随时间变化的模拟量，通过检测元件和变送器，把它们转换成标准的电流或电压。由于计算机只能识别数字量，故模拟电信号必须通过模拟量输入通道转换为相应的数字量，才能送入计算机；而生产现场的电平信号、脉冲量及开关信号，则应通过数字量输入通道送入计算机。

计算机控制生产过程的输出通道也有两个，即模拟量输出通道和数字量输出通道。计算机输出的控制信号是数字量，而大多数执行元件要求提供模拟的电流或电压，故需采用模拟量的输出通道来实现。对于只要求数字量（开关量）输入的执行元件，采用数字量输出通道。

表 2-1 列出了计算机控制系统生产过程输入信息的来源和输出信息的用途。

表 2-1 生产过程输入/输出信息来源与用途

信息种类	输入信息来源或输出信息的用途
模拟量输入	温度、压力、物位、转速、成分等
数字量输入	接点的通断状态、电平高低状态、数字装置的输出数码等
脉冲计数器	流量积算、电功率计算、转速及脉冲形式的输入信号等
模拟量输出	控制执行装置、显示、记录等
数字量输出	对执行器进行控制、报警显示等

2.2 模拟量输入通道

模拟量输入通道完成模拟量的采集并转换成数字量送入计算机的任务。依据被控量和控制要求的不同,模拟量输入通道的结构形式不完全相同。普遍采用的是共用程控放大器和 A/D 转换器的结构形式,其组成如图 2-2 所示。由图可见,模拟量输入通道主要由传感器、信号调理单元、多路转换开关、程控放大器、采样保持器、A/D 转换器和 I/O 接口电路组成。

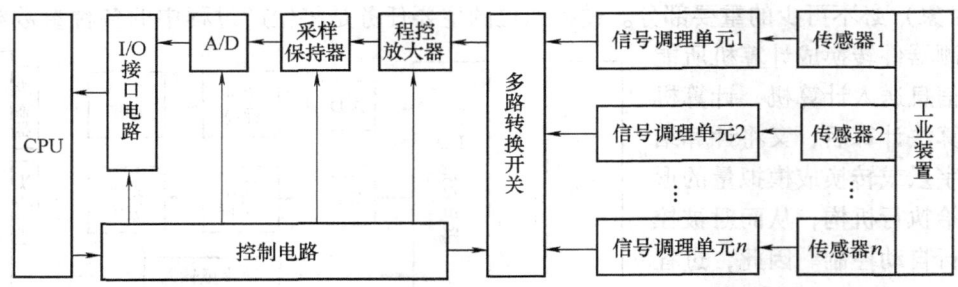

图 2-2 模拟量输入通道框图

2.2.1 信号调理

当传感器是压敏元件、热敏元件、光敏元件、气敏元件等时,其检测元件一般输出直流电流(或电压),也有电阻、电容值等。然而,大多数传感器(无源或有源)的满度输出都是相当小的电压、电流或电阻变化。因此,在进一步作模拟或数字处理之前,必须对它们的输出作适当调理,即通过放大、电平变换、电隔离、阻抗变换、线性化和滤波,将传感器输出的电信号尽可能不失真地转变为标准的电流或电压信号(通常为 4~20mA、0~5V 等)。传感器输出信号不同,其相应的信号调理电路也不同,一般包括标度变换器、滤波电路、线性化处理及电参量间的转换电路等。在模拟量输入通道中,信号调理单元也叫变送器。表 2-2 给出了常见信号调理单元的构成及功能。

表 2-2 常见信号调理单元的构成及功能

信号类型	构成与功能
低电压	隔离、放大、信号滤波等
电流/频率	电流/频率与电压的转换、隔离、放大、信号滤波等
热电阻(RTD)/热敏电阻	激励电源、隔离、放大、信号滤波等
热电偶	隔离、放大、信号滤波、冷端补偿等
应变信号	激励电源、电桥电路、隔离、放大、信号滤波等

标度变换器是信号调理单元的主要部分,它的作用是将传感器输出的不同种类和不同电平的被测模拟电信号变换成统一的电流或电压信号。它主要包括放大、电平变换、电隔离、阻抗变换等电路,通常由电桥电路、激励恒流源、仪表放大器、隔离放大器等组成。

由于干扰源的存在,生产现场采集的模拟信号中可能夹杂着干扰信号。通常生产过程被测参量（如温度、流量等）的信号频率低（1Hz以下），却夹杂着许多高于1Hz的干扰信号成分（如50Hz的电源干扰）。为此必须进行信号滤波，如采用有源滤波器或无源滤波器，消除干扰信号。

另外，有些转换后的电信号与被测参量的关系呈现非线性。如采用热敏元件测量温度，由于热敏元件存在非线性，所得的温度—电压曲线就存在非线性特性。因此应作适当处理，使之接近线性化。在硬件上可采用加负反馈放大器或采用线性化处理电路（如冷端补偿）的办法达到此目的，在软件上也可以用计算机进行分段线性化数字处理的办法来解决。

1. 电桥电路

电桥电路是最常见的标度变换电路之一，也称为测量电桥电路，它结构简单，应用广泛。电桥电路作为温度变送器的输入电路得到广泛应用，图2-3给出了与热电偶配合使用的DDZ-Ⅱ型温度变送器的实际输入电路，图中带序号的圆圈代表变送端子排上的连接端子。此类变送器采用直流不平衡式桥路，4个桥臂分别由 R_{16}、$R_{20}+R_{21}$、铜电阻 R_{Cu} 和电位器 RP_2 组成，A和B是桥路的输出端。直流稳压电源 E_1 为其供电，因而可保持良好的稳定性。电位器 RP_3，用于调节桥路的总电流，通常要

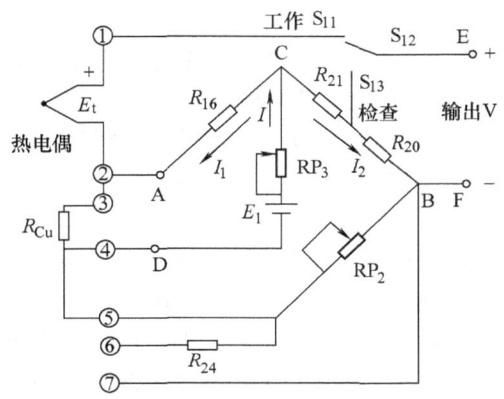

图2-3 热电偶变送器输入电路

求 $I=1\text{mA}$。同时，R_{16} 和 R_{21} 均为精密电阻，阻值皆为10kΩ，相对桥臂上的其他电阻（阻值不超过200Ω）要大得多，所以认为电桥左右支路的电流主要由 R_{16} 和 R_{21} 决定，且彼此相等，于是有 $I_1 = I_2 = 0.5\text{mA}$。

从图2-3可知，热电偶输入回路的输出毫伏信号 V 应为热电偶所产生的热电动势 E_t 和桥路的输出信号 V_{AB} 之代数和，即

$$V = V_{EF} = E_t + V_{AB} = E_t + (V_{Cu} - V_{RP_2}) \tag{2-1}$$

铜电阻 R_{Cu} 用于热电偶的冷端温度补偿。热电偶是直接或通过补偿导线接在端子排上的，这就相当于冷端（即热电偶的自由端或参比端）在端子排处。当热电偶的热端温度一定而冷端温度升高时，热电动势 E_t 减小，而铜电阻 R_{Cu} 两端的电压却随热电偶冷端温度的上升而增加，由式（2-1）可知其结果避免了冷端温度波动引起的测量误差，从而达到热电偶冷端温度自动补偿的目的。显然，引入铜电阻 R_{Cu} 能完成自动补偿的条件应为

$$\Delta E_t = I_1 \Delta R_{Cu} \tag{2-2}$$

一般来说，变送器实际设计时要求在冷端温度为20℃时完全补偿，此时应有

$$\Delta E_t = E(20,0) = I_1 \Delta R_{Cu} = I_1(R_{Cu}^{20} - R_{Cu}^0) \tag{2-3}$$

式中 $E(20,0)$——冷端温度为0℃时，用热电偶测量被测温度为20℃的热电动势。

零点迁移是温度变送器的必备手段。在实际应用中，温度的测量范围往往不是从0℃开始的，因而需要相对于0℃做必要的量程调整。在输入电路中，零点迁移可以通过调整电位器 RP_2 的阻值来实现，此结果可通过分析式（2-1）得到。因此，改变 RP_2 的阻值使式（2-1）为0，即可改变温度测量的起始点，以实现零点迁移。输入电路中的电阻 R_{24}（100Ω），可通过连接端子采用与电位器 RP_2 并联、串联或不连接的方式，实现不同范围的零点迁移。

从图2-3可知,温度变送器提供了端子4、5、6和7,灵活使用这些端子可方便实现各种连接方式。并联时,R_{BD}的可调范围为0~50Ω,零点迁移量小;串联时,R_{BD}的可调范围为100~200Ω,零点迁移量大;R_{24}不接时,R_{BD}的可调范围为0~100Ω,此时零点迁移量中等。

2. 仪表放大器

经由传感器或敏感元件转换后输出的信号一般电平较低,经电桥等电路变换后的信号亦难以直接用来显示、记录、控制或进行A/D转换。为此,测量电路中常设有模拟放大环节(一般为线性放大环节)。这一环节目前主要依靠由集成运算放大器构成具有各种特性的放大器来完成。

在检测系统中,放大器的输入信号一般是传感器的输出,该输出信号不仅电平低,内阻高,还常伴有较高的共模电压,因此,一般对放大器有如下要求:

1) 输入阻抗应远大于信号源内阻,否则,放大器的负载效应会使所测电压造成偏差。特别在压电、光电等具有较高内阻的传感器,及内阻为非定值的测量场合下,更易产生误差。

2) 抗共模电压干扰能力强。共模电压的来源有:传感器输出自身带有的共模干扰(如电桥的输出电压、霍尔元件的输出电压等)、传感器受到的共模干扰(如传感器的接地点和放大器的接地点不等电位,或由于条件限制传感器和放大器之间距离较远而引入的电气干扰等)。为了得到较强的抗共模干扰能力,除所选用的运算放大器要有高的共模抑制比CMRR以外,在设计各种放大器的电路上应采取专门的措施。

3) 在预定的频带宽度内有稳定准确的增益、良好的线性,输入漂移和噪声应足够小,以保证要求的信噪比,从而保证放大器输出性能稳定。

4) 能附加一些适应特定要求的电路,如放大器增益的外接电阻调整(此时放大器的其他特性不随增益的调整而改变)、方便准确的量程切换、极性自动变换等。

对于输出阻抗大、共模电压高的输入信号,需要用到高输入阻抗和高共模抑制比的差动放大器,仪表放大器即是专为这种应用场合设计的放大器,仪表放大器又称为测量放大器、数据放大器。它可作为应变电桥、热敏电阻网络、热电偶、分流器、生物探针及气压计等各种领域传感器的放大器,还可用作记录仪的前置放大器、多路缓冲器、伺服误差放大器以及过程控制和数据采集系统中的前置放大器。

(1) 电路组成 仪表放大器的电路如图2-4所示,图中右边部分为由集成运算放大器A3和4个外接电阻R_3、R_4、R_5、R_6组成的典型减法器。设这4个电阻的阻值相等,则减法器的输出电压u_o为

$$u_o = u_B - u_A = -u_{AB} \quad (2-4)$$

为提高放大器的输入阻抗,可在减法器的两个输入端A、B端分别接入两个电压跟随器,即图2-4中左边部分在R_g为无穷大时的情况。这时集成运算放大器A1、A2分别组成两个电压跟随器,放大器的输入阻抗理论上为无穷大。

设图2-4右边部分减法器中各

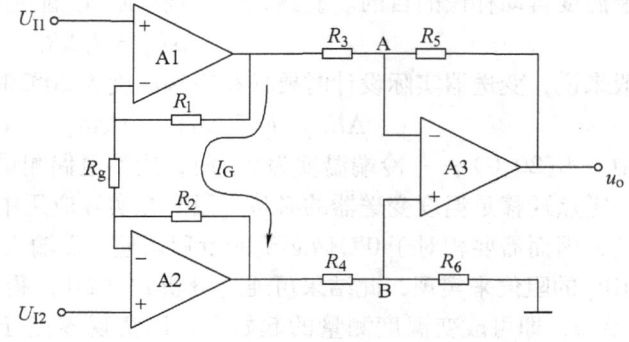

图2-4 仪表放大器电路

电阻阻值分别为 $R_3 = R_4 \triangleq R_A$，$R_5 = R_6 \triangleq R_B$，此时通过调整 R_A 与 R_B 的比值，就可以调整放大器的增益 G，即

$$G = \frac{u_o}{u_A - u_B} = -\frac{R_B}{R_A} \tag{2-5}$$

可是，采用这种方法调整放大倍数，需同时调整两个电阻。例如，若调整 R_A，就需同步调整 R_3、R_4，这难免会带来误差。而 R_3、R_4 的不对称误差不仅影响放大器的增益，还会影响放大器的共模抑制比。因此，实际仪表放大器中的增益调整并不采用这种方法，而是在运算放大器 A1、A2 的反相输入端之间加入一增益调整电阻 R_g 来实现调整，此时电路左边部分称为对称同相放大器。

（2）电路工作原理　图 2-4 中，A1、A2 工作在负反馈状态，其反相输入端的电压与同相输入端的电压相等。若 R_g 两端的电压分则为 u_{I1}、u_{I2}，则有

$$i_G = \frac{u_{I1} - u_{I2}}{R_g} = \frac{u_I}{R_g} \tag{2-6}$$

设图 2-4 中电阻 $R_1 = R_2 = R$，则 A、B 两端点之间的电压差 u_{AB} 为

$$u_{AB} = i_G(R_1 + R_2 + R_g) = u_I\left(1 + \frac{2R}{R_g}\right) \tag{2-7}$$

将式（2-7）代入式（2-4）得

$$u_o = -u_{AB} = -\left(1 + \frac{2R}{R_g}\right)u_I \tag{2-8}$$

放大器的增益 A_V 为

$$A_V = \frac{u_o}{u_I} = -\left(1 + \frac{2R}{R_g}\right) \tag{2-9}$$

可见，仅需调整一个电阻 R_g，就能方便地调整放大器的增益。由于整个电路对称，调整时不会降低共模抑制比。

（3）仪表放大器集成器件　图 2-4 所示只是原理性电路，实际电路中，电阻的误差及温漂会造成增益不准和共模抑制比降低。此外，集成运算放大器的输入失调电压会造成整个仪器放大器的失调，并降低放大器的参数对称性和共模抑制比。如果采用电位器调节电路的对称性和增益，则电路中需用多只电位器，且电位器的漂移也是一个需要克服的问题。这样的电路体积大，调节复杂，使得批量生产调试困难。而在集成器件中，可通过采用高精度内置电阻解决这些问题。

现以美国模拟器件公司（ADI 公司）生产的 AD620 为例介绍集成仪器放大器，其引脚图和典型应用电路分别如图 2-5 和图 2-6 所示，其增益 G 和外接电阻 R_g 的关系为

$$G = 1 + \frac{49.4\text{k}\Omega}{R_g}$$

AD620 具有体积小、功耗低、精度高、噪声低和输入偏置电流低的特点。其最大输入偏置电流为 20nA，这一参数反映了它的高输入阻抗。AD620 在接外接电阻 R_g 时可实现 1～1000 范围内的任意增益，工作电压范围为 ±2.3～±18V，最大电源电流为 1.3mA；最大输入失调电压为 125μV；频带宽度为 120kHz（在 $G = 100$ 时）。

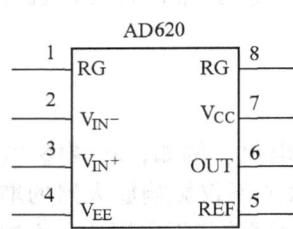
图 2-5　AD620 引脚图

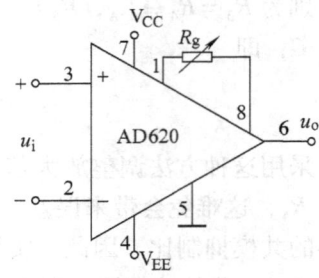
图 2-6　AD620 典型应用电路

下面讨论 AD620 的共模抑制比,其最小共模抑制比为 93dB(在 $G=10$ 时),即

$$20\lg\frac{A_{UD}}{A_{UC}} = 93$$

这时,共模放大倍数 A_{UC} 和差模放大倍数 A_{UD} 之比为

$$\frac{A_{UC}}{A_{UD}} = 2.2 \times 10^{-5}$$

当共模输入电压 u_{IC} 与差模输入电压 u_{ID} 之比为 100 时,由于共模放大倍数不为零,而在输出端造成的相对误差 r 为

$$r = \frac{u_{OC}}{u_{OD}} = \frac{u_{IC}A_{UC}}{u_{ID}A_{UD}} = 100 \times 2.2 \times 10^{-5} = 0.22\%$$

例如,当差模输入信号为 100mV,共模干扰小于 10V 时,输出的相对误差小于 0.22%。这一指标能满足一般测量要求。

图 2-7 是 AD620 在压力检测电路中的应用,该测量电路采用单电源供电,压力传感器为 3kΩ 应变仪构成的高阻电桥,电路的总电流为 3.7mA,其中,运放 AD705 构成参考点的电压跟随器,以调节 A/D 转换器的参考电压。

除了 AD620 以外,还有一些常用的仪表放大器,如 AD626、LH0036、LH0038、LM363 等。

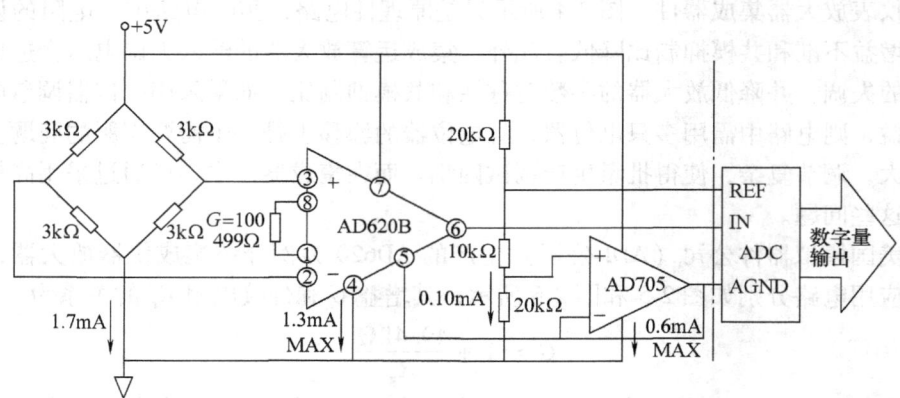
图 2-7　AD620 在压力检测电路中的应用

3. 隔离放大器

在有强电或强电磁干扰的环境中,为了防止电网电压或其他电磁干扰测量回路,通常在

模拟量输入通道中采用隔离技术。例如，当在被测现场与测量仪器之间地电位差很大环境中检测微小的差模信号时，往往需要将共模信号先隔离掉，再对留下的差模信号进行测量，实现隔离的器件便是隔离放大器，它能在输入信号与输出信号之间保持电气隔离的同时实现输出电压与输入电压的线性传输。隔离放大器的符号如图2-8所示，其输入和输出两部分的信号和供电电源端口都是电气隔离的。

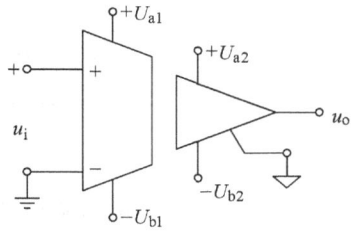

隔离放大器不仅用于工业自动化领域，在医疗领域中，还可用来防止医疗仪器对人体漏电，保障人身安全，在电力系统等高压危险场合，用来保护仪器，避免漏电，消除干扰。

隔离放大器就其隔离对象而言，分为两端口隔离和三端口隔离两种。两端口隔离（有时简称两端隔离）是指信号输入部分和信号输出部分电气隔离。三端口隔离指信号输入部分、信号输出部分和电源部分彼此隔离。根据隔离的媒介不同，隔离放大器主要可分为三种：电磁隔离（也叫变压器隔离）、光隔离和电容隔离。

图2-8 隔离放大器的符号

典型的变压器耦合两端隔离放大器有 ADI 公司的 AD202、AD203、AD204、AD206、AD208、ISO212P 等。下面以 AD204 为例介绍这类放大器，其结构功能图如图 2-9 所示。AD204 的引脚1、2、3、4 为输入端口运算放大器的引线端，一般接成电压跟随器，也可根据需要外接电阻接成同相比例放大器或反相比例放大器以放大输入信号。接成电压跟随器时，输入电压范围为 ±5V。输入信号经调制器调制成交流信号后，再经变压器耦合送到解调器，然后由引脚 37、38 输出。输出形式为差动输出，输出范围为 ±5V。引脚 31、32 为芯片电源输入端，要求为直流15V，功耗为75mW。片内的 DC-DC 变换电路把隔离后的电源给隔离放大器的输入级供电，同时送到引脚 6、5，电压为 ±7.5V，驱动能力为 2mA，可作为外围电路（如传感器、运放等）的电源。器件的最大隔离电压为 ±1000V（峰-峰值），最大非线性误差为 ±0.025%。

有时在用隔离放大器放大信号时，电源由信号输入部分所在电路供给，这时采用 AD204 就不合适了。为了能灵活选择隔离放大器驱动电源所在的位置，有些隔离放大器采用三端口隔离的方式，这类隔离放大器有 AD210、AD293、AD294 等。其中，AD210 的电路结构如图 2-10 所示，它与 AD204 的区别在于芯片的驱动电源的位置不受限制。AD210

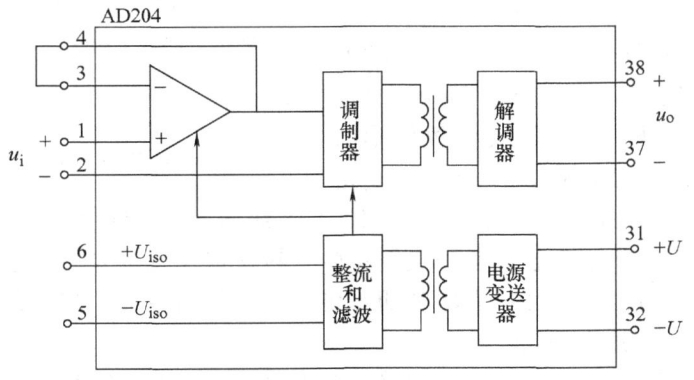

图2-9 变压器耦合两端隔离放大器

的驱动电源电压为 +15V 单电源，功耗为 1.2W，功耗较大。输入部分和输出部分的电源电压为 ±15V，允许电流为 5mA。信号的输入电压范围为 ±10V，输出电路的输出阻抗为 1Ω，为保证精度,负载电阻应大于2kΩ。隔离电压为有效值2500V或峰值3500V(可连续加压),-3dB带宽为20kHz,共模抑制比为120dB,最大非线性误差为±0.012%。

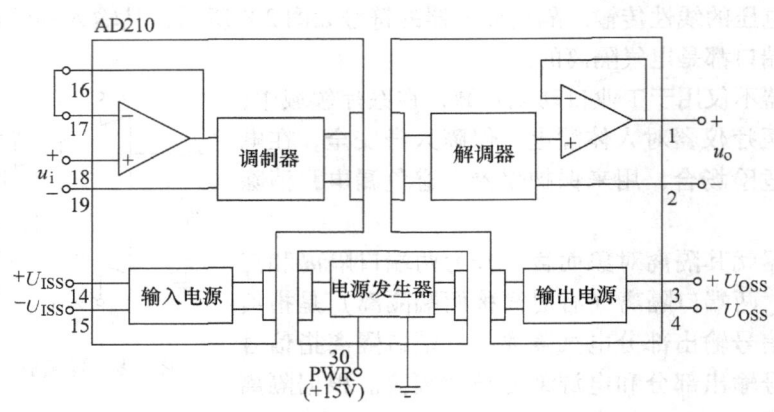

图2-10 AD210电路结构

图2-11为AD210隔离放大器在热电偶测量中的应用,其冷端采用数字温度传感器AD590作为补偿。温度变化范围为0~40℃,电路总增益为183(集成运放OP07的增益为100,AD210的增益为1.83)。

4. 电流/电压(I/V)转换器

在计算机测控系统的模拟量输入通道调理电路中,除标度变换器、滤波、线性化校正、零点和满刻度调整等电路外,往往还包括电流/电压(I/V)转换器,这是因为大多数输入信号(如压力、流量、位移等)的调理电路都直接由相应的产品化器件——变送器来完成。为了便于使用,大多数传感器生产厂家往往将传感器与变送

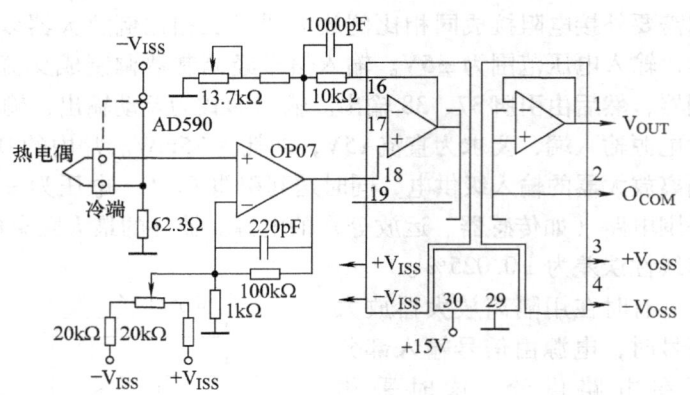

图2-11 AD210在热电偶测量中的应用

器合为一体,因此,对计算机测控系统而言,其调理部分实际需要完成的工作就是将传感器输出的非标准电压信号转换为A/D转换器能直接采集的电压信号。目前,工业自动化仪表采用的变送器大多是DDZ-Ⅲ型电动单元组合仪表,采用线性集成电路,其输出信号为4~20mA的国际标准。

图2-12为二线制变送器的连接图。计算机测控系统的直流电源U(24V)通过两根线向现场的变送器供电,同时这两根线又是输出信号(4~20mA)的传输线。输出的电流信号I只需经过标准电阻$R_L = 250Ω$,即转换为电压$U_L = IR_L = 1~5V$送至测控系统。当监控系统需要通过长线驱动现场的驱动器件如阀门等时,一般采用三线制变送。三线制4~20mA电路由变送器端提供工作电源。

实际电流/电压转换电路可分为无源 I/V 变换和有源 I/V 变换两种类型。

(1) 无源 I/V 变换 它主要是利用无源器件电阻来实现，并加滤波和输出限幅等保护措施，如图 2-13 所示。

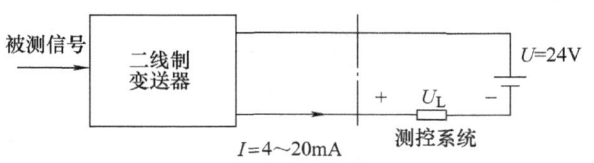

图 2-12 二线制变送器的连接

对于 0～10mA（DDZ-Ⅱ型电动单元组合仪表）输入信号，可取 $R_1 = 100\Omega$，$R_2 = 500\Omega$ 且 R_2 为精密电阻，输出的电压为 0～5V；对于 4～20mA 输入信号，可取 $R_1 = 100\Omega$，$R_2 = 250\Omega$，同样 R_2 为精密电阻，输出的电压为 1～5V。

(2) 有源 I/V 变换 它主要是利用有源器件运算放大器、电阻来实现，如图 2-14 所示。

在该电路中，利用同相放大电路，把电阻 R_1 上产生的输入电压变成标准的输出电压，其放大倍数为

$$A = 1 + \frac{R_5}{R_3}$$

若取 $R_3 = 100\text{k}\Omega$ 及 $R_5 = 150\text{k}\Omega$，$R_1 = 200\Omega$，当输入电流为 0～10mA 时，对应的输出电压为 0～5V；若取 $R_3 = 100\text{k}\Omega$ 及 $R_5 = 25\text{k}\Omega$，$R_1 = 200\Omega$，当输入电流为 4～20mA 时，对应的输出电压为 1～5V。

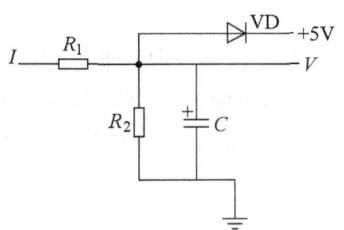

图 2-13 无源 I/V 变换电路

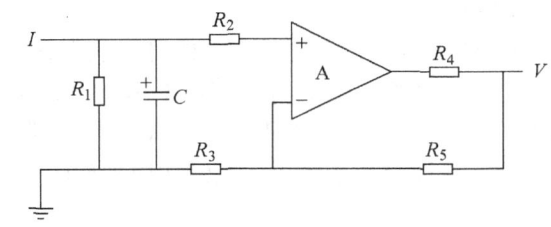

图 2-14 有源同相输入 I/V 变换电路

除采用同相放大电路外，还可以接成反向输入方式，如图 2-15a 所示。输入电流 I_1 全部流经反馈电阻，则输出 $V_0 = -I_1 R$。由于全部电流流入运放的输出端，因而不能做大电流的转换。该电路的输入电压近似为零，因而即使信号源内阻很低，也不会产生电流误差。小电流转换时，需用大的反馈电阻。例如，将 10nA 的电流转换成 1V 电压时，R 为 100MΩ，同时要求运算放大器的失调电压要小。该电路的工作范围为

$$-10V \leqslant I_1 R \leqslant +10V, \quad |I_1| \leqslant 10\mu A$$

电阻 R 的选择如下：标准电阻 R 可选用普通电阻，阻值范围为

$$10\Omega \leqslant R \leqslant 1\text{M}\Omega$$

当 $R < 10\Omega$ 时，布线电阻的影响将增大；当 $R > 1\text{M}\Omega$ 时，价格高且难以保证精度，易受噪声影响。例如，将 10nA 电流转换成 1V 电压时，R 为 100MΩ，精度难以保证，此时可选 $R = 1\text{M}\Omega$。先将 10nA 电流转换成 10mV，再用一个增益为 100 的电压放大器将电压放大到 1V，如图 2-15b 所示。

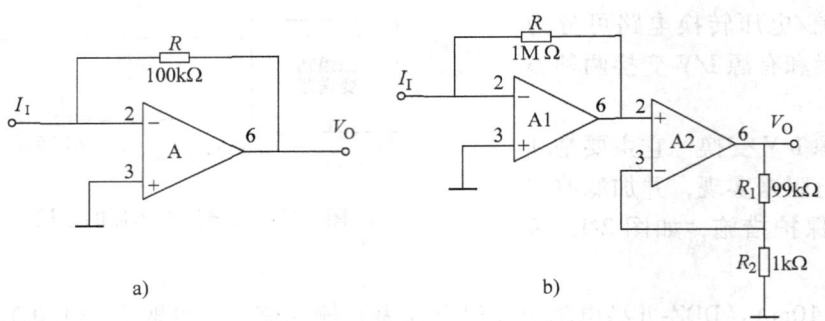

图 2-15 有源反相输入 I/V 变换电路

2.2.2 多路转换开关

在计算机测控系统中，被控量与被测量的回路往往是几路或几十路，此时往往采用公共的 A/D、D/A 转换电路，利用多路转换开关轮流切换各被控或被测回路与 A/D、D/A 转换电路间的通路，以达到分时复用的目的。多路开关在模拟量输入通道中的作用是实现多选一操作，即将多路输入依次（或随机）切换到后级，切换过程是在 CPU 控制下完成的（也可以用其他逻辑控制实现）。具有上述切换功能的开关电路集成芯片种类较多，选择多路开关除考虑其通道数外，还需了解其他性能，包括通道切换时间、导通电阻、通道间的串扰误差等，这些参数可在集成电路的手册中查到，这里仅介绍几种常用的集成芯片。

1. CD4051

CD4051 芯片允许双向使用，既可以从多路到单路转换，也可以用于从单路到多路转换。它有 3 个二进制控制输入端 A、B、C 和 1 个禁止输入端 INH，用 3 位二进制信号来选择 8 个通道中的 1 个通道。当 INH = "1" 时，通道断开，禁止模拟量输入；当 INH = "0" 时，通道接通，允许模拟量输入，其结构原理如图 2-16 所示。

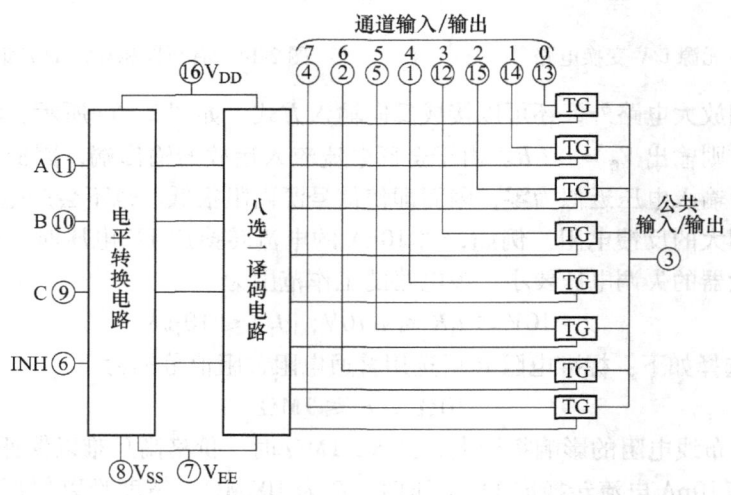

图 2-16 CD4051 结构原理图

在图 2-16 中，逻辑电平转换电路完成 CMOS 到 TTL 的电平转换。因此，这种多路开关输入电平范围广，数字量输入为 3~15V，模拟量可达 15V。二进制 3-8 译码器用来把选择输入端 A、B、C 的状态进行译码，以控制开关 TG，使某一路开关接通，从而使输入通道与输出通道相连。表 2-3 为 CD4051 的真值表；图 2-17 为 CD4051 引脚图。

表 2-3 CD4051 真值表

输入状态				接通道号
INH	C	B	A	CD4051
0	0	0	0	0
0	0	0	1	1
0	0	1	0	2
0	0	1	1	3
0	1	0	0	4
0	1	0	1	5
0	1	1	0	6
0	1	1	1	7
1	X	X	X	不通

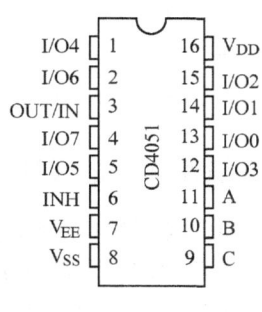

图 2-17 CD4051 引脚图

2. CD4052

该芯片与 CD4051 的工作原理和性能相同，结构类似。它们都由电平转换电路、译码选择电路、模拟开关构成，其结构原理图如图 2-18 所示。CD4052 是双 4 对 1 多路开关，其内部有两个完全独立（电绝缘）的 4 选 1 模拟开关，其真值表如表 2-4 所示。它有两个二进制控制输入端 A、B 和 1 个禁止输入端 INH，用 2 位二进制信号来同时选择两个独立多路开关中 4 个通道的 1 个通道。同样，当 INH = "1" 时，通道断开，禁止模拟量输入；当 INH = "0" 时，通道接通，允许模拟量输入。其引脚如图 2-19 所示。

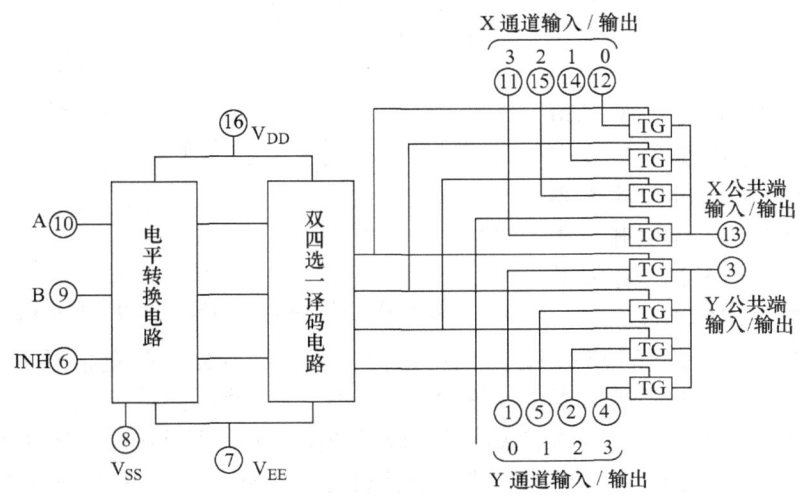

图 2-18 CD4052 结构原理图

表 2-4 CD4052 真值表

输入状态			接通道号	
INH	B	A	X	Y
0	0	0	0	0
0	0	1	1	1
0	1	0	2	2
0	1	1	3	3
1	X	X	不通	

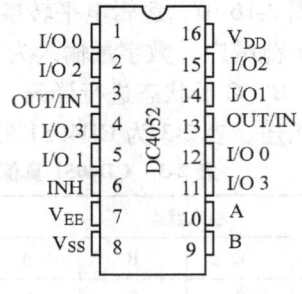

图 2-19 CD4052 引脚图

2.2.3 可编程增益放大器

在计算机测控系统中，模拟量输入通道的变化范围会随被测量所处的环境和时间的变化而变化，因此希望能自动改变放大器的增益，使信号通过放大器后，具有合适的动态范围，即实现自动量程切换，以便于 A/D 转换或信号调理。此外，在多路数据采集系统中，也可能遇到各路信号动态范围不一致的情况，这时希望放大器对不同的通路具有不同的增益，以实现相同的动态输出。这些场合都需要使用可编程增益放大器（PGA）。

回顾图 2-4 所示的仪表放大器结构，通过改变电阻 R_g 就可改变放大倍数。因此，用多路模拟开关对不同阻值的 R_g 进行切换，就可以实现放大倍数的程控。但对于基于以上原理的集成可编程增益放大器，需要考虑以下两个因素：

1）图 2-4 中，希望调整电阻 R_g，而不是希望成对地调整运算放大器的反馈电阻 R_1、R_2，是因为不易保证电阻的对称性及调整过程中电阻变化量的对称性。而这一问题在集成器件中可以得到解决，即采用激光光刻精确调整电阻的阻值，以保证电阻参数的对称性。

2）如果用模拟开关对 R_g 的阻值进行切换，需考虑模拟开关的导通电阻值所造成的增益误差，而且模拟开关的导通电阻值与控制电压和温度有关，难以补偿。

综合以上两个因素，实际的可编程增益放大器电路如图 2-20 所示，由于成对地调整运算放大器 A1、A2 的反馈电阻，模拟开关中没有电流流过，所以导通电阻及其变化量不会影响电路的精度。

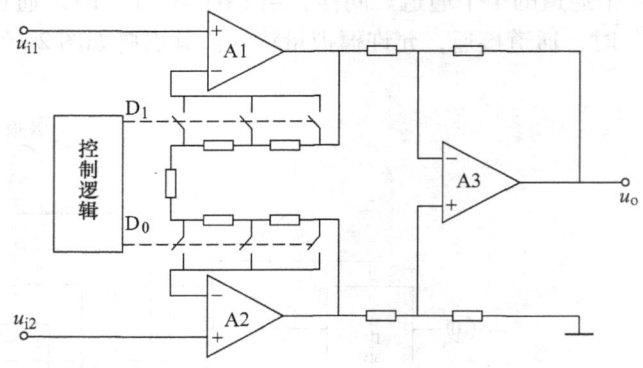

图 2-20 用仪表放大器实现的可编程增益放大器

基于这一原理的器件有 LH0084，其内部结构如图 2-21 所示。控制信号 D_1D_0 通过控制逻辑驱动模拟开关切换运算放大器的反馈电阻，D_1D_0 的 4 种组合对应 1、2、5、10 共 4 种程控增益值。另外，芯片输出级的减法器还有成对的反馈电阻可供选择，选择不同的反馈电阻作为减法器的组成部分，可实现减法器的增益设置，共分 1、4、10 三种状态。例如，图 2-21 中输出端引脚 10 接反馈端引脚 7，相应地接地端接引脚 12，这样就设定减法器的增益为 4。由此可见，减法器的增益设定是预先设置的，不是软件编程的。综合考虑芯片输入级增益范围（1、2、5、10）和输出级增益范围（1、4、10），该芯片能实现从 1~100 的增益范围。

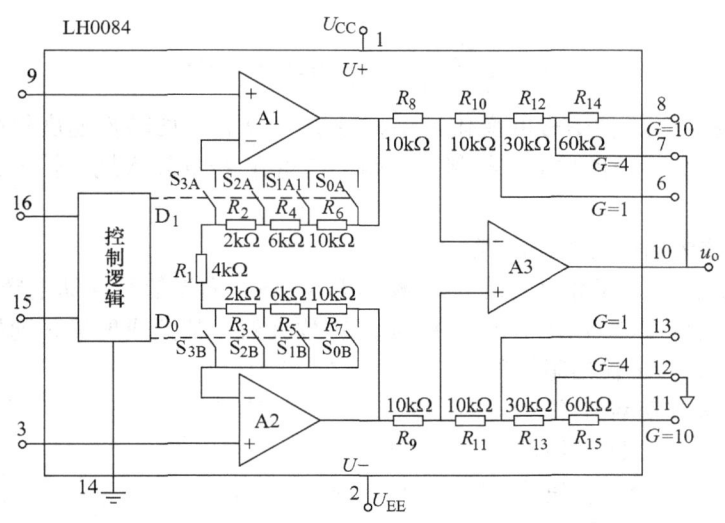

图 2-21　LH0084 电路结构

2.2.4　采样保持器

1. 采样保持器的作用

A/D 转换器将模拟信号转换成数字量需要一定的时间，完成一次转换所需的时间称为转换时间。对于随时间变化的模拟信号来说，转换时间 $t_{A/D}$ 决定了每一个采样时刻的最大转换误差。例如图 2-22 所示的正弦模拟信号，如果从 t_0 时刻开始进行 A/D 转换，但转换结束时已为 t_1，模拟信号已发生了 ΔU 的变化。因此，被转换的究竟是哪一时刻的电压就很难确定。对于一定的转换时间，最大可能的误差发生在信号过零的时刻，因为此时 du/dt 最大。

令 $u = U_m \sin\omega t$，则

$$\frac{du}{dt} = U_m \omega \cos\omega t = 2\pi f U_m \cos\omega t \quad (2-10)$$

式中　U_m——正弦信号的幅值；
　　　f——信号频率。

$t = 0$ 时，则有最大变化率

$$\frac{\Delta u}{\Delta t} = 2\pi f U_m \quad (2-11)$$

取 $\Delta t = t_{A/D}$，则得原点处转换的不确定电压为

$$\Delta U = 2\pi f U_m t_{A/D} \quad (2-12)$$

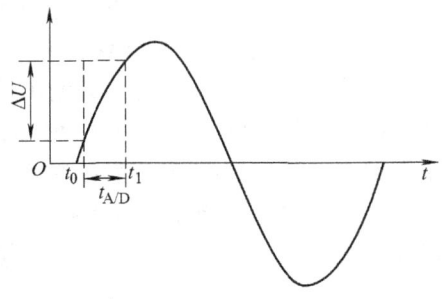

图 2-22　正弦模拟信号

误差百分数

$$\delta = \frac{\Delta U \times 100\%}{U_m} = 2\pi f t_{A/D} \times 100\% \quad (2-13)$$

由此可见，对于一定的转换时间 $t_{A/D}$，误差的百分数和信号的频率成正比。为了确保

A/D 转换的精度,不得不限制信号的频率范围。

例如 10 位的 A/D 转换器(量化误差为 0.1%),转换时间为 $10\mu s$,则允许转换的正弦波信号的最大频率为

$$f = \frac{0.1 \times 10^{-2}}{2\pi \times 10 \times 10^{-6}} \text{Hz} \approx 16\text{Hz}$$

因此,如被采样的模拟信号的变化频率相对于 A/D 转换的转换速度较高,为了保证转换精度,就要在 A/D 转换前加上采样保持电路,使得在 A/D 转换期间输入模拟信号保持不变。

2. 采样保持器的组成与工作原理

采样保持电路由输入缓冲放大器 A1、模拟开关 AS、模拟信号存储电容 C_H 和输出缓冲放大器 A2 组成,如图 2-23 所示。A1、A2 是运算放大器,都接成射极跟随器形式,并且使 A2 的输入阻抗很大,A1 输出阻抗很小。

采样保持电路有两种工作状态:一是采样状态,二是保持状态。当模拟开关 AS 闭合时,进入采样状态,由于 A1 输出阻抗小,输入放大器的输出端给电容 C_H 快速充电,输出跟随输入而变化,增益为 1。为使电容电压跟随输入

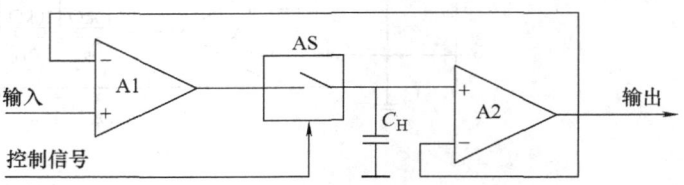

图 2-23 采样保持电路

电压精确到 0.05% 之内,采样状态持续时间应大于 7~8 倍 RC_H 时间,R 为 A1 的输出电阻。当模拟开关 AS 断开时,进入保持状态,由于 A2 的输入阻抗很大,流入 A2 的电流几乎为 0,这样,电容保持充电时的最终电压值,从而保证输出端的电压值不变。

3. 采样保持器的主要参数

(1) 孔径时间 T_{AP} 在采样保持器中,由于模拟开关有一定的动作滞后,从保持命令发出至模拟开关完全断开所需的时间称为孔径时间。因此,A/D 转换器实际采集到的数据是保持命令发出后,经过 T_{AP} 延时的输入电压 V_i。

(2) 捕捉时间 T_{AC} 采样保持器处于保持模式时,从计算机发出采样命令,由"保持"转为"采样"后,采样保持器的输出值由原来的保持值过渡到跟踪当前输入信号值所需的时间,称为捕捉时间,包括开关动作时间,达到稳定值的建立时间,它是影响采样频率提高的主要因素,但不影响 A/D 转换精度。

(3) 保持电压下降率 在保持模式时,由于电容的漏电使保持电压值下降,下降值随保持时间增加而增大,所以往往用保持电压下降率(单位为 V/s)表示,即

$$\frac{\Delta V}{\Delta T} = \frac{I}{C_H}$$

式中 I——漏电流,单位为 pA;

C_H——保持电容的电容值,单位为 pF。

4. 常用采样保持器芯片

常用的采样保持器芯片有 AD582、AD583 和 LF198(LF298、LF398)等;用于高速场合的有 HTS-25、HTS-0010 和 HTC-0300 等;用于高分辨率场合的有 SHA1144 等。为了使用

方便，有些采样保持器的内部还设有保持电容，如 AD389 和 AD585 等。

集成采样保持器的特点是：采样速度快、精度高，一般在 2～2.5μs 即达到 ±0.01%～±0.03% 的精度；下降速率慢，如 AD585 为 1mV/ms，AD389 为 0.1μV/μs。

（1）LF398　图 2-24 为 LF398 原理图，从图可知，其内部由输入缓冲级、输出驱动级和控制电路 3 部分组成。

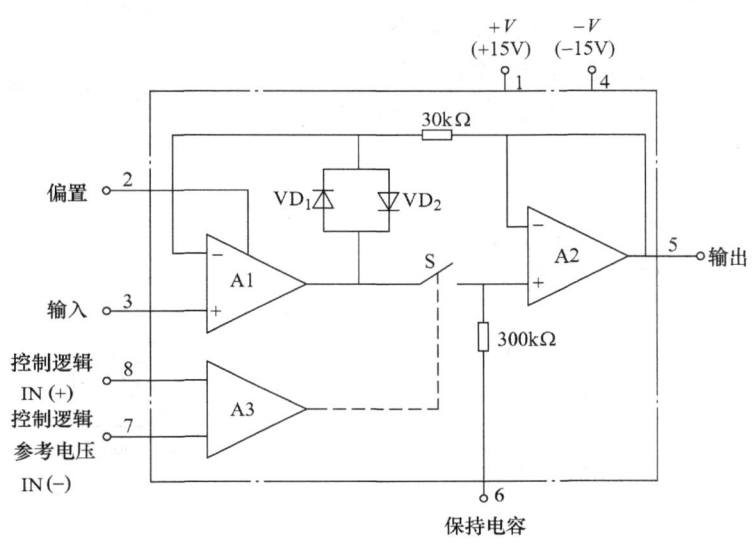

图 2-24　LF398 采样保持器原理图

控制电路中 A3 起比较器的作用，其中 7 脚为参考电压，当输入控制逻辑电平高于参考端电压 1.4V 以上时，A3 输出一个低电平信号驱动开关 S 闭合，此时输入信号经 A1 后跟随输出到 A2，再由 A2 的输出端跟随输出，同时向保持电容（接 6 端）充电；而当控制端逻辑电平低于参考电压与 1.4V 之和时，A3 输出一个正电平信号使开关断开，以达到非采样时间内保持原来输入的目的。A1、A2 是跟随器，其作用是对保持电容输入和输出端进行阻抗变换，以提高采样保持器的性能。

与 LF398 结构相同的还有 LF198，LF298 等，它们都是由场效应管构成，具有采样速度高、保持电压下降慢以及精度高等特点，其主要技术指标有：
- 工作电压：±5～±18V。
- 捕捉时间：≤10μs。
- 可与 TTL、PMOS、CMOS 兼容。
- 当保持电容为 0.01μF 时，典型保持电压下降率为 5mV/s。
- 低输入漂移，保持状态下输入特性不变。

图 2-25 为典型应用图。在有些情况下，还可采取二级采样保持串联的方法，选用不同的保持电容，使前一级具有较高的采样速度而后一级保持电压下降速率慢，结合构成一个采样速度快而下降速度慢的高精度采样/保持电路。

（2）AD582 该采样保持器是由一个高性能的运算放大器、低漏电流的模拟开关和一个由结型场效应管集成的放大器组成，保持电容器外接，其功能引脚及结构示意图如图 2-26 所示。这种采样保持器适用于使用 12 位 A/D 的信号采集系统，此时保持电容可取 1000pF，当精度为 0.1% 时，捕捉时间小于 6μs，孔径时间 200ns，其控制电平 IN+ < （IN- + 0.8V）时，处于采样状态。采样/保持电流比可达 10^7，无论采样还是保持状态均有高输入阻抗。图 2-27 是用 AD582 构成的典型数据采集电路，其中 R_1 和 R_f 为增益调整电阻。

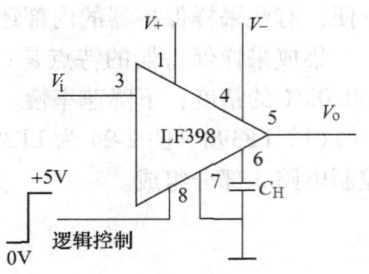

图 2-25 LF398 典型应用

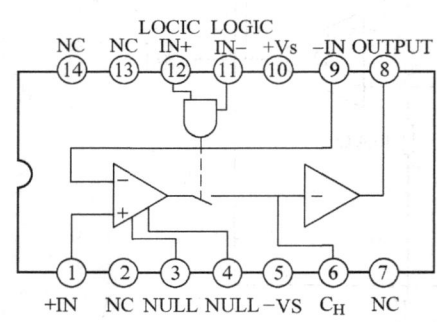

图 2-26 AD582 原理及外引脚

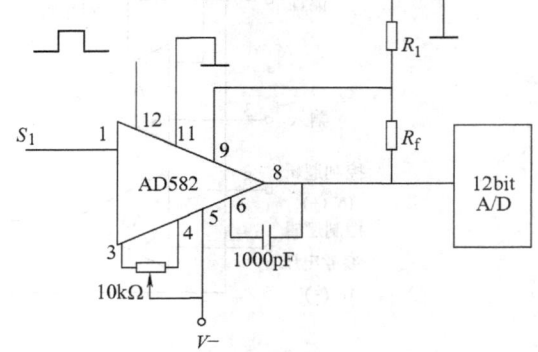

图 2-27 AD582 典型数据采集电路

2.2.5 A/D 转换器

1. A/D 转换器类型

A/D 转换器是模拟量输入通道的核心部件，它将模拟量转换成数字量，实现采样和量化。A/D 转换器种类繁多，按转换原理可分为双积分式、逐次逼近式、Σ-Δ 调制式、并行转换式、余数反馈比较式、V/F 转换式等 A/D 转换器。其中，并行转换式转换速度快，但分辨率较低，一般用于运动控制、视频转换等场合；而双积分式虽然抗干扰能力强、转换精度较高，但转换速度低，因此，它们在计算机控制系统中应用很少。此外，根据 A/D 转换器与 CPU 数据交换方式还可分为并行式和串行式。

2. A/D 转换器的主要技术参数

（1）分辨率 通常用转换后的数字量的二进制位数表示，如 8 位、10 位、12 位、16 位等。分辨率为 8 位表示它可以对满量程的 $1/2^8 = 1/256$ 的增量作出反应。

（2）量程 指所能转换的电压范围，如 5V、10V 等。

（3）转换精度 它是指转换后所得结果相对于实际值的准确度。A/D 转换器的转换精度取决于量化单位 q、微分线性度误差 DNLE 和积分线性度误差 INLE。通常用绝对精度和相对精度两种方法表示。绝对精度常用数字量的位数表示法，如绝对精度为 ±1/2LSB，相对精度用相对于满量程的百分比表示。如满量程为 10V 的 8 位 A/D 转换器，其绝对精度为 $\pm 1/2 \times 10/2^8 = \pm 19.5\text{mV}$，而 8 位 A/D 的相对精度为 $(1/2)/2^8 \times 100\% = 0.19\% \text{ FSR}$（满标度量程)。

精度和分辨率不能混淆。即使分辨率很高,但温度漂移、线性不良等因素也可能造成精度下降。

(4) 转换时间　指启动 A/D 到转换结束所需的时间,一般为几 μs 到几百 ms,逐次逼近式 A/D 转换器的转换时间为 1~200μs。在设计模拟量输入通道时,应按实际应用的需要和成本来确定这一参数。

(5) 工作温度范围　较好的 A/D 转换器的工作温度为 -40~85℃,一般为 0~70℃。应根据具体应用要求选择适用的型号,超过工作温度范围,将不能保证精度指标。

3. 12 位 A/D 转换器 AD574

这是一个完整的 12 位逐次逼近式带三态缓冲器的 A/D 转换器,它可以直接与 8 位或 16 位微型机总线进行接口。分辨率为 12 位,转换时间 15~35μs。AD574 有 6 个等级,其中 AD574AJ、AD574AK 和 AD574AL 适用于 0~70℃ 温度范围,AD574AS、AD574AT 和 AD574AV 可在 -55~+125℃ 温度范围内工作。

(1) AD574 的电路组成　AD574 的原理框图如图 2-28 所示,其中模拟部分由高性能的 12 位 D/A 转换器 AD565 和参考电压组成,包括高速电流输出开关电路、电阻网络,故其精度高达 ±1/4LSB。数字部分由逐次逼近寄存器 (SAR)、转换控制逻辑、时钟、三态输出存储缓冲器组成。

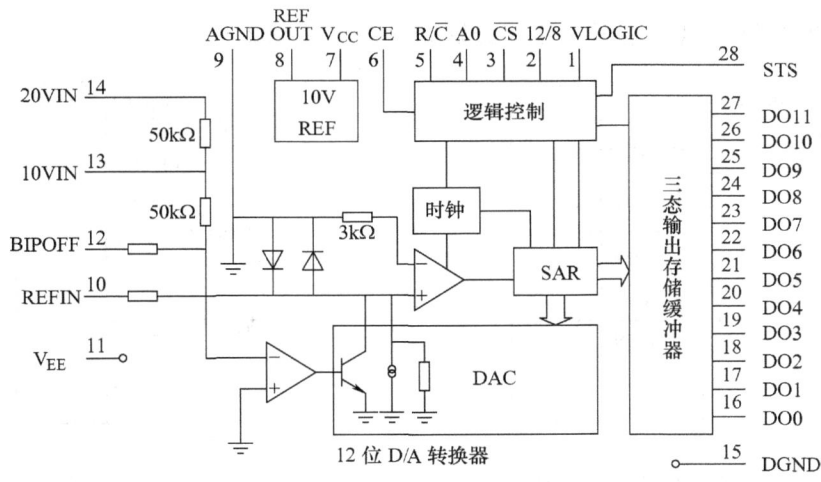

图 2-28　AD574 原理框图

(2) AD574 的引脚功能
- DO0~DO11——12 位数据输出,带三态输出缓冲器。
- VLOGIC——逻辑电源 +5V (4.5~5.5V)。
- V_{CC}——正电源 +15V (13.5~16.5V)。
- V_{EE}——负电源 -15V (-13.5~-16.5V)。
- AGND、DGND——模拟、数字地。
- CE——片使能信号,高电平有效,简单应用中固定接高电平。

- $\overline{CS}$——片允许信号，低电平有效。
- $R/\overline{C}$——读/转换信号：
  $CE=1$，$\overline{CS}=0$，$R/\overline{C}=0$ 时，转换开始；
  $CE=1$，$\overline{CS}=0$，$R/\overline{C}=1$ 时，允许读数据。
- A0——转换和读字节选择信号：
  启动：$CE=1$、$\overline{CS}=0$、$R/\overline{C}=0$、$A0=0$ 时，启动按 12 位转换；
  $CE=1$、$\overline{CS}=0$、$R/\overline{C}=0$、$A0=1$ 时，启动按 8 位转换。
  读数：$CE=1$、$\overline{CS}=0$、$R/\overline{C}=1$、$A0=0$ 时，读取转换后高 8 位数据；
  $CE=1$、$\overline{CS}=0$、$R/\overline{C}=1$、$A0=1$ 时，读取转换后低 4 位数据。
- $12/\overline{8}$——输出数据形式选择信号：
  $12/\overline{8}$ 端接 PIN1（VLOGIC）时，数据按 12 位形式输出；
  $12/\overline{8}$ 端接 PIN15（DGND）时，数据按双 8 位形式输出。
- STS——转换状态信号：转换开始 $STS=1$；转换结束 $STS=0$。
- 10VIN——模拟信号输入：单极性 0~10V，双极性 ±5V。
- 20VIN——模拟信号输入：单极性 0~20V，双极性 ±10V。
- REFIN——参考输入。
- REFOUT——参考输出。
- BIPOFF——双极性偏置。

AD574 的单极性和双极性输入电路分别如图 2-29 和图 2-30 所示。

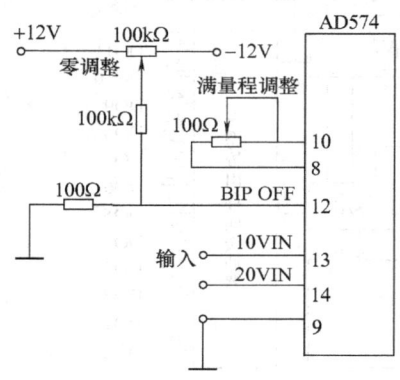

图 2-29 AD574 单极性输入电路

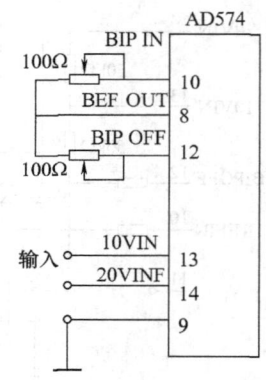

图 2-30 AD574 双极性输入电路

4. A/D 转换器与系统的连接及举例

（1）与系统的连接信号　A/D 转换器对外的连接信号有下列几类：模拟输入信号、数据输出信号、启动转换信号和转换结束信号及数据读取控制信号。

1）模拟输入电压的连接。A/D 转换器的模拟输入电压既可以是单端输入，又可以是双端差动输入。如单通路 8 位 A/D 转换器 ADC0804，它的两个输入端为 VIN（-）、VIN（+），如果用单端输入的正向信号，则把 VIN（-）接地，信号加到 VIN（+）端；如果用单端输入的负向信号，则把 VIN（+）接地，信号加到 VIN（-）端；如果用差动输入，则模拟信号加在 VIN（-）端和 VIN（+）端之间。

AD0808/0809 可以从 $V_{IN0} \sim V_{IN7}$ 接 8 路模拟输入电压，通常接成单端单极性输入，这时 $V_{REF}(+)=5V, V_{REF}(-)=0V$；也可以接成双极性输入，这时 $V_{REF}(+)$ 和 $V_{REF}(-)$ 应分别接 +、-极性的参考电压。

AD574 属单端输入，在 10VIN 和 20VIN 中任一端和 AGND 之间输入，可输入单极性电压或双极性电压。

2) 数据输出和系统总线的连接。A/D 转换器数据输出有两种方式，A/D 芯片内部若带有三态输出门，其数据输出线可以直接挂到系统数据总线；A/D 芯片内部若不带三态输出门（或虽有三态输出门，但它不受外部信号控制，而是当转换结束时自动开门），则其数据输出线不能和系统数据总线直接连接，而应外加输入缓冲器（如 74LS244）或通过并行 I/O 接口的输入端口才能和 CPU 交换数据。

ADC0804、ADC0808/0809 等的数据输出线都具有三态输出门，其 8 位数据输出线可以直接与系统数据总线连接。

AD574 的数据输出线因有三态输出门，可直接接数据总线。若与 12 位或 16 位的系统数据总线相连，则可将 AD574 的数据输出 DO0 ~ DO11 按位接到数据总线 D0 ~ D11 上，CPU 通过对字的输入指令读取转换数据；若接 8 位数据总线，则按字节分时读出。

3) A/D 转换启动信号。A/D 转换器是在 CPU 控制下工作的，即由 CPU 发出启动转换信号。启动信号有电平启动和脉冲启动两种方式，如 AD570、AD571、AD572 等需要电平启动信号，且在整个 A/D 转换期间，启动信号不能撤销。CPU 一般要通过并行接口输出端或用 D 触发器发出和保持有效的电平启动信号。AD0804、ADC0808/0809 和 AD574 需要脉冲启动信号，通过读/写信号或程序控制可得到足够宽度的脉冲信号，而基于过采样 Σ-Δ 转换技术的 AD7703 则不同，一旦上电，即开始对输入信号进行采样，而不需要启动信号。

4) 转换结束信号及转换数据的读取方式。A/D 转换结束时，A/D 转换芯片输出转换结束信号，转换结束信号也有两种：电平信号和脉冲信号。CPU 检测到转换结束信号即可读取转换数据，一般可以采用程序查询、中断、延时和 DMA 这四种方式读取数据。当 A/D 转换时间较长时，宜用中断方式；当 A/D 转换时间较短时，宜用查询或延时方式；在高速数据采集的场合，可考虑 DMA 方式。

(2) AD574 与外部的连接　在图 2-31 中，双向缓冲器 74LS245 用于数据缓冲，当 $\overline{IOW}$ =0 时，$R/\overline{C}=0$, DIR=0（74LS245 数据传送方向由 $B_0 \sim B_7$ 到 $A_0 \sim A_7$），系统用假写外设操作来启动 AD574 作双极性 A/D 转换。当 $\overline{IOR}=0$ 时，$R/\overline{C}=1$, DIR=1，系统通过 74LS245 读 AD574 转换结果。

在图 2-31 中，系统地址 A_0 接 AD574 的 A_0，因此，当用偶地址写 AD574 时，启动 12 位 A/D 转换；当用偶地址读 AD574 时，读出高 8 位；奇地址读 AD574 时，读出低 4 位。由于图中没有考虑 AD574 转换结束信号，因此只能用延时的方法来读取转换数据。

采集程序如下：

```
MOV     DX, ADPORT      ; ADPORT 为偶地址
OUT     DX, AL          ; 假写外设操作，启动 12 位 A/D 转换
CALL    DELAY           ; 调用延时 100μs（>35μs 转换时间）的子程序（此处
                          略）
MOV     DX, ADPORT      ; ADPORT 为偶地址
```

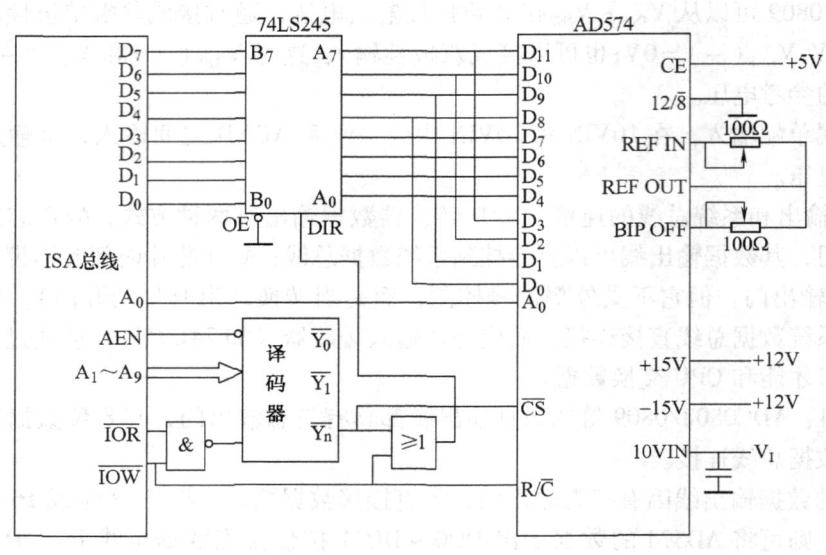

图 2-31 AD574 与外部的连接

```
IN      AL, DX              ；读高 8 位
MOV     AH, AL              ；
MOV     DX, ADPORT+1        ；ADPORT+1 为奇地址
IN      AL, DX              ；从数据总线 D₄~D₇ 位读入低 4 位
```

2.2.6 模拟量输入通道设计举例

图 2-32 为一种 8 通道的模拟输入通道原理图，由 2 片多路开关 CD4051（8 路）、采样保持器 LF398、12 位 A/D 转换器 AD574、仪表放大器 AD625 和接口电路 8255A 组成。

该模拟输入通道的主要技术指标如下：

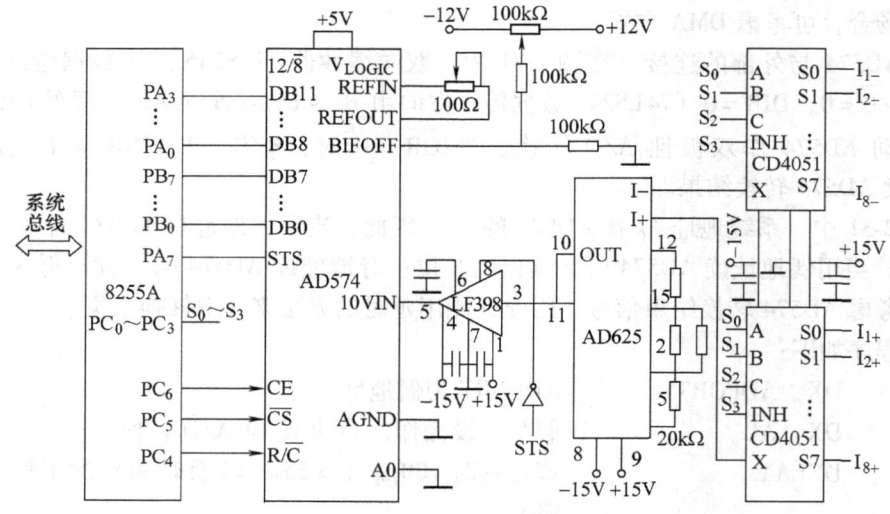

图 2-32 8 通道模拟输入板

- 分辨率：12 位；
- 通道数（双端）：8 路；
- 输入量程：单极性 0～10V；
- 转换时间：25μs（A/D）；
- 线性误差：不大于 0.02%；
- 应答方式：查询。

该通道采集一个数据的过程如下：

1）通道选择。目的通道号写入端口 C 的低 4 位，使 LF398 对目的通道采样（LF398 的工作状态受 AD574 的 STS 控制，AD574 未转换期间 STS = 0，LF398 处于采样状态）。

2）启动 AD574 进行 12 位转换。通过 $PC_6 \sim PC_4$ 输出控制信号启动 AD574。

3）查询 AD574 是否转换结束。读端口 A，了解 STS 是否已由高电平变为低电平。

4）读取转换结果。读 8255A 端口 A、B，便可得到转换结果（$12/\overline{8}$ 脚接 +5V，一次性输出 12 位）。

以下为相应的数据采集程序，设 8255A 已初始化，且已装填 ES，8255A 的地址为 2C0H ~2C3H，采样值存入数据段中的采样值缓冲区 BUF。

```
AD574    PROC    NEAR
         MOV     CX, 8
         CLD                    ;字符串传送时，地址自动增 1
         MOV     BL, 00H        ;CE = 0, CS = 0, R/C = 0, S2 = S1 = S0 = S3 = 0
         LEA     DI, BUF        ;指向存储区首地址
NEXTCH:  MOV     DX, 2C2H       ;PC 口
         MOV     AL, BL
         OUT     DX, AL
         NOP
         NOP
         OR      AL, 40H        ;CE = 1，片使能，启动 12 位 A/D 转换
         OUT     DX, AL
         MOV     DX, 2C0H       ;指向 PA 口
POLING:  IN      AL, DX
         TEST    AL, 80H        ;查询 $PA_7$，即转换结果状态引脚 STS 的电平
         JNZ     POLING
         MOV     AL, BL         ;转换结束
         OR      AL, 10H        ;R/C = 1，使能读数据
         MOV     DX, 2C2H
         OUT     DX, AL
         OR      AL, 40H        ;CE = 1
         OUT     DX, AL
         MOV     DX, 2C0H       ;指向 PA 口
         IN      AL, DX
```

```
        AND     AL, 0FH            ;读高 4 位
        MOV     AH, AL
        INC     DX                 ;指向 PB 口
        IN      AL, DX             ;读低 8 位
        STOSW                      ;将 AX 内容存储到 BUF 为首地址的数据区
        LOOP    NEXTCH
        MOV     AL, 00111000B      ;CE = 0, $\overline{CS}$ = R/$\overline{C}$ = 1, INH = 1
        MOV     DX, 2C2H           ;AD574A 无效
        OUT     DX, AL
        RET
AD574   ENDP
```

2.3 模拟量输出接口与通道

2.3.1 模拟量输出通道

模拟量输出通道的功能是把计算机的运算结果（数字量）转换成模拟量，并输出到被选中的某一控制回路上，完成对执行机构的控制动作。模拟量输出通道通常由 D/A 转换器、输出保持、多路切换开关和功放电路所组成。

输出保持分为数字量保持和模拟量保持，因此，输出通道也有两种基本结构形式。

（1）每个输出通道设置一个 D/A 转换器的结构形式 如图 2-33 所示是采用数字量保持的方案，每个通道由独立 I/O 接口的数据锁存器和 D/A 转换器构成，前一采样时刻的输出值可以一直供 D/A 转换器使用，直到下一采样时刻更换新的输出数据，数据锁存器起到了输出保持的作用。该方案优点是速度快、精度高、工作可靠；缺点是 D/A 转换器和数据锁存器数量较多。

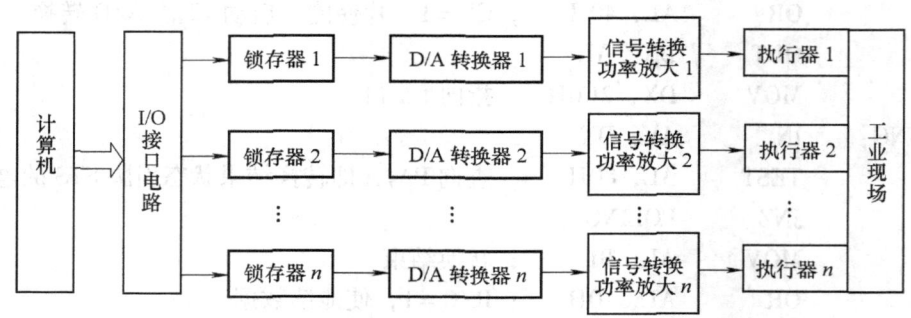

图 2-33 数字量保持方案

（2）多个输出通道共用一个 D/A 转换器的结构形式 图 2-34 是采用模拟量保持的方案，只有一个 D/A 转换器，并设一个多路转换开关。在 CPU 控制下，D/A 转换器分时工作，依次把 D/A 转换器转换成的模拟电压（或电流），通过多路转换开关，传送给各路模拟量输出保持器（通常是零阶保持器），将前一采样时刻的输出值原封不动地保持到下一采样时刻。

常用的零阶保持器有两种：一种是采用步进电动机带动多圈电位器，因为步进电动机走步后能保持其角位移不变，从多圈电位器输出的输出电压也就保持不变；另一种是采用和模拟量输入通道中的采样保持器一样的电容保持电路，但应当注意，虽然输入采样保持器和输出保持器都是保持器，所用电路相同，但两者目的不同，不能混淆。

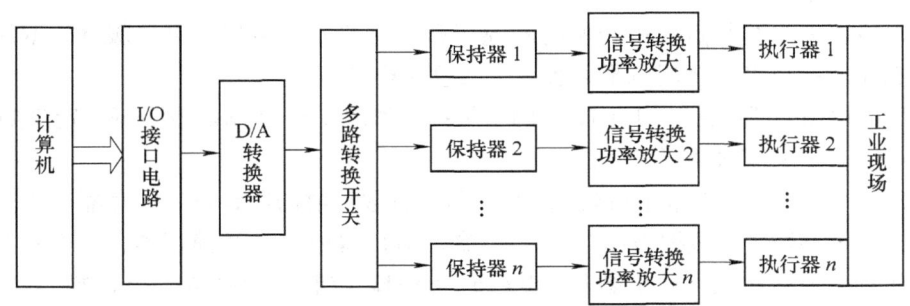

图 2-34　模拟量保持方案

输出保持器之后的信号虽然是连续的模拟信号，却呈阶梯形状，一般需经过滤波电路，使信号变得平滑，若执行部件本身（如电动机）带有惯性环节，能起到滤波作用，则不需另加滤波器。

2.3.2　D/A 转换器及其接口

D/A 转换器将数字量转换成模拟量，是模拟量输出通道的重要组成部分，D/A 转换器按工作方式可分成并行和串行两种。并行 D/A 转换器又可分成电流相加型和电压相加型，还有并行数据是二进制数或十进制数之别。并行 D/A 转换器转换速度快，应用较多。串行 D/A 转换器具有特殊用途，常应用于步进电动机控制等场合。

1. D/A 转换技术指标

（1）分辨率　分辨率反映了计算机数字量输出对执行部件控制的灵敏程度，n 位 D/A 转换器的分辨率＝满量程值/2^n。可见在满量程值一定的情况下，分辨率的大小取决于 D/A 转换器的位数，位数愈高，分辨率愈高。

（2）稳定时间　稳定时间是 D/A 转换器转换速率的度量，是指 D/A 转换器输入发生满量程值变化时，其输出达到并保持在所允许的误差范围内所需要的时间，一般为几十纳秒到几微秒。因此 D/A 转换器造成的时间滞后很小，通常不必考虑其延时影响。

（3）线性误差　理想 D/A 转换器的输入/输出关系是一条直线。但是，元件的非线性使之存在非线性误差，一般为 0.01%～0.8%。

（4）输出方式和极性　有电流输出和电压输出两种，若为电流输出方式，应选择 0～10mA 或 4～20mA 直流电流输出；若为电压输出方式，应选择单极性或双极性输出。

（5）温度范围　较好的 D/A 转换器工作温度范围为 -40～85℃，一般的转换器工作温度范围为 0～70℃，应按计算机控制系统使用环境选择合适的器件类型。

2. 12 位 D/A 转换器 DAC1210

(1) 主要性能及特点　DAC1210 是双列直插式 24 引脚集成电路芯片。内部有输入寄存器和 DAC 寄存器两个缓冲输入寄存器，一个精密硅-镉 R-$2R$ T 形网络和 12 个 CMOS 电流开关；是电流相加型 D/A 转换器。

DAC1210 主要技术指标：分辨率为 12 位；稳定时间为 1μs；供电电源为 +5 ~ +15V；基准电压 V_{REF} 范围为 -10 ~ +10V。

DAC1210 具有下列特点：可与所有的通用微处理机直接接口；可单缓冲、双缓冲或直通数字数据输入；与 TTL 逻辑电平兼容；全四象限输出。

(2) DAC1210 引脚说明　DAC1210 的引脚排列如图 2-35 所示。各引脚的定义如下：

- $\overline{CS}$——片选（低电平有效）；
- $\overline{WR_1}$——写入 1（低电平有效），$\overline{WR_1}$ 用于将数字数据送到输入锁存器。当 $\overline{WR_1}$ 为高电平时，输入锁存器中的数据被锁存。12 位输入锁存器分成 2 个锁存器，一个存放高 8 位的数据，而另一个存放低 4 位的数据。$BYTE_1/\overline{BYTE_2}$ 控制脚为高电平时选择 2 个锁存器，处于低电平时则改写 4 位输入锁存器；
- $BYTE_1/\overline{BYTE_2}$——字节顺序控制。高电平时，输入锁存器中的 12 位都使能。低电平时，只使能输入锁存器中的最低 4 位；
- $\overline{WR_2}$——写入 2（低电平有效）；
- $\overline{XFER}$——传送控制信号（低电平有效）。该信号与 $\overline{WR_2}$ 结合，能将输入锁存器中 12 位的数据都转移到 DAC 寄存器中；
- DI_0 ~ DI_{11}——数据写入。DI_0 是最低有效位（LSB），DI_{11} 是最高有效位（MSB）；

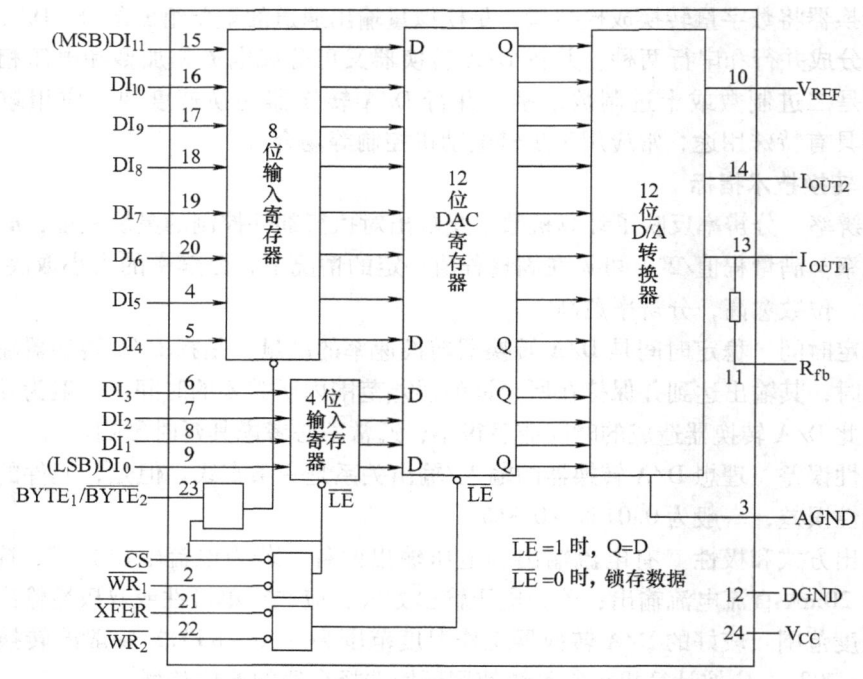

图 2-35　DAC1210 原理图

- I_{OUT1}——电流输出1。DAC寄存器中所有数字码为全"1"时I_{OUT1}为最大,为全"0"时,I_{OUT1}为零。
- I_{OUT2}——电流输出2。I_{OUT2}为常量减去I_{OUT1},即$I_{OUT1}+I_{OUT2}=$常量(固定基准电压时),该电流等于$V_{REF}\times(1-1/4096)$除以基准输入阻抗。
- R_{fb}——反馈电阻。集成电路芯片中的反馈电阻用作为DAC提供输出电压的外部运算放大器的分流反馈电阻。
- V_{REF}——基准输入电压,该输入端把外部精密电压源与内部的R-$2R$ T形网络连接起来,V_{REF}的选择范围是$-10\sim+10V$。
- V_{CC}——数字电源电压。它是器件的电源引脚。V_{CC}的范围为$5\sim15V$直流电压,工作电压的最佳值为15V。
- AGND——模拟地。它是模拟电路部分的地。
- DGND——数字地。它是数字逻辑的地。

3. DAC1210与CPU的连接

DAC1210有12位数据输入线,当与8位的数据总线连接时,因为CPU输出数据是按字节操作的,那么送出12位数据需要执行两次输出指令,比如第一次执行输出指令送出数据的高8位,第二次则送出低4位。为避免两次输出指令之间在D/A转换器的输出端出现扰动,就必须使高8位和低4位数据同时送入DAC1210的12位输入寄存器。为此,往往用两级数据缓冲结构来解决D/A转换器和总线的连接问题,CPU先用两条输出指令把12位数据送到第一级数据缓冲器,然后通过第三条输出指令把数据送到第二级数据缓冲器,从而使D/A转换器同时得到12位待转换的数据。

图2-36是DAC1210与PC/XT总线接口图。由于DAC1210片内有两级缓冲锁存电路,其控制逻辑与CPU兼容,故可以和CPU直接连接。DAC1210输入数据线的高8位$DI_{11}\sim DI_4$连接数据总线的$D_7\sim D_0$,低4位$DI_3\sim DI_0$接到数据总线的$D_7\sim D_4$(左对齐)。高/低字节控制信号$BYTE_1/\overline{BYTE_2}$口地址以及第二级缓冲锁存器选通信号$\overline{XFER}$的口地址,分别为340H、341H和342H,由地址译码器提供。写选通信号$\overline{WR_1}$和$\overline{WR_2}$直接连到系统。

数据转换过程如下:当译码输出$\overline{Y_0}=0$,且$\overline{IOW}=0$时,引脚$BYTE_1/\overline{BYTE_2}$为高电平,则向DAC1210写入高8位数据;当$\overline{Y_1}=0$,且$\overline{IOW}=0$时,引脚$BYTE_1/\overline{BYTE_2}$为低电平,则向DAC1210写入低4位数据,而高8位输入数据被锁存;当$\overline{Y_2}$和$\overline{IOW}$均有效时,则12位数据一起写入DAC 1210的DAC寄存器,进行D/A转换。这一转换可用下列程序完成:

```
MOV    DX, 340H     ; 选高8位字节地址
MOV    AL, DATAH    ; 取高8位数据
OUT    DX, AL       ; 送出高8位数据
INC    DX           ; 选低4位地址
MOV    AL, DATAL    ; 取低4位数据
OUT    DX, AL       ; 送出低4位数据
MOV    DX, 342H     ; 选第二级锁存器地址
OUT    DX, AL       ; 送12位数据
```

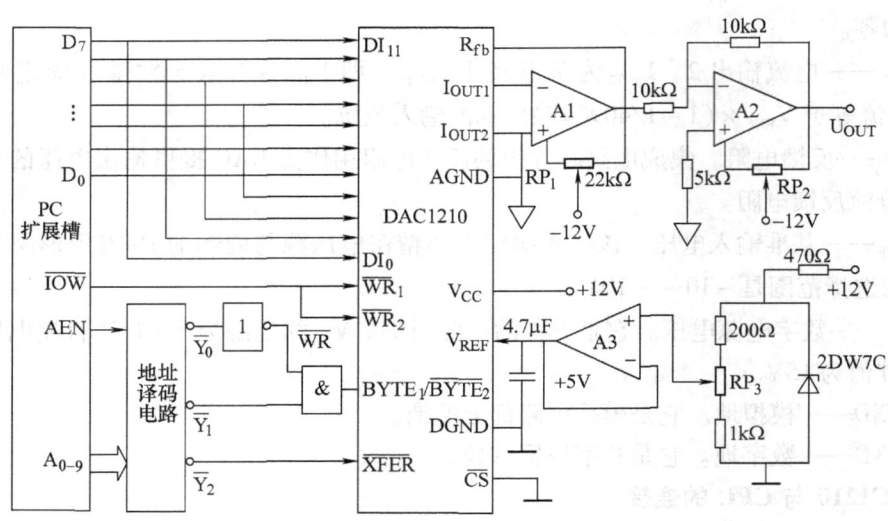

图 2-36 DAC1210 与 PC/XT 总线的接口

2.3.3 电压/电流转换器

工业现场的智能仪表和执行器常常要以电流方式传输,这是因为在长距离传输信号时容易引入干扰,而电流传输具有较强的抗干扰能力。因此,许多场合必须经过电压/电流(V/I)转换电路,将电压信号转换成电流信号。

图 2-37 给出了 4 种 V/I 转换电路。图 2-37a 为同相端输入,采用电流串联负反馈形式,而且具有恒流作用,电路输出电流 I_{OUT} 和输入电压 V_{IN} 的关系为 $I_{OUT} = V_{IN}/R_f$。该电路结构简单,但输出端无公共接地点。

图 2-37b 为同相端输入,采用电流串联负反馈形式,与图 2-37a 不同,其输出端通过负载接地。由运放性质可知,$V_{IN-} \approx V_{IN+}$,$V_B \approx V_C$,则有

$$I_1 = \frac{V_A}{R_1} = \frac{V_{IN}}{R_1} \tag{2-14}$$

由图 2-37b 可以看出

$$I_1 R_2 = I_{OUT} R_3 \tag{2-15}$$

将式(2-14)代入式(2-15),则有

$$I_{OUT} = \frac{R_2}{R_1 R_3} V_{IN} \tag{2-16}$$

式(2-16)反映了输出电流 I_{OUT} 与输入电压 V_{IN} 的关系,可以看出输出电流 I_{OUT} 与负载电阻 R_L 无关,说明该电路具有恒流源的特性。图中 PNP 型晶体管 VT_2、VT_3 用于电流放大,因此,该电路具备大电流的驱动能力。

图 2-37c 为反相输入,采用电流并联负反馈形式,它不仅具有良好的恒流性能和较强的驱动能力,而且输出端通过负载接地。在输出回路中,引入一个反馈电阻 R_f,输出电流 I_{OUT}

经反馈电阻 R_f 得到一个反馈电压 V_f，经 R_3、R_4 加到运算放大器的两个输入端。由电路可知，其反相端和同相端的电压分别为

$$V_- = V_B + \frac{R_4}{R_1 + R_4}(V_{\text{IN}} - V_B) \tag{2-17}$$

$$V_+ = \frac{R_2}{R_2 + R_3} V_A \tag{2-18}$$

因 $V_+ \approx V_-$，且 $V_f = V_A - V_B$，因此有

$$\left(1 - \frac{R_4}{R_1 + R_4}\right)(V_A - V_f) + \frac{R_4}{R_1 + R_4} V_{\text{IN}} = \frac{R_2}{R_2 + R_3} V_A \tag{2-19}$$

整理后

$$\frac{R_1(V_A - V_f) + R_4 V_{\text{IN}}}{R_1 + R_4} = \frac{R_2}{R_2 + R_3} V_A \tag{2-20}$$

设 $R_1 = R_2 = 100\text{k}\Omega$，$R_3 = R_4 = 20\text{k}\Omega$，且 R_f、R_L 的阻值远远小于 R_3，则电路输出与输入的关系为

$$I_{\text{OUT}} = \frac{R_3}{R_2 R_f} V_{\text{IN}} = \frac{1}{5R_f} V_{\text{IN}} \tag{2-21}$$

图 2-37d 为同相端输入方式，并采用了电流并联正反馈形式，不过，由于在反馈电路中

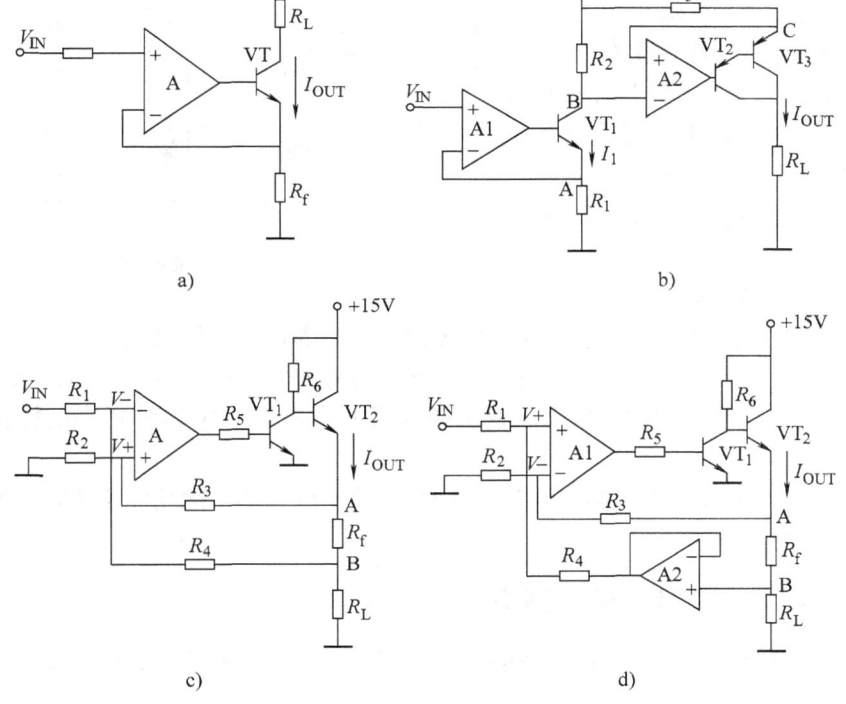

图 2-37 V/I 转换电路

a)、b) 电流串联负反馈形式　c) 电流并联负反馈形式　d) 电流并联正反馈形式

引入了运放构成的电压跟随器,大大提高了正反馈的输入阻抗,确保了恒流 I_{OUT} 完全流向负载电阻 R_L。当 $R_1=R_2=100\text{k}\Omega$,$R_3=R_4=20\text{k}\Omega$,式(2-21)同样成立。当 $R_1=R_2=R_3=R_4=20\text{k}\Omega$ 时,$I_{OUT}=V_{IN}/R_f$,若 $R_f=250\Omega$,输入电压为 1~5V 时,则输出为 4~20mA。

2.4 数字量(开关量)输入/输出通道

2.4.1 数字量(开关量)输入/输出通道概述

电气控制系统的继电器触点具有闭合与断开两种状态,这种信号形式称为开关量。数字量的每一位有"0"和"1"两种状态,也可以称为开关量。在计算机控制系统中,除了模拟量的输入/输出以外,开关量的输入/输出同样显得十分重要。开关的开断,触点的闭合,以及设备的安全状况等,都以开关量的形式输入到计算机。同样,通过开关量的输出,可以实现一系列的逻辑控制功能,如开关的闭合,指示灯的亮灭等。

开关量的种类不多,按类型可分为电平式和触点式两种,电平式为高电平或低电平;触点式为触点闭合或触点断开;按电源分为有源和无源两种,有源即直接提供高、低电平,无源即提供物理触点或感应器件等。

开关量输入/输出通道一般由 3 部分组成:CPU 接口逻辑电路、输入缓冲器和输出锁存器、输入/输出电气接口(开关量输入信号调理和输出信号驱动电路)。各种开关量输入/输出通道的前两部分往往大同小异,所不同的主要在于输入/输出(I/O)电气接口。典型的开关量输入/输出通道结构如图 2-38 所示。

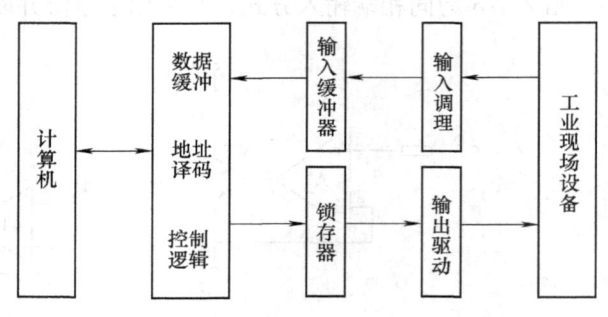

图 2-38 典型的开关量输入/输出通道

(1) CPU 接口逻辑电路 一般由数据总线缓冲器/驱动器、输入/输出口地址译码器、读写等控制信号组成。

(2) 输入缓冲器和输出锁存器 输入缓冲器是对外部输入的信号起缓冲、增强以及选通的作用,CPU 通过缓冲器读输入数据。输出锁存器的作用是锁存 CPU 送来的输出数据,供外部设备使用。

(3) 输入/输出电气接口 典型的开关量输入/输出电气接口的功能主要是滤波、电平转换、隔离和功率驱动等。

2.4.2 数字量(开关量)输入通道

数字量输入通道主要由输入调理电路、输入缓冲器、输入地址译码电路等组成,如图 2-39 所示。

计算机控制系统的数字量输入具有多种形式,如用拨码开关设置控制给定和控制参数,用绝对编码的编码器检测位置,用光电脉冲编码器检测速度,用按钮或转换开关控制系统的启停或选择工作状态,用行程开关反映生产设备的运行状态等,这些信号还有可能引入干扰，如过电压、瞬间尖峰和反极性输入等。因此外部信号需经过电平转换、滤波、隔离和过电压保护等处理后，才能输入计算机，这些功能称为信号调理。下面简单介绍几种信号调理电路。

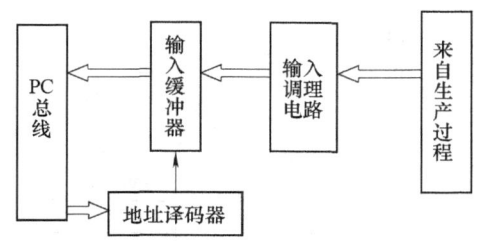

图 2-39 数字量输入通道结构图

（1）小功率输入调理电路 图 2-40 为从开关、继电器等接点输入信号的电路，它将接点的接通和断开状态，转换成 TTL 电平信号与计算机相连。为了清除接点因机械抖动而产生的震荡信号，可用图 2-40a 所示简单的积分电路，图 2-40b 所示为 R-S 触发器消除开关两次反跳的电路。

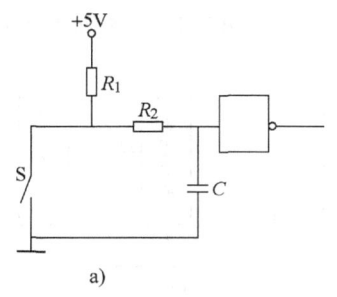
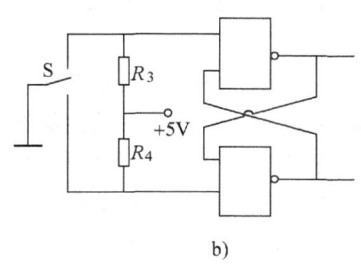

图 2-40 数字量输入通道
a) 积分电路数字量输入 b) R-S 触发器数字量输入

（2）大功率输入调理电路 若从电磁离合器等大功率器件的接点输入信号，为使接点工作可靠，接点两端至少要加 24V 以上的直流电压。图 2-41 采用光耦合器隔离高压与低压。

过程开关信号的电平通常不是 TTL 电平，要使 CPU 接收信号，必须进行变换。同时开关信号在传输过程中受噪声的影响较大，设计时应有一定的噪声容限并隔离公共接地，以防止开关状态的误读。在计算机控制系统中，开关量信号电平变换如图 2-42 所示的，4V 以下为开关接通，定为逻辑"1"；10V 以上为开关断开，定为逻辑"0"；4~10V 之间为信号过渡区，其逻辑状态保持不变，如此设计可提高抗干扰能力。实现这种信号变换隔离的电路如图 2-43 所示，采用光电耦合器实现公共地线的隔离。

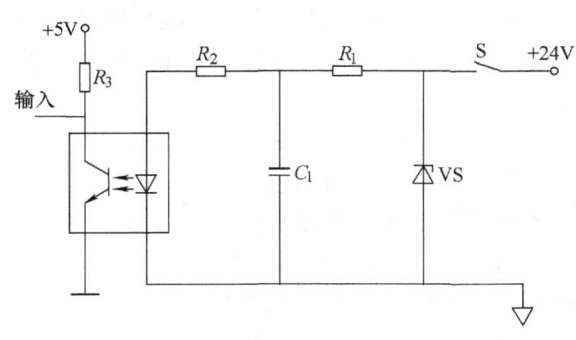

图 2-41 采用光耦合器隔离开关量输入

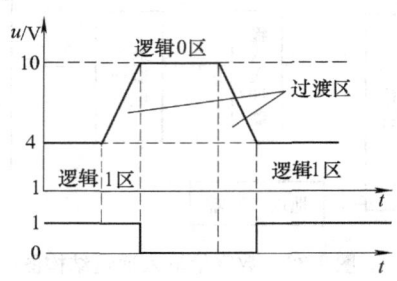
图 2-42 输入电平变换

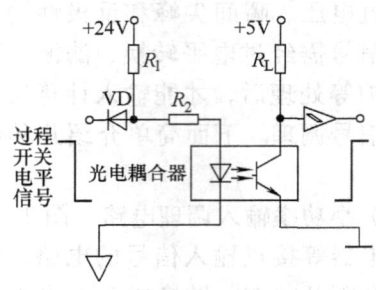
图 2-43 隔离及电平变换电路

2.4.3 数字量（开关量）输出通道

数字量输出通道主要由输出锁存器、输出驱动电路、输出口地址译码等组成，如图 2-44 所示。

数字量可直接从 I/O 接口电路的输出端口输出，一般输出数据需要锁存。当数字量传送距离较长时，为节省传输线路和提高可靠性，可采用串行发送的方式，数据接收端再用串-并转换电路（如 74LS164）转换成并行形式，供外部（如 LED 显示器）使用。

对于像步进电动机这类要求输出脉冲序列的对象，输出通道应加脉冲产生及控制电路，如 8253 工作于方波发生器的模式，可通过程序来控制输出脉冲的频率及个数。

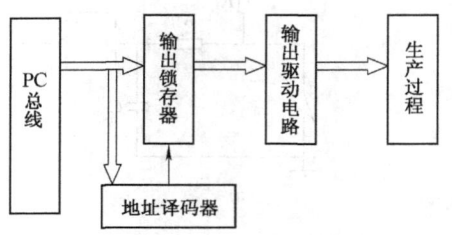
图 2-44 数字量输出通道

开关量输出通常有 TTL 电平输出、电子无触点开关输出和继电器输出等形式，为了保证计算机安全、可靠地工作，需加光隔离电路，图 2-45 给出了一种带光隔离的开关量输出电路。为了驱动继电器或其他执行部件，输出通道还应具有功率放大电路。常用的驱动电路有以下几种：

（1）小功率驱动电路 一般用于驱动发光二极管、LED 显示器、小功率继电器等元件或装置，要求电路的驱动能力一般为 10~40mA，可采用小功率的晶体管或集成电路，如用 TTL75451、TTL75452 等来驱动。图 2-46 为典型的小功率驱动电路。

（2）中功率驱动电路 常用于驱动中功率继电器、电磁开关等中功率装置，一般要求具有 50~500mA 的驱动能力，可采用达林顿复合晶体管或中功率晶体管，如图 2-47 所示。

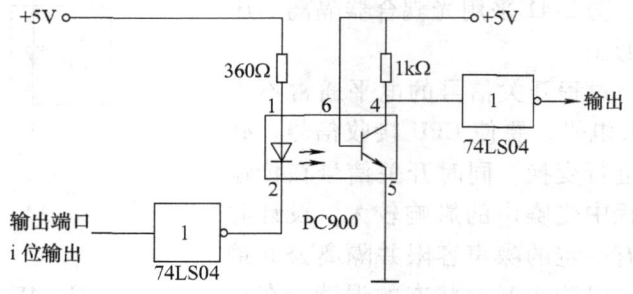
图 2-45 光隔离开关量输出电路

常用的达林顿阵列驱动器有 MC1412、MC1413、MC1416、ULN2003A 等。图 2-48 是

ULN2003A 的结构图及每个复合管的内部结构,它的集电极电流可达 500mA,输出端耐压可达 50V,特别适合于驱动中功率继电器。

需要指出的是,对于感性负载,在输出端必须加装克服反电动势的保护二极管,但 ULN2003A 可使用内部的保护二极管。

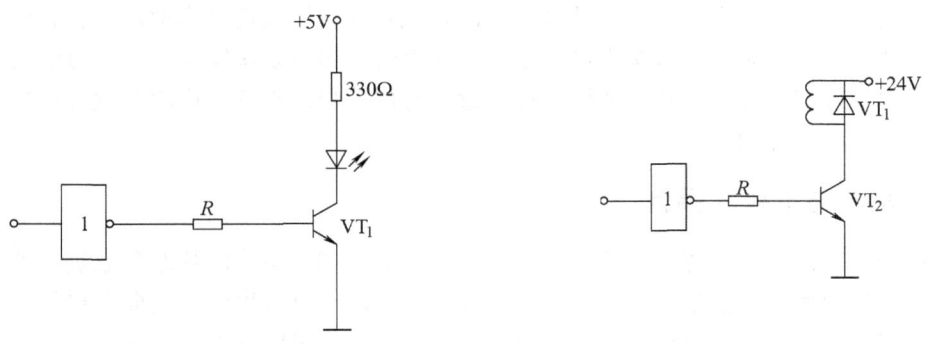

图 2-46　小功率驱动电路　　　　　　　　图 2-47　中功率驱动电路

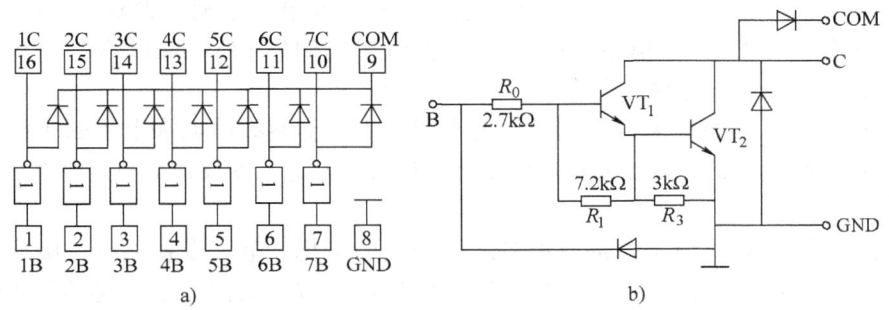

图 2-48　ULN2003 达林顿阵列驱动器
a) ULN2003 结构图　b) 复合管内部结构

（3）大功率交流驱动电路　固态继电器（简写为 SSR）是一种四端有源器件,图 2-49 为固态继电器的结构和使用方法。输入/输出之间采用光耦合器进行隔离。过零检测电路可使交流电压变化到零状态附近时让电路接通,从而减少干扰,由触发电路给出晶闸管器件的触发信号。

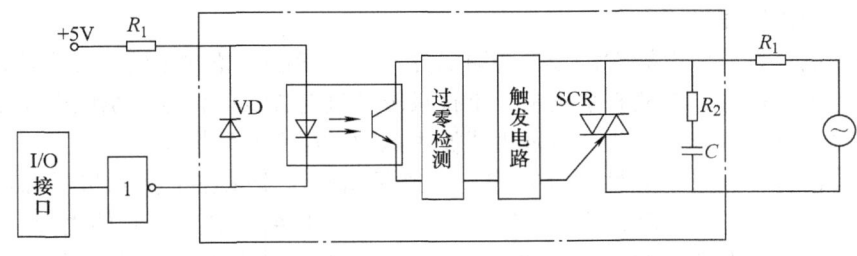

图 2-49　过零型固态继电器的结构

2.5 过程通道的抗干扰与可靠性设计

计算机控制系统的工作环境往往比较复杂、恶劣,尤其是系统周围的电磁环境,对系统的可靠性与安全性构成极大的威胁。计算机控制系统必须长期稳定可靠地运行,否则就会导致系统误差增大,严重时会使系统失灵,造成巨大损失。影响系统安全可靠运行的主要因素来自系统内部和外部的各种干扰。所谓干扰,就是有用信号以外的噪声或造成计算机控制系统不能正常工作的破坏因素。

2.5.1 干扰源与干扰的耦合

干扰对于控制计算机系统产生的影响是不可忽视的。在对系统的状态参数进行测量的过程中,干扰信号会使测量信号产生误差,依照此测量结果运算得出的控制命令也不可能是正确的;在按照给定的控制规律进行控制的过程中,干扰信号可能导致误操作。

1. 干扰来源

(1) 电源干扰 是指来自供电电源的干扰,主要类型有:浪涌、尖峰、噪声和断电等。我国采用高电压(220V)高内阻电网,与采用低电压(例如100V或110V)低内阻电网相比,电网受到的污染程度会比较严重。

(2) 空间干扰 主要指来自周围环境的干扰,主要类型有静电和电场的干扰、磁场干扰、电磁辐射干扰等。此外自然界也产生干扰,如太阳辐射电磁波,空中雷电造成的过电压或过电流等。

(3) 设备干扰 是指设备内部或设备之间产生的干扰。电气设备漏电、接地系统不完善,或测量部件绝缘不好,均会使通道中串入共模电压或差模电压;各个通道的若干线路同用一根电缆或绑扎在一起,会通过电磁感应而相互产生干扰,特别是交流220V电源线,极易在低于15V的测量通道中构成共模干扰或差模干扰。

以上所讲述的3种干扰,尤以来自交流电源的干扰最为严重,但防护措施较多,处理不难;其次为设备干扰,特别是来自通道的干扰,由于情况复杂,需要认真对待,过程通道的抗干扰技术也是本节的重点;再其次为来自空间的辐射干扰,只要采取适当的屏蔽措施就可有效克服。

2. 干扰信号的耦合方式

干扰信号进入到计算机控制系统中的主要耦合方式可分为6种:直接耦合方式、静电耦合方式、电磁耦合方式、共阻抗耦合方式、电磁场辐射耦合方式和漏电耦合方式。现将它们的作用机理分别作简要说明。

(1) 直接耦合方式 电导性耦合最普遍的方式是干扰信号经过导线直接传导到被干扰电路中而造成干扰。在计算机控制系统中,干扰噪声经过电源线耦合进入系统电路是最常见的直接耦合现象。对这种耦合方式,可采用滤波去耦的方法有效地抑制。

(2) 静电耦合方式(电容性耦合方式) 这是指电位变化在干扰源与干扰对象之间引起的静电感应,又称电容性耦合或电场耦合。计算机控制系统电路的元件之间、导线之间、导线与元件之间都存在着分布电容。如果某一个导体上的信号电压(或噪声电压)通过分布电容使其他导体上的电位受到影响,这样的现象就称为静电耦合,如图2-50所示。图中导线 1 是干扰源，导线 2 为系统传输线，C_1、C_2 分别为导线 1、2 的寄生电容，C_{12} 是导线 1 和 2 之间的寄生电容，R 为导线 2 对地电阻。根据电路理论，此时干扰源 $\dot{V}_i$ 在导线 2 上产生的对地干扰电压为

$$\dot{V}_g = \frac{j\omega C_{12}R}{1 + j\omega R(C_{12} + C_2)}\dot{V}_i \tag{2-22}$$

当导线 2 的对地绝缘良好时，也即 R 很大时，式（2-22）可简化为

$$\dot{V}_g \approx \frac{C_{12}}{C_{12} + C_2}\dot{V}_i \tag{2-23}$$

可见，此时 $\dot{V}_g$ 与信号频率基本无关，而正比于 C_{12} 和 C_2 的电容分压比。显然，只要设法降低 C_{12} 值就可以减小 $\dot{V}_g$ 值。因此，在布线时应增大两导线间的距离，并尽量使两导线不要平行。

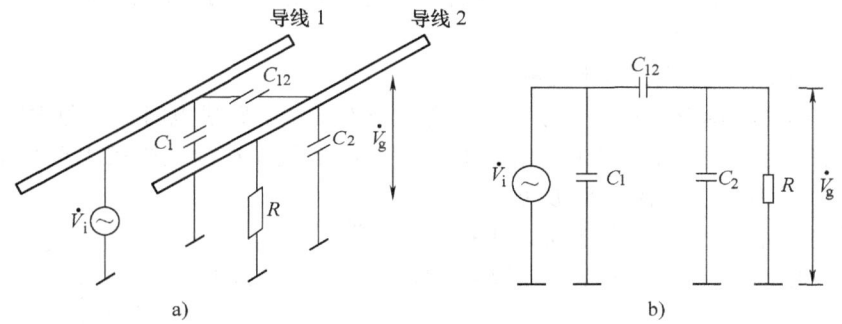

图 2-50 静电耦合示意图
a) 静电耦合情况 b) 等效电路

当 R 很小时，即 $R \ll \dfrac{1}{\omega(C_{12} + C_2)}$ 时，式（2-22）可简化为

$$\dot{V}_g \approx j\omega C_{12}R\dot{V}_i \tag{2-24}$$

从式（2-24）可以看出，当干扰源的电压 V_i 和角频率 ω 一定时，要降低静电耦合效应就必须减少电路的导线 2 对地电阻和寄生电容 C_{12}，即屏蔽层接地和拉大与干扰源的距离。

(3) 电磁耦合方式（电感性耦合方式） 载流电路周围空间会产生磁场，位于其中的闭合电路将受交变磁场的影响而产生感应电势并形成感应电流。在设备内部，线圈或变压器的漏磁就是一个很大的干扰源；在设备外部，当二根导线在较长的距离内敷设或架设时，将会产生电磁耦合干扰，如图 2-51 所示，图中导线 1 为干扰源，导线 2 为信号线。设导线 1、2 间的互感为 M，当导线 1 中有电流 I_1 变化时，根据电路理论，通过电磁耦合产生的互感干扰电压为

$$\dot{V}_g = j\omega M\dot{I}_i \tag{2-25}$$

从式（2-25）可以看出：干扰电压 V_g 正比于干扰源角频率 ω、互感 M 和干扰源电流 I_i。大电流低电压干扰源的干扰耦合方式主要为这种电感性耦合。

(4) 共阻抗耦合方式 当两个电路的电流流经一个公共阻抗时，一个电路在该阻抗上所

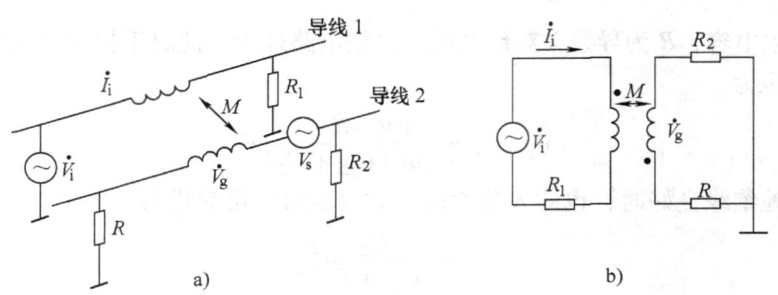

图 2-51 电磁耦合示意图
a) 电磁耦合情况 b) 等效电路

产生的电压降会影响到另一个电路,该种耦合方式称作共阻抗耦合。这个电压会干扰与公共阻抗相连的其他电路的工作。

共阻抗耦合的主要形式有以下几种:

1) 电源内阻抗的耦合干扰。当用一个电源同时对多个电路供电时,电源内阻 R_0 和线路电阻 R 就成为这些电路的公共阻抗,任一电路因电流变化而在公共阻抗上产生的电压就成了对其他电路的干扰源,如图 2-52 所示。

为了抑制电源内阻抗的耦合干扰,可采取如下措施:减小电源的内阻、在电路中增加电源去耦滤波电路。

2) 公共地线耦合干扰。由于地线本身具有一定的阻抗,当其中有电流通过时,在地线上必产生电压,该电压就成为对有关电路的干扰电压。图 2-53 为通过公共地线耦合干扰的示意图,图中 R_1、R_2、R_3 为地线电阻,A1、A2 为前置电压放大器,A3 为功率放大器,A3 的电流 I_3 较大,通过地线电阻 R_3 时产生的电压为 $V_3 = I_3 R_3$,V_3 就会对 A1、A2 产生干扰。

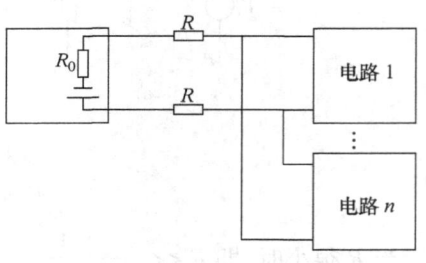

图 2-52 电源共阻抗耦合干扰

3) 输出阻抗耦合干扰。当信号输出电路接有多路负载时,任何一路负载电压的变化都会通过线路公共阻抗(包括信号输出电路的输出阻抗和输出接线阻抗)耦合而影响其他各路的输出,产生干扰。

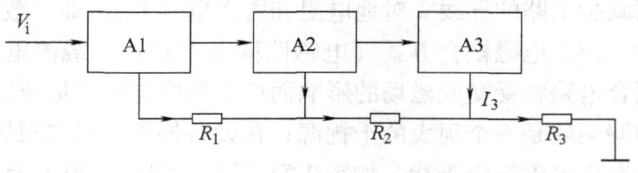

图 2-53 公共地线耦合干扰

图 2-54 表示一个信号输出电路同时向三路负载提供信号的示意图。图中 Z_s 为信号输出电路的输出阻抗,Z_o 为输出接线阻抗,Z_L 为负载阻抗。

如果 A 路输出电压产生变化 $\Delta \dot{V}_A$,它将在负载 B 上引起 $\Delta \dot{V}_B$ 的变化,$\Delta \dot{V}_B$ 就是干扰电压。一般 $Z_L \gg Z_s \gg Z_o$,故由图 2-54 可得

$$\Delta \dot{V}_B \approx \frac{Z_s}{Z_L}\Delta \dot{V}_A \qquad (2\text{-}26)$$

(5) 电磁场辐射耦合方式 当高频电流流过导体时，在该导体周围产生电力线和磁力线，它们随着导体各个部分的电荷变化而变化，从而形成一种在空间传播的电磁波。处于电磁波中的导体，将受到电磁波的作用而感应出相应频率的电动势。

电磁场辐射干扰是一种无规则的干扰，它极易通过电源耦合到系统中来。另外，过长的信号线和控制线具有天线效应，它们既能接收干扰波，又能辐射干扰波。

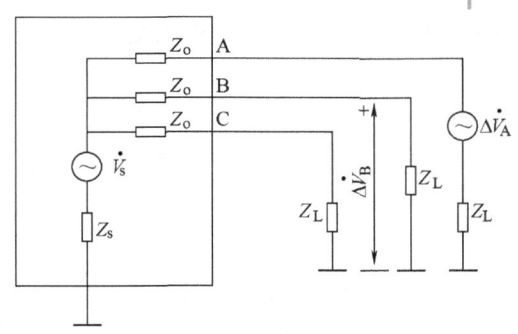

图 2-54 输出阻抗耦合干扰

(6) 漏电耦合方式（电阻性耦合） 由于绝缘不良，流经绝缘电阻 R 的漏电流将引起干扰。例如，用应变片测量时，通常要求应变片与结构之间的绝缘电阻在 100MΩ 以上，其目的就是使漏电电流干扰的影响尽量减小。图 2-55 是电阻耦合的等效电路，干扰电压为

$$\dot{V}_g = \frac{Z_i}{Z_i + R}\dot{V}_i \approx \frac{Z_i}{R}\dot{V}_i \qquad (2\text{-}27)$$

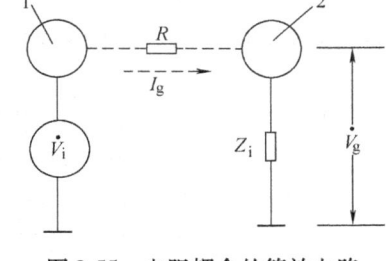

图 2-55 电阻耦合的等效电路
1、2 为平行线

式中 $\dot{V}_i$——干扰源电压；

Z_i——被干扰电路的输入阻抗；

R——漏电阻。

2.5.2 过程通道抗干扰措施

干扰往往沿着过程通道进入计算机，其主要原因是过程通道与计算机之间存在公共地线，而且首当其冲是 A/D 转换器和各种输入装置。所以要求这些设备有很强的抗干扰能力，而且要设法削弱来自公共地线的干扰，以提高过程通道的抗干扰性能。

干扰的作用方式，一般可分为串模干扰和共模干扰，如图 2-56 所示。

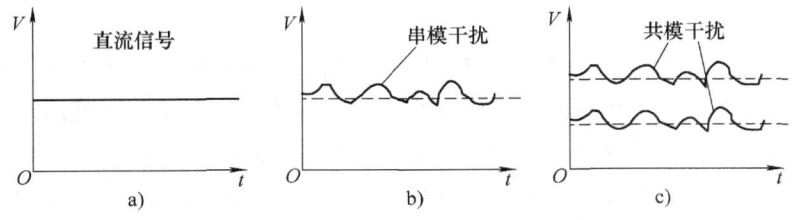

图 2-56 干扰信号形式

1. 串模干扰及其抑制

叠加在被测信号上的干扰信号称为串模干扰，用 V_g 表示。串模干扰使接收电路的一个输入端相对于另一输入端产生电位差，因此也称为差模干扰，如图 2-57 所示。这种干扰在测量系统中是常见的，例如在热电偶温度测量回路的一个臂上串联一个由交流电源激励的微

型继电器时,在线路中就会引入交流与直流的串模噪声,如图2-58所示。

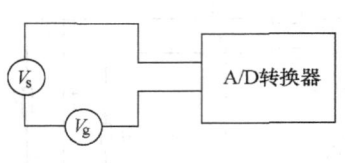

图 2-57 串模干扰示意图

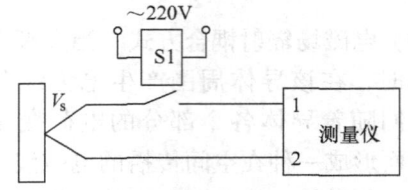

图 2-58 热电偶线路中的串模噪声

一般情况下,被测信号的变化比较缓慢,而串模干扰信号的主要成分是50Hz的工频和特殊的高次谐波,且通过电磁耦合和漏电等传输形式,叠加到信号线上形成干扰,因此可以采取下列措施减少其影响。

(1) 采用输入滤波器 图2-59为常用的二级阻容滤波器网络,它可以使50Hz的干扰信号衰减到1/600左右,时间常数小于200ms。但当被测信号变化较快时,需要改变网络参数。

(2) 采用双积分式或 Σ-Δ 调制式 A/D 转换器 当尖峰型串模干扰为主要干扰源时,采用双积分式 A/D 转换器可以削弱串模干扰的影响。因为此类转换器是对输入信号的平均值而不是瞬时值进行转换,所以对尖峰干扰具有抑制能力。如果积分周期等于主要串模干扰的周期或周期的整数倍,则通过积分变换后,对串模干扰有更好的抑制效果。

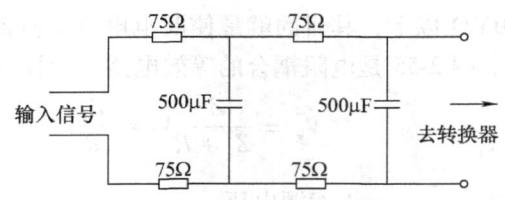

图 2-59 二级阻容滤波器网络

由于 Σ-Δ 调制式 A/D 转换器采用过采样技术,内部带有低通滤波器和数字滤波功能,它与双积分式 A/D 转换器一样对串模干扰有很好的抑制效果。

此外,对于主要来自电磁感应的串模干扰,还可采取如下抑制方法:尽可能早地进行前置放大,以提高回路中的信噪比,或尽可能早地完成 A/D 转换或采取隔离和屏蔽等措施。

对主要由元器件内部的热扰动产生随机噪声所形成的串模干扰,或在数字信号的传送过程中夹带的低噪声或窄脉冲干扰,可从选择逻辑器件入手,以逻辑器件的特性来抑制串模干扰。

(3) 用双绞线作信号引线 对于主要来源于空间电磁场干扰的串模干扰,采用双绞线作信号引线可减少电磁感应,并使各个小环路的感应电动势互相呈反向而抵消。

(4) 电磁屏蔽和良好的接地 当串模干扰和被测信号源处于同一回路中,且干扰与信号都是缓慢地变化,用上述滤波的办法就很难消除,只能从根本上切断引起干扰的干扰源,例如选择带屏蔽层的双绞线或同轴电缆连接一次仪表(如压力变送器、热电偶)和转换设备,并配以良好的接地措施来解决。

2. 共模干扰及其抑制

共模干扰产生的主要原因是不同"地"之间存在共模电压,以及模拟信号系统对地存在漏阻抗。共模干扰通过过程通道串入主机,其一般表现形式如图2-60所示,其中 V_s 为信号源,V_g 为共模噪声电压。共模噪声是相对于公共的电位基准点,在系统接收电路的两个输入端上同时出现的噪声。例如，用热电偶测量金属板的温度时，金属板可能对地有较高的电位差 V_g，如图 2-61 所示。

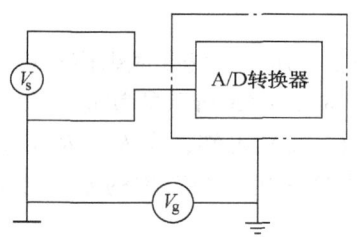

图 2-60　共模干扰示意图

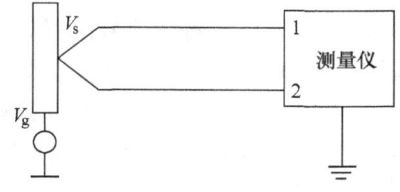

图 2-61　热电偶测温线路中的共模噪声

在电路两个输入端对地之间出现的共模噪声电压 V_g，只是使两输入端相对于接地点的电位同时涨落，并不改变两输入端之间的电位差，因此，对存在于两输入端之间的信号电压并无影响。但由于双端输入电路总存在一定的不平衡性，输入端的共模噪声电压 V_g 将在输出端形成一定的电压 V_{on}，如图 2-62 所示，即

$$V_{on} = K_g V_g \tag{2-28}$$

式中　K_g——电路的共模增益。

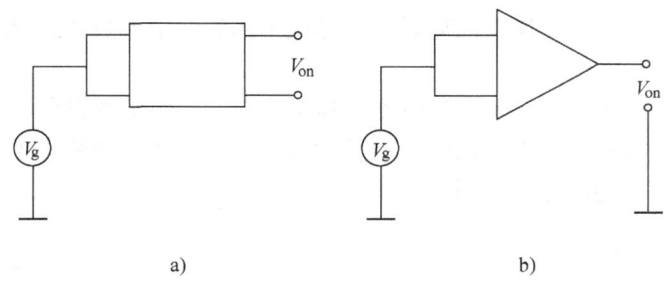

图 2-62　共模噪声电压的影响

因为 V_{on} 与输出信号电压的形式相同，因此，就会对输出信号电压形成干扰，其干扰效果相当于在两输入端之间存在式（2-29）的串模干扰电压，即

$$V'_g = \frac{V_{on}}{K_d} = V_g \frac{K_g}{K_d} = \frac{V_g}{\text{CMRR}} \tag{2-29}$$

式中　K_d——电路的串模增益；

CMRR——电路的共模抑制比，其值为

$$\text{CMRR} = \frac{K_d}{K_g} \tag{2-30}$$

或

$$\text{CMRR} = \frac{V_g}{V_{on}} K_d \tag{2-31}$$

作为图 2-62a 的实例，图 2-63 表示常见的双线传输电路。图中 r_1、r_2 分别为两传输线的内阻，R_1、R_2 分别为两传输线输出端即后接电路的两输入端对地电阻。由图可见

$$V_{on} = \left(\frac{R_1}{r_1 + R_1} - \frac{R_2}{r_2 + R_2} \right) V_g \tag{2-32}$$

当电路满足平衡条件，即 $r_1 = r_2$，$R_1 = R_2$ 时，则 $V_g = 0$，即 V_g 不在输出端对信号形成干扰。但不满足平衡条件时 $V_{on} \neq 0$，V_g 将在输出端对信号形成干扰电压 V_{on}。

抑制共模干扰的措施如下：

(1) 采用仪表放大器做信号前置放大　由于共模干扰电压只有转变成串模干扰才能对系统产生影响，因此要抑制它，就要尽量做到线路平衡。如图 2-63 所示的就是一个差分输入的电路，假设 R_1、R_2 为差分放大器的输入阻抗，由式 (2-32) 可知，当 R_1、R_2 很大，同时 $R_1 = R_2$ 时，实际输出的干扰电压 $V_{on} \approx 0$。由于仪表放大器采用完全对称的差分结构，且输入阻抗大，因此可以有效抑制共模干扰。

(2) 采用隔离技术将地电位隔开　当信号地与放大器地隔开时，共模干扰电压 V_g 不能形成回路，就不能转成串模干扰。常用的隔离方法是使用变压耦合或光耦合。光耦合在数字信号传输中得到广泛应用，在要求不高的模拟信号传输中也可使用，它是利用光耦合器输入输出间较高的绝缘电阻而将输入地与输出地隔离。由于光耦合器的线性范围有限，且难以满足对微弱信号低漂移的要求，因此其应用受到限制。若

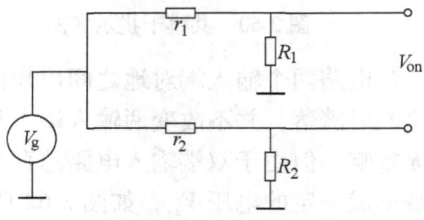

图 2-63　差分输入电路

被测信号是直流信号，采用变压器隔离时，就必须采用调制解调技术，此时可以采用隔离放大器。

如果将光耦合器与压频 (V/F) 变换器、频压 (F/V) 变换器组合起来，形成组合式模拟隔离器，不仅隔离方便，抗干扰性强，而且对模拟信号的远距离传送尤为有效。因此这种方法受到广泛重视，其构成原理如图 2-64 所示。

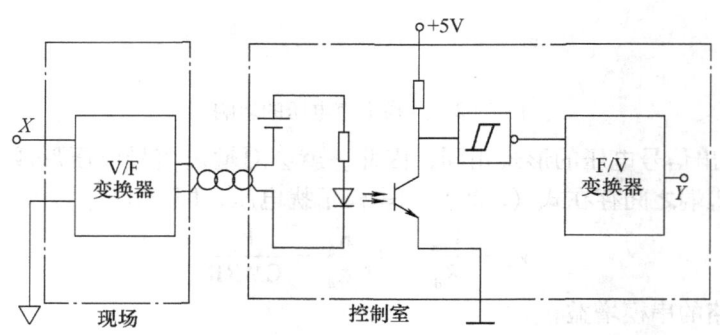

图 2-64　组合式模拟隔离器构成原理

(3) 利用浮地屏蔽　采用双层屏蔽三线采样 (S_1，S_2，S_3) 浮地隔离放大器来抑制共模干扰电压，如图 2-65 所示。这种方式之所以具有较高的抗共模干扰能力，其实质在于提高了共模输入阻抗，减少了共模电压在输入回路中引起的共模电流。

在图 2-65 中，Z_S 为信号源内阻，R_g 为信号线的屏蔽电阻，Z_1 为放大器输入级对内屏蔽层的漏阻抗，Z_2 为内屏蔽层与外屏蔽层之间的漏阻抗。由图可见，屏蔽线 R_g 和 Z_2 为共模电流 I_{g1} 提供了通路，但这一电流不会产生串模干扰；共模电压 V_g 中，只有在屏蔽线 Z_2 上的压降（只占 V_g 的一小部分）会在模拟量输入回路中产生共模干扰电流，但其数值很小。

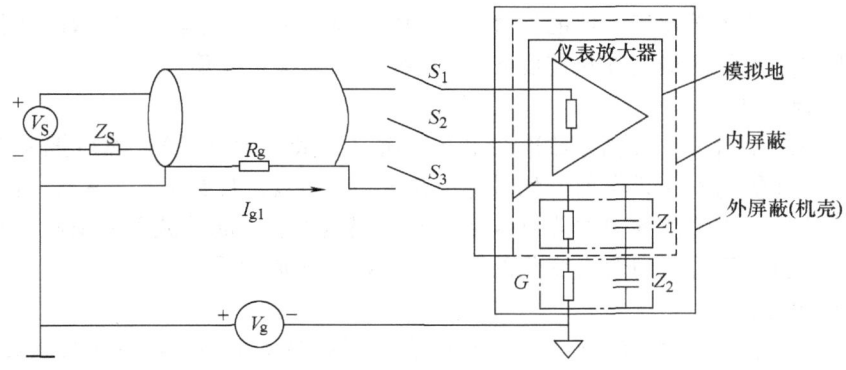

图 2-65 双层浮地屏蔽保护原理图

2.6 测量数据的预处理

在计算机控制系统中,生产过程的被测参数经输入通道转换成数字信号后输入计算机中。这些数字信号(数据)被运算、显示之前一般要进行一些预处理,其中最基本的为数字滤波、线性化处理、标度变换和系统误差的自动校准。

2.6.1 数字滤波

来自传感器或变送器的信号中,往往混杂了各种频率的干扰信号。为了抑制这些干扰信号,通常在信号入口处使用 RC 低通滤波器。RC 滤波器能抑制高频干扰信号,但对低频干扰信号的滤波效果较差。而数字滤波器可以对极低频干扰信号进行滤波,以弥补 RC 滤波器的不足。

所谓数字滤波,就是在计算机中用某种计算方法对输入信号进行数学处理,减少干扰在信号中的比重,提高信号的真实性。这种滤波方法不需要增加硬设备,只需根据预定的滤波算法编制相应的程序即可达到信号滤波的目的。

数字滤波由于稳定性高,滤波参数修改方便,因此得到广泛的应用。

本节讨论几种常用的数字滤波方法:限幅滤波法、中位值滤波法、平均值滤波法、算术平均滤波法、递推平均滤波法、加权递推平均滤波法和一阶惯性滤波法。

1. 限幅滤波法

由于工业现场存在随机脉冲干扰,通过变送器进入输入端,从而造成测量信号的严重失真。限幅滤波的基本方法是比较相邻(n 和 $n-1$ 时刻)的两个采样值 y_n 和 y_{n-1},如果它们的差值过大,超过了参数的最大变化范围,则认为发生了随机干扰,并视后一次采样值 y_n 为非法值,应予剔除。y_n 作废后,可以用第 $n-1$ 次采样值的输出 $\bar{y}_{n-1}$ 替代 $\bar{y}_n$,其相应算法为

$$\bar{y}_n = \begin{cases} y_n, \Delta y_n = |y_n - y_{n-1}| \leq a \\ \bar{y}_{n-1}, \Delta y_n = |y_n - y_{n-1}| > a \end{cases} \tag{2-33}$$

式中 a——相邻两个采样值之差的最大可能变化范围。

上述限幅滤波法很容易用程序判断的方法实现,故又称程序判断法。

应用这种方法的关键在于 a 值的选择。过程的动态特性决定其输出参数的变化速度,因此,通常按照参数可能的最大变化速度 v_{max} 及采样周期 T 决定 a 值。

2. 中位值滤波法

中位值滤波就是对某一被测参数连续采样 n 次(一般 n 取奇数),然后把 n 次采样值按大小排序,取中间值为本次采样值。如采样值是 y_1、y_2、y_3,且有 $y_1 \leq y_2 \leq y_3$,则 y_2 作为本次采样的有效信号。中位值滤波法能有效地克服因偶然因素引起的波动或采样器不稳定引起的误码等造成的脉冲干扰,对缓慢变化的过程有良好的滤波效果。

3. 算术平均滤波法

算术平均滤波法就是对 y 的 N 个连续测量值 y_i 进行算术平均,其数学表达式为

$$\bar{y}_n = \frac{1}{N} \sum_{i=1}^{N} y_i \tag{2-34}$$

随机干扰信号往往有一个平均值,它在该值附近作上下波动,算术平均滤波法适用于受随机干扰信号的场合。算术平均滤波法对信号的平滑程度取决于 N,当 N 较大时,平滑度高,但灵敏度低;当 N 较小时,平滑度低,但灵敏度高。对于一般流量测量,通常取 $N = 8 \sim 12$;若为压力,则取 $N = 4 \sim 8$。

4. 递推平均滤波法

上述的算术平均滤波法,每计算一次数据,需采样 N 次,对于采样速度较慢或要求数据计算速度较高的系统,该方法是无法使用的。例如某 A/D 芯片转换速率为 10 次/s,而要求每秒输入 4 次数据时,则 N 不能大于 2。下面介绍一种只需进行一次测量,就能得到当前算术平均滤波值的方法——递推平均滤波法。

递推平均滤波法是把 N 个采样数据看成一个队列,队列的长度固定为 N,每进行一次新的采样,把采样结果放入队尾,而扔掉队首数据,只要把队列中的 N 个数据进行算术平均,就可得到新的滤波值。这样每进行一次采样,就可计算得到一个新的平均滤波值,其数学表达式为

$$\bar{y}_n = \frac{1}{N} \sum_{i=0}^{N-1} y_{n-i} \tag{2-35}$$

式中 $\bar{y}_n$ ——第 n 次采样值经滤波后的输出;

y_{n-i} ——未经滤波的第 $n-i$ 次采样值;

N ——递推平均项数。

即第 n 次采样的 N 项递推平均值是第 n, $n-1$, $\cdots$, $n-N+1$ 次采样值的算术平均。

递推平均滤波算法对周期性干扰有良好的抑制作用,平滑度高,灵敏度低;但对偶然出现的脉冲性干扰的抑制作用差,因此不适用于脉冲干扰比较严重的场合,而适用于高频振荡的系统。N 值的工程经验值如表 2-5 所示。

表 2-5 递推平均项数经验值

变量类型	流量	压力	液面	温度
N 值	12	4	4~12	1~4

5. 加权递推平均滤波法

算术平均滤波法和递推平均滤波法中,N 次采样值在输出结果中的比重是均等的,即 $1/N$。用这样的滤波算法,对于测量信号会引入滞后,N 越大,滞后越严重。为了增加最新

采样数据在递推平均中的比重,以提高系统对当前采样值的灵敏度,可以采用加权递推平均滤波算法。不同时刻的数据赋予不同的权,通常越接近当前时刻的数据,权取得越大。加权递推平均滤波算法为

$$\bar{y}_n = \sum_{i=0}^{N-1} C_i y_{n-i} \tag{2-36}$$

式中,C_0,C_1,…,C_{N-1} 为常数,且满足如下条件

$$C_0 + C_1 + \cdots + C_{N-1} = 1, C_0 > C_1 > \cdots > C_{N-1} > 0$$

C_0,C_1,…,C_{N-1} 的选取有多种方法,其中最常用的是加权系数法。设 τ 为对象的纯滞后时间,且

$$R = 1 + e^{-\tau} + e^{-2\tau} + \cdots + e^{-(N-1)\tau}$$

则

$$C_0 = \frac{1}{R}, C_1 = \frac{e^{-\tau}}{R}, \cdots, C_{N-1} = \frac{e^{-(N-1)\tau}}{R}$$

τ 越大,则给予新的采样值的权就越大,从而提高了新采样值在平均值中的比重,所以加权递推平均滤波算法适用于有较大纯滞后时间常数的对象和采样周期较短的系统。

6. 一阶惯性滤波法

采用一阶惯性 RC 模拟滤波器来抑制低频干扰时,要求滤波器有大的时间常数和高精度的 RC 网络。时间常数 T_f 越大,要求 RC 值越大,其漏电流也随之增大,从而使 RC 网络的误差增大,降低了滤波效果。而一阶惯性滤波法是以算法来实现动态的 RC 滤波方法,它能很好地克服上述模拟滤波器的缺点,在要求大滤波常数的场合,此法更为实用。一阶惯性滤波法为

$$\bar{y}_n = (1-a)y_n + a\bar{y}_{n-1}, a = \frac{T_f}{T+T_f} = \frac{1}{1+\frac{T}{T_f}} \tag{2-37}$$

式中 y_n——未经滤波的第 n 次采样值;

T_f——滤波时间常数;

T——采样周期。

根据一阶惯性滤波的频率特性,若滤波系数 a 越大,则带宽越窄,滤波频率也越低。因此,需要根据实际情况,适当选取 a 值,使得被测参数既不出现明显的纹波,反应又不太迟缓。

以上讨论了 6 种数字滤波方法,在实际应用中,究竟选取哪一种数字滤波方法,应视具体情况而定。平均值滤波法适用于周期性干扰,中位值滤波法和限幅滤波法适用于偶然的脉冲干扰,惯性滤波法适用于高频或低频的干扰信号,加权平均值滤波法适用于纯滞后较大的被控对象。如果同时采用几种滤波方法,一般先用中位值滤波法或限幅滤波法,然后再用平均值滤波法。如果应用不恰当,非但达不到滤波效果,反而会降低控制品质。

2.6.2 其他数据预处理

采用了上述数字滤波方法,虽然可以得到比较真实的被测参数,但有时并不能直接使用这些采样数据,还需要对它们作某些数学处理。例如,对孔板差压信号进行开方运算、热电偶信号的线性化处理等。

1. 线性化处理

计算机从模拟量输入通道得到的检测信号与该信号所代表的物理量不一定成线性关系。例如，差压变送器输出的孔板差压信号同实际的流量成平方根关系；热电偶的热电动势与其所测温度成非线性关系等。而在计算机内部参与运算和控制的二进制数希望与被测参数成线性关系，其目的是既便于运算又便于显示。为此，必须对非线性参数进行线性化处理。

（1）孔板差压与流量　用孔板测量气体或液体的流量时，差压变送器输出的孔板差压信号 ΔP 同实际流量 Q 是平方根关系，即

$$Q = K\sqrt{\Delta P} \tag{2-38}$$

式中　K——流量系数。

用数值分析的方法计算平方根，可采用牛顿（Newton）迭代法。设 $y = \sqrt{x}(x > 0)$，则

$$y(k) = \frac{1}{2}\left[y(k-1) + \frac{x}{y(k-1)}\right] \tag{2-39}$$

关于数值牛顿迭代法的原理以及初始值的选取，请参考有关数值计算方法的文献。

（2）热电偶的热电动势与温度　热电偶是常见的测温元件，但热电动势与温度成非线性关系，因而需要线性化。常用热电偶的热电动势 E 与温度 T 存在如下关系：

$$T = a_4E^4 + a_3E^3 + a_2E^2 + a_1E + a_0 \tag{2-40}$$

此时可以采取分段的办法处理，即用多段折线代替非线性函数，线性化时首先判断测量数据处于哪一折线区间内，然后按相应的线性化公式计算出线性值。折线段数越多，线性化精度就越高。除此之外，还可将热电偶分度表以表格形式存在计算机内，在线的工作量便仅仅是根据采样值查表。

2. 标度变换

生产过程中的各种参数具有不同的量纲，如电压的单位为 V，电流的单位为 A，温度的单位为℃等。而且经一次检测，仪表输出信号的变化范围也不相同，如热电偶的输出为毫伏信号，电压互感器的输出为 0～100V；电流互感器的输出为 0～5A 等。所有这些具有不同量纲和数值范围的信号又都经各种形式的变送器转化为统一信号范围，如 0～5V，可经 A/D 转换成数字量（如 8 位 A/D，则数字量为 00～FFH）。为了进行显示、打印、记录或报警，又必须把这些数字量转换成具有不同量纲的数值，以使操作人员进行监视和管理，这就是所谓的标度变换，也称为工程量转换。标度变换常用下面两种类型公式。

（1）线性参数的标度变换　所谓线性参数，指一次仪表测量值与 A/D 转换结果具有线性关系，或者说一次仪表是线性刻度的。其标度变换公式为

$$A_X = A_0 + (A_m - A_0)\frac{N_X - N_0}{N_m - N_0} \tag{2-41}$$

式中　A_0——一次测量仪表的下限；

A_m——一次测量仪表的上限；

A_X——实际测量值（工程量）；

N_0——仪表下限对应的数字量；

N_m——仪表上限对应的数字量；

N_X——测量值所对应的数字量。

其中，A_0、A_m、N_0、N_m 对于某一个固定的被测参数来说是常数，不同的参数有不同的

值。若被测参数的起点 A_0（输入信号为 0）所对应的 A/D 输出值为 0，即 $N_0 = 0$，这样，式 (2-41) 可化为

$$A_X = \frac{N_X}{N_m}(A_m - A_0) + A_0 \tag{2-42}$$

有时，工程量的实际值还需经过一次变换。如电压测量值是电压互感器二次侧的电压，其一次电压还有一个互感器的变化问题，这时上式应再乘上一个比例系数，即

$$A_X = K\left[\frac{N_X}{N_m}(A_m - A_0) + A_0\right] \tag{2-43}$$

例 2-1 某热处理炉温度测量仪表的量程为 200~800℃，在某一时刻计算机采样并经数字滤波后的数字量为 0CDH，若采用 8 位 A/D 转换器，求此时温度值为多少（设仪表量程为线性）。

解 已知 $A_0 = 200℃$，$A_m = 800℃$，$N_X = 0CDH = 205$，$N_m = 0FFH = 255$。根据式 (2-42)，此时温度为

$$A_X = \frac{N_X}{N_m}(A_m - A_0) + A_0 = \left[\frac{205}{255}(800 - 200) + 200\right]℃ = 682℃$$

在计算机控制系统中，为了实现上述转换，可把它设计成专门的子程序，把各个不同参数所对应的 A_0、A_m、N_0、N_m 存放在存储器中，当某一参数要进行标度变换时，只要调用标度变换子程序即可。

（2）非线性参数的标度变换 在过程控制中，最常见的非线性关系是差压变送器信号 ΔP 与流量 Q 的关系为

$$Q = K\sqrt{\Delta P}$$

据此，可得测量流量时的标度变换式为

$$\frac{Q_X - Q_0}{Q_m - Q_0} = \frac{K\sqrt{N_X} - K\sqrt{N_0}}{K\sqrt{N_m} - K\sqrt{N_0}} \tag{2-44}$$

式中 Q_X——被测量的流量值；
Q_m——流量仪表的上限值；
Q_0——流量仪表的下限值；
N_X——差压变送器所测得的差压值（数字量）；
N_m——差压变送器上限所对应的数字量；
N_0——差压变送器下限所对应的数字量。

对于流量测量仪表，一般下限取为 0，此时 $Q_0 = 0$，$N_0 = 0$，故式 (2-44) 变为

$$Q_X = Q_m \frac{\sqrt{N_X}}{\sqrt{N_m}} \tag{2-45}$$

同样，可用子程序调用方法实现非线性参数的标度变换。

3. 系统误差的校准

系统误差是指在相同条件下，经过多次测量，误差的数值（包括大小符号）保持恒定、或按某种已知的规律变化的误差，因此可以通过适当的技术途径来确定并加以校准。在系统的输入通道中，一般均存在零点偏移和漂移，放大电路的增益误差及器件参数的不稳定等现象，由此产生的误差都属于系统误差。零点偏移校准在实际中应用最多，并且常采用程序来

实现，称为数字调零。此外，还应对系统的增益误差进行校准。

自动校准的基本思想是：在系统开机后或每隔一定时间自动测量基准参数，如数字电压表中的基准参数为基准电压和零电压，然后计算误差模型，获得并存储误差补偿因子。在正式测量时，根据测量结果和误差补偿因子，计算校准方程，从而消除误差。下面介绍两种比较常用的自动校准技术方法。

(1) 全自动校准 全自动校准由系统自动完成，其电路结构如图 2-66 所示。系统在刚上电时或每隔一定时间，自动进行一次校准。这时，先将开关接地，测出零输入时 A/D 转换器的输出为 x_0，然后把开关接基准电压 V_R，测出输入值 x_1，并存放 x_0 和 x_1。在正式测量时，如测出的输入值为 x，则这时的 V_X 可用下式计算得出：

$$V_X = \left[\frac{x - x_0}{x_1 - x_0}\right] V_R \tag{2-46}$$

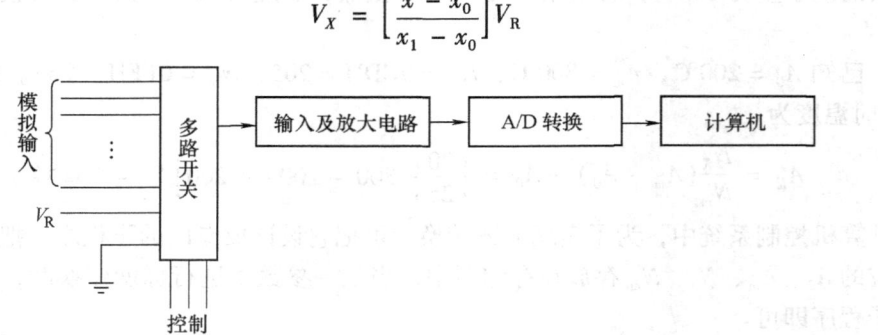

图 2-66 全自动校准电路

采用这种方法，可消除输入电路、放大电路、A/D 转换器本身的偏移及随时间和温度变化而发生的各种漂移的影响，降低了对这些电路器件偏移量的要求，从而降低硬件成本。

(2) 人工自动校准 全自动校准只适于基准参数是电信号的场合，并且它不能校准由传感器引入的误差。为了克服这种缺点，可采用人工自动校准。

人工校准输入信号 y_R 时，测出的数据为 x_R，则可按下式来计算 y：

$$y = \frac{y_R}{x_R} x \tag{2-47}$$

若校准输入信号 y_R 不易得到，则可采用现时的输入信号 y_i。计算机测出对应输入 x_i，而由人工采用其他高精度仪器再测出 y_i 并输入计算机中，以 y_i、x_i 代替前面的 y_R、x_R 作校准系数。

人工自动校准特别适于传感器特性随时间发生变化的场合。如常用的湿敏电容等湿度传感器，一般一年以上变化会大于精度容许值，故每隔一段时间（例如一个月或三个月），用其他方法测出这时的湿度值，然后把它作为校准值输入测量系统，计算机将自动用该值来校准以后的测量值。

思考题与习题

2-1 简述过程通道的作用、类型和组成。

2-2 在计算机控制系统中，模拟量和数字量输入信息各有哪几种形式？

2-3 信号调理单元的功能是什么？通常包括哪些电路？

2-4 为何常采用电桥作为信号输入电路?
2-5 仪表放大器与普通运算放大器有何不同?其特点有哪些?
2-6 隔离放大器有几种形式?各有何特点?
2-7 为何要使用 I/V 变换电路?
2-8 在选择和使用多路转换开关时需要考虑哪几个问题?
2-9 在模拟量输入通道中,为何通常要使用可编程放大器?
2-10 前置放大器与主放大器有何区别?在模拟量输入通道中通常各由何种器件承担?
2-11 采样保持器的作用是什么?是否所有的模拟量输入通道中都需要采样保持器?为什么?
2-12 A/D 转换器有几种类型?各有何特点?
2-13 A/D 转换器有哪些技术指标?
2-14 一个 12 位的 A/D 转换器,转换时间为 $20\mu s$,绝对精度为 $\pm 1LSB$,若不使用采样保持器,为了确保转换精度,则允许转换的正弦波模拟信号的最大频率是多少?
2-15 模拟量输出通道的结构有哪几种形式?各有何特点?
2-16 为什么模拟量输出通道中要有零阶保持器?通常用何电路实现?
2-17 为何在模拟量输出通道中通常有 V/I 变换电路?
2-18 数字量输入通道主要由哪些电路构成?
2-19 数字量输入通道中的调理电路通常有哪几种功能?
2-20 在开关量输出的驱动电路中,根据控制对象不同所使用器件也不同,当需要驱动大功率交流设备时,通常采用什么器件和电路?
2-21 干扰信号的来源可分为哪几种?干扰信号进入到计算机控制系统中的主要耦合方式有哪几种?各有何特点?
2-22 什么是串模干扰和共模干扰?各有什么抗干扰措施?
2-23 滤波的作用是什么?硬件滤波和数字滤波各有何特点?
2-24 常用数字滤波有几种方法?各有何特点和用途?
2-25 某热处理炉温度变化的范围为 0~1350℃,经温度变送器变换为 1~5V 电压输入 AD574A,AD574A 的输入范围为 0~10V。当 $t=kT$ 时,AD574A 的转换结果为 56AH,问此时炉内的温度为多少度?

第 3 章　工业控制计算机

工业控制计算机简称工控机,是为满足工业生产过程的数据采集、监测与控制等要求而设计的一类计算机的总称,它通常采用开放式总线结构,将各种过程通道做成相应的模板或模块,以便与工业现场的各种传感器及执行机构直接连接,并配有功能齐全的控制软件。目前,工业控制计算机不但用于工业生产的过程控制,而且也直接参与生产调度管理,从而使工业自动化在就地控制、集中控制的基础上,向综合自动化方向发展。

本章主要介绍工业控制计算机的结构和特点、系统总线技术、工业 PC 及 DCS 现场控制站。

3.1　工业控制计算机的特点与组成结构

由于工业控制计算机应用于工业环境,需要与被控对象直接接口,因此,在计算机系统结构设计及使用方面均需考虑现场可能存在的高温、潮湿、粉尘等恶劣环境及各种电磁干扰。

3.1.1　工业控制计算机的特点

工业控制计算机主要用于工业过程中的测量、控制、数据采集等工作,它与通用计算机相比有许多不同点,其主要特点如下:

(1) 可靠性高　工业生产过程大部分是连续不间断的,在运行期间不允许停机检修,一旦发生故障将导致质量事故甚至是生产事故。因此它要求故障率低,维修时间短,可靠性高。

(2) 实时性好　工业控制计算机主要用于实时控制与监测,要求它必须能实时响应控制对象各种参数变化;当过程参数出现偏差或者设备发生故障时,能及时作出响应和处理。

(3) 环境适应能力强　工业现场环境恶劣,这就要求工业控制计算机适应高温、高湿、腐蚀、振动、冲击、灰尘等环境。工业现场电磁干扰严重,供电条件不良,因此要求工业控制计算机具有很强的抗干扰能力和电磁兼容能力。

(4) 输入和输出模板配套好　工业控制计算机应具有丰富的过程输入和输出配套模板,处理模拟量、开关量、脉冲量、频率量等多种信号。还需具有各类的信号调理功能,如隔离型和非隔离型信号调理;各类热电偶,热电阻信号输入调理;电压/电流的输入和输出信号的调理等。

(5) 系统通信功能强　工业控制计算机应能构成较大型的计算机控制系统,如现场总线控制系统、DCS 分散型控制系统、CIMS 计算机集成制造系统等。因此要求它具有串行通信和网络通信功能,而且实时性要求高,通信速度快,符合国际标准通信协议,如 IEEE 802.4,IEEE 802.3 协议等。

(6) 系统开放性和扩充性好　要求系统在软件和硬件上具有开放性,以便于系统扩充、异种机连接、软件升级、移植和互换。

（7）控制软件包功能强　工控软件包要具备人机交互方便、画面丰富、实时性好等性能；具有系统组态和系统生成功能；具有实时及历史趋势记录与显示功能；具有实时报警及事故追忆等功能。

（8）后备措施齐全和具有冗余性　在高可靠性的场合，应有双机工作及冗余系统，如供电后备、存储器信息保护等，具有双机切换功能、双机监视软件等，以保证系统长期不间断地运行。

3.1.2　工业控制计算机的组成结构和分类

工业控制计算机包括硬件和软件两部分。硬件包括主机板（含 CPU、RAM、ROM）、系统总线、人机接口、系统支持板、磁盘系统、通信接口、输入输出通道。软件包括系统软件、支持软件和应用软件。

1. 工业控制计算机的硬件组成

工业控制计算机的硬件组成如图 3-1 所示，下面分别介绍各个组成部分。

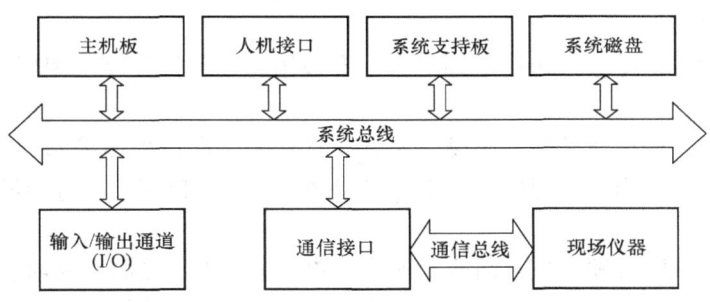

图 3-1　工业控制计算机的硬件组成

（1）主机板　由中央处理器（CPU）、存储器（RAM、ROM）等部件组成的主机板是工业控制计算机的核心。

（2）系统总线　系统总线分为内部总线和外部总线。内部总线是工业控制机内部各组成部分进行信息传送的公共通道，它是一组信号线的集合。常用的内部总线有 PC 系列总线、VME 总线、Compact PCI 总线等。外部总线是工业控制计算机与其他计算机或智能设备进行信息传送的公共通道，常用外部总线有 RS-232C、RS-485、IEEE-488、IEEE1394 等。

（3）人机接口　人机接口包括显示器、键盘、打印机以及专用操作显示台等。通过人机接口设备，操作员和计算机之间可以进行信息交换：一方面它可以显示工业生产过程的状况，另一方面操作员可以通过它修改运行参数。

（4）系统支持板　工业控制计算机的系统支持功能主要包括如下部分：

1）监控定时器：俗称"看门狗"（Watchdog）。其主要作用是当系统出现异常时，自动恢复系统运行，提高系统可靠性。

2）电源掉电检测：其主要作用是当系统掉电时能够及时发现并保护当时的重要数据和计算机各寄存器的状态。一旦上电后，工业控制计算机就能从断电处继续运行。

3）保护重要数据的后备存储器：通常采用后备电池的 SRAM、NOVRAM、EEPROM。为了保护数据不丢失，在系统的存储器工作期间，后备存储器应处于上锁状态。

4）实时日历时钟：其主要作用是给系统提供时间驱动能力，通常实时时钟在掉电后仍正常工作。常用的实时日历时钟芯片有 DS1216、DS1287 等。

（5）磁盘系统　磁盘系统可以用半导体虚拟磁盘，也可以配置通用的硬磁盘。

（6）通信接口　通信接口是工业控制计算机和其他计算机或智能外设通信的接口，常用 RS-232C 和 RS-485 接口。为了方便主机系统集成，USB 总线接口技术也得到了广泛应用。

（7）输入/输出通道　输入/输出通道是工业控制计算机和生产过程之间信号传递和变换的连接通道，包括模拟量输入（AI）通道、模拟量输出（AO）通道、数字量（或开关量）输入（DI）通道、数字量（或开关量）输出（DO）通道。

2. 工业控制计算机的软件组成

工业控制计算机的硬件只能构成裸机，软件是工业控制计算机的灵魂，它可分为系统软件、支持软件和应用软件三个部分。

（1）系统软件　系统软件包括实时多任务操作系统、引导程序、调度执行程序。如美国 Intel 公司推出的 iRMX86 实时多任务操作系统，美国 Ready System 公司推出的嵌入式实时多任务操作系统 VRTX/OS。除了实时多任务操作系统以外，也常常使用 Windows、Windows NT 等操作系统软件。

（2）支持软件　支持软件包括汇编语言、高级语言、编译程序、编辑程序、调试程序、诊断程序等。

（3）应用软件　应用软件是系统设计人员针对某个生产过程而编制的控制和管理程序。包括过程输入程序、过程控制程序、过程输出程序、人机接口程序、打印显示程序和公共子程序等。

计算机控制系统随着硬件技术高速发展，对软件也提出了更高的要求。只有软件和硬件相互配合，才能发挥计算机的优势，构造性能价格比更高的计算机控制系统。

3. 工业控制计算机的分类

凡是用于工业控制和生产调度管理的计算机都属于工业控制计算机，因此，广义上讲，小到单片机，大到现场工作站；从通用工业计算机到专用测控仪器均属工业控制计算机的范畴。从这一角度出发，工业控制计算机的分类如图 3-2 所示。

（1）总线型工控机　总线型工控机是指基于系统总线或局部总线，并按工业环境要求的电气和机械规范而设计的工业计算机。包括基于 PC 总线系列的通用型工业 PC（简称 IPC）、基于标准工业总线的规范而设计的工业控制计算机以及 DCS 现场控制站等。详见 3.3 节。

（2）嵌入式工控机　嵌入式工控

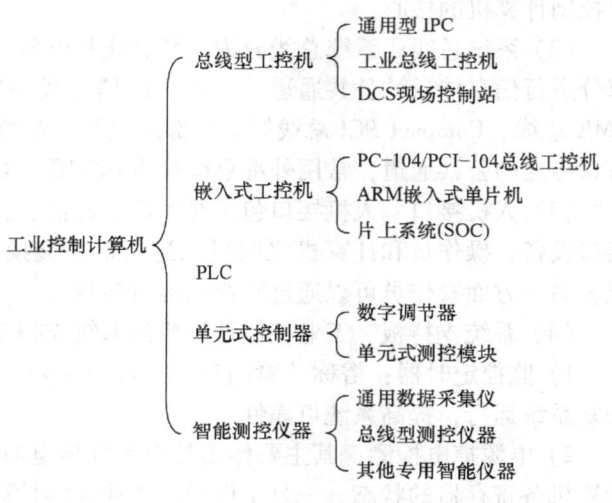

图 3-2　工业控制计算机的分类

机是指嵌入在各种工业应用系统内部，在恶劣环境中能够连续可靠工作的专用型工业计算机。"嵌入性"、"专用性"与"计算机系统"是嵌入式计算机的三个基本要素。早期的嵌入式工控机主要是指基于 PC/104 总线的计算机。PC/104 总线是一种在硬件和软件上与 ISA 总线完全兼容的 PC 总线，采用堆叠式结构，体积小、结构紧凑，因此被广泛应用于通信装置、军用电子设备、医疗仪器等设备中。随着技术和工艺水平的不断提高，目前基于 PC/104 总线的计算机，已向 PCI/104 总线计算机发展，同时其 CPU 从原来单一的 8x86 系列发展为 DSP、ARM（Advanced RISC Machines）、SOC（System On Chip）等多种嵌入式处理器。这些具有完整计算机系统结构的单片处理器的出现，也使嵌入式工控机从系统级向板级和芯片级发展。

系统级，是指包括 PC104/PCI 总线计算机和其他类型的工控机；板级，即各种类型的带 CPU 的主板；而芯片级，即嵌入式处理器本身。嵌入式处理器也是构成模块级和系统级嵌入式工控机的核心，其发展趋势是经济性（成本低）、微型化（封装小、功耗低）和智能化。嵌入式处理器可以分为 4 类：单片机、数字信号处理器、嵌入式微处理器和嵌入式片上系统。

在设计简单应用程序时，嵌入式工控机可以不使用操作系统，但在设计复杂应用程序时，可能需要一个操作系统来管理和控制内存、多任务、周边资源等。对于使用操作系统的嵌入式工控机来说，软件结构一般包括 4 个层面：设备驱动程序、实时操作系统 RTOS、应用程序接口 API 层、应用程序层。

（3）可编程序控制器（PLC）　PLC 是微机技术和继电器常规控制概念相结合的产物，是一种以微处理器为核心的用于控制的特殊计算机，它的组成与一般的微机装置类似。

它主要由中央处理单元、存储器、输入接口、输出接口、通信接口等部分组成，其中 CPU 是 PLC 的核心，I/O 部件是连接现场设备与 CPU 之间的接口电路，通信接口与编程器和上位机连接。对于整体式 PLC，所有部件都装在同一机壳内，对于模块式 PLC，各功能部件独立封装，称为模块或模板，各模块通过总线连接，安装在机架或导轨上。

（4）单元式控制器　单元式控制器是指具有独立功能并带通信接口的测控模块，它实际上是一种能完成特定功能，并以独立形式存在的微小型工控机。随着计算机控制系统向分散化、模块化发展，单元式控制器越来越发挥出其重要的作用。单元式控制器的种类很多，如智能（数字）调节器、分布式数据采集控制模块等。

数字调节器是在模拟调节仪表的基础上，采用数字技术和微电子技术实现闭环控制的调节器，又称数字调节仪表。它接收来自生产过程的测量信号，由内部的数字电路或微处理机作数字处理，按一定调节规律产生数字信号或模拟信号驱动执行器，完成对生产过程的闭环控制。它与微型计算机十分相似，只是在功能上以过程调节为主。

随着现场总线技术、工业以太网技术在 DCS 系统中的应用和发展，新一代的 DCS 系统已打破传统 DCS 系统在逻辑上分散、在物理空间上集中的模式，实现了彻底的分散化，分布式数据采集控制模块就是在这种背景下产生的新型测控装置。

（5）智能测控仪器　随着计算机技术的发展，微处理器被越来越多地嵌入到测量仪器中。智能仪器实际上是一个专用的微处理器系统，一般包含微处理器电路（CPU、RAM、ROM 等）、模拟量输入/输出通道（A/D、D/A、传感器等）、键盘显示接口、标准通信接口等。智能仪器使用键盘代替传统仪器面板上的旋钮或开关，来对仪器实施操作与控制，使得仪器面板布置与仪器内部功能部件的分布不再互相限制和牵连；利用内置微处理器强大的数字运算和数据处理能力，智能仪器能够实现量程自动转换、自动调零、自动调整触发电平、自动校准和自诊断等"智能化"功能；智能仪器一般都带有 GPIB 或 RS-232 接口，具备程控功能，可方便地与其他仪器及计算机实现互连，组成复杂的自动测试系统。

目前，各种智能测控仪器种类繁多，有通用型的，也有专用型的；从仪器的定义出发，传感器、变送器、调节阀、回路调节器、数据采集仪、无纸记录仪等都属于测控仪器。

此外，计算机总线技术的发展也为测控仪器向模块化和总线型发展提供了坚实基础，从而形成了智能型测控仪器和总线型测控仪器。前者是基于 GPIB 总线的智能测控仪器，后者是基于 VXI 总线和 PXI 总线的自动测试系统。

需要指出的是，上述分类仅是从结构形式上进行的分类，而且是从广义角度上归纳的分类。不过人们通常所说的工控机大多是指总线型工控机，有时仅指通用型工业 PC，即 IPC。

3.2 工业控制计算机的总线结构

3.2.1 总线结构概述及分类

1. 总线概述及总线标准

总线是连接一个或多个部件的一组电缆的总称，通常包括地址总线、数据总线和控制总线。总线的特点在于公用性和兼容性，它能同时挂连多个功能部件，且可互换使用。如果是两个部件之间的专用信号连接线，就不能称为总线。

总线标准是指芯片之间、模板之间及系统之间，通过总线进行连接和传输信息时，应遵守的一些协议与规范。总线标准包括硬件和软件两个方面，如总线工作时钟频率、总线信号线定义、总线系统结构、总线仲裁机构与配置机构、电气规范、机械规范和实施总线协议的驱动与管理程序。通常说的总线，实际上指的是总线标准。不同的标准，形成不同类型和同一类型不同版本的总线。

采用总线结构连接的优越性可以归结为下述几点：

1) 系统结构由面向 CPU 变为面向总线。
2) 有利于硬件、软件模块化设计与生产。
3) 结构清晰，便于灵活组态、扩充、改进、升级和维护。
4) 符合同一总线标准的产品兼容性强。
5) 满足用户不同的需要，容易构成各种用途的计算机应用系统。

2. 总线的分类

总线种类繁多，结构多样，用途各有不同。总线的分类方法较多，按总线使用范围来分，可分为计算机总线、仪表或测控系统总线和网络通信总线；按总线的数据传送方式分，有并行总线和串行总线，并行总线按一次传送数据的宽度可分为 8 位、16 位、32 位和 64 位总线等；按总线的用途和应用场合则可分为 4 类：片内总线、片间总线、内部总线、外部总线。

(1) 片内总线 片内总线是指微处理器芯片内的总线，用于连接微处理器内部的各逻辑功能单元。总线的结构与功能设计由芯片生产厂家完成。

（2）片间总线　片间总线又称元件级总线，指一个微处理器应用系统中连接各芯片的总线。为了保证数据传输的速度，传统的片间总线均采用并行方式，一般包括地址总线、数据总线和控制总线。

近年来，随着集成电路制造工艺的发展，串行总线的数据传输速度已经可以达到每秒数兆位。采用串行方式的片间总线也日益增多，特别是在新一代单片机系统中，串行片间总线得到了较为广泛的应用。例如，Motorola 公司的 SPI 总线（Serial Peripheral Interface，串行外围接口）、NS 公司的串行同步双工通信接口 MICROWIRE 和 Philips 公司的 I^2C 总线（Inter IC bus，片间总线）。

（3）内部总线　内部总线又称板级总线，是在计算机系统内连接各插件板的总线。内部总线通常采用并行方式，除了包括数据总线 D、地址总线 A、控制总线 C 和电源总线 P 四组信号线外，往往还有备用线供用户将来扩充功能或用于特殊目的，其数目在不同的标准中是不同的。内部总线标准的机械要素包括模板尺寸、接插件尺寸和针数；电气要素包括信号的电平和时序等。内部总线的种类较多，如用于个人计算机的 PC/XT、ISA、EISA、MCA、PCI 等；在自动测试系统和仪表中常用的有 CAMAC 总线、VXI 总线、PXI 总线等；在通信、电信中常用的有 PICMG2.16 总线、Advanced TCA 总线等；在工业控制计算机中有 STD 总线、MULTIBUS 总线、VME 总线、PC 系列总线和 Compact PCI 总线等。内部总线又分为局部总线和系统总线，PCI 总线就属于局部总线。

（4）外部总线　外部总线又叫通信总线或接口总线，它完成计算机系统之间或计算机与设备之间的通信任务。多数外部总线采用串行方式，少数采用并行方式或串并结合方式。外部总线标准的机械要素包括接插件和电缆线型号；电气要素包括发送与接收信号的电平和时序；功能要素包括发送和接收双方的管理能力、控制功能和编码规则（如 ASCII 码、二进制码等）。

外部总线的种类较多，通用的外部总线有 RS-232C、RS-485、USB、IEEE1394、SCSI 等；用于工业现场的现场总线有 CAN、LonWorks、FF、PROFIBUS 等；用于测控系统和仪表的有 GPIB（IEEE-488）、CAMAC、HP-IL、MXI 等。

3.2.2　常用总线

1. 内部总线

（1）PC 系列总线　PC 系列总线是在以 8088/8086 为 CPU 的 IBM/XT 及其兼容机的 XT62 总线基础上发展起来的，从最初的 XT 总线发展到 PCI 局部总线，以及最新的 PCI Express 总线。它包括 ISA 总线、EISA 总线、VESA 总线、PCI 总线以及 PCI Express 总线。

ISA（Industrial Standard Architecture）总线就是 AT 总线，是在 XT 总线基础上扩充设计的 16 位总线，其寻址空间最大 16MB，操作速度为 8MHz，数据传输速率为 16MB/s。

EISA（Extend Industrial Standard Architecture）总线是 32 位总线，支持总线主控，其数据传输速率可达 32MB/s。

VL 总线也称 VESA Local 总线，它是局部总线（Local BUS）标准，是 ISA 总线的简单扩展，可以与 ISA 或 EISA 总线同时使用。其主要技术思路是使过去通过 ISA 总线进行的数据交换改成由 CPU 总线直接进行，传送速度与 CPU 速度一致，局部总线设备可直接连接到处理器总线上，并以处理器的时钟速率运行。

PCI（外部设备连接接口）总线是1993年Intel公司主导推出的功能强大的总线结构。它支持并发CPU和总线主控部件操作，支持64位奔腾（Pentium）处理器，是目前普遍应用的总线。

PCI Express总线是在PCI基础上发展起来的第三代内部总线，解决了PCI总线的带宽问题。由于PCI总线只有132MB/s的带宽，虽然对声卡、网卡、视频卡等绝大多数输入/输出设备而言足以胜任，但对于3D显卡却难以满足要求，成了制约显示子系统和整机性能的瓶颈。PCI Express以高性能、高扩展性、高可靠性及出色的兼容性，赢得了众多厂商的支持。2006年12月，PCI-SIG工作组发布的PCI Express 2.0技术规范中，将数据传输速率由PCI Express 1.0的2.5GT/s提升到5GT/s。

(2) Compact PCI总线　20世纪90年代末期，ISA总线技术逐渐被淘汰，PCI总线技术开始在IPC中占主导地位，PCI总线是当今最先进的计算机总线，它将外围部件直接与微处理器互连，从而提高了数据的传输速度。该总线结合了微软公司的Windows操作系统软件和英特尔（Intel）公司微处理器的先进硬件技术，成为目前世界上微型计算机的工业标准。然而，无论是ISA总线还是PCI总线，PC系列总线原先并非为工业环境而设计，并因IPC工控机结构和"金手指"连接器的限制，使IPC难以从根本上解决散热和抗振动等恶劣环境适应性问题，IPC开始逐渐从高可靠性应用的工业过程控制、电力自动化系统以及电信等领域退出，向管理信息化领域转移，取而代之的是以Compact PCI总线工控机为核心的第三代工控机。

Compact PCI的最大总线宽度可达132MB/s（32位）和264MB/s（64位）。Compact PCI在芯片软件和开发工具方面，充分利用了PC资源，从而大幅度降低了成本。此外，Compact PCI采用了经VME总线实践验证是非常可靠的Eurocard卡组装技术。

2. 外部总线

外部总线主要用于计算机的系统与系统之间或计算机系统与外部设备之间的通信。外部总线类型很多，但在计算机控制系统中常用的是RS-232C、RS-485/422A、IEEE-488（GPIB）。前两者为串行通信，后者是并行通信。

(1) RS-232C串行通信接口　RS-232C的逻辑电平与TTL电平不兼容，为了与TTL器件相连，必须进行电平转换。为了实现采用+5V供电的TTL和CMOS通信接口电路与RS-232C标准接口的连接，必须进行串行口的输入/输出信号电平转换。

常用的电平转换器有MOTOROLA公司生产的MCl488驱动器、MCl489接收器，TI公司的SN75188驱动器、SN75189接收器及美国MAXIM公司生产的单一+5V电源供电、多路RS-232驱动器/接收器，如MAX232A、MAX202等。

接口为非平衡型，每个信号用一根导线，所有信号回路共用一根地线。由于RS-232C采用电平传输，在通信速率为19.2kbit/s时，其通信距离只有15m。若要延长通信距离，必须以降低通信速率为代价。

(2) RS-485串行通信接口　由于RS-232C通信距离较近，当传输距离较远时，可采用RS-485串行通信接口。RS-485接口采用二线差分平衡传输，差分电路的最大优点是抑制噪声。由于在它的两根信号线上传递着大小相同、方向相反的电流，而噪声电压往往在两根导线上同时出现，一根导线上出现的噪声电压会被另一根导线上出现的噪声电压抵消，因而可以极大地削弱噪声对信号的影响。

差分电路的另一个优点是不受节点间接地电平差异的影响。在非差分（即单端）电路中，多个信号共用一根接地线，长距离传输时，不同节点接地线的电平可能相差好几伏，会引起信号的误读。

RS-485 收发器种类较多，如 MAXIM 公司的 MAX485，TI 公司的 SN75LBCl84、SN65LBCl84、高速型 SN65ALS1176 等，它们的引脚是完全兼容的，其中 SN65ALS1176 主要用于高速应用场合，如 PROFIBUS-DP 现场总线等。

RS-485 具有比 RS-232C 更长的通信距离、更快的速度以及更多的节点，RS-485 更适用于多台计算机或带微控制器的设备之间的远距离数据通信。

RS-232C 和 RS-485 之间的转换可采用 RS-232C/RS-485 转换模块。

（3）IEEE-488 总线 IEEE-488 总线是美国惠普（Hewlett-Packard）公司 1970 年开发的测量仪器接口总线，命名为惠普 HP-IB。IEEE 以惠普 HP-IB 为基础，制定了 IEEE-488 标准接口总线（General Purpose Interface Bus，GPIB）。各类外设，如打印机、绘图仪、磁盘驱动器、数字转换器、电压表、电源、信号发生器等，都可以使用这种总线。

IEEE-488 通过总线可以将各种测控仪器与计算机一起构成计算机测控系统，任何厂家按 IEEE-488 总线设计制造的器件可以直接连接，相互通信，结构简单，通用性强，使用灵活。

IEEE-488 总线上连接的设备有三种：控者、讲者和听者，它们之间用一条 24 线的无源电缆互连。总线上的设备有三种工作方式。

- "受话"方式（听者）：从数据总线上接收数据，同一时刻允许有几个听者同时工作，计算机、打印机、绘图仪等都可作为受话者。
- "送话"方式（讲者）：向数据总线发送数据，一个系统可以有多个送话者，但每一时刻只允许一个送话者工作，磁带机、数字电压表、频谱分析仪和微型计算机等都可作为送话者。
- "控制"方式（控者）：控制总线上的其他设备，例如对设备寻址，允许送话者使用总线等，控者通常由微型计算机担任。一个系统可以有不止一个控者，但每一时刻只允许一个工作。

不论何时，总线上只能有一个控者工作，这个控者选择讲者和听者，让讲者与听者进行通信。每一时刻也只能有一个讲者在工作，却可以有多个听者同时收听，其数据传输速率受动作最慢的听者控制。一种设备可以具备几种工作方式。

IEEE-488 的数据传输速率与所用总线长度和接口的发送器有关，通常为 10~250KB/s，最高达 1MB/s。IEEE-488 的收发电路一般采用 TTL 电路，也可用三电平电路提高收发速度。IEEE-488 总线适用于电气干扰轻微的实验室及生产测试环境中。

3.3 总线型工业控制计算机

3.3.1 IPC 工业控制机

IPC 工业控制机是以 PC 总线（ISA，VESA，PCI 总线）为基础构成的工业计算机。

1. IPC 工业控制机主要特点

(1) 兼容性好、升级容易　由于采用 PC 标准总线，兼容性好，且升级容易。如 ISA 升级到 VL-BUS 局部总线，只需在 ISA 总线基础上增加 VL 总线部分即可；要升级到 PCI 总线工控机，只需在 ISA 总线基础上增加 PCI 总线即可。对于 CPU 芯片，从 80386 到 80486 以至到 Pentium 芯片也很容易实现升级。

(2) 性能价格比高　PC 总线工控机的性能比其他机种高，但其价格却比其他机种便宜。

(3) 丰富的软件支持　工控机软件包括操作系统、应用软件、数据库、网络通信、工控软件包等，这些软件得到了许多公司的产品支持。

(4) 通信功能强　工控机具有多种通信网卡和通信支持软件，因而极易构成分散型控制系统（DCS）。

(5) 可靠性高　抗冲击振动能力、抗尘埃性能、抗电涌冲击能力、抗腐蚀性气体能力以及适应宽的温度能力等方面，工业 PC 均比普通 PC 提高 2~3 倍。

2. IPC 工业控制机体系结构

IPC 工业控制机的构成如图 3-3 所示。

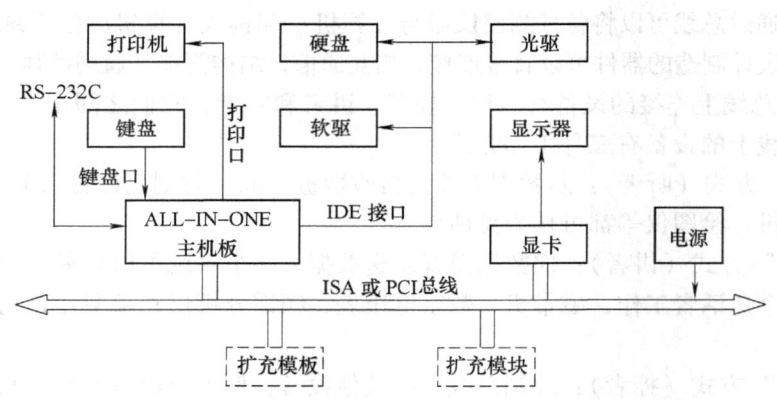

图 3-3　IPC 构成原理

IPC 主机结构包括：加固型机箱、无源总线底板、工业电源、ALL-IN-ONE 主机板、显示卡、硬盘、CD-ROM 驱动器、显示器、键盘以及鼠标等，有的还有 3.5in 软盘驱动器。

3. IPC 工业控制机的结构

工业环境等应用现场的条件相对恶劣，最常见的问题是粉尘、辐射、电磁场干扰和高温等，IPC 工业控制机是控制系统的核心部件，应当能适应上述基本的环境要求，在一些特殊的应用场合，例如地下施工或坑道内，还要求防潮、防振、抗冲击等能力，因此，IPC 工控机通常采用图 3-4 所示的结构形式。

IPC 结构包括下列各项：

1）19in 标准工业机箱：全钢结构，适合工业环境，具有防电磁干扰能力。

2）ISA 总线或 PCI 总线兼容的无源总线底板：有 6 槽、8 槽、12 槽、14 槽、20 槽几种。

3）磁盘驱动器框架：能容纳 1 个软盘、1 个硬盘、1 个 CD-ROM 驱动器。

4）双冷却风扇：分别安装在前面板及后面板电源单元中，由于前风扇为进风，后面风扇为排风，并使进风量大于排风量，从而保证了机箱内的正压力，能防止灰尘和腐蚀性气体

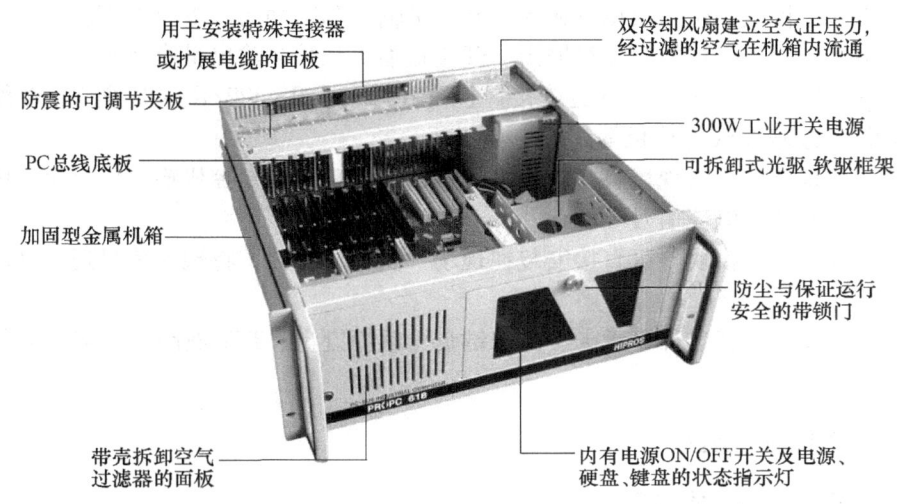

图 3-4 典型 IPC 结构

进入。

5）前风扇处安装有可拆卸式过滤罩：用于空气过滤。

6）防尘和保证运行安全的带锁门：在前面板安装一个带锁门，门内装有磁（光）盘驱动器、电源开关、复位开关和指示灯。系统运行时应将此门上锁，以防止灰尘侵入，并防止他人的误动作而影响系统的安全。

7）防振可调节夹钳：可调节上下高度，带有橡胶缓冲体，用于模板压紧，提高抗振能力。

8）指示灯：绿色 LED 指示电源上电，黄色 LED 指示键锁状态（Keyboard-Lock），红色 LED 指示硬盘驱动器在工作。

9）开关：电源开关（ON/OFF），复位开关（RESET），键锁开关（Keyboard-Lock）。

10）喇叭：阻抗 8Ω。

11）供电电源：有 200W、250W、300W 等工业开关电源，输出 +5V、30A、-5V、0.5A、+12V、12A、-12V、0.5A 四种规格直流电压。它具有过功率和短路保护功能，当功率超过 300~400W 时，电源自动保护。输入电压为 AC170~240V，输入频率为 47~63Hz。

4. IPC 工业控制机外围接口部件

工业 PC 的接口模板一般由三部分组成：PC 总线接口部分、模板功能实现部分和信号调理部分。对于不同的工业现场信号和工业控制要求，接口模板的特点主要体现在模板功能实现部分和信号调理部分。对于模拟信号来说，模板功能实现部分主要包括采样、隔离、放大、A/D、D/A 以及接口控制逻辑电路；对于开关量来说，模板功能实现部分主要包括数据的输入缓冲、输出锁存器以及隔离电路等。它们的 PC 总线接口部分是相同的，如采用译码器 74LS138 和比较器 74LS688 来生成模板选择信号，模板上的各种控制功能均通过地址译码来读写数据，采用数据缓冲器（74LS244/74LS266 等）对读写数据进行缓冲。在智能型模板中，控制功能由单片机实现。

(1) 输入接口模板　包括模拟量输入、开关量输入和脉冲输入量模板等。

(2) 输出接口模板　包括模拟量输出、开关量输出和脉冲输出量模板等。

(3) 通信接口模板　包括串行通信接口板（RS-232，RS-422/RS-485 等）、网络通信板（如以太网板）、现场总线通信板等。

(4) 信号调理模块　对现场各类输入信号进行预处理，对工控机输出信号进行隔离、驱动，将电压信号转变成电流信号等。

(5) 远程数据采集模块　可直接安装在现场一次变送器处，将现场信号通过现场总线与工控机通信相连。

(6) 人机接口　包括各种显示卡、防水键盘、触摸键盘、TFT 液晶显示屏、触摸屏、鼠标等。

3.3.2　DCS 现场控制站

1. DCS 现场控制站结构体系

DCS 现场控制站是 DCS 系统的核心部分，接受工程师站的初始下装数据，完成数据采集、工程单位变换、控制运算、控制输出，通过监控网络将数据和诊断结果传到系统数据库等功能。现场控制站的结构体系如图 3-5 所示，由主控单元、智能 I/O 单元、总线与通信接口、电源单元和专用机柜等部分组成。为确保控制系统的实时性、安全性和可靠性，现场控制站很多部件都采用冗余配置。

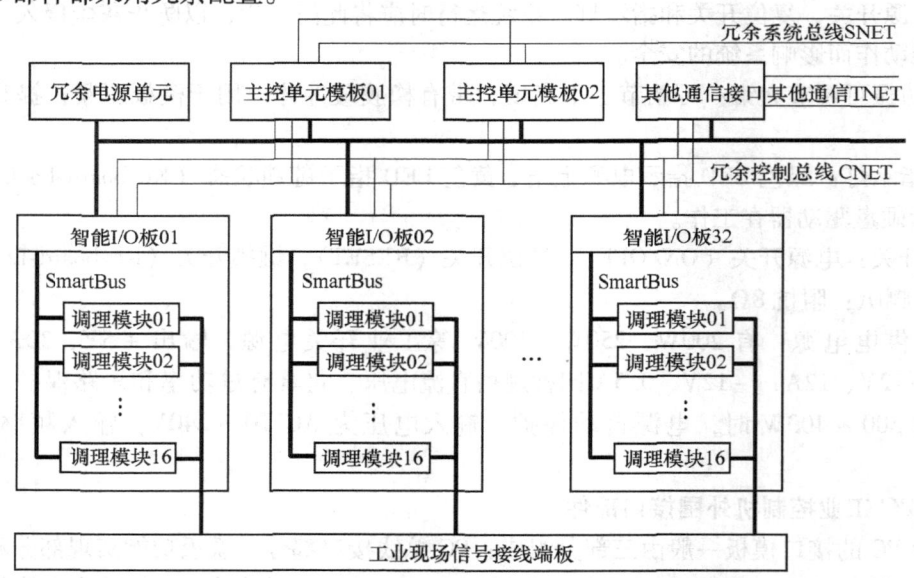

图 3-5　DCS 现场控制站结构体系

2. DCS 现场控制站的硬件结构

DCS 现场控制站是一个可独立运行的计算机监控系统，由于它是专为 DCS 系统而设计的设备，所以其机柜、电源、输入输出通道和内部计算机等与一般的工控机相比又有所不同。整个控制站硬件分为公共部件、功能模板、调理模块等几大部分。公共部件包括：机柜、机笼、主控单元、电源组件、散热组件、总线底板、集线器、光端机、转接端子板等；

功能模板包括：I/O 模板、通信模板等；调理模块包括：模拟量输入、模拟量输出、数字量输入、数字量输出、脉冲量输入、脉冲量输出、特殊定制模块等。I/O 模板基于 SmartBus 灵巧总线连接调理模块，并通过冗余控制总线 CNET 相互连接，如图 3-5 所示。

（1）机柜　机柜内部装有多层机架，以供安装电源及各种模板之用。机柜接地可靠，接地电阻小于 4Ω。一般柜内装有风扇，作为散热降温用。如果柜内温度超过正常范围，机柜会自动发出报警信号，如图 3-6 所示。

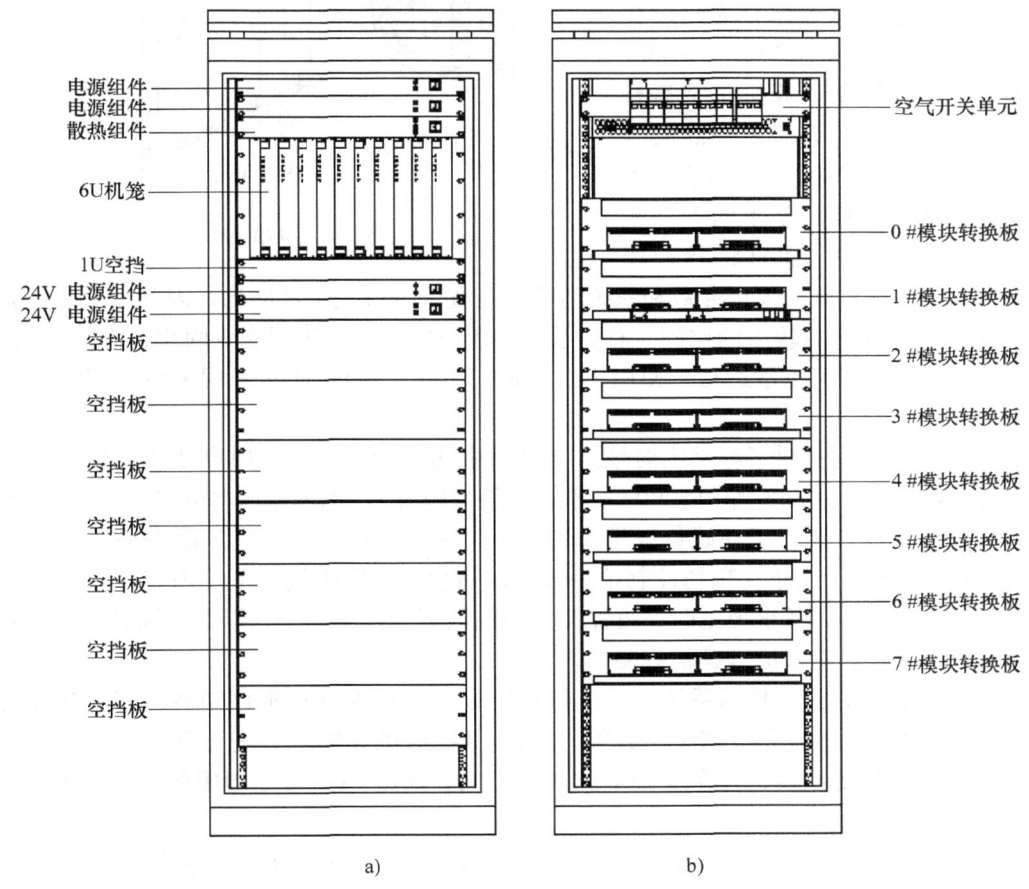

图 3-6　DCS 现场控制站机柜
a）机柜正面　b）机柜背面

（2）机箱（机笼）　机箱固定在标准机柜内，每个机柜一般可配置 4 个机箱。机箱根据内部所插模板型号分为两类：主控制机箱（配置有主控单元）和 I/O 扩展机箱（不配主控单元）。主控制机箱可以配置 2 块主控单元和 8 块 I/O 模板，I/O 扩展机箱可以配置 10 块 I/O 模板。无论主机箱或 I/O 扩展机箱另可配置 2 块电源插件（电源冗余）。机箱的结构如图 3-7 所示。

（3）主控单元（MCU）　主控单元由 CPU、存储器、系统网络（SNET）接口、控制网络（CNET）接口、主从冗余控制逻辑电路等组成。主控单元是控制站的心脏，目前已普遍采用了高性能的 32 位或 64 位的微处理器，时钟频率已达 2~3.4GHz，因此数据处理能力大大提高，工作周期可缩短到 0.3～0.5ns，并且可执行更为复杂先进的控制算法，如自整定、预测控制、模糊控制等。近年来以 ARM 核为基础的低功耗芯片的流行，也为 MCU 提供了 CPU 的一种选择。

主控单元中的存储器分为只读存储器（ROM）和随机存储器（RAM）两大部分，由于控制计算机正常运行的是一套固定程序，为了工作的安全可靠，大多采用程序固化的办法，不仅将系统启动、自检及基本的 I/O 驱动程序写入 ROM 中，而且将各种控

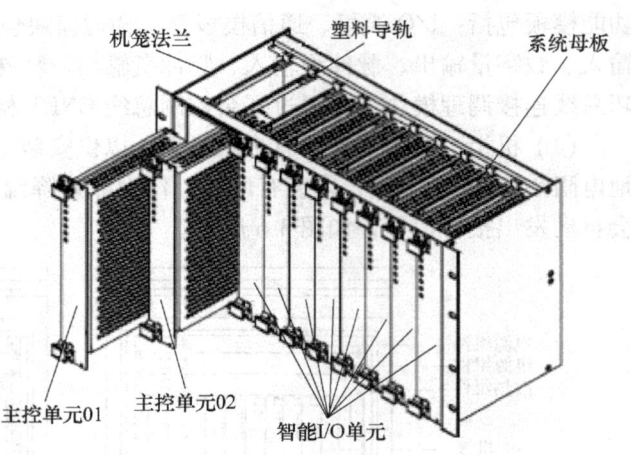

图 3-7　机箱结构

制、检测功能模块，所有固定参数和系统通信、系统管理模块全部固化，因此在控制计算机的存储器中，ROM 占有较大的比例。有的系统将用户组态的应用程序也固化在 ROM 中，只要一加电，控制站就可正常运行，使用更加方便、可靠。ROM 通常采用 Flash ROM 或固态盘 SSD。

RAM 为程序运行提供了存储实时数据与计算中间变量的空间，用户在线操作时需修改的参数（如设定值、手动操作值、PID 参数、报警界限等），也需存入 RAM 中；当前一些较为先进的 DCS 为用户提供了在线修改组态的功能。显然，这一部分用户组态应用程序亦必须存入 RAM 中运行。由于在现场控制站一般不设磁盘机、磁带机，上述内容一般存入具有电池后备的 SRAM 中，系统掉电时，可保持其中的数据、程序数十天以上不被破坏，这对于事故查询及快速恢复正常运行是很重要的。

在一些采用了冗余 CPU 的系统中，还特别设有一种双端口随机存储器，其中存放有过程输入、输出数据及设定值、PID 参数等；两块 CPU 板可分别对其进行读写，从而实现了双 CPU 间运行数据的同步，当在线 CPU 出现故障时，离线 CPU 可立即接替工作，而对生产过程不产生任何扰动。

（4）I/O 模板　在 DCS 现场控制站中，种类最多、数量最大的就是各种 I/O 接口模板，通常有如下几种形式：

1）模拟量输入模板。实现模拟量的信号隔离、程控放大、数据采集、故障诊断、报警生成、数字滤波、温度补偿、线性校正、工程量转换等。根据输入信号的类型不同可分为：热电偶输入模板、热电阻输入模板、电压信号输入模板、通用信号输入模板（信号类型由软件选择）等。

2）模拟量输出模板。实现模拟量的校验、锁存、保护输出，并在异常情况下，实现数据输出保持或输出指定设置值。

3）数字量输入/输出模板。实现数字量的输入/输出，包括数字输入的抖动消除、变化时间戳生成、实时响应，数字输出的校验、诊断、掉电记忆、上电保护等。

4）脉冲量输入模板。实现脉冲量的输入。

5）通用信号输入/输出模板。实现模拟量输入、模拟量输出、数字量输入输出、脉冲量

输入等全系列信号类型的混合输入与输出,实现智能调理、软件设置、自动识别、任意混装,并支持开放扩展。

I/O 模板通常由多块调理模块(包括各种输入输出信号调理模块)和一块 I/O 模块(包括信号转换及逻辑控制电路、冗余 CNET 总线控制器、CNET 总线接口、SmartBus 总线底板等)构成,如图 3-8 所示。I/O 模块与信号调理模块之间的总线 SmartBus 大多采用并行的非标总线结构,每个厂家所采用的总线各不相同,甚至有的厂家 I/O 模板中的 I/O 模块与信号调理模块之间不通过总线接口连接,而在板内直接连接。

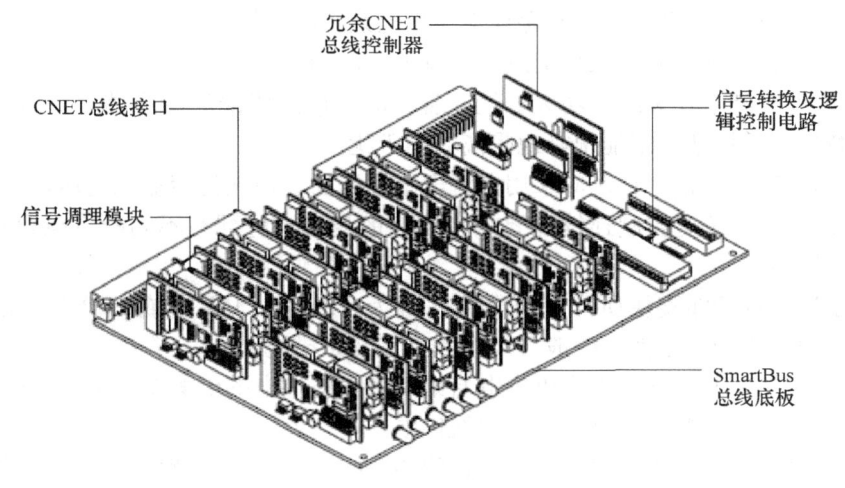

图 3-8 I/O 模板结构

(5)总线与接口 在 DCS 控制站中,通常涉及到如下 3 种总线与接口:

1)I/O 模板内部 I/O 模块与信号调理模块之间的连接总线 SmartBus。
2)各 I/O 板之间及与主控制器模板之间的控制总线 CNET。
3)现场控制站与外部通信接口总线 SNET 和 TNET。

各 I/O 板之间及与主控单元之间的连接总线 CNET 通常采用标准的工业控制计算机总线。在早期的 DCS 现场控制站中,主要采用 Intel 公司的多总线(MULTIBUS)、"Eurocard"标准的 VME 总线(IEEE1014 标准),这些都是支持多主 CPU 的 16 位/32 位总线,VME 总线采用了针式插座,抗振动等性能更好、更适合于恶劣环境使用。

20 世纪 80 年代以来,由于个人计算机(PC)积累了丰富的软件资源,因此 PC 在过程控制领域大量使用,ISA 总线和 PCI 总线在一些 DCS 现场控制站中也得到了一定的应用。但大多数情况下采用适合于工业环境的 Compact PCI 总线。

近年来,随着现场总线的出现和计算机技术的发展,DCS 现场控制站并行结构的 CNET 逐步被现场总线(现场总线实际上是串行总线)所代替。串行总线的最大优势就是可以不用大而笨重的总线背板,只依靠一对信号线和一对电源线就可以将各 I/O 模板、主控模块连接起来,其连接的模块可多可少,连接的距离可长可短,这些技术的进步促进了模块化结构的发展。模块化结构的现场控制站配置灵活、但安装密度和通信速度低于并行总线结构,因此在一些容量较大、实时性很高的 DCS 中 CNET 仍采用 VME、Compact PCI、PXI 等总线。

另外,由于现场控制站中的控制计算机最多要连接数百个过程量输入点和输出点,对应的模板多达数十块，而单一机架内只能插入十几块模板，因此必须将总线扩展，连接到数个机架。在这些扩展机架内，只插入 I/O 模板，所使用的总线信号比主机总线要少，因此有些厂家的产品中 I/O 扩展总线采用了非标准的简化的形式，仅提供了 I/O 模板所必需的数据线、地址线与控制线。

除上述总线外，有的 DCS 现场控制站还包括其他智能仪表和设备的总线（TNET）转换装置和接口。

（6）电源单元　要使现场控制站正常工作，必须确保电源（交流电源和直流电源）稳定、可靠。一般采取以下几种措施来保证交流供电系统的可靠性：

1）每一现场控制站均采用双相交流电源供电，两相互为冗余。

2）如果附近有经常开关的大功率电气设备，应采用超级隔离变压器，将其一次、二次绕组间的屏蔽层可靠接地，就能很好地隔离共模干扰。

3）若电网电压波动很严重，应采用交流电子调压器，快速稳定输入电压。

4）在石油、化工等对控制连续性要求特别高的场合，应配有不间断供电电源 UPS，以保证供电的连续性。

现场控制站内各功能模块所需直流电源一般为 ±5V、±15V（或 ±12 V）以及 +24V，为增加直流电源系统的稳定性，一般可以采取以下几条措施：

1）为减少相互间的干扰，给主机供电与给现场设备供电的电源要在电气上隔离。

2）采用冗余的双电源方式给各功能模块供电。

3）一般由统一的主电源单元将交流电整流为 24V 直流电供给柜内的直流母线，然后通过 DC-DC 转换方式将 24V 直流电源变换为子电源所需的电压，主电源一般采用 1:1 冗余配置，而子电源一般采用 N:1 冗余配置。

思考题与习题

3-1　工业控制计算机有什么主要特点？有哪几种主要类型？

3-2　何谓总线？何谓总线标准？

3-3　何谓接口？何谓接口标准？总线标准与接口标准有何特点？

3-4　总线有哪几种形式？

3-5　RS-232C 和 RS-485 是什么总线？试对两者进行对比。

3-6　IEEE-488 是什么总线？通常作为什么设备接口？有何特点？

3-7　IPC 工业控制机在结构上与普通 PC 有何不同？

3-8　DCS 现场控制站结构上有何特点？通常由哪几个部分组成？

3-9　从本章中任意选一个议题，收集与该议题相关资料，写一篇文献综述。

第 4 章 计算机控制系统的理论基础

在连续系统中，各处的信号都是时间的连续信号。把连续信号变换为脉冲序列的装置称为采样开关，又称采样器。如果系统中有一处或多处采样开关，则该系统称为采样系统，如图 4-1 所示，图中的 S 即为采样开关。采样开关之后信号是在时间上离散的脉冲序列，称为离散信号。图中的控制器之所以叫脉冲控制器，是因为它的输入和输出都是脉冲序列，也即离散信号。而保持器的作用和采样开关恰恰相反，是将离散信号转换为连续信号。采样的方式是多样的，例如周期采样、多速率采样、随机采样等，本书只讨论周期采样。

计算机控制系统则属于采样控制系统，一个典型的计算机控制系统如图 4-2 所示，注意，其中采样开关的功能是通过 A/D 转换器来完成的。模拟信号经 A/D 转换器转换后的输出信号，不仅在时间上离散，而且在幅值上是整量化的，称其为数字信号。数字信号是离散信号的一种特殊形式，它能被计算机接收、处理和输出。

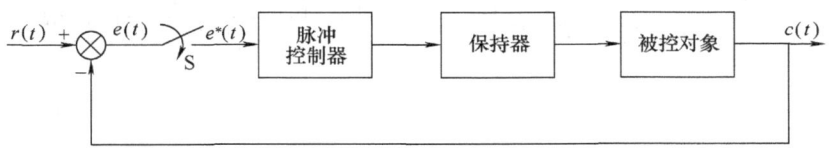

图 4-1 采样控制系统

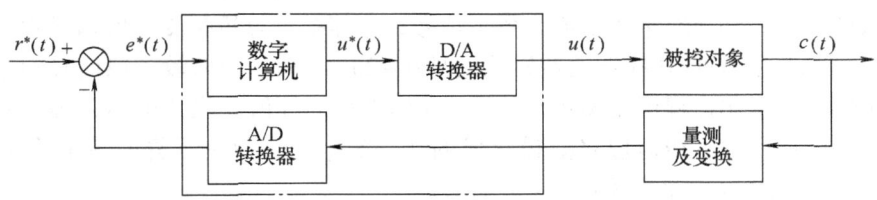

图 4-2 计算机控制系统

4.1 信号的采样与保持

4.1.1 采样过程

采样过程可以用一个周期性闭合的采样开关 S 来表示，如图 4-3 所示。假设采样开关每隔 T 秒闭合一次，T 称为采样周期，闭合的持续时间为 τ。采样器的输入 $e(t)$ 为连续信号，输出 $e^*(t)$ 为宽度等于 τ 的调幅脉冲序列，在采样瞬间 $nT(n=0,1,2,\cdots)$ 时出现。在 $t=0$ 时，采样器闭合 τ 秒，此时 $e^*(t)=e(t)$；$t=\tau$ 以后，采样器断开，输出 $e^*(t)=0$。以后每隔 T 秒重复一次这种过程。

对于具有有限脉冲宽度的采样控制系统来说，要准确进行数学分析是非常复杂的。考虑

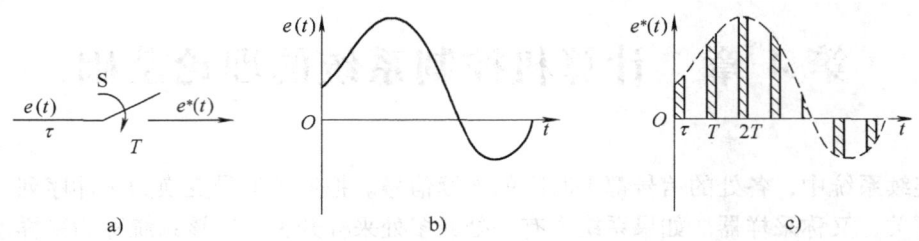

图 4-3 实际采样过程

到采样开关的闭合时间 τ 非常小,一般远小于采样周期 T 和系统连续部分的最小时间常数,因此在分析时,可以认为 $\tau=0$。这样,系统中的采样器就可以用一个理想采样器来代替。理想的采样过程如图 4-4 所示,其中图 4-4d 为采样器。

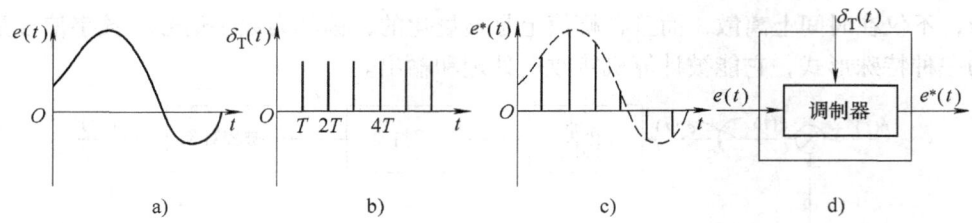

图 4-4 理想采样过程

采样信号 $e^*(t)$ 是在时间上离散,在幅值上连续变化的信号,称为离散模拟信号,它不能直接进入计算机,必须经量化后成为数字信号,才能被计算机接受。所谓量化,就是采用一组数码(例如 8 位 A/D 转换器的数码范围是 $0\sim 255$)来逼近离散模拟信号的幅值,将其转换成数字信号。量化过程可用图 4-5 说明,在模拟量的幅值变化范围内,等 q 间隔地分布若干条水平线,这些水平线对应将要量化成的那一组数码,每一采样时刻的模拟量幅值 A_i 则被量化为 A_i',图中 q 为量化单位。

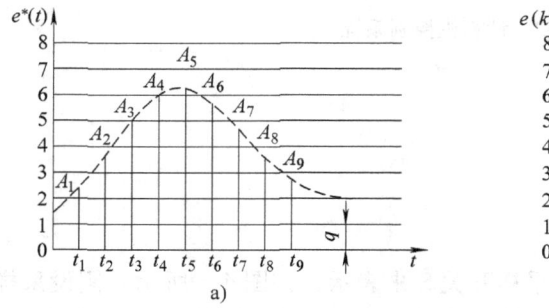
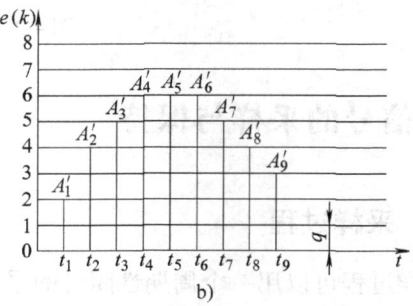

图 4-5 量化过程

在计算机控制系统中,将 $e(t)$ 转换为 $e^*(t)$ 的采样,以及将 $e^*(t)$ 转换为 $e(k)$ 的量化,都是由 A/D 转换器完成的,因此一般将这两个过程合称为采样。计算机控制系统的采样周期 T 远小于被控对象的时间常数,所以其采样过程可看作是理想采样过程。

4.1.2 采样过程的数学描述及特性分析

在图 4-4 中，采样开关的周期性动作相当于产生一串理想脉冲序列，数学上可表示成如下形式：

$$\delta_T(t) = \sum_{n=0}^{\infty} \delta(t - nT) \tag{4-1}$$

输入模拟信号 $e(t)$ 经过理想采样器的过程相当于 $e(t)$ 调制在载波 $\delta_T(t)$ 上的结果，而各脉冲强度用其高度来表示，它们等于采样瞬间 $t=nT$ 时 $e(t)$ 的幅值。调制过程在数学上的表示为两者相乘，即调制后的采样信号可表示为

$$e^*(t) = e(t)\delta_T(t) = e(t)\sum_{n=0}^{\infty}\delta(t-nT) = \sum_{n=0}^{\infty} e(t)\delta(t-nT) \tag{4-2}$$

因为 $e(t)$ 只在采样瞬间 $t=nT$ 时才有意义，故上式也可写成

$$e^*(t) = \sum_{n=0}^{\infty} e(nT)\delta(t-nT) \tag{4-3}$$

对于量化过程，如图 4-5 所示，设 e_{max} 和 e_{min} 分别为模拟信号的最大值和最小值，则量化单位定义为

$$q = \frac{e_{max} - e_{min}}{2^n - 1} \tag{4-4}$$

式中 n——二进制数码的字长。

量化过程实际上是一个取整的过程，有"向上取整"、"向下取整"、以及"四舍五入取整"，大部分 A/D 转换器采用的是"四舍五入取整"。在 $t=kT$ 时刻 A/D 转换器的输出信号

$$e(k) = \text{int}\left[\frac{e^*(t)}{q} + 0.5\right] \tag{4-5}$$

4.1.3 信号保持

由图 4-1 可知，连续信号经过采样器后转换成离散信号，经脉冲控制器处理后，其输出仍然是离散信号，而采样控制系统的被控对象一般只能接收连续信号，因此需要保持器来将离散信号转换为连续信号。最简单同时也是工程上应用最广的保持器是零阶保持器，这是一种采用恒值外推规律的保持器。它把采样时刻 nT 的 $u(nT)$ 原样保持到下一个采样时刻 $(n+1)T$，其输入信号和输出信号的关系如图 4-6 所示。

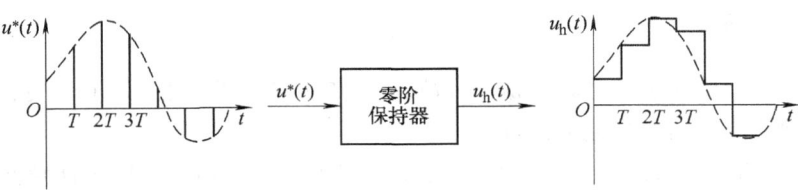

图 4-6 零阶保持器的输入和输出信号

零阶保持器的单位脉冲响应如图 4-7 所示，可表示为

$$g_h(t) = 1(t) - 1(t - T) \quad (4\text{-}6)$$

上式的拉普拉斯变换为

$$G_h(s) = \frac{1 - e^{-Ts}}{s} \quad (4\text{-}7)$$

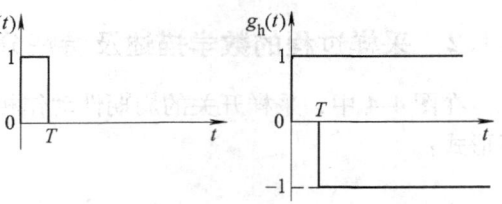

图 4-7 零阶保持器的单位脉冲响应

上式中令 $s = j\omega$，可以求得零阶保持器的频率特性

$$G_h(j\omega) = \frac{1 - e^{-j\omega T}}{j\omega} = |G_h(j\omega)| \angle G_h(j\omega) \quad (4\text{-}8)$$

式中

$$\begin{cases} |G_h(j\omega)| = T\dfrac{\sin(\omega T/2)}{\omega T/2} \\ \angle G_h(j\omega) = -\dfrac{\omega T}{2} \end{cases} \quad (4\text{-}9)$$

零阶保持器的幅频特性和相频特性如图 4-8 所示，其中 $\omega_s = 2\pi/T$。由图可见，它的幅值随着角频率的增大而衰减，具有明显的低通特性，但除了主频谱外，还存在一些高频分量。另外，它造成相位滞后，随着角频率的增大，负相位也线性增大。

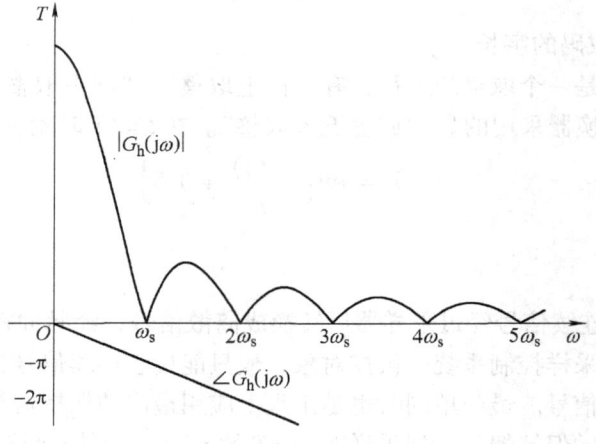

图 4-8 零阶保持器的幅频特性和相频特性

4.1.4 采样定理

连续信号 $e(t)$ 经过采样器转换成 $e^*(t)$ 后，能否恢复原有信号 $e(t)$ 呢？香农（Shannon）采样定理给出了信号恢复的条件。

采样定理 如果被采样的连续信号 $e(t)$ 的最大角频率为 ω_m，且采样角频率 $\omega_s \geqslant 2\omega_m$，则 $e^*(t)$ 通过理想滤波器后，可以不失真地恢复原信号 $e(t)$。

定理中的采样角频率 ω_s 和采样周期 T 的关系是 $\omega_s = 2\pi/T$。

该定理简单的解释如下：一般来说，连续信号 $e(t)$ 的频谱是单一的连续频谱，如图 4-9 所示，其中 ω_m 为最大角频率。而采样信号 $e^*(t)$ 的频率特性

$$E^*(j\omega) = \frac{1}{T}\sum_{k=-\infty}^{+\infty} E[j(\omega+k\omega_s)] \tag{4-10}$$

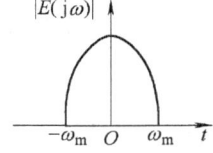

图 4-9 连续信号频谱

其频谱是由无穷多个以采样角频率 ω_s 为周期的孤立频谱组成的，如图 4-10 所示，其中与 $k=0$ 对应的便是采样前连续信号 $e(t)$ 的频谱，只是幅度为原来的 $1/T$。其他与 $k\neq 0$ 对应的各项频谱，都是由于采样而产生的高频频谱。从该图可以看出，当 $\omega_s \geq 2\omega_m$ 时，相邻的频谱就不会重叠。

理想滤波器的频率特性如图 4-11 所示。当 $\omega_s \geq 2\omega_m$，在滤波器输出端得到的频谱将准确地等于连续信号 $e(t)$ 的频谱 $|E(j\omega)|$ 的 $1/T$ 倍，经过放大器放大 T 倍，便可以从 $e^*(t)$ 不失真地恢复原来的连续信号 $e(t)$。这就是所谓的信号恢复问题。

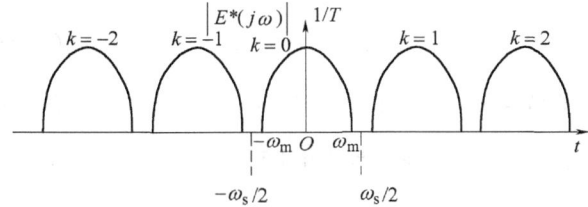

图 4-10 采样信号频谱（$\omega_s \geq 2\omega_m$）　　　图 4-11 理想滤波器的频率特性

在实际的计算机控制系统中，D/A 转换器是将数字信号转换为连续信号，这是通过 D/A 转换器中的零阶保持器的功能来实现的。在 $|\omega| \leq \omega_s/2$ 范围内，由于零阶保持器的频率特性（图 4-8）和理想滤波器的频率特性（图 4-11）存在差异，其各自的信号恢复是有差别的。

4.2　Z 变换理论

线性连续系统的动态和稳态性能，可以应用拉普拉斯变换的方法进行分析。与此类似，线性离散系统的性能，可以采用 Z 变换的方法来分析。Z 变换是从拉普拉斯变换直接导出的一种变换方法，又称为采样拉普拉斯变换。Z 变换是研究线性离散系统的一种重要数学工具。

4.2.1　Z 变换定义

连续函数 $f(t)$ 的拉普拉斯变换为

$$F(s) = L[f(t)] = \int_0^\infty f(t)e^{-st}dt \tag{4-11}$$

设 $f(t)$ 的采样信号为 $f^*(t)$

$$f^*(t) = \sum_{n=0}^{\infty} f(nT)\delta(t-nT) \tag{4-12}$$

其拉普拉斯变换为

$$F^*(s) = \int_0^\infty \left[\sum_{n=0}^\infty f(nT)\delta(t-nT)\right]e^{-st}dt = \sum_{n=0}^\infty f(nT)\left[\int_0^\infty \delta(t-nT)e^{-st}dt\right] = \sum_{n=0}^\infty f(nT)e^{-nTs}$$

(4-13)

上式中 e^{-Ts} 是 s 的超越函数。为了便于应用,令变量

$$z = e^{Ts} \tag{4-14}$$

将上式代入式(4-13),则采样信号 $f^*(t)$ 的 Z 变换定义为

$$F(z) = Z[f^*(t)] = Z[f(t)] = \sum_{n=0}^\infty f(nT)z^{-n} \tag{4-15}$$

$Z[f(t)]$ 是为了书写方便,并不意味着是连续函数 $f(t)$ 的 Z 变换,而仍是指离散函数 $f^*(t)$ 的 Z 变换。即 $F(z)$ 和 $f^*(t)$ 是一一对应的,而 $f^*(t)$ 并不能唯一地确定 $f(t)$。将式(4-12)和式(4-15)展开,有

$$f^*(t) = \sum_{n=0}^\infty f(nT)\delta(t-nT) = f(0)\delta(t) + f(1)\delta(t-T) + f(2)\delta(t-2T) + \cdots$$

(4-16)

$$F(z) = \sum_{n=0}^\infty f(nT)z^{-n} = f(0) + f(1)z^{-1} + f(2)z^{-2} + \cdots \tag{4-17}$$

可见,$F(z)$ 中,$f(nT)$ 对应采样序列的幅值,z^{-n} 对应采样序列的时间。

4.2.2 Z 变换性质

Z 变换有一些基本性质,可以使 Z 变换的应用变得简单和方便,其内容在许多方面与拉普拉斯变换基本性质有相似之处。

1. 线性定理

设 c_i 为常数,如果有 $f(t) = \sum_{i=1}^n c_i f_i(t) = c_1 f_1(t) + c_2 f_2(t) + \cdots + c_n f_n(t)$,则

$$F(z) = \sum_{i=1}^n c_i F_i(z) = c_1 F_1(z) + c_2 F_2(z) + \cdots + c_n F_n(z) \tag{4-18}$$

2. 实数位移定理

实数位移定理又称平移定理,实数位移的含义,是指整个采样序列在时间轴上左右平移若干个采样周期,其中向左平移为超前,向右平移为迟后。

$$Z[f(t-kT)] = z^{-k}F(z) \tag{4-19}$$

$$Z[f(t+kT)] = z^k F(z) - z^k \sum_{n=0}^{k-1} f(nT)z^{-n} \tag{4-20}$$

证明 根据 Z 变换定义有

$$Z[f(t-kT)] = \sum_{n=0}^\infty f(nT-kT)z^{-n} = z^{-k}\sum_{n=0}^\infty f[(n-k)T]z^{-(n-k)}$$

令 $m = n - k$,则有

$$Z[f(t-kT)] = z^{-k}\sum_{m=-k}^\infty f(mT)z^{-m}$$

由于 Z 变换的单边性，当 $m<0$ 时 $f(mT)=0$，所以上式可写为

$$Z[f(t-kT)] = z^{-k}\sum_{m=0}^{\infty}f(mT)z^{-m}$$

再令 $m=n$，式（4-19）得证。

对于式

$$Z[f(t+kT)] = \sum_{n=0}^{\infty}f(nT+kT)z^{-n} = z^{k}\sum_{n=0}^{\infty}f[(n+k)T]z^{-(n+k)}$$

令 $n+k=m$

$$Z[f(t+kT)] = z^{k}\sum_{m=k}^{\infty}f(mT)z^{-m} = z^{k}\left[\sum_{m=0}^{\infty}f(mT)z^{-m} - \sum_{m=0}^{k-1}f(mT)z^{-m}\right]$$

$$= z^{k}F(z) - z^{k}\sum_{m=0}^{k-1}f(mT)z^{-m}$$

再令 $m=n$，式（4-20）得证。

式（4-19）称为迟后定理，式（4-20）称为超前定理。算子 z 有明确的物理意义：z^{-k} 代表时域中的迟后环节，它将采样信号迟后 k 个周期，参见式（4-16）和式（4-17）。同理，z^{k} 代表时域中的超前环节，它将采样信号超前 k 个周期。但是，z^{k} 仅用于运算，在物理系统中并不存在。

3. 复数位移定理

$$Z[f(t)\mathrm{e}^{\mp at}] = F(z\mathrm{e}^{\pm aT}) \tag{4-21}$$

证明 根据 Z 变换定义有

$$Z[f(t)\mathrm{e}^{\mp at}] = \sum_{n=0}^{\infty}f(nT)\mathrm{e}^{\mp anT}z^{-n}$$

令 $z_1 = z\mathrm{e}^{\pm aT}$，则上式可化为

$$Z[f(t)\mathrm{e}^{\mp at}] = \sum_{n=0}^{\infty}f(nT)z_1^{-n} = F(z_1) = F(z\mathrm{e}^{\pm aT})$$

即式（4-21）成立。

4. 初值定理

设 $\lim\limits_{z\to\infty}F(z)$ 存在，则

$$f(0) = \lim_{z\to\infty}F(z) \tag{4-22}$$

证明 根据 Z 变换定义有

$$F(z) = \sum_{n=0}^{\infty}f(nT)z^{-n} = f(0) + f(T)z^{-1} + f(2T)z^{-2} + \cdots$$

当 $z\to\infty$ 时，上式右边除第一项外，其余各项均趋于 0。因此，式（4-22）得证。

5. 终值定理

如果 $f(t)$ 的 Z 变换为 $F(z)$，且 $f(nT)(n=0,1,2,\cdots)$ 为有限值，以及极限 $\lim\limits_{n\to\infty}f(nT)$ 存

在，则

$$\lim_{t\to\infty}f(t) = \lim_{n\to\infty}f(nT) = \lim_{z\to 1}(z-1)F(z) \tag{4-23}$$

证明 因为采样信号 $f^*(t)$ 即为离散序列 $f(nT)$，故 $f(nT)$ 的 Z 变换就是

$$Z[f(nT)] = \sum_{n=0}^{\infty} f(nT)z^{-n} = F(z)$$

而 $f[(n+1)T]$ 的 z 变换，由实数位移定理的式（4-20），可得

$$Z\{f[(n+1)T]\} = \sum_{n=0}^{\infty} f[(n+1)T]z^{-n} = zF(z) - zf(0)$$

上面两式相减，可得

$$\sum_{n=0}^{\infty}\{f[(n+1)T] - f(nT)\}z^{-n} + zf(0) = (z-1)F(z)$$

对上式两边取 $z\to 1$ 的极限，得

$$\sum_{n=0}^{\infty}\{f[(n+1)T] - f(nT)\} + f(0) = \lim_{z\to 1}(z-1)F(z)$$

当求和上限记为 N 时，上式左边可写为

$$\sum_{n=0}^{N}\{f[(n+1)T] - f(nT)\} + f(0) = f[(N+1)T]$$

令 $N\to\infty$，则有

$$\sum_{n=0}^{\infty}\{f[(n+1)T] - f(nT)\} + f(0) = \lim_{N\to\infty}f[(N+1)T] = \lim_{n\to\infty}f(nT)$$

式（4-23）得证。

6. 卷积定理

设 $C(z)$、$G(z)$、$R(z)$ 分别是 $c(kT)$、$g(kT)$、$r(kT)$ 的 Z 变换，且

$$c(kT) = \sum_{n=0}^{\infty} g[(k-n)T]r(nT) \tag{4-24}$$

则卷积定理可以表示为

$$C(z) = G(z)R(z) \tag{4-25}$$

证明 根据 Z 变换定义

$$C(z) = \sum_{k=0}^{\infty} c(kT)z^{-k} \tag{4-26}$$

将式（4-24）代入式（4-26），可得

$$C(z) = \sum_{k=0}^{\infty}\sum_{n=0}^{\infty} g[(k-n)T]r(nT)z^{-k} = \sum_{n=0}^{\infty} r(nT)\sum_{k=0}^{\infty} g[(k-n)T]z^{-k}$$

令 $k-n=m$，上式化为

$$C(z) = \sum_{n=0}^{\infty} r(nT) \sum_{m=-n}^{\infty} g(mT) z^{-(m+n)} = \sum_{n=0}^{\infty} r(nT) z^{-n} \sum_{m=0}^{\infty} g(mT) z^{-m} = G(z) R(z)$$

式（4-25）得证。

4.2.3 Z变换方法

求 Z 变换有多种方法，下面介绍常用的两种。

1. 级数求和法

根据式（4-16）和式（4-17），只要知道连续函数 $f(t)$ 在各个采样时刻的数值，即可按照式（4-17）求得其 Z 变换。这种级数展开式是开放式的，有无穷多项。但有一些常用的 Z 变换的级数展开式可以用闭合型函数表示。

例 4-1 求单位阶跃函数 $1(t)$ 的 Z 变换。

解 单位阶跃函数的采样函数为
$$1(nT) = 1 \quad (n = 0, 1, 2, \cdots)$$

将 $f(nT) = 1(nT) = 1$ 代入式(4-16)，可得
$$Z[1(t)] = 1 + 1 \cdot z^{-1} + 1 \cdot z^{-2} + \cdots + 1 \cdot z^{-n} + \cdots = \frac{z}{z-1}$$

其中，$|z^{-1}| < 1$。

注意：只要函数 Z 变换的无穷级数 $F(z)$ 在 Z 平面的某个区域内收敛，则在应用时，就不需要指出 $F(z)$ 的收敛域。

例 4-2 求 $f(t) = e^{-at}$ 的 Z 变换。

解 $f(nT) = e^{-anT}$，根据式（4-16），可得
$$F(z) = 1 + e^{-aT} z^{-1} + e^{-2aT} z^{-2} + \cdots + e^{-naT} z^{-n} + \cdots$$

两边同乘 $e^{-aT} z^{-1}$ 得
$$e^{-aT} z^{-1} F(z) = e^{-aT} z^{-1} + e^{-2aT} z^{-2} + \cdots + e^{-naT} z^{-n} + \cdots$$

两式相减，可以求得
$$F(z)(1 - e^{-aT} z^{-1}) = 1$$

即
$$F(z) = \frac{1}{1 - e^{-aT} z^{-1}} = \frac{z}{z - e^{-aT}}$$

2. 部分分式法

设连续函数 $f(t)$ 的拉普拉斯变换式为有理函数，可以展开为部分分式的形式，即
$$F(s) = \sum_{i=1}^{n} \frac{A_i}{s - p_i} \tag{4-27}$$

式中 p_i——$F(s)$ 的极点；

A_i——常系数。

$A_i/(s - p_i)$ 对应的时间函数为 $A_i e^{p_i t}$，由例 4-2 可知，其 Z 变换为 $A_i z/(z - e^{p_i T})$。由此可得
$$F(z) = \sum_{i=1}^{n} \frac{A_i z}{z - e^{p_i T}} \tag{4-28}$$

例 4-3 设连续函数 $f(t)$ 的拉普拉斯变换式为 $F(s) = a/[s(s+a)]$，求其 Z 变换。

解 将 $F(s)$ 展开为部分分式

$$F(s) = \frac{a}{s(s+a)} = \frac{1}{s} - \frac{1}{s+a}$$

对上式逐项取拉普拉斯反变换，可得 $f(t) = 1 - e^{-at}$。

由例 4-1 和例 4-2 可知

$$F(z) = \frac{1}{1-z^{-1}} - \frac{1}{1-e^{-aT}z^{-1}} = \frac{(1-e^{-aT})z^{-1}}{(1-z^{-1})(1-e^{-aT}z^{-1})}$$

例 4-4 求 $f(t) = \sin\omega t$ 的 Z 变换。

解 求 $F(s)$ 并将其展开为部分分式

$$F(s) = \frac{\omega}{s^2+\omega^2} = \frac{1/(2j)}{s-j\omega} + \frac{-1/(2j)}{s+j\omega}$$

所以

$$F(z) = \frac{1}{2j} \cdot \frac{1}{1-e^{j\omega T}z^{-1}} - \frac{1}{2j} \cdot \frac{1}{1-e^{-j\omega T}z^{-1}} = \frac{(\sin\omega T)z^{-1}}{1-(2\cos\omega T)z^{-1}+z^{-2}} = \frac{z\sin\omega T}{z^2-2z\cos\omega T+1}$$

表 4-1 中列出了一些常见函数及其相应的拉普拉斯变换和 Z 变换。利用此表可以根据给定的函数或其拉普拉斯变换式直接查出对应的 Z 变换，不必再进行繁琐的计算。

4.2.4 Z 反变换

和拉普拉斯反变换相类似，Z 反变换可表示为

$$Z^{-1}[F(z)] = f^*(t) \tag{4-29}$$

下面介绍三种比较常用的 Z 反变换方法。

1. 幂级数法

如果 $F(z)$ 已是按 z^{-1} 升幂排列的级数展开式，如式 (4-17)，则根据式 (4-16) 即可写出 $f^*(t)$。如果 $F(z)$ 是有理分式，$F(z)$ 可以表示为按 z^{-1} 升幂排列的两个多项式之比

$$F(z) = \frac{b_0 + b_1 z^{-1} + b_2 z^{-2} + \cdots + b_m z^{-m}}{1 + a_1 z^{-1} + a_2 z^{-2} + \cdots + a_n z^{-n}} \quad (m \leq n) \tag{4-30}$$

其中 $a_i(i=1,2,\cdots,n)$ 和 $b_j(j=0,1,2,\cdots,m)$ 均为常系数。通过对式 (4-30) 直接作长除法，可得按 z^{-1} 升幂排列的幂级数展开式。虽然幂级数以序列形式给出了 $f(0), f(T), f(2T), \cdots$ 的数值，但是一般很难求出 $f^*(t)$ 或 $f(nT)$ 的闭合形式。

例 4-5 已知 $F(z) = \dfrac{5z}{z^2-3z+2}$，求 $f^*(t)$。

解 $F(z)$ 可以写为 $F(z) = \dfrac{5z^{-1}}{1-3z^{-1}+2z^{-2}}$

长除得

$$F(z) = 5z^{-1} + 15z^{-2} + 35z^{-3} + 75z^{-4} + \cdots$$

$$f(0) = 0, f(T) = 5, f(2T) = 15, f(3T) = 35, f(4T) = 75, \cdots$$

即 $f^*(t) = 0\delta(t) + 5\delta(t-T) + 15\delta(t-2T) + 35\delta(t-3T) + 75\delta(t-4T) + \cdots$

2. 部分分式法

采用部分分式法可以求出离散函数的闭合形式。其方法与拉普拉斯反变换的部分分式法

相类似,将 $F(z)$ 展开成部分分式 $F(z) = \sum_{i=1}^{n} \dfrac{a_i z}{z - p_i}$ 的形式,即可通过查表求得 $f^*(t)$ 或 $f(nT)$。

例 4-6 用部分分式法求上例中 $F(z)$ 的 Z 反变换式。

解 将 $F(z)$ 展开成部分分式为

$$F(z) = \frac{5z}{z^2 - 3z + 2} = \frac{-5z}{z-1} + \frac{5z}{z-2}$$

查表 4-1 得

$$Z^{-1}\left[\frac{z}{z-1}\right] = 1, \ Z^{-1}\left[\frac{z}{z-2}\right] = 2^n$$

故

$$f(nT) = 5(-1 + 2^n) \quad (n = 0, 1, 2, \cdots)$$

即

$$f^*(t) = 0\delta(t) + 5\delta(t-T) + 15\delta(t-2T) + 35\delta(t-3T) + 75\delta(t-4T) + \cdots$$

表 4-1 常用函数的拉普拉斯变换和 Z 变换对照

$f(t)$	$F(s)$	$F(z)$
$\delta(t)$	1	1
$\delta(t - kT)$	e^{-kTs}	z^{-k}
$1(t)$	$\dfrac{1}{s}$	$\dfrac{z}{z-1}$
t	$\dfrac{1}{s^2}$	$\dfrac{Tz}{(z-1)^2}$
$\dfrac{1}{2}t^2$	$\dfrac{1}{s^3}$	$\dfrac{T^2 z(z+1)}{2(z-1)^3}$
e^{-at}	$\dfrac{1}{s+a}$	$\dfrac{z}{z-e^{-aT}}$
te^{-at}	$\dfrac{1}{(s+a)^2}$	$\dfrac{Tze^{-aT}}{(z-e^{-aT})^2}$
$a^{t/T}$	$\dfrac{1}{s - (1/T)\ln a}$	$\dfrac{z}{z-a}\ (a>0)$
$1 - e^{-at}$	$\dfrac{a}{s(s+a)}$	$\dfrac{z(1-e^{-aT})}{(z-1)(z-e^{-aT})}$
$e^{-at} - e^{-bt}$	$\dfrac{b-a}{(s+a)(s+b)}$	$\dfrac{z(e^{-aT} - e^{-bT})}{(z-e^{-aT})(z-e^{-bT})}$
$\sin(\omega t)$	$\dfrac{\omega}{s^2 + \omega^2}$	$\dfrac{z\sin\omega T}{z^2 - 2z\cos\omega T + 1}$
$\cos(\omega t)$	$\dfrac{s}{s^2 + \omega^2}$	$\dfrac{z^2 - z\cos\omega T}{z^2 - 2z\cos\omega T + 1}$
$e^{-at}\sin\omega t$	$\dfrac{\omega}{(s+a)^2 + \omega^2}$	$\dfrac{ze^{-aT}\sin\omega T}{z^2 - 2ze^{-aT}\cos\omega T + e^{-2aT}}$
$e^{-at}\cos\omega t$	$\dfrac{s+a}{(s+a)^2 + \omega^2}$	$\dfrac{z(z - e^{-aT}\cos\omega T)}{z^2 - 2ze^{-aT}\cos\omega T + e^{-2aT}}$

3. 留数法

由复变函数理论可知

$$f(nT) = \frac{1}{2\pi j} \int_C F(z) z^{n-1} \mathrm{d}z = \sum \mathrm{Res}[F(z) z^{n-1}]_{z \to z_i} \qquad (4\text{-}31)$$

$\mathrm{Res}[F(z) z^{n-1}]_{z \to z_i}$ 表示 $F(z) z^{n-1}$ 在极点 z_i 处的留数。

若 $z_i (i = 1, 2, \cdots, n)$ 为单极点，则其留数为

$$R_i = \mathrm{Res}[F(z) z^{n-1}]_{z \to z_i} = \lim_{z \to z_i} (z - z_i)[F(z) z^{n-1}] \qquad (4\text{-}32)$$

若 $F(z) z^{n-1}$ 有 q 阶重极点 z_i，则

$$R_i = \mathrm{Res}[F(z) z^{n-1}]_{z \to z_i} = \frac{1}{(q-1)!} \lim_{z \to z_i} \frac{\mathrm{d}^{q-1}}{\mathrm{d}z^{q-1}} [(z - z_i)^q F(z) z^{n-1}] \qquad (4\text{-}33)$$

例 4-7 用留数法求

$$F(z) = \frac{0.5z}{(z-1)(z-0.5)}$$

的 Z 反变换。

解 根据式(4-31)有

$$f(nT) = \sum \mathrm{Res}[F(z) z^{n-1}]_{z \to z_i} = \sum \mathrm{Res}\left[\frac{0.5 z^n}{(z-1)(z-0.5)}\right]_{z \to z_i}$$

因为 $F(z) z^{n-1}$ 在 $z = 1$ 和 $z = 0.5$ 处各有一个极点，所以

$$R_1 = \left[\frac{0.5 z^n}{(z-1)(z-0.5)} (z-1)\right]_{z=1} = 1, \quad R_2 = \left[\frac{0.5 z^n}{(z-1)(z-0.5)} (z-0.5)\right]_{z=0.5} = -(0.5)^n$$

由此得

$$f(nT) = 1 - (0.5)^n \quad (n = 0, 1, 2 \cdots)$$

$$f^*(t) = 0\delta(t) + 0.5\delta(t-T) + 0.75\delta(t-2T) + 0.875\delta(t-3T) + 0.9375\delta(t-4T) + \cdots$$

例 4-8 用留数法求

$$F(z) = \frac{Tz}{(z-1)^2}$$

的 Z 反变换。

解 由于 $F(z) z^{n-1}$ 在 $z = 1$ 处有二重极点，因此

$$R = \frac{1}{(2-1)!} \lim_{z \to 1} \frac{\mathrm{d}}{\mathrm{d}z} \left[(z-1)^2 \frac{Tz}{(z-1)^2} z^{n-1}\right] = (nTz^{n-1})_{z=1} = nT$$

由此可得

$$f(nT) = nT \quad (n = 0, 1, 2, \cdots)$$

$$f^*(t) = 0\delta(t) + T\delta(t-T) + 2T\delta(t-2T) + 3T\delta(t-3T) + 4T\delta(t-4T) + \cdots$$

4.3 计算机控制系统的数学描述

4.3.1 差分方程及其求解

对于单输入、单输出线性定常系统，采用下列微分方程来描述：

$$c^{(n)}(t) + a_1 c^{(n-1)}(t) + a_2 c^{(n-2)}(t) + \cdots + a_{n-1}\dot{c}(t) + a_n c(t)$$
$$= b_0 r^{(m)}(t) + b_1 r^{(m-1)}(t) + b_2 r^{(m-2)}(t) + \cdots + b_{m-1}\dot{r}(t) + b_m r(t) \tag{4-34}$$

式中 $r(t)$ 和 $c(t)$——系统的输入信号和输出信号；

$a_i(i=1,2,\cdots,n)$ 和 $b_j(j=0,1,\cdots,m)$——系统参数。

与线性定常连续系统类似，对于单输入单输出线性定常离散系统可以用 n 阶线性常系数向后差分方程描述，即

$$c(kT) + a_1 c[(k-1)T] + a_2 c[(k-2)T] + \cdots + a_{n-1}c[(k-n+1)T] + a_n c[(k-n)T]$$
$$= b_0 r(kT) + b_1 r[(k-1)T] + b_2 r[(k-2)T] + \cdots + b_{m-1}r[(k-m+1)T] + b_m r[(k-m)T] \tag{4-35}$$

差分方程的解法有迭代法、古典法和 Z 变换法。下面介绍迭代法和 Z 变换法。

1. 迭代法

式（4-35）是一个 n 阶常系数差分方程。如果已知差分方程和输入序列，并且给定输出序列的初始值，就可以利用迭代关系逐步计算出输出序列。

例 4-9 已知差分方程

$$c(kT) + c[(k-1)T] = r(kT) + 2r[(k-2)T]$$

输入序列为 $r(kT) = \begin{cases} k, k \geq 0 \\ 0, k < 0 \end{cases}$，初始条件为 $c(0) = 2$，试用迭代法求解差分方程。

解 逐步以 $k=1,2,3,\cdots$，代入差分方程，则有
$$c(0) = 2, c(T) = -1, c(2T) = 3, c(3T) = 2, c(4T) = 6, \cdots$$

可以得到任意 kT 时刻的输出序列 $c(kT)$。

迭代法的优点是便于用计算机求解，但其求出的输出序列 $c(kT)$ 不是数学解析式。

2. Z 变换法

在连续系统中用拉普拉斯变换求解微分方程，使得复杂的微积分运算变成简单的代数运算。同样，在离散系统中用 Z 变换求解差分方程，也使得求解运算变成代数运算，大大简化和方便了离散系统的分析和综合。

用 Z 变换求解差分方程，主要用到了 Z 变换的实数位移定理

$$Z[f(t-kT)] = z^{-k}F(z), \; Z[f(t+kT)] = z^k F(z) - z^k \sum_{n=0}^{k-1} f(nT) z^{-n}$$

例 4-10 求解差分方程

$$c[(k+2)T] + 4c[(k+1)T] + 3c(kT) = 0$$
$$c(0) = 0, c(T) = 1$$

解 对差分方程作 Z 变换

$$z^2 C(z) - z^2 c(0) - zc(T) + 4zC(z) - 4zc(0) + 3C(z) = 0$$

代入初始条件得

$$C(z) = \frac{z}{z^2 + 4z + 3} = \frac{0.5z}{z+1} - \frac{0.5z}{z+3}$$
$$c(kT) = 0.5(-1)^k - 0.5(-3)^k \quad (k = 0,1,2,\cdots)$$

例 4-11 求解差分方程

$$c[(k+2)T] - 4c[(k+1)T] + 3c(kT) = \delta(kT)$$

$$c(kT) = 0, k \leq 0 \quad \delta(kT) = \begin{cases} 1, k=0 \\ 0, k \neq 0 \end{cases}$$

解 对差分方程作 Z 变换

$$z^2 C(z) - z^2 c(0) - zc(T) - 4[zC(z) - zc(0)] + 3C(z) = Z[\delta(kT)] = 1$$

已知 $c(0) = 0$，以 $k = -1$ 代入差分方程可得 $c(T) = 0$。以 $c(0) = 0$、$c(T) = 0$，代入 Z 变换式，得

$$C(z) = \frac{1}{z^2 - 4z + 3} = \frac{1}{(z-1)(z-3)}$$

$$c(kT) = \lim_{z \to 3}(z-3)\frac{z^{k-1}}{z^2 - 4z + 3} + \lim_{z \to 1}(z-1)\frac{z^{k-1}}{z^2 - 4z + 3}$$

$$= 0.5(3)^{k-1} - 0.5(1)^{k-1} \quad (k = 0, 1, 2, \cdots)$$

由上述介绍可以看出，用 Z 变换求解差分方程大致可以分为如下几步：

1) 对差分方程作 Z 变换；
2) 利用已知初始条件或求出的 $c(0)$，$c(T)$，… 代入 Z 变换式；
3) 由 Z 变换式求出

$$C(z) = \frac{b_0 z^m + b_1 z^{m-1} + \cdots + b_m}{a_0 z^n + a_1 z^{n-1} + \cdots + a_n}$$

4) 由 $c(kT) = Z^{-1}[C(z)]$，利用幂级数法或部分分式法或留数法，便可得到差分方程的解 $c(kT)$。

4.3.2 脉冲传递函数

1. 脉冲传递函数的基本概念

在线性离散系统理论中，把初始条件为零情况下系统离散输出信号的 Z 变换与离散输入信号的 Z 变换之比，定义为脉冲传递函数，或称 Z 传递函数。对于图 4-12a 所示的采样系统，脉冲传递函数为

$$G(z) = \frac{C(z)}{R(z)} \tag{4-36}$$

由上式可求采样系统的离散输出信号

$$c^*(t) = Z^{-1}[C(z)] = Z^{-1}[G(z)R(z)]$$

实际上，许多采样系统的输出信号是连续信号。在这种情况下，为了应用 Z 变换方法进行系统分析，在输出端设置了一个虚拟采样开关，如图 4-12b 所示，并令其采样周期与输入端的采样开关相同。

由线性连续系统理论已知，当输入信号为单位脉冲信号 $\delta(t)$ 时，其输出信号称为单位

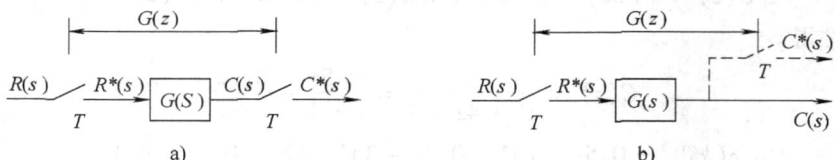

图 4-12 采样系统

脉冲响应,以 $g(t)$ 表示。当输入信号为如下的脉冲序列时

$$r^*(t) = \sum_{n=0}^{\infty} r(nT)\delta(t-nT)$$

根据叠加原理,输出信号为一系列脉冲响应之和,即

$$c(t) = r(0)g(t) + r(T)g(t-T) + \cdots + r(nT)g(t-nT) + \cdots$$

在 $t = kT$ 时刻,输出的脉冲值为

$$c(kT) = r(0)g(kT) + r(T)g[(k-1)T] + \cdots + r(nT)g[(k-n)T] + \cdots$$

$$= \sum_{n=0}^{\infty} g[(k-n)T]r(nT)$$

根据卷积定理,可得上式的 Z 变换

$$C(z) = G(z)R(z)$$

其中 $C(z)$、$G(z)$ 和 $R(z)$ 分别是 $c(t)$、$g(t)$ 和 $r(t)$ 的 Z 变换。

由此可见,系统的脉冲传递函数 $G(z)$ 即为系统的单位脉冲响应 $g(t)$ 经过采样后离散信号 $g^*(t)$ 的 Z 变换,可表示为

$$G(z) = \sum_{n=0}^{\infty} g(nT)z^{-n} \tag{4-37}$$

2. 采样系统的开环脉冲传递函数

讨论采样系统的开环脉冲传递函数时,应该注意图 4-13 中的两种不同情况。

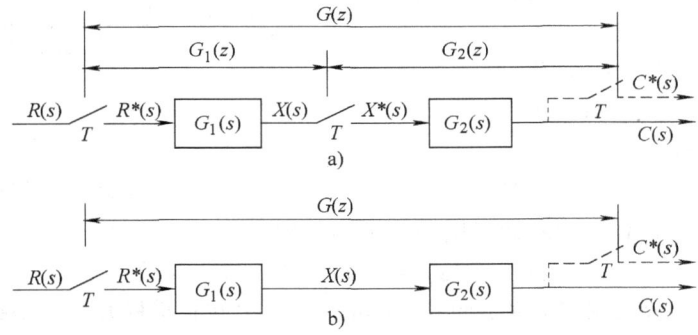

图 4-13 两种串联结构

在图 4-13a 所示的开环系统中,两个串联环节之间有采样开关存在,这时

$$X(z) = G_1(z)R(z)$$
$$C(z) = G_2(z)X(z) = G_1(z)G_2(z)R(z)$$

由此可得

$$G(z) = \frac{C(z)}{R(z)} = G_1(z)G_2(z) \tag{4-38}$$

上式表明,当两个串联环节之间具有采样开关时,其脉冲传递函数等于各个环节的脉冲传递函数之积。上述结论可以推广到有采样开关分隔的 n 个环节串联的情况。

在图 4-13b 所示的系统中,两个串联环节之间没有采样开关,这时系统的开环脉冲传递函数为

$$G(z) = \frac{C(z)}{R(z)} = Z[G_1(s)G_2(s)] = G_1G_2(z) \qquad (4-39)$$

请注意式（4-38）和式（4-39）的区别，通常

$$G_1G_2(z) \neq G_1(z)G_2(z)$$

例 4-12　设图 4-13 中

$$G_1(s) = \frac{1}{s+1}, G_2(s) = \frac{1}{s+2}$$

求系统的开环脉冲传递函数。

解　对于图 4-13a，由式（4-38）得其开环脉冲传递函数为

$$G(z) = G_1(z)G_2(z) = Z\left(\frac{1}{s+1}\right)Z\left(\frac{1}{s+2}\right) = \frac{z}{z-e^{-T}} \cdot \frac{z}{z-e^{-2T}} = \frac{z^2}{(z-e^{-T})(z-e^{-2T})}$$

而对于图 4-13b，由式（4-38），其开环脉冲传递函数为

$$G(z) = G_1G_2(z) = Z\left(\frac{1}{s+1} \cdot \frac{1}{s+2}\right) = Z\left(\frac{1}{s+1} - \frac{1}{s+2}\right)$$

$$= \frac{z}{z-e^{-T}} - \frac{z}{z-e^{-2T}} = \frac{z(e^{-T} - e^{-2T})}{(z-e^{-T})(z-e^{-2T})}$$

3. 采样系统的闭环脉冲传递函数

设一典型的闭环系统，如图 4-14 所示。图中输入端和输出端的采样开关是为了便于分析而虚设的。由图可见

$$E(s) = R(s) - H(s)C(s)$$
$$C(s) = E^*(s)G(s)$$

合并以上两式，得到

$$E(s) = R(s) - H(s)G(s)E^*(s)$$

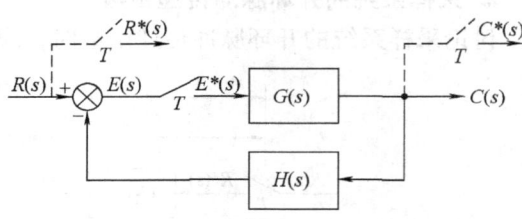

图 4-14　闭环采样控制系统

对上式作 Z 变换，注意到上式右端适用线性定理，则有

$$E(z) = R(z) - Z[G(s)H(s)E^*(s)]$$

因 $G(s)$ 和 $H(s)$ 之间没有采样开关，而 $H(s)$ 和 $E^*(s)$ 之间有采样开关，根据式（4-39），得

$$E(z) = R(z) - GH(z)E(z)$$

于是

$$E(z) = \frac{R(z)}{1+GH(z)}, \quad C(z) = E(z)G(z) = \frac{G(z)}{1+GH(z)}R(z)$$

即得闭环离散系统对输入量的脉冲传递函数为

$$\Phi(z) = \frac{C(z)}{R(z)} = \frac{G(z)}{1+GH(z)} \qquad (4-40)$$

式中，$1+GH(z)$ 为闭环采样控制系统的特征多项式。

控制系统的框图如图 4-15 所示，其中 $D^*(s)$ 即为数字控制器 $D(z)$。由图可见

$$E(s) = R(s) - H(s)G(s)X^*(s), \quad X^*(s) = D^*(s)E^*(s)$$

两式合并，得

$$E(s) = R(s) - H(s)G(s)D^*(s)E^*(s)$$

对上式作 Z 变换，与图 4-14 系统类似，有

$$E(z) = R(z) - GH(z)D(z)E(z), \quad E(z) = \frac{1}{1+D(z)GH(z)}R(z)$$

由
$$C(s) = G(s)X^*(s) = G(s)D^*(s)E^*(s)$$
得
$$C(z) = E(z)D(z)G(z) = \frac{D(z)G(z)}{1+D(z)GH(z)}R(z)$$

即闭环脉冲传递函数为

$$\Phi(z) = \frac{C(z)}{R(z)} = \frac{D(z)G(z)}{1+D(z)GH(z)} \tag{4-41}$$

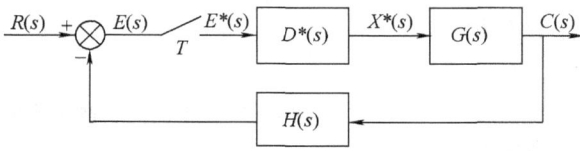

图 4-15 具有数字控制器的采样系统

对于图 4-16 所示采样控制系统，干扰 $N(s)$ 到输出 $C(s)$ 的通道上没有采样开关，所以，不能写出输出 $C(z)$ 对干扰 $N(z)$ 的闭环传递函数，而只能写出输出 $C(z)$ 与干扰 $N(z)$ 的关系式。当 $R(s) = 0$ 时，则有

$$C_N(z) = \frac{G_2N(z)}{1+G_1G_2(z)} \tag{4-42}$$

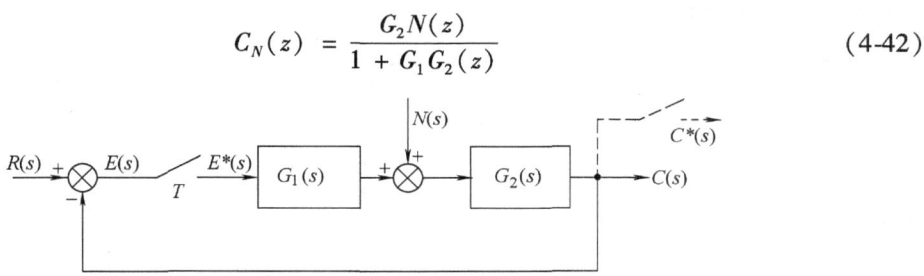

图 4-16 有干扰信号的采样系统

4.4 计算机控制系统的分析

4.4.1 计算机控制系统的稳定性分析

为了把线性定常连续系统在 S 平面上稳定性分析的方法推广到 Z 平面上的离散系统稳定性分析，首先需要研究这两个复平面之间的关系。

复变量 z 和 s 的关系为 $z = e^{Ts}$，由 $s = \sigma + j\omega$，则
$$z = e^{T(\sigma+j\omega)} = e^{\sigma T}e^{j T\omega}$$

所以 $|z| = e^{\sigma T}$，$\angle z = \omega T$。

在 S 平面上，虚轴 $s = j\omega$，对应于 Z 平面上 $z = e^{j\omega T}$。这表明：当 S 平面上的点沿虚轴移动，对应于 Z 平面上相应的点在单位圆周上运动。当 s 位于 S 平面虚轴的左半部（$\sigma < 0$）时，这时 $|z| < 1$，对应 Z 平面上的单位圆内；当 s 位于 S 平面虚轴的右半部（$\sigma > 0$）时，这时 $|z| > 1$，对应 Z 平面上的单位圆外部区域，如图 4-17 所示。

对于图 4-14 所示的采样控制系统，闭环传递函数 $\Phi(z) = G(z)/[1+GH(z)]$，其特征方

程式为

$$1 + GH(z) = 0 \quad (4-43)$$

系统的特征根 z_1, z_2, $\cdots$, z_n 即为闭环传递函数的极点。根据以上分析可知，闭环采样系统稳定的充分必要条件是，系统特征方程的所有根均分布在 Z 平面的单位圆内，或者所有根的模均小于 1，即 $|z_i| < 1 (i = 1, 2, \cdots, n)$。

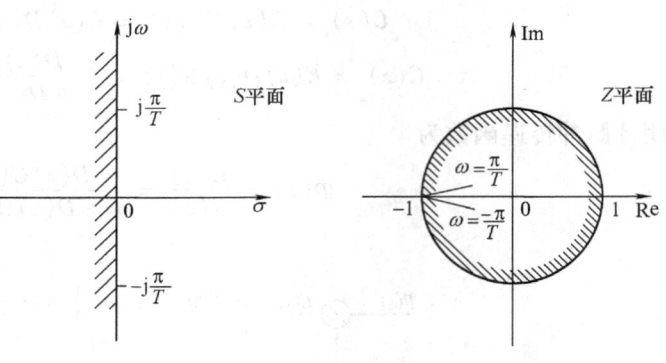

图 4-17 S 平面上虚轴在 Z 平面上的映像

与分析连续系统的稳定性一样，用直接求解特征方程式根的方法判断系统的稳定性往往比较困难，这时可利用劳斯判据来判断其稳定性。因为劳斯判据只能判断系统特征方程式的根是否在 S 平面虚轴的左半部，而线性离散系统中希望判别的是特征方程式的根是否在 Z 平面单位圆的内部。因此，可采用一种线性变换方法，使 Z 平面上的单位圆，映射为新坐标系 W 平面上的虚轴，这种坐标变换称为 W 变换。令

$$z = \frac{w+1}{w-1} \quad (4-44)$$

则

$$w = \frac{z+1}{z-1} \quad (4-45)$$

并令复变量

$$z = x + jy, \quad w = u + jv$$

代入式（4-45）得

$$u + jv = \frac{x + jy + 1}{x + jy - 1} = \frac{(x^2 + y^2 - 1) - j2y}{(x-1)^2 + y^2}$$

对于 W 平面上的虚轴，实部 $u = 0$，即

$$x^2 + y^2 - 1 = 0$$

这就是 Z 平面上以坐标原点为圆心的单位圆的方程。单位圆内 $x^2 + y^2 < 1$，对应于 W 平面的左半部；单位圆外 $x^2 + y^2 > 1$，对应于 W 平面右半部。

例 4-13 判断图 4-18 所示系统在采样周期 $T = 1s$ 和 $T = 4s$ 时的稳定性。

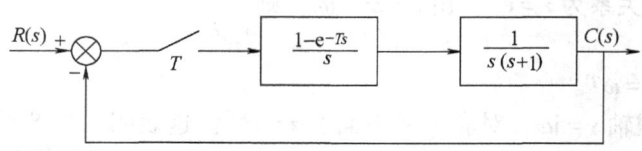

图 4-18 例 4-13 采样系统

解 开环脉冲传递函数为

$$G(z) = Z\left[\frac{1-e^{-Ts}}{s} \cdot \frac{1}{s(s+1)}\right] = Z\left[(1-e^{-Ts})\frac{1}{s^2(s+1)}\right]$$

$$= (1-z^{-1})Z\left(\frac{1}{s^2} - \frac{1}{s} + \frac{1}{s+1}\right) = (1-z^{-1})\left[\frac{Tz}{(z-1)^2} - \frac{z}{z-1} + \frac{z}{z-e^{-T}}\right]$$

$$= \frac{T(z-e^{-T}) - (z-1)(z-e^{-T}) + (z-1)^2}{(z-1)(z-e^{-T})}$$

闭环传递函数为

$$\Phi(z) = \frac{G(z)}{1+G(z)}$$

闭环系统的特征方程为

$$T(z-e^{-T}) + (z-1)^2 = 0$$

即

$$z^2 + (T-2)z + 1 - Te^{-T} = 0$$

当 $T=1$s 时,系统的特征方程为

$$z^2 - z + 0.632 = 0$$

因为方程是二阶的,故直接解得极点为 $z_{1,2}=0.5 \pm j0.618$。由于极点都在单位圆内,所以系统稳定。

当 $T=4$s 时,系统的特征方程为

$$z^2 + 2z + 0.927 = 0$$

解得极点为 $z_1 = -0.73$,$z_2 = -1.27$。因为有一个极点在单位圆外,所以系统不稳定。

从这个例子可以看出,一个原来稳定的系统,如果采样周期增大到一定程度后,系统将会不稳定。通常,T 越大,系统的稳定性就越差。

用 MATLAB 解本例的程序如下:

```
% example4_13
c1 = [1   -1   0.632]
roots(c1)
c2 = [1   2   0.927]
roots(c2)
```

例 4-14 设采样系统如图 4-19 所示,采样周期 $T=0.25$s,求能使系统稳定的 K 值范围。

解 开环脉冲传递函数为

$$G(z) = Z\left[\frac{K}{s(s+4)}\right] = Z\left[\frac{K}{4}\left(\frac{1}{s} - \frac{1}{s+4}\right)\right] = \frac{K}{4}\left(\frac{z}{z-1} - \frac{z}{z-e^{-4T}}\right)$$

$$= \frac{K}{4} \cdot \frac{(1-e^{-4T})z}{(z-1)(z-e^{-4T})}$$

闭环传递函数为

$$\Phi(z) = \frac{G(z)}{1+G(z)}$$

闭环系统的特征方程为

$$1 + G(z) = (z-1)(z-e^{-4T}) + \frac{K}{4}(1-e^{-4T})z = 0$$

将式（4-44）及 $T=0.25\text{s}$ 代入上式得

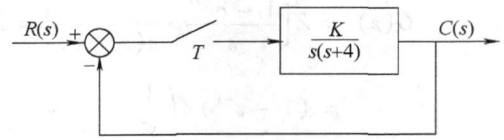

图4-19 例4-14采样系统

$$\left(\frac{w+1}{w-1} - 1\right)\left(\frac{w+1}{w-1} - 0.368\right) + 0.158K\frac{w+1}{w-1} = 0$$

整理后可得

$$0.158Kw^2 + 1.264w + (2.736 - 0.158K) = 0$$

劳斯表为

ω^2	$0.158K$	$2.736 - 0.158K$
ω^1	1.264	
ω^0	$2.736 - 0.158K$	

要使系统稳定，必须使劳斯表中第一列各项大于零，即

$$0.158K > 0 \quad 和 \quad 2.736 - 0.158K > 0$$

所以使系统稳定的 K 值范围是 $0 < K < 17.3$。

4.4.2 计算机控制系统的稳态误差分析

设单位反馈采样控制系统如图4-20所示。

与连续系统类似，系统的误差

$$E(z) = \frac{1}{1+G(z)}R(z)$$

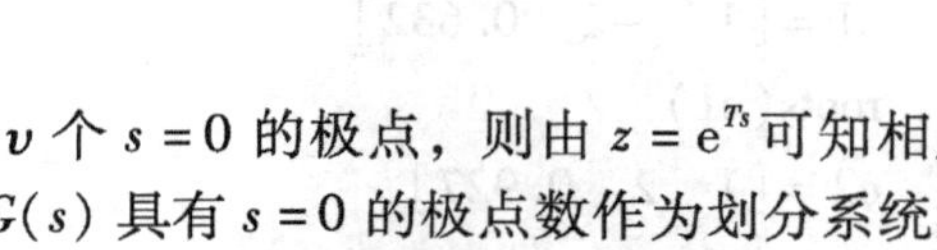

设闭环系统稳定，根据终值定理可以求出在输入信号作用下采样系统的稳态误差终值

图4-20 单位反馈采样控制系统

$$e_{sr} = \lim_{t\to\infty}e(t) = \lim_{z\to 1}(z-1)\frac{1}{1+G(z)}R(z) \tag{4-46}$$

在连续系统中，如果开环传递函数 $G(s)$ 具有 v 个 $s=0$ 的极点，则由 $z=e^{Ts}$ 可知相应 $G(z)$ 必有 v 个 $z=1$ 的极点。我们把开环传递函数 $G(s)$ 具有 $s=0$ 的极点数作为划分系统型别的标准，并分别把 $v=0,1,2\cdots$ 的系统称为0型、Ⅰ型和Ⅱ型系统等。同样，在离散系统中，也可把开环脉冲传递函数 $G(z)$ 具有 $z=1$ 的极点数 v 作为划分系统型别的标准，把 $G(z)$ 中 $v=0,1,2\cdots$ 的系统称为0型、Ⅰ型和Ⅱ型（离散）系统等。

与连续系统对应的离散系统的静态位置误差系数、静态速度误差系数和静态加速度误差系数分别为：

静态位置误差系数

$$K_p = \lim_{z\to 1}[1+G(z)] \tag{4-47}$$

静态速度误差系数

$$K_v = \lim_{z\to 1}(z-1)G(z) \tag{4-48}$$

静态加速度误差系数
$$K_a = \lim_{z \to 1}(z-1)^2 G(z) \tag{4-49}$$

表 4-2 给出了不同型别系统的稳态误差与静态误差系数的关系。

表 4-2　单位反馈离散系统的稳态误差

系统型别	位置误差 $r(t)=1(t)$	速度误差 $r(t)=t$	加速度误差 $r(t)=t^2/2$
0 型	$\dfrac{1}{K_p}$	∞	∞
Ⅰ 型	0	$\dfrac{T}{K_v}$	∞
Ⅱ 型	0	0	$\dfrac{T^2}{K_a}$

例 4-15　线性离散系统如图 4-18 所示，采样周期 $T=1\mathrm{s}$。试求系统在单位阶跃、单位速度和单位加速度输入时的稳态误差。

解 1　由例 4-13 已求得系统的开环脉冲传递函数 $G(z)$，并有误差脉冲传递函数

$$G_e(z) = \frac{1}{1+G(z)} = \frac{(z-1)(z-\mathrm{e}^{-T})}{(z-1)(z-\mathrm{e}^{-T})+T(z-\mathrm{e}^{-T})-(z-1)(z-\mathrm{e}^{-T})+(z-1)^2}$$

$$= \frac{(z-1)(z-\mathrm{e}^{-T})}{T(z-\mathrm{e}^{-T})+(z-1)^2} = \frac{(z-1)(z-\mathrm{e}^{-1})}{(z-\mathrm{e}^{-1})+(z-1)^2}$$

$$= \frac{(z-1)(z-0.368)}{z^2-z+0.632}$$

稳态误差
$$e_{sr} = \lim_{t \to \infty} e(t) = \lim_{z \to 1}(z-1)\frac{1}{1+G(z)}R(z)$$

1）单位阶跃输入时，$R(z) = \dfrac{z}{z-1}$

稳态误差
$$e_{sr} = \lim_{z \to 1}(z-1)\frac{(z-1)(z-0.368)}{z^2-z+0.632} \cdot \frac{z}{z-1} = 0$$

2）单位速度输入时，$R(z) = \dfrac{Tz}{(z-1)^2} = \dfrac{z}{(z-1)^2}$

稳态误差
$$e_{sr} = \lim_{z \to 1}(z-1)\frac{(z-1)(z-0.368)}{z^2-z+0.632} \cdot \frac{z}{(z-1)^2} = 1$$

3）单位加速度输入时，$R(z) = \dfrac{T^2 z(1+z)}{2(z-1)^3}$

稳态误差
$$e_{sr} = \lim_{z \to 1}(z-1)\frac{(z-1)(z-0.368)}{z^2-z+0.632} \cdot \frac{z(1+z)}{2(z-1)^3} = \infty$$

解 2　由例 4-13 知系统的开环脉冲传递函数

$$G(z) = \frac{T(z-\mathrm{e}^{-T})-(z-1)(z-\mathrm{e}^{-T})+(z-1)^2}{(z-1)(z-\mathrm{e}^{-T})} = \frac{z\mathrm{e}^{-1}+1-2\mathrm{e}^{-1}}{(z-1)(z-\mathrm{e}^{-1})}$$

$$= \frac{0.368z+0.264}{(z-1)(z-0.368)}$$

可见系统含有一个积分环节，所以是Ⅰ型系统。由表 4-2 可知

单位阶跃输入时，$e_{sr} = 0$

单位速度输入时，$K_v = \lim_{z \to 1}(z-1)G(z) = \lim_{z \to 1}(z-1)\dfrac{0.368z + 0.264}{(z-1)(z-0.368)} = 1, e_{sr} = \dfrac{T}{K_v} = 1$

单位加速度输入时，$e_{sr} = \infty$

4.4.3 计算机控制系统的性能指标

如果可以求出离散系统的闭环脉冲传递函数 $\Phi(z) = C(z)/R(z)$，其中 $R(z) = z/(z-1)$ 为单位阶跃函数，则系统输出量的 Z 变换函数

$$C(z) = \Phi(z)\dfrac{z}{z-1}$$

将上式展成幂级数，通过 Z 反变换，可以求出输出信号的脉冲序列 $c(kT)$ 或 $c^*(t)$。由于离散系统的时域指标与连续系统相同，故根据单位阶跃响应曲线 $c(t)$ 可以方便地分析离散系统的动态性能。

例 4-16 设采样系统如图 4-20 所示，其中

$$G(z) = \dfrac{1.264z}{z^2 - 1.368z + 0.368}$$

采样周期 $T = 0.1\text{s}$，求系统指标调节时间 t_s 和超调量 σ 的近似值。

解 闭环脉冲传递函数为

$$\Phi(z) = \dfrac{G(z)}{1 + G(z)} = \dfrac{1.264z}{z^2 - 0.104z + 0.368}$$

系统的阶跃响应为

$$C(z) = \Phi(z)R(z) = \dfrac{1.264z}{z^2 - 0.104z + 0.368} \cdot \dfrac{z}{z-1}$$

$$= \dfrac{1.264z^2}{z^3 - 1.104z^2 + 0.472z - 0.368}$$

用幂级数法得

$$C(z) = 1.264z^{-1} + 1.395z^{-2} + 0.943z^{-3} + 0.848z^{-4} + 1.004z^{-5} + 1.055^{-6} + 1.003^{-7} + \cdots$$

输出信号的采样序列

$$\begin{aligned}c^*(t) =& 1.264\delta(t-T) + 1.395\delta(t-2T) \\&+ 0.943\delta(t-3T) + 0.848\delta(t-4T) \\&+ 1.004\delta(t-5T) + 1.055\delta(t-6T) \\&+ 1.003\delta(t-7T) + \cdots\end{aligned}$$

将 $c^*(t)$ 在各采样时刻的值用"*"标于图 4-21 中，光滑地连接图中各点，便得到了系统输出 $c(t)$ 的大致曲线，于是

$$t_s \approx (6 \sim 7)T = 0.6 \sim 0.7\text{s}, \sigma = 40\% \sim 50\%$$

用 MATLAB 可以方便地求出采样控制系统的阶

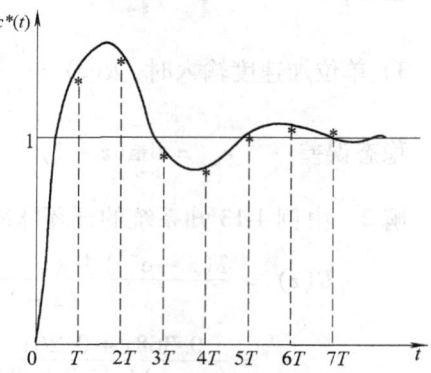

图 4-21 阶跃响应曲线

跃响应,其程序如下:

% example4_16
num = [1.264　0]
den = [1　−0.104　0.368]
dstep(num,den)

其阶跃响应曲线如图 4-22 所示。

与连续系统类似,采样控制系统的动态响应与闭环脉冲传递函数的极点、零点在 Z 平面上的分布也有密切关系。有关这方面的内容可参考相关书籍,这里从略。

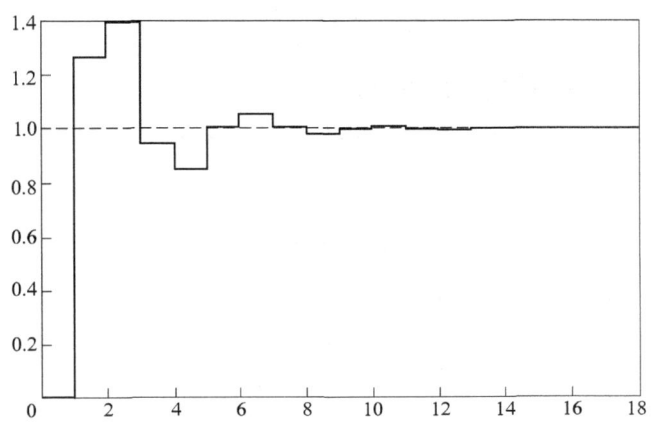

图 4-22　MATLAB 绘制的阶跃响应曲线

4.5　连续系统的离散化

4.5.1　连续系统的离散化方法及特点

计算机控制系统框图如图 4-23 所示,其中数字控制器 $D(z)$ 的设计可分为连续化设计方法和离散化设计方法,后者将在第 6 章讨论。

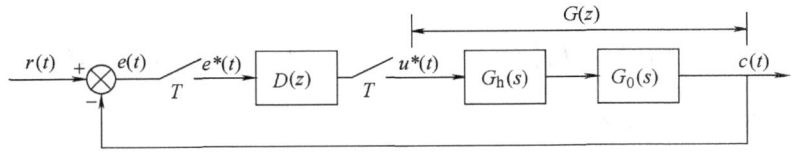

图 4-23　计算机控制系统框图

连续化设计是一种离散系统的等效设计方法,即假设系统是一个连续系统,没有采样开关,先设计一个模拟(连续时间)控制器 $G_c(s)$,经离散化得到数字控制器 $D(z)$。实际上,当采样频率足够高时,采样系统的特性接近于连续系统,因而将整个系统近似成连续系统。

连续化设计的基本步骤是,根据已有的连续系统模型,按连续系统理论设计模拟控制器,然后,按照一定的对应关系将模拟控制器离散化,得到等价的数字控制器,从而确定计算机的控制算法。

常用的离散化方法如下：

（1）双线性变换法　由 Z 变换的定义可知，$z = e^{Ts}$，利用级数展开可得

$$z = e^{sT} = \frac{e^{\frac{1}{2}sT}}{e^{-\frac{1}{2}sT}} = \frac{1 + \frac{1}{2}sT + \cdots}{1 - \frac{1}{2}sT + \cdots} \approx \frac{1 + \frac{1}{2}sT}{1 - \frac{1}{2}sT} \tag{4-50}$$

由上式可得

$$s = \frac{2(z-1)}{T(z+1)} \tag{4-51}$$

（2）前向差分法　将 $z = e^{Ts}$ 写成以下形式：

$$z = e^{sT} = 1 + sT + \cdots \approx 1 + sT \tag{4-52}$$

由上式可得

$$s = \frac{z-1}{T} \tag{4-53}$$

（3）后向差分法　将 $z = e^{Ts}$ 写成以下形式：

$$z = e^{sT} = \frac{1}{e^{-sT}} \approx \frac{1}{1 - sT} \tag{4-54}$$

由上式可得

$$s = \frac{z-1}{Tz} \tag{4-55}$$

例如，用后向差分法离散化模拟 PID 调节器（关于 PID 调节器，详见第 5 章）

$$G_c(s) = \frac{U(s)}{E(s)} = K_p\left(1 + \frac{1}{T_i s} + T_d s\right) \tag{4-56}$$

得

$$D(z) = G_c(s)\Big|_{s=\frac{z-1}{Tz}} = K_p\left[1 + \frac{Tz}{T_i(z-1)} + T_d \frac{z-1}{Tz}\right] \tag{4-57}$$

进一步可得

$$(1 - z^{-1})U(z) = K_p\left[(1 - z^{-1}) + \frac{T}{T_i} + \frac{T_d}{T}(1 - 2z^{-1} + z^{-2})\right]E(z)$$

等式两边作 Z 反变换，移项后得

$$u(k) = u(k-1) + K_p[e(k) - e(k-1)] + \frac{K_p T}{T_i}e(k) + \frac{K_p T_d}{T}$$
$$\times [e(k) - 2e(k-1) + e(k-2)] \tag{4-58}$$

上式即为数字 PID 的控制算法，可直接用于计算机程序中。

4.5.2　MATLAB 在连续域—离散域变换中的应用

MATLAB 提供了符号运算工具箱（Symbolic Math Toolbox），可方便地进行 Z 变换和 Z 反变

换,Z 变换的函数是 ztrans,Z 反变换的函数是 iztrans。

例 4-17 试求下列函数的 Z 变换:

(1) $f_1(t) = t$

(2) $f_2(t) = e^{-at}$

(3) $f_3(t) = \sin\omega t$

解 使用 MATLAB 提供的符号工具箱函数进行计算,程序代码如下:

```
% example4_17
syms n a w k z T  % 创建符号变量,T 为采样周期
x1 = ztrans(n*T)  % 进行函数 f1(t)=t 的 Z 变换
x1 = simplify(x1)  % 化简结果
x2 = ztrans(exp(-a*n*T))  % 进行函数 f2(t)=e^-at 的 Z 变换
x2 = simplify(x2)  % 化简结果
x3 = ztrans(sin(w*n*T))  % 进行函数 f3(t)=sinωt 的 Z 变换
x3 = simplify(x3)
```

运行结果如下:

```
x1 =
T*z/(z-1)^2
x1 =
T*z/(z-1)^2
x2 =
z/exp(-a*T)/(z/exp(-a*T)-1)
x2 =
z*exp(a*T)/(z*exp(a*T)-1)
x3 =
z*sin(w*T)/(z^2-2*z*cos(w*T)+1)
x3 =
z*sin(w*T)/(z^2-2*z*cos(w*T)+1)
```

可见,变换结果为:

$$F_1(z) = \frac{Tz}{(z-1)^2}, \quad F_2(z) = \frac{z}{z-e^{-aT}}, \quad F_3(z) = \frac{z\sin\omega T}{z^2 - 2z\cos\omega T + 1}$$

例 4-18 试求下列函数的 Z 反变换:

$$F_1(z) = \frac{2z^2 - 0.5z}{z^2 - 0.5z - 0.5}, \quad F_2(z) = \frac{z + 0.5}{z^2 + 3z + 2}$$

解 使用 MATLAB 提供的符号工具箱函数进行计算,程序代码如下:

```
% example4_18
syms z a k T  % 创建符号变量,T 为采样周期
x1 = iztrans((2*z^2-0.5*z)/(z^2-0.5*z-0.5))  % 进行函数 F1(z) 的 Z 反变换
x2 = iztrans((z+0.5)/(z^2+3*z+2))  % 进行函数 F2(z) 的 Z 反变换
```

运行程序,输出 Z 反变换结果如下:

x1 =
(-1/2)^n +1
x2 =
1/4 * charfcn[0](n) +1/2 * (-1)^n -3/4 * (-2)^n

可见，变换结果为：
$$f_1(kT) = (-1/2)^k + 1, \quad f_2(kT) = 0.5(-1)^k - 0.75(-2)^k + 0.25\delta(k)$$

MATLAB 提供了连续系统和离散系统相互转换的函数，如表 4-3 所示。其中，d 表示离散系统（discrete）；c 表示连续系统（continuous）；2 表示 to；Ts 表示采样周期，单位为 s；函数中的'method'表示转换时选用的变换方法，基本含义如表 4-4 所示，默认的方式是'zoh'。

表 4-3 连续系统模型与离散系统模型转换函数

函数	调用格式	函数说明
c2d	sysd = c2d(sysc, Ts, 'method')	连续时间 LTI 系统模型转换成离散时间系统模型
c2dm	[Ad, Bd, Cd, Dd] = c2dm(A, B, C, D, Ts, 'method') [numd, dend] = c2dm(num, den, Ts, 'method')	连续时间 LTI 系统状态空间模型或传递函数模型转换成离散时间系统模型
d2c	sysc = d2c(sysd, 'method')	离散时间 LTI 系统模型转换成连续时间系统模型
d2cm	[A, B, C, D] = d2cm(Ad, Bd, Cd, Dd, Ts, 'method')	离散时间 LTI 系统模型转换成连续时间系统模型
d2d	sys = d2d(sysd, Ts)	离散时间系统模型转换成新的 Ts 离散时间系统
d2dt	[Ad, Bd, Cd, Dd] = c2dt(A, B, C, Ts, lambda)	具有纯延迟 lambda 输入的连续时间 LTI 状态空间系统转换成离散时间状态空间系统

表 4-4 选项'method'的功能说明

选 项	功能说明
'zoh'	对输入信号加零阶保持器
'foh'	对输入信号加一阶保持器
'imp'	脉冲不变变换方法
'tustin'	双线性变换方法
'prewarp'	预先转折变换方法，即改进的双线性变换方法
'matched'	零极点匹配变换方法

例 4-19 已知计算机控制系统如图 4-24 所示，对象模型

$$G_1(s) = \frac{2}{s(s+30)}, \quad G_2(s) = \frac{10}{s^2 + 6s + 5}$$

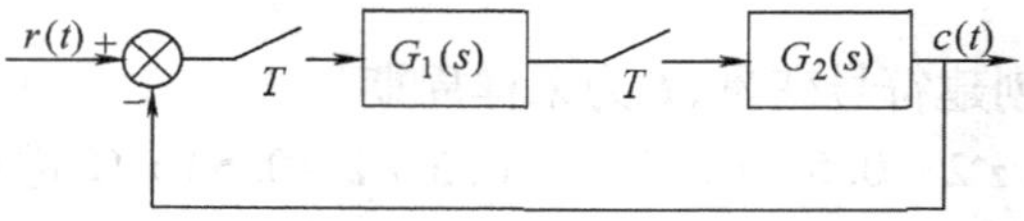

图 4-24 例 4-19 系统结构框图

采样周期 $T = 0.1$s，试求系统的闭环脉冲传递函数。

解 MATLAB 程序代码如下：

```
% example4_19
clear
T = 0.1  % 采样周期
num1 = [2]
den1 = [1,30,0]
num2 = [10]
den2 = [1,6,5]
G1c = tf(num1,den1)
G2c = tf(num2,den2)
G1d = c2d(G1c,T)  % 采用零阶保持方法进行系统变换
G2d = c2d(G2c,T)
Gd = G1d * G2d
GHd = feedback(Gd,1)  % 建立闭环系统模型
```

运行结果如下：

Transfer function：% $G_1(s)$ 的传递函数

$$\frac{2}{s^2 + 30s}$$

Transfer function：% $G_2(s)$ 的传递函数

$$\frac{10}{s^2 + 6s + 5}$$

Transfer function：% $G_1(s)$ 转换后的 Z 传递函数

$$\frac{0.004555z + 0.00178}{z^2 - 1.05z + 0.04979}$$

Sampling time：0.1

Transfer function：% $G_2(s)$ 转换后的 Z 传递函数

$$\frac{0.004117z + 0.03372}{z^2 - 1.511z + 0.5488}$$

Sampling time：0.1

Transfer function：% 开环系统的 Z 传递函数

$$\frac{0.0001875\ z^2 + 0.0002268z + 6e - 005}{z^4 - 2.561z^3 + 2.185z^2 - 0.6514z + 0.02732}$$

Sampling time：0.1

Transfer function:% 闭环系统的 Z 传递函数
0.0001875 z^2 + 0.0002268z + 6e - 005
----
z^4 - 2.561z^3 + 2.185z^2 - 0.6512z + 0.02738
Sampling time:0.1

4.5.3 采样周期及保持器对离散系统的影响

采样周期 T 会影响采样系统稳定性，T 越大则系统的稳定性越差（参见例 4-13），从定性分析，采样周期越短，采样控制系统越接近连续系统。从定量分析，控制系统中引入采样开关和保持器，相当于引入了纯时滞，因此，系统的稳定性必然变差。零阶保持器纯时滞相当于采样周期的一半，采样周期小，引入的纯时滞小，对稳定性的影响也小。

一般来说，由于计算机的运算速度是足够快的，因此计算机控制系统的采样周期可以取得足够小，既不会降低运算精度，也不会产生大的滞后。下面从时域响应的角度考察采样周期 T 的影响。

例 4-20 已知一个离散线性系统如图 4-25 所示，对象模型 $G_o(s) = \dfrac{2}{s(s+1)}$，$G_h(s)$ 为保持器，$r(t)$ 为单位阶跃输入，试求：

(1) 当 $G_h(s)$ 为零阶保持器时，采样周期 $T = 0.1\text{s}$、1s、2s 时系统的输出。

(2) 当 $G_h(s)$ 为一阶保持器时，采样周期 $T = 0.1\text{s}$ 时系统的输出。

解 打开 MATLAB 的 Simulink，建立系统仿真模型，如图 4-26 所示。

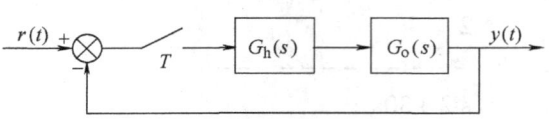

图 4-25 离散系统结构框图

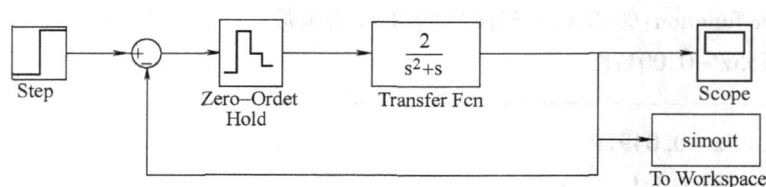

图 4-26 Simulink 仿真图

在上述仿真图的零阶保持器中，分别输入不同的采样周期 $T = 0.1\text{s}$、1s、2s，仿真得到阶跃响应曲线，如图 4-27a、b、c 所示；再将零阶保持器改成一阶保持器，采样周期 $T = 0.1\text{s}$，得到阶跃响应曲线，如图 4-27d 所示。

从以上结果可以看出，在同样的保持器下，随着采样周期的增大，系统稳定性能变差；而在同一采样周期条件下，采用一阶保持器变换的系统的动态特性比采用零阶保持器变换的系统要稍好一些，但读者可以验证，当采样周期 $T = 1\text{s}$ 时，保持器为一阶保持器时系统已是不稳定的。

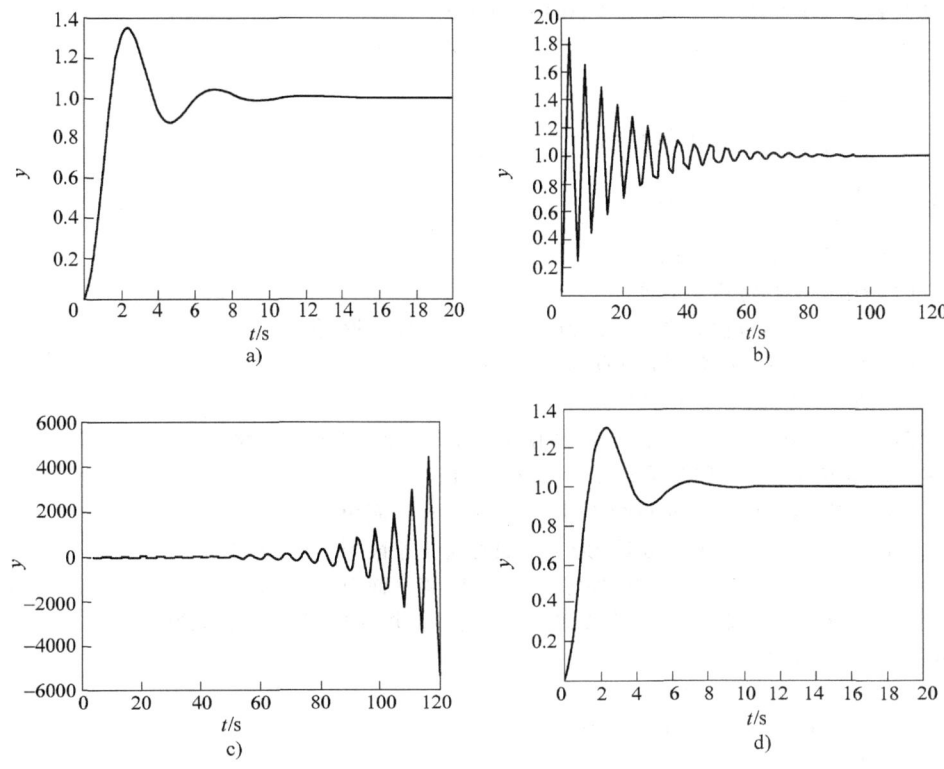

图 4-27 不同采样周期及保持器的系统阶跃响应
a) 零阶保持器 ($T=0.1s$) b) 零阶保持器 ($T=1s$)
c) 零阶保持器 ($T=2s$) d) 一阶保持器 ($T=0.1s$)

思考题与习题

4-1 已知离散系统的差分方程，试求输出量的 Z 变换：

(1) $y(kT) = b_0 u(kT) + b_1 u(kT-T) - a_1 y(kT-T)$，设 $u(kT)$ 为单位阶跃序列；

(2) $y(kT+2T) + 3y(kT+T) + 2y(kT) = u(kT) + 3u(kT-T)$，设 $u(kT)$ 为单位阶跃序列，$y(0) = 0$，$y(T) = 1$；

(3) $y(kT+2T) + 3y(kT+T) + 2y(kT) = 0$，设 $y(0) = 0$，$y(T) = 1$；

(4) $y(kT) + 2y(kT-T) - 2y(kT-2T) = u(kT) + 2u(kT-T)$，设 $u(kT) = e^{-akT}$。

4-2 已知时间序列，试求相应的 Z 变换：

(1) $3\delta(kT)$； (2) $6u(kT)$； (3) $4kT$； (4) $(kT)^2$；
(5) a^{kT}，$|a|<1$； (6) a^k，$|a|<1$； (7) e^{-2kT}； (8) $\sin\omega kT$；
(9) $\cos\omega kT$； (10) $e^{-akT}\sin\omega kT$； (11) $e^{-akT}\cos\omega kT$； (12) $a+be^{-ckT}$。

4-3 试求下列函数的初值和终值：

(1) $X(z) = \dfrac{2}{1-z^{-1}}$； (2) $X(z) = \dfrac{10z^{-1}}{(1-z^{-1})^2}$；

(3) $X(z) = \dfrac{T^2 z(z+1)}{(z-1)^3}$； (4) $X(z) = \dfrac{5z^2}{(z-1)(z-2)}$。

4-4 根据 Z 变换定义，由 $Y(z)$ 求出 $y(kT)$：

(1) 已知 $Y(z) = 0.3 + 0.6z^{-1} + 0.8z^{-2} + 0.9z^{-3} + 0.95z^{-4} + z^{-5}$；

(2) 已知 $Y(z) = z^{-1} - z^{-2} + z^{-3} - z^{-4} + z^{-5} - z^{-6}$。

4-5 试求下列函数的 Z 反变换

(1) $X(z) = \dfrac{z}{z - 0.2}$；　　(2) $X(z) = \dfrac{z}{(z-1)(z+0.5)}$；

(3) $X(z) = \dfrac{z+1}{z^2+1}$；　　(4) $X(z) = \dfrac{z}{(z-e^{-T})(z-e^{-3T})}$。

4-6 S 平面与 Z 平面的映射关系 $z = e^{Ts} = e^{\sigma T}e^{j\omega T}$

(1) S 平面的虚轴，映射到 Z 平面为_____；

(2) S 平面的虚轴，当 ω 由 0 趋向 ∞ 变化时，Z 平面上轨迹的变化；

(3) S 平面的左半平面，映射到 Z 平面为_____；

(4) S 平面的右半平面，映射到 Z 平面为_____；

(5) S 平面上 σ 由 0 趋向 ∞ 变化，且 ω 为固定值时，Z 平面上轨迹的变化。

4-7 Z 平面与 W 平面的映射关系 $z = (w+1)/(w-1)$

(1) Z 平面上以原点为圆心的单位圆的圆周，映射到 W 平面为_____；

(2) Z 平面上以原点为圆心的单位圆内各点，映射到 W 平面为_____；

(3) Z 平面上以原点为圆心的单位圆外各点，映射到 W 平面为_____；

4-8 已知闭环系统的特征方程，试判断系统的稳定性，并指出不稳定的极点数。

(1) $45z^3 - 117z^2 + 119z - 39 = 0$；

(2) $z^3 - 1.5z^2 - 0.25z + 0.4 = 0$；

(3) $z^3 - 1.001z^2 + 0.3356z + 0.00535 = 0$；

(4) $z^2 - z + 0.632 = 0$；

(5) $(z+0.5)(z+1)(z+2) = 0$。

4-9 试判断如图 4-28 所示系统的稳定性。

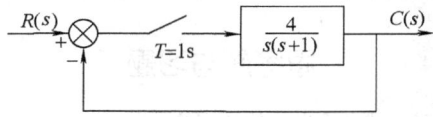

图 4-28　题 4-9 图

4-10 设离散系统如图 4-29 所示，要求：

(1) 当 $K = 5$ 时，分别在 z 域和 w 域中分析系统的稳定性；

(2) 确定使系统稳定的 K 值范围。

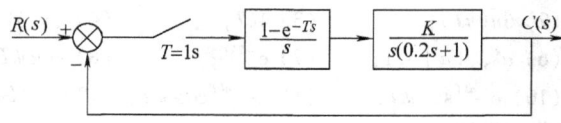

图 4-29　题 4-10 图

4-11 设离散系统如图 4-30 所示，其中 $r(t) = t$，试求稳态误差系数 K_p、K_v、K_a，并求系统的稳态误差 $e(\infty)$。

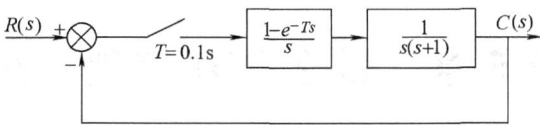

图 4-30 题 4-11 图

4-12 设采样系统的闭环脉冲传递函数为

$$G_c(z) = \frac{1}{z-p}$$

利用 MATLAB 的 dimpulse 命令研究下列 9 种情况下的脉冲响应：$p = \pm 1$，$p = \pm 0.8$，$p = \pm 0.5$，$p = \pm 0.3$，$p = 0$。

4-13 设采样系统的闭环脉冲传递函数为

$$G_c(z) = \frac{1}{(z-p_1)(z-p_2)}$$

其中 p_1 和 p_2 是一对共轭极点。利用 MATLAB 的 dimpulse 命令研究下列情况下的脉冲响应：

（1）$p_{1,2} = -0.8 \pm j0.6$，$p_{1,2} = 0.8 \pm j0.6$，$p_{1,2} = -0.8$，$p_{1,2} = 0.8$；

（2）$p_{1,2} = -0.5 \pm j0.866$，$p_{1,2} = 0.5 \pm j0.866$，$p_{1,2} = -0.5 \pm j0.4$，$p_{1,2} = 0.5 \pm j0.4$，$p_{1,2} = -0.5$，$p_{1,2} = 0.5$；

（3）$p_{1,2} = \pm j1$，$p_{1,2} = \pm j0.5$，$p_{1,2} = 0$。

第 5 章　数字 PID 控制算法

在工业控制中，PID 控制是应用最为广泛的一种控制规律。所谓 PID 控制，即是按偏差的比例(P)、积分(I)和微分(D)来进行控制。它具有原理简单、易于实现、鲁棒性强和适用面广等优点。在计算机广泛应用于工业控制之前，电子式、电动式、气动式等 PID 模拟控制器在各类控制系统中占有重要地位。实际运行经验和理论分析都表明，运用这种控制规律对许多工业过程进行控制时，都能得到满意的效果。虽然，随着计算机在控制系统中应用的推广，使得各种复杂控制算法得以实现，但有资料表明，目前以 PID 控制算法为核心的计算机控制回路仍然占 85% 以上。

当然，计算机控制系统中的 PID 控制算法不再是简单地实现模拟控制器的算法功能，而是进一步与计算机的逻辑判断功能结合，充分发挥计算机的特点，增加了许多附加功能，使得控制更加灵活、更能满足生产过程提出的各种要求。

5.1　准连续 PID 控制算法

5.1.1　模拟 PID 调节器

数字 PID 控制器是由模拟 PID 调节器推导得出的，PID 控制是指比例(Proportional)、积分(Integral)、微分(Differential)控制的组合。设 PID 调节器如图 5-1 所示，其输入输出关系为

$$u(t) = K_p\left[e(t) + \frac{1}{T_i}\int_0^t e(t)\,dt + T_d \frac{de(t)}{dt}\right] \tag{5-1}$$

或者

$$U(s) = K_p E(s) + \frac{K_p}{T_i} \cdot \frac{E(s)}{s} + K_p T_d s E(s) \tag{5-2}$$

式中　K_p——比例系数；

　　　T_i——积分时间常数；

　　　T_d——微分时间常数。

在式(5-1)中，分别称 $u_p(t) = K_p e(t)$ 为比例控制分量，$u_i(t) = (K_p/T_i)\int_0^t e(t)\,dt$ 为积分控制分量，$u_d(t) = K_p T_d de(t)/dt$

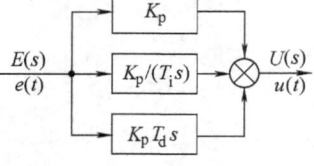

图 5-1　PID 调节器框图

为微分控制分量。通过上述各控制分量的线性组合，可构成比例(P)控制器、比例-积分(PI)控制器、比例-微分(PD)控制器、比例-积分-微分(PID)控制器等。各控制分量的作用如下：

(1) 比例(P)控制　成比例地反映控制系统的偏差信号 $e(t)$，偏差一旦产生，控制器立即产生控制作用，以减少偏差。

(2) 积分(I)控制　主要用于消除静差，提高系统的无差度。积分作用的强弱取决积分时间常数 T_i，T_i 越大，积分作用越弱，反之则越强。

(3) 微分(D)控制　能反映偏差信号的变化趋势(变化速率)，并能在偏差信号值变得太大之前，引入一个有效的早期修正量，从而加快系统的响应，减少调节时间。

5.1.2　基本数字 PID 控制

在计算机控制系统中，控制器是每隔一个控制周期 T 进行一次控制量的计算，并输出到执行机构。因此，要实现式(5-1)的 PID 控制规律，就要进行时间离散化处理。设控制周期为 T，在控制器的采样时刻 $t = kT$ 时，对积分运算和微分运算作如下近似：

$$\begin{cases} \int_0^t e(\tau)\mathrm{d}\tau \approx T\sum_{j=0}^{k} e(jT) = T\sum_{j=0}^{k} e(j) \\ \dfrac{\mathrm{d}e(t)}{\mathrm{d}t} \approx \dfrac{e(kT) - e[(k-1)T]}{T} = \dfrac{e(k) - e(k-1)}{T} \end{cases} \quad (5\text{-}3)$$

在上述近似中，控制周期 T 必须足够短，才能保证有足够的精度。$e(kT)$、$e[(k-1)T]$ 分别为 $t = kT$、$t = (k-1)T$ 时偏差的离散量。因 T 是确定的，故将 kT 简记为 k。将以上离散化结果代入式(5-1)，可得离散 PID 算法为

$$u(k) = K_\mathrm{p}\left\{ e(k) + \dfrac{T}{T_\mathrm{i}}\sum_{j=0}^{k} e(j) + \dfrac{T_\mathrm{d}}{T}[e(k) - e(k-1)] \right\} \quad (5\text{-}4)$$

或

$$u(k) = K_\mathrm{p}e(k) + K_\mathrm{i}\sum_{j=0}^{k} e(j) + K_\mathrm{d}[e(k) - e(k-1)] \quad (5\text{-}5)$$

式中　$u(k)$——第 k 次控制时刻的计算值，即第 k 个采样周期的控制量；
　　　$e(k)$——第 k 次控制时刻的偏差值；
　　　$e(k-1)$——第 $k-1$ 次控制时刻的偏差值；
　　　K_i——积分系数，$K_\mathrm{i} = K_\mathrm{p}T/T_\mathrm{i}$；
　　　K_d——微分系数，$K_\mathrm{d} = K_\mathrm{p}T_\mathrm{d}/T$。

式(5-5)通常称为位置式 PID 数字调节器。上式中令 $k = k-1$，则得

$$u(k-1) = K_\mathrm{p}e(k-1) + K_\mathrm{i}\sum_{j=0}^{k-1} e(j) + K_\mathrm{d}[e(k-1) - e(k-2)] \quad (5\text{-}6)$$

式(5-5)减去式(5-6)，得到增量式 PID 数字调节器

$$\begin{aligned}\Delta u(k) &= u(k) - u(k-1) = K_\mathrm{p}[e(k) - e(k-1)] + K_\mathrm{i}e(k) \\ &\quad + K_\mathrm{d}[e(k) - 2e(k-1) + e(k-2)]\end{aligned} \quad (5\text{-}7)$$

位置式 PID 数字调节器可用以下 MATLAB 的语句实现：

```
% (5-5) PID digital controller
sigmae = sigmae + ek
uk = Kp * ek + Ki * sigmae + Kd * (ek – ek1)
ek1 = ek
```

上述程序中，$uk = u(k)$，$ek = e(k)$，$sigmae = \sum_{j=0}^{k} e(j)$，$ek1 = e(k-1)$，为了简单起见，假设各变量都是全局变量，并且在主程序初始化时令初值 $sigmae = 0$，$ek1 = 0$。

增量式 PID 数字调节器可用以下 MATLAB 的语句实现：

```
% (5-7) PID digital controller
```

```
deltauk = Kp * (ek - ek1) + Ki * ek + Kd * (ek - 2 * ek1 + ek2)
ek2 = ek1
ek1 = ek
```

其中，$deltauk = \Delta u(k), ek2 = e(k-2)$，余同前。

式 (5-5) 是直接从模拟 PID 调节器经过离散化得到的，因此不具有一般差分方程（见式 (4-35)）所具有的递推形式。下面介绍从控制器的传递函数推导其离散控制算法的一般方法，仍以模拟 PID 调节器为例，式 (5-2) 改写为

$$\frac{U(s)}{E(s)} = \frac{K_p s + K_p/T_i + K_p T_d s^2}{s}$$

则有

$$sU(s) = (K_p s + K_p/T_i + K_p T_d s^2)E(s)$$

对上式作拉普拉斯反变换，得

$$\frac{du(t)}{dt} = K_p \frac{de(t)}{dt} + \frac{K_p}{T_i} e(t) + K_p T_d \frac{d^2 e(t)}{dt^2}$$

用差分代替微分

$$\frac{du(t)}{dt} \approx \frac{u(k) - u(k-1)}{T}, \quad \frac{de(t)}{dt} \approx \frac{e(k) - e(k-1)}{T}$$

并且

$$\frac{d^2 e(t)}{dt^2} \approx \frac{d}{dt}\left[\frac{e(k) - e(k-1)}{T}\right] \approx \frac{e(k) - 2e(k-1) + e(k-2)}{T^2}$$

故得

$$\frac{u(k) - u(k-1)}{T} = K_p \frac{e(k) - e(k-1)}{T} + \frac{K_p}{T_i} e(k) + K_p T_d \frac{e(k) - 2e(k-1) + e(k-2)}{T^2}$$

经整理后，得数字 PID 控制算法

$$\begin{aligned} u(k) &= u(k-1) + K_p[e(k) - e(k-1)] + K_i e(k) \\ &\quad + K_d[e(k) - 2e(k-1) + e(k-2)] \\ &= u(k-1) + \Delta u(k) \end{aligned} \tag{5-8}$$

式 (5-8) 是位置式 PID 数字调节器的另外一种形式，对照式 (5-7) 可以发现，所谓的位置式 PID 数字调节器与增量式 PID 数字调节器其实是一致的。用第 4 章所述的后向差分法离散化模拟 PID 调节器，也可得到位置式数字 PID 控制算法式 (5-8)，读者可自行推导。

实现递推的位置式 PID 数字调节器的 MATLAB 语句如下：

```
% (5-8) PID digital controller
uk = uk1 + Kp * (ek - ek1) + Ki * ek + Kd * (ek - 2 * ek1 + ek2)
```

uk1 = uk
ek2 = ek1
ek1 = ek

其中，$uk1 = u(k-1)$，余同前。

5.2 数字 PID 控制的改进

在计算机控制系统中，针对不同的被控对象、不同的控制要求，可以采用不同的 PID 改进算法。主要的改进算法有：积分分离 PID 控制、遇限削弱积分 PID 控制、不完全微分 PID 控制、微分先行 PID 控制和带死区 PID 控制等。

5.2.1 积分项的改进

1. 积分分离 PID 算法

在数字 PID 控制算法中，积分控制分量的引入主要是为了消除静差，提高系统的精度。但在过程启动、停车或大幅度改变设定值时，由于产生较大的偏差，加上系统本身的惯性和滞后，在积分作用下，计算得到的控制量将超出执行机构可能的最大动作范围对应的极限控制量，也即执行机构进入饱和状态，结果产生系统输出的较大超调，甚至引起系统长时间的振荡，这对大多数生产过程是不允许的，参见图 5-2。引进积分分离 PID 算法，既保持了积分作

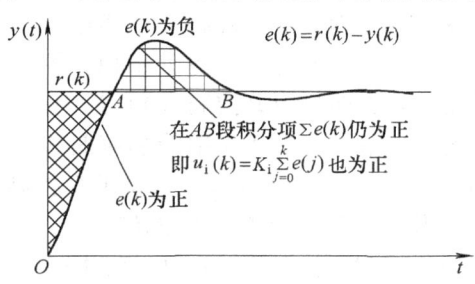

图 5-2 标准 PID 控制的积分作用

用，又可减少超调量，使系统的控制性能得到较大的改善。积分分离 PID 算法的基本思想：在偏差 $e(k)$ 较大时，暂时取消积分作用；当偏差 $e(k)$ 小于某个阈值时，才将积分作用投入。具体实现如下：

1) 根据实际需要，设定一个阈值 $\varepsilon > 0$。

2) 当 $|e(k)| > \varepsilon$，也即偏差值 $|e(k)|$ 较大时，采用 PD 控制，可避免大的超调，又使系统有较快的响应。

3) 当 $|e(k)| \leq \varepsilon$，也即偏差值 $|e(k)|$ 较小时，采用 PID 控制或 PI 控制，可保证系统的控制精度。

位置型 PID 算式（5-5）的积分分离形式

$$u(k) = K_p \left\{ e(k) + \beta \frac{T}{T_i} \sum_{j=0}^{k} e(j) + \frac{T_d}{T} [e(k) - e(k-1)] \right\} \quad (5-9)$$

或者

$$u(k) = u(k-1) + K_p [e(k) - e(k-1)] + \beta K_i e(k) + K_d [e(k) - 2e(k-1) + e(k-2)]$$

式中 $\beta = \begin{cases} 1 & |e(k)| \leq \varepsilon \\ 0 & |e(k)| > \varepsilon \end{cases}$

当 $|e(k)| > \varepsilon$，$\beta = 0$，实施 PD 控制，PD 控制算法为

$$u(k) = K_p\left\{e(k) + \frac{T_d}{T}[e(k) - e(k-1)]\right\} \tag{5-10}$$

或者

$$u(k) = u(k-1) + K_p[e(k) - e(k-1)] + K_d[e(k) - 2e(k-1) + e(k-2)]$$

增量型 PD 控制算法为

$$\Delta u(k) = K_p[e(k) - e(k-1)] + K_d[e(k) - 2e(k-1) + e(k-2)] \tag{5-11}$$

当 $|e(k)| \leq \varepsilon, \beta = 1$，实施 PID 控制，位置型 PID 算式仍为式（5-5），增量型 PID 算式仍为式（5-7）。

为了保证引入积分作用后系统的稳定性不变，在投入积分作用同时，相应地减小比例增益 K_p 的值，也即在编制 PID 算法软件时，要根据是否引入积分作用来调节 K_p。另外，阈值 ε 的取值将会影响控制效果。若 ε 过大，起不到积分分离的作用；若 ε 过小，则被控量 $y(k)$ 无法跳出积分分离区，也即偏差 $e(k)$ 一直处于积分控制区域之外。长期只用 P 控制或 PD 控制，将使系统产生静差。图 5-3 中的响应曲线 1、响应曲线 2 分别给出了积分分离 PID 控制、标准 PID 控制的系统响应。

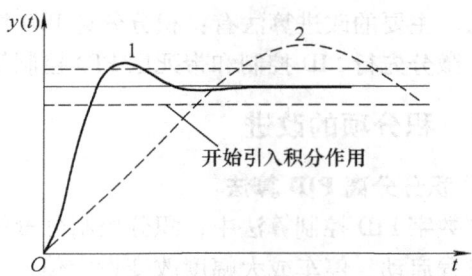

图 5-3　积分分离 PID 控制算法示意图
1—积分分离 PID 控制　2—标准 PID 控制

2. 遇限削弱积分 PID 控制算法

积分分离 PID 控制算法在开始时不积分，而遇限削弱积分 PID 控制算法正好与之相反，一开始就积分，进入控制量的限制范围后停止积分。遇限削弱积分 PID 控制算法的基本思想：当控制量进入饱和区，将执行削弱积分项运算而停止进行增大积分项的运算。因而在计算 $u(k)$ 时，先判断 $u(k-1)$ 是否已超出控制量的限制范围。若 $u_{\min} < u(k-1) < u_{\max}$，则进行积分项的累加；若 $u(k-1) \geq u_{\max}$，则只累加负偏差；若 $u(k-1) \leq u_{\min}$，则只累加正偏差。这种算法可以避免控制量长时间停留在饱和区。

5.2.2　微分项的改进

1. 不完全微分 PID 控制算法

PID 控制算法中的微分控制分量为

$$u_d(k) = K_p \frac{T_d}{T}[e(k) - e(k-1)] = K_d[e(k) - e(k-1)]$$

当 $e(k)$ 为单位阶跃函数时，$u_d(k)$ 为

$$u_d(0) = K_d, \quad u_d(1) = u_d(2) = \cdots = 0$$

即只有在第一个采样周期内有微分控制作用，且幅值为 $K_d = K_p T_d/T$，以后均为零。微分控制的特点可归纳如下：

1）控制仅在第一个周期内起作用，对于时间常数较大的系统，其调节作用很小，不能达到超前控制误差的目的。

2）$u_d(k)$ 的幅值一般较大（$T \ll T_d$），容易在以单片微机为核心的计算机控制系统中造

成数据溢出。

3) $u_d(k)$ 过大、过快的变化会对执行机构造成冲击，不利于执行机构安全运行。另外，由于控制周期很短，驱动像阀门这一类执行机构动作需要一定的时间，若输出较大，阀门一下子达不到应有的开度，输出将失真。

克服上述缺点的方法之一是在 PID 算法中加一个一阶惯性环节（低通滤波器），构成不完全微分 PID 控制。一种方案是在标准 PID 控制器之后串联一个低通滤波器如图 5-4a 所示。设低通滤波器传递函数为 $G_f(s) = 1/(T_f s + 1)$。则可导出不完全微分 PID 控制算式如下：

$$u'(t) = K_p \left(e(t) + \frac{1}{T_i} \int_0^t e(\tau) d\tau + T_d \frac{de(t)}{dt} \right) \tag{5-12}$$

$$T_f \frac{du(t)}{dt} + u(t) = u'(t) \tag{5-13}$$

将式(5-12)、式(5-13)离散化后，可得位置型控制算式

$$u(k) = au(k-1) + (1-a)u'(k) \tag{5-14}$$

式中 $a = \dfrac{T_f}{T + T_f}$

$$u'(k) = K_p \left\{ e(k) + \frac{T}{T_i} \sum_{j=0}^{k} e(j) + \frac{T_d}{T} [e(k) - e(k-1)] \right\}$$

增量型控制算式为

$$\Delta u(k) = a\Delta u(k-1) + (1-a)\Delta u'(k) \tag{5-15}$$

式中 $\Delta u'(k) = K_p[e(k) - e(k-1)] + K_i e(k) + K_d[e(k) - 2e(k-1) + e(k-2)]$

另一种不完全微分 PID 控制是将低通滤波器直接加在微分控制环节上，如图 5-4b 所示，形成带惯性环节的微分控制，即

$$U_d(s) = \frac{K_p T_d s E(s)}{T_f s + 1}$$

其对应的微分方程

$$T_f \frac{du_d(t)}{dt} + u_d(t) = K_p T_d \frac{de(t)}{dt} \tag{5-16}$$

式(5-16)离散化后，经整理可得

$$u_d(k) = au_d(k-1) + K_d(1-a)[e(k) - e(k-1)] \tag{5-17}$$

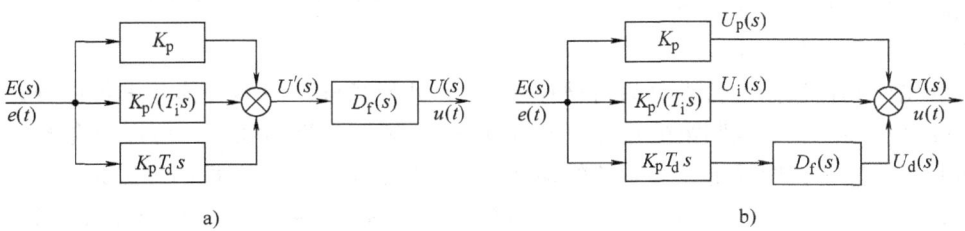

图 5-4 不完全微分 PID 控制器

当 $e(k)$ 为单位阶跃函数时,设初值 $u_d(-1) = 0$,则 $u_d(k)$ 的输出为

$$u_d(0) = K_d(1-a)[e(0) - e(-1)] + au_d(-1) = K_d(1-a)$$
$$u_d(1) = K_d(1-a)[e(1) - e(0)] + au_d(0) = au_d(0)$$
$$u_d(2) = K_d(1-a)[e(2) - e(1)] + au_d(1) = a^2 u_d(0)$$
$$\cdots$$
$$u_d(k) = K_d(1-a)[e(k) - e(k-1)] + au_d(k-1) = a^k u_d(0)$$

由此可见,引入不完全微分后,使得微分控制分量在第一个采样周期内的脉冲高度下降,其后又按 $a^k u_d(0)$ ($a<1$) 的规律逐渐衰减。所以不完全微分的输出在较长时间内仍有微分作用,能有效地克服标准 PID 算法的不足。标准 PID 算法与不完全微分 PID 算法的控制作用如图 5-5 所示。

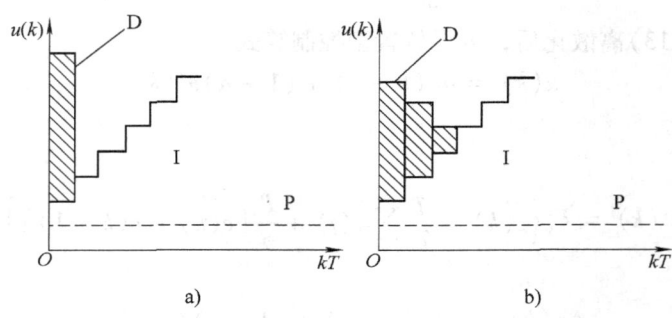

图 5-5 不完全微分 PID 控制的阶跃响应
a) 标准 PID 控制 b) 不完全微分 PID 控制

2. 微分先行 PID 控制算法

当系统的给定值发生阶跃变化时,微分作用将使控制量大幅度变化,这样不利于生产过程的稳定操作。为了避免因给定值变化引起系统超调量过大、执行机构动作剧烈的问题,可采用图 5-6 所示的微分先行控制算法。

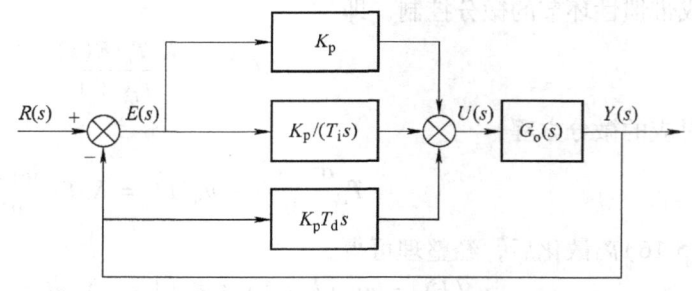

图 5-6 微分先行 PID 控制算法框图

微分先行 PID 控制的特点是只对被控量 $y(t)$ 进行微分,而不对偏差进行微分,也即给定值无微分作用。这种控制策略适用于给定值 $r(t)$ 频繁升降的场合,可以避免给定值升降所引起的系统振荡,明显地改善系统的动态特性。微分先行增量型控制算法为

$$\Delta u(k) = K_p[e(k) - e(k-1)] + K_i e(k) - K_d[y(k) - 2y(k-1) + y(k-2)]$$
(5-18)

式中 $e(k) = r(k) - y(k)$

5.2.3 其他改进算法

1. 带死区的 PID 控制算法

在计算机控制系统中,为了避免控制动作过于频繁,消除因频繁动作所引起的振荡,可采用带死区的 PID 控制,控制系统框图如图 5-7 所示。死区的输入/输出特性为

$$e'(k) = \begin{cases} 0 & |e(k)| \leq e_0 \\ e(k) & |e(k)| > e_0 \end{cases} \tag{5-19}$$

式中,死区 e_0 是一个可调参数,其值根据系统性能的要求由实验确定。若 e_0 过小,使得控制动作频繁,达不到预期的目的;若 e_0 过大,则使

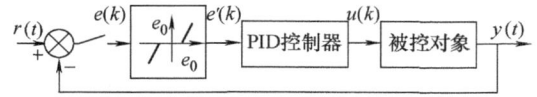

图 5-7 带死区的 PID 控制框图

系统产生较大的滞后,会影响系统的稳定性。带死区的 PID 控制实际是非线性控制,实践表明:在计算机控制系统,根据需要适当地引入非线性控制有利于改善系统的性能。

2. 提高积分项积分精度

在 PID 控制算法中,积分项主要用于消除系统静差。为了减少积分项近似变换带来的影响,应当尽可能提高积分项近似变换的精度,也即提高积分项运算的精度。在前述的积分项近似变换中采用了矩形积分,为了提高积分运算精度,可对数字位置式 PID 算式中的积分项,采用梯形积分计算,梯形积分的计算式为

$$\int_0^t e(\tau)\mathrm{d}\tau \approx Te(0) + T\sum_{j=0}^{k-1} \frac{e(j) + e(j+1)}{2} \tag{5-20}$$

而增量式 PID 数字控制算法的积分项为

$$\begin{cases} Te(0) & k = 0 \\ T\dfrac{e(k-1) + e(k)}{2} & k \neq 0 \end{cases} \tag{5-21}$$

5.3 数字 PID 参数的整定

数字 PID 控制器与模拟 PID 控制器一样,都需要进行参数 K_p、T_i、T_d 的整定,使得控制器的特性与被控对象特性相适应,但数字控制器还需要确定系统采样(控制)周期 T。生产过程(对象)通常有较大的惯性时间常数,在大多数情况,采样周期与对象时间常数相比要小得多,所以数字 PID 控制器的参数整定可以仿照模拟 PID 控制器参数整定的各种方法。

5.3.1 PID 控制器参数对控制性能的影响

数字 PID 控制器的参数 K_p、T_i、T_d 对系统性能的影响可以归纳为以下几个方面。

1. 比例控制的比例系数 K_p 对系统性能的影响

(1) 对动态特性的影响　比例系数加大,使得系统的动作灵敏,响应速度加快,但会使振荡次数增加,调节时间拉长,甚至使系统趋向不稳定。

（2）对稳态特性的影响 加大比例系数，在系统稳定的情况下，可以减小静差 e_{ss}，提高控制精度；但只是减小 e_{ss}，不能消除静差。

PID 控制系统框图如图 5-8 所示，其中 $G_h(s)$ 为零阶保持器，设 $T=0.1s$，且

$$G(s) = \frac{10}{(s+1)(s+2)}$$

令 PID 控制器 $D(z) = K_p$，比例系数取不同的值时，系统的阶跃响应如图 5-9 所示。

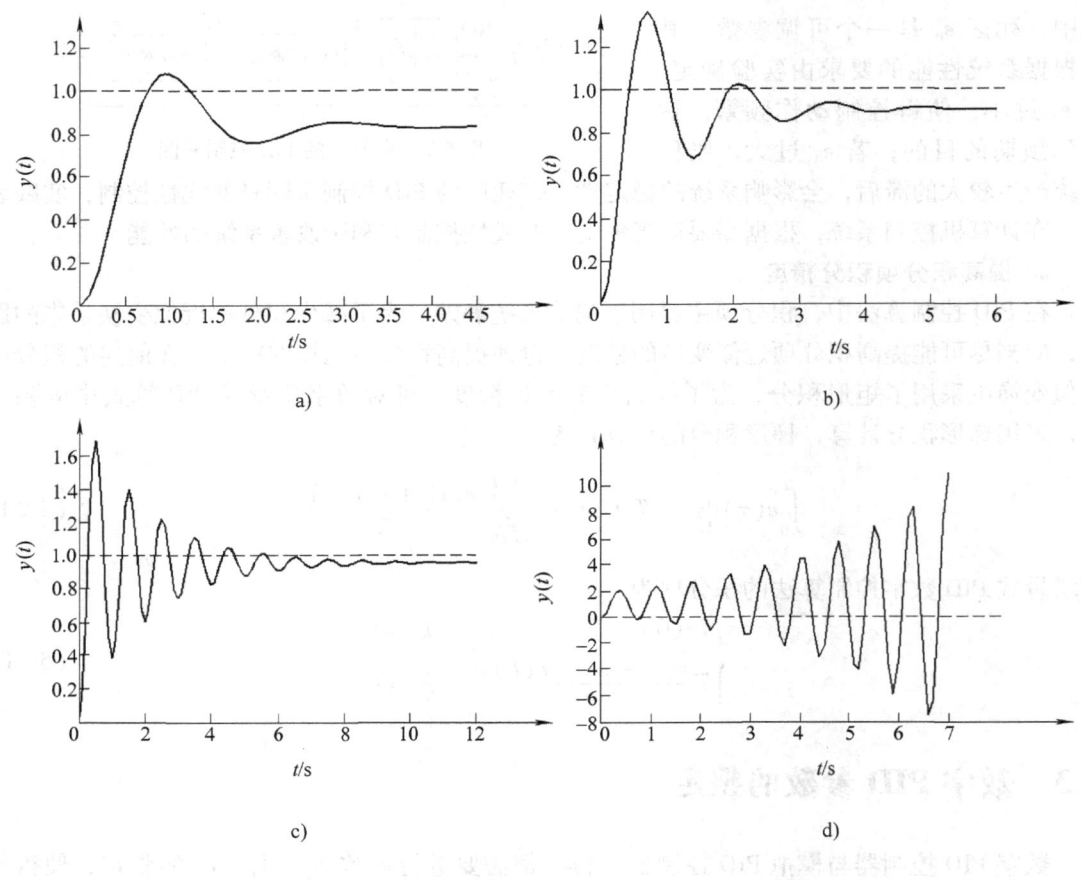

图 5-8 PID 控制系统框图

图 5-9 不同 K_p 时的阶跃响应
a) $K_p = 1$ b) $K_p = 2$ c) $K_p = 4$ d) $K_p = 8$

2. 积分时间常数 T_i 对控制性能的影响

积分控制通常是与比例控制、微分控制配合使用，构成 PI 控制或 PID 控制。

（1）对动态特性的影响 积分控制使得系统的稳定性下降。T_i 变小，系统振荡次数增多，甚至不稳定；T_i 变大，则对系统动态性能的影响减小。

（2）对稳态特性的影响 积分控制能消除系统的静差，提高系统的控制精度。若 T_i 太大，积分作用太弱，则不能减少静差。

在图 5-8 所示系统中，令 PID 控制器 $D(z) = K_p + K_p T / [T_i(1-z^{-1})]$，并令比例系数为

1,取不同的 T_i,得到系统的阶跃响应,如图 5-10 所示。

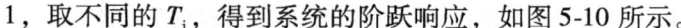

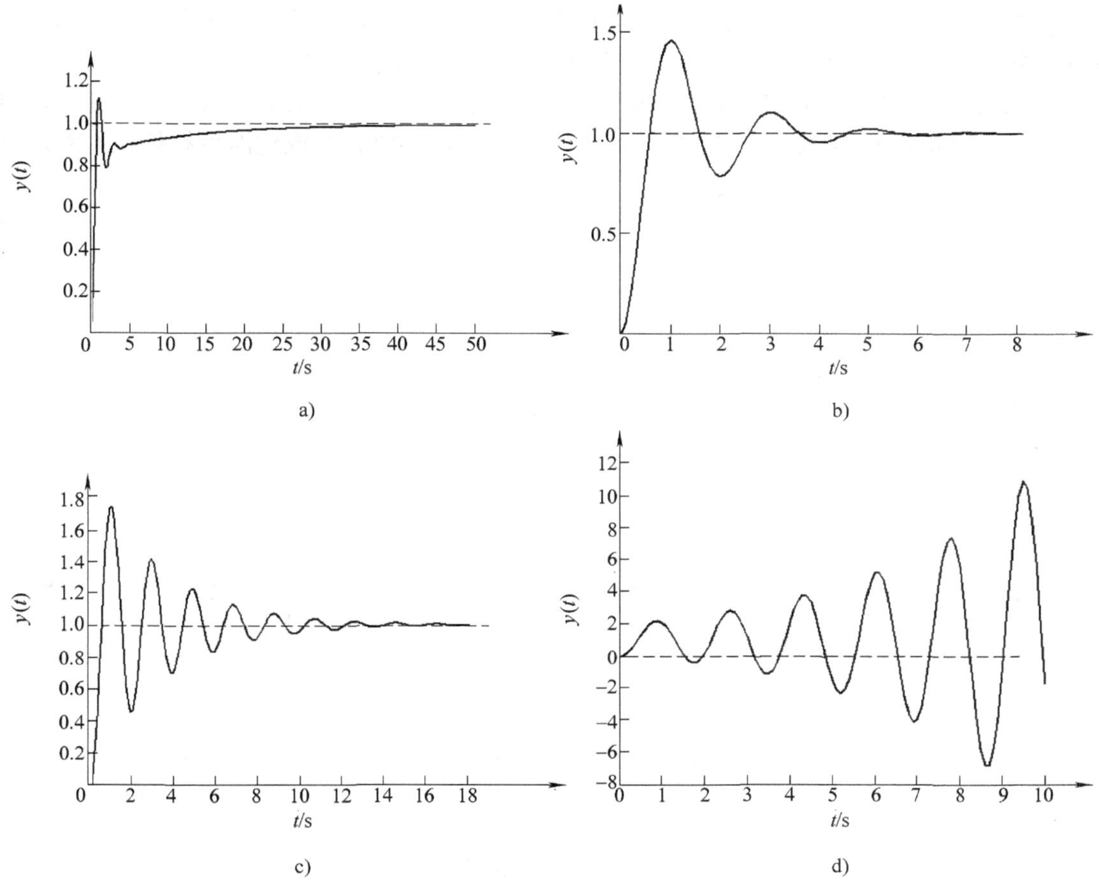

图 5-10 不同 T_i 时的阶跃响应

a) $T_i = 10$ b) $T_i = 1$ c) $T_i = 0.5$ d) $T_i = 0.25$

3. 微分时间常数 T_d 对控制性能的影响

微分控制通常与比例控制、积分控制配合使用,构成 PD 控制或 PID 控制。微分控制主要用于改善系统的动态性能,如减少超调量和调节时间。在图 5-8 所示系统中,令 PID 控制器 $D(z) = K_p + K_p T/[T_i(1-z^{-1})] + K_p T_d(1-z^{-1})/T$,并令比例系数为 1、$T_i = 1$,取不同的 T_d,得到系统的阶跃响应,如图 5-11 所示。

4. 控制规律的选择

控制规律的选择与被控对象的特性有关,可以证明:当被控对象的传递函数为 $Ke^{-\tau s}/(1+T_m s)$ 或 $Ke^{-\tau s}/[(1+T_2 s)(1+T_2 s)]$ 时,PID 控制是一种最优的控制策略。PID 算法简单、计算量小,容易实现多回路控制。现对一些典型对象特性给出控制规律选择的参考依据。

● 对具有一阶惯性的对象,若负荷变化不大、控制精度要求不高,可采用比例(P)控制。例如,用于压力、液位、串级控制系统的副回路等。

- 对于一阶惯性与纯滞后环节串联的对象，若负荷变化不大、控制精度要求较高，可采用比例积分(PI)控制。例如，用于压力、流量、液位的控制。
- 对纯滞后时间 τ 较大，负荷变化也较大，且控制性能要求较高的场合，可采用比例积分微分(PID)控制。例如，用于过热蒸汽温度控制、pH 值控制等。
- 当对象为高阶(二阶以上)惯性环节伴随纯滞后特性，且负荷变化较大、控制性能要求较高时，应采用串级控制，前馈-反馈复合控制，前馈-串级控制或纯滞后补偿控制等。例如，用于原料气出口温度的串级控制。

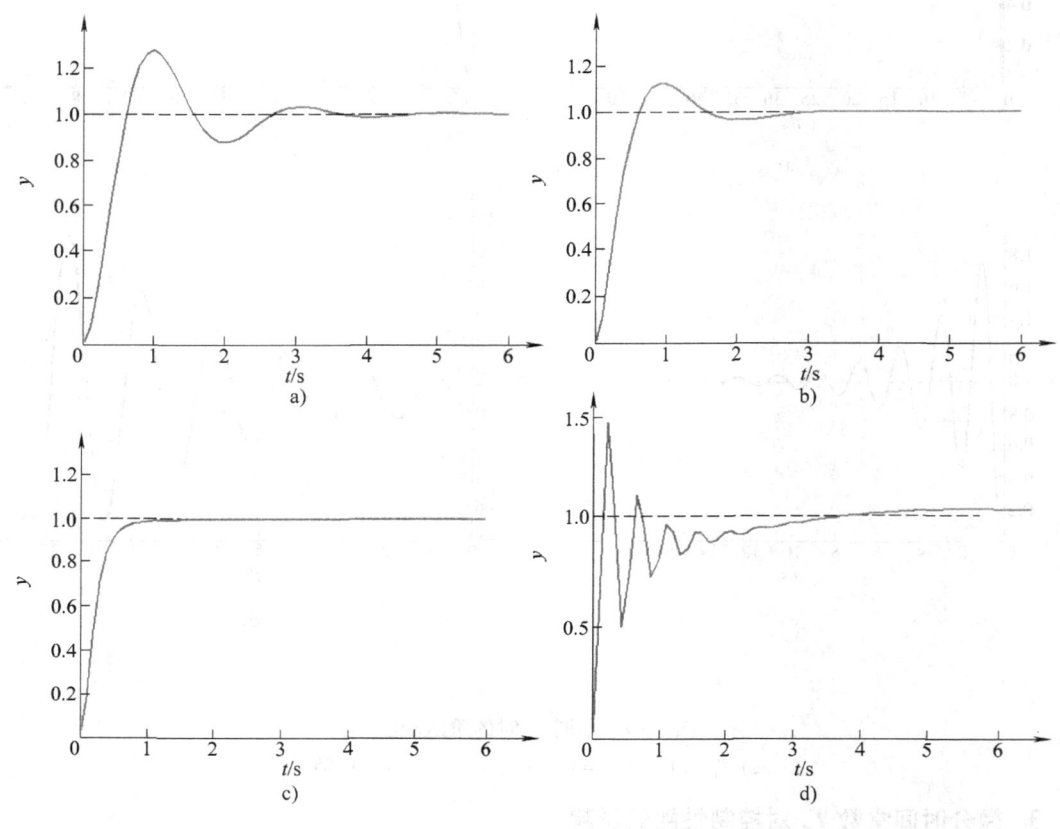

图 5-11　不同 T_d 时的阶跃响应

a) $T_d = 0.05$　b) $T_d = 0.15$　c) $T_d = 0.3$　d) $T_d = 1.5$

5.3.2　控制周期的选取

采样周期 T 在计算机控制系统中是一个重要的参量，根据香农(Shannon)采样定理，采样周期 $T \leq \pi/\omega_{max}$，也即采样角频率 $\omega_s \geq 2\omega_{max}$（$\omega_s = 2\pi/T$）。由于实际对象的物理过程及参数的变化比较复杂，系统中信号的最高角频率 ω_{max} 是很难确定的。采样定理仅从理论上给出了采样周期的上限，实际采样周期的选择要受到多方面因素的制约。实践证明，在 DDC 控制系统中采样周期要比理论值小好几倍才能满足要求。

从控制性能的角度来考虑，采样角频率尽可能高，也即采样周期应当尽可能小；采样周期小，使得计算机运算速度和时间开销增加，输入/输出通道的 A/D 和 D/A 的转换速度要相应提高；但是采样周期小到一定的程度，对系统性能的改善已不显著，这往往是受到对象和执行机构响应特性的限制。所以采样周期的选择要从控制任务、控制品质、执行机构、被控对象特性、计算机及输入/输出通道成本等多方面因素综合考虑。在实际应用中，通常借助经验，通过实验确定最合适的采样周期。表 5-1 给出了常见过程被控量选择采样周期的经验数据。对于一般机电类对象，由于其对象时间常数比较容易获得，可以采样定理为基础，先令实际采样周期为理论值的若干分之一，然后通过调试予以确定。

表 5-1 常见过程被控量采样周期的经验数据

被控变量	采样周期 T/s	说 明
流量	1~5	优先选 1~2s
压力	3~10	优先选 6~8s
液位	3~8	优先选 7s
温度	15~20	对串级系统，$T_{副} = (1/4 \sim 1/5)T_{主}$
成分	15~20	优先选 18s

5.3.3 PID 控制参数的工程整定法

数字 PID 控制参数的整定过程是，先用模拟 PID 控制参数整定的方法来选择，然后考虑采样周期对整定参数的影响，再作适当调整。由于模拟 PID 控制器应用历史悠久，已有多种参数整定方法。

1. 扩充临界比例法

临界比例法适用于具有自平衡型的被控对象。首先，将控制器设置为比例（P）控制器，形成闭环，改变比例系数，使得系统对阶跃输入的响应达到临界振荡状态（临界稳定）。将这时的比例系数记为 K_r，振荡周期记为 T_r。根据齐格勒-尼柯尔斯（Ziegle-Nichols）经验公式，表 5-2 给出由这两个基准参数得到不同类型调节器的调节参数。

表 5-2 临界比例法确定的模拟控制器参数

控制器类型	K_p/K_r	T_i/T_r	T_d/T_r
P	0.5	—	—
PI	0.45	0.85	—
PID	0.6	0.5	0.12

扩充临界比例法是以模拟 PID 控制器的临界比例法为基础的一种数字 PID 控制器参数整定方法。整定步骤如下：
- 选择合适的初始采样周期 T_0，控制器采用纯比例控制。
- 渐渐改变比例系数，使控制系统出现临界振荡，记录 K_r 和 T_r。
- 选择控制度 Q。控制度 Q 的定义是以数字 PID 控制和模拟 PID 控制所对应的过渡过程误差二次方的积分之比，即

$$Q = \frac{\left[\min \int_0^\infty e^2 dt\right]_D}{\left[\min \int_0^\infty e^2 dt\right]_A} \tag{5-22}$$

式中的下标 D 和 A 分别表示直接数字控制和模拟连续控制。通常，当控制度 Q 为 1.05 时，就可认为数字控制与模拟控制效果相当；当控制度 Q 为 2.0 时，数字控制器较模拟控制器的控制质量差一倍。

- 选择控制度 Q 以后，按表 5-3 选择 T、K_p、T_i、T_d。

表 5-3　扩充临界比例法确定采样周期及数字控制器参数

控制度 Q	控制规律	T/T_r	K_p/K_r	T_i/T_r	T_d/T_r
1.05	PI	0.03	0.53	0.88	—
	PID	0.014	0.63	0.49	0.14
1.20	PI	0.05	0.49	0.91	—
	PID	0.043	0.47	0.47	0.16
1.50	PI	0.14	0.42	0.99	—
	PID	0.09	0.34	0.43	0.20
2.00	PI	0.22	0.36	1.05	—
	PID	0.16	0.27	0.40	0.22

2. 扩充响应曲线法

在考虑了控制度后，数字控制器参数的整定也可以采用类似模拟控制器的响应曲线法，称为扩充响应曲线法。应用该方法时，需要预先在对象动态响应曲线上求出等效纯滞后时间 τ，等效惯性时间常数 T_m，以及它们的比值 T_m/τ。其余步骤与扩充临界比例法相似。

表 5-4 给出了采样周期 T 和数字 PID 控制器参数 K_p、T_i、T_d 与 τ、T_m/τ 之间的关系。

表 5-4　扩充响应曲线法确定采样周期及数字控制器参数

控制度	控制规律	T/τ	$K_p/(T_m/\tau)$	T_i/τ	T_d/τ
1.05	PI	0.10	0.84	3.40	—
	PID	0.05	1.15	2.00	0.45
1.20	PI	0.20	0.78	3.60	—
	PID	0.16	1.00	1.90	0.55
1.50	PI	0.50	0.68	3.90	—
	PID	0.34	0.85	1.62	0.65
2.00	PI	0.80	0.57	4.20	—
	PID	0.60	0.60	1.50	0.82

3. 归一参数整定法

PID 控制器参数的整定是一项繁杂而费时的工作，当由一台计算机来控制几十个乃至几百个控制回路时，整定参数是非常艰巨的工作。归一参数整定法是一种比较简易的方法。

增量型 PID 算式为

$$\Delta u(k) = K_p \left\{ [e(k) - e(k-1)] + \frac{T}{T_i} e(k) + \frac{T_d}{T} [e(k) - 2e(k-1) + e(k-2)] \right\}$$

$$\tag{5-23}$$

在数字 PID 控制中,要整定四个参数 T、T_p、T_i、T_d,为了减少在线整定参数的数目,根据大量实际经验的总结,设定了一些约束条件,以减少独立变量的个数。例如取

$$T \approx 0.1T_r, \quad T_i \approx 0.5T_r, \quad T_d \approx 0.125T_r \tag{5-24}$$

式中 T_r——纯比例控制时临界振荡时的振荡周期。

将式(5-24)代入式(5-23),得

$$\Delta u(k) = K_p[2.45e(k) - 3.5e(k-1) + 1.25e(k-2)] \tag{5-25}$$

式(5-25)只有一个参数 K_p 需要整定,使得问题明显得到简化。

4. 凑试法确定 PID 参数

在凑试时,可参考 5.3.1 小节所述的 PID 参数对控制过程的影响趋势,对参数实行先比例、后积分、再微分的整定步骤。其具体步骤如下:

1)首先只整定比例部分。先将 K_i、K_d 设为 0,逐渐加大比例参数 K_p(或先取大,然后用 0.618 黄金分割法选择 K_p)观察系统的响应,直到反应快、超调小的响应曲线。如果系统没有静差或静差已小到允许的范围内,且响应曲线已属满意,则只需用比例调节器即可,最优比例系数可由此确定。

2)如果在比例调节的基础上系统的静差不能满足设计要求,则需加入积分环节。同样 K_i 先选小,然后逐渐加大(或先取大,然后用 0.618 黄金分割法选择 K_i),使在保持系统良好动态性能的情况下,静差得到消除,得到较满意的响应曲线。在此过程中,可根据响应曲线的好坏反复改变比例系数与积分系数,以期得到满意的控制过程与整定参数。

3)若使用比例积分调节器消除了静差,但动态过程经反复调整仍不能满意,则可加入微分环节,构成比例积分微分调节器。这时可以加大 K_d 以提高响应速度,减少超调;但对于干扰较敏感的系统,则要谨慎,加大 K_d 可能反而加大系统的超调量。在整定时,可先置微分系数 K_d 为零,在第二步整定的基础上增大 K_d,同时相应地改变比例系数和积分系数,逐步凑试,以获得满意的调节效果和控制参数。

扩充临界比例法和扩充响应曲线法适用于"一阶惯性环节加纯滞后"的对象。扩充临界比例法需要系统闭环运行,而且要将比例系数调整到使得系统产生等幅振荡,在有些应用场合是不允许的;而扩充响应曲线法不需要系统闭环运行,只需在开环状态下测定系统的阶跃响应曲线。为此,在实际应用时,应当根据对象的运行条件选择整定方法。对于 PID 参数的选择有各种不同的经验公式和方法,如不具有上述特性的对象,也有相应的 PID 参数整定方法,读者可查阅有关参考文献。

5.3.4 PID 控制参数的自整定法

控制器参数自整定功能已经成为先进计算机控制系统中不可缺少的一部分功能。在这类系统中,除了将经典的参数整定方法结合计算机功能、形成参数自整定之外,也出现了为适应被控对象结构与参数变化、运行工况变化等要求的变参数 PID 控制器、自适应 PID 控制器、变结构 PID 控制器和智能 PID 控制器等。

大多数生产过程是非线性的,因此,控制器参数与系统所处的稳态工况有关。显然,工况改变时,调节器参数的"最佳"值不同。此外,大多数生产过程的特性还随时间而变化。一般来说,过程特性的变化将导致调节性能的恶化。上述两点都意味着需要适时地调整控制器的参数。

参数自整定技术的本质是设法辨识出过程的特性，然后按照某种规律进行参数整定。下面介绍两种参数自整定策略。

1. 自校正调节器

这是一种简单的自适应控制方法，其原理框图如图 5-12 所示。它由递推式参数估计器和控制器参数调整机构两部分组成。

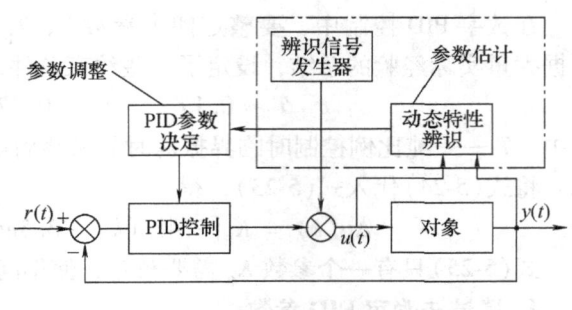

图 5-12　自校正调节器原理框图

控制器的输出信号与辨识信号发生器的输出信号一起送给被控对象，在线辨识出对象模型（参数），然后再根据模型参数及所需的控制性能指标计算出相应的控制器参数。

假定对象为一阶线性模型

$$G(s) = \frac{Ke^{-\tau s}}{Ts + 1} \tag{5-26}$$

然后，利用调节量 u 及被调量 y 的测量值，应用最小二乘估计法对被控对象参数 K、T 和 τ 值进行估计。一旦求出对象参数 K、T 和 τ 值，调整机构就能按照既定的整定规则（根据规定的闭环系统性能指标建立的对象参数与调节器参数的"最佳"值间的关系），求出调节器参数"最佳"值，修改调节器参数。

自校正调节器需要相当多的被控对象的先验知识，特别是有关对象时间常数的数量级，以便选择合适的采样周期。另外，从系统的稳定性、响应速度、超调量和稳态精度等方面来考虑，各参数在自整定过程中的不同阶段应是变化的。

1）积分控制规律的作用主要在于消除系统的稳态误差。但考虑到积分控制规律的加入，由于某些因素，如饱和非线性特性使得在响应过程初期会产生积分饱和现象，从而引起响应过程的较大超调，故通常在响应过程初期，为使积分作用弱些而取较小的 K_i 值；为避免对系统稳定性的过大影响，在响应过程中期，由参数 K_i 表征的积分作用应取得适当；在响应过程的后期，应增强积分作用，即取较大的 K_i 值以提高调节精度。

2）微分控制规律主要是针对被控过程的大惯性而引入的，它能给出使响应过程提前制动的减速信号。但表征微分作用强弱的参数 K_d 值对响应过程影响甚大，K_d 值若取得过大，会使响应过程过分提前制动，从而拖长调节时间，因此对时变且不确定系统，K_d 不应取定值。在响应过程初期，适当增强微分作用而取较大的 K_d 值可减少甚至避免超调；在响应过程中期，由于响应过程中对 K_d 值的变化比较敏感，故此时 K_d 应取较小的值；在响应过程后期，K_d 值要取得小，从而减弱响应过程的制动作用以补偿在响应过程初期因 K_d 值大而导致调节时间增长的影响。

2. 极限环法（继电型自整定）

极限环法的基本思想是，在控制系统中设置测试模式和控制模式两种模式：在测试模式下，用一个滞环宽度为 h，幅值为 d 的继电器代替控制器，利用其非线性，使系统处于等幅振荡（极限环）。测取系统的振荡周期和振幅，以便能利用临界比例法的经验公式；在控制模式下，控制器使用整定后的参数，对系统的动态性能进行调节。如果对象特性发生变化，可重新进入测试模式，再进行测试，以求得新的整定参数。图 5-13 是继电型 PID 自整定控制结构及继电特性。可以看出，两种模式的切换是靠开关来实现的。

整定步骤如下：

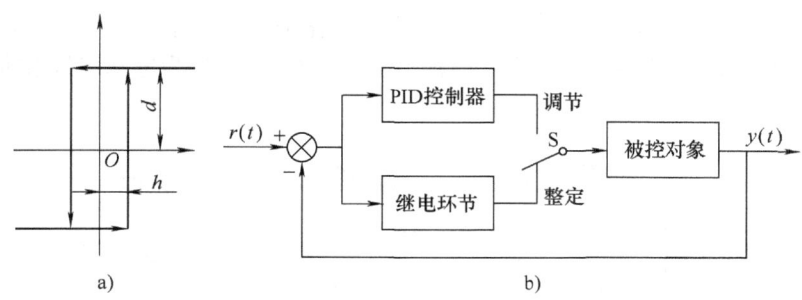

图 5-13 继电型 PID 自整定控制结构

a) 继电特性　b) 继电型 PID 自整定控制结构

1）在控制模式下，通过人工控制使系统进入稳定状态，然后将整定开关 S 拨向测试模式，接通继电器，使系统处于等幅振荡。

2）测出振荡幅度 A 和振荡周期 T_r，并根据公式

$$\delta_K = \frac{\pi A}{4d} \tag{5-27}$$

求出临界比例度 δ_K。"比例度 δ"是工业控制界的术语，为 PID 调节器的比例系数的倒数。这里 $\delta_K = 1/K_r$。

3）与扩充临界比例法一样，根据 T_r 和 K_r 值，利用表 5-3 中的经验公式，求出控制器的各整定参数。

继电型自整定方法简单、可靠，需要预先设定的参数是继电特性的参数 h、d。该方法的缺点是，要求被控对象在开关信号作用下产生等幅振荡，从而限制了其使用范围。另外，对一些干扰多且较复杂的系统，则要求振荡幅度足够大。

5.4　数字 PID 控制器的工程实现

模拟 PID 调节器由电子线路实现，而数字 PID 控制则是通过软件实现的数字调节器，它是一个程序模块，可被所有的控制回路公用。由于各控制回路的控制要求不同，需要给每个控制回路设置一段内存数据区，以便存放各自的参数。数字 PID 控制器模块设计应考虑功能丰富、使用方便、通用性好等要求。数字 PID 控制器的工程实现可分为六个部分：给定值处理、被控量处理、偏差处理、控制算法实现、控制量处理以及自动手动切换，如图 5-14 所示。此外，为了便于数字调节器的直观操作与显示，通常要给每个数字 PID 控制器配置一个回路操作显示器。

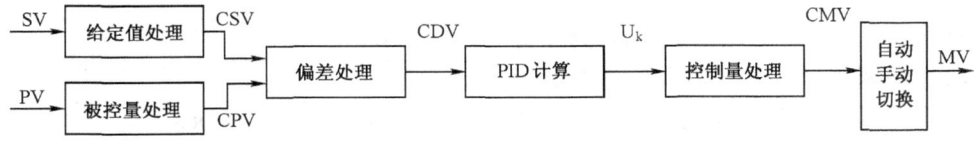

图 5-14　数字 PID 控制器模块

5.4.1 给定值处理

给定值处理包括选择给定值 SV 和给定值变化率限制 SR 两部分，如图 5-15 所示。图中的 CL/CR 为选择内给定状态或外给定状态的软开关；CAS/SCC 为选择串级控制或 SCC 两级控制的软开关。

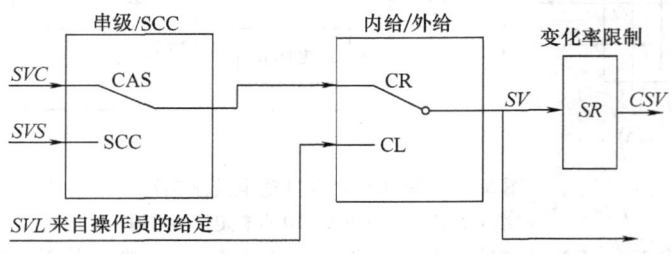

图 5-15 给定值处理

1. 内给定状态

当软开关 CL/CR 切向 CL 位置时，为内给定状态。这时选择操作员设置的给定值 SVL，系统处于单回路控制的内给定状态。利用在回路操作显示器上或屏幕操作画面上的给定值按键可以根据需要随时改变给定值。

2. 外给定状态

当软开关 CL/CR 切向 CR 位置时，给定值来自于上位机、主回路或运算模块，系统处于外给定状态。可以实现以下两种控制方式：

（1）SCC 控制　当软开关 CAS/SCC 切向 SCC 位置时，控制器接收上位机给出的给定值 SVS，以实现 SCC 二级控制。

（2）串级控制　当软开关 CAS/SCC 切向 CAS 位置时，控制器的给定值 SVC 由主回路的调节模块给出。

3. 给定值变化率的限制

给定值的突变会对控制系统产生大的扰动，使比例、微分发生饱和。为实现平稳控制，需对给定值的变化率 SR 加以限制。SR 的选取应适当，太小会使响应变慢，过大则达不到限制的目的。

综上所述，给定值处理部分共有 3 个输入量（SVL、SVC、SVS），2 个开关量（CL/CR、CAS/SCC），1 个变化率（SR）。为了让控制算法程序调用这些量，需要给每个回路的控制模块提供一段内存数据区，用于存放以上变量。给定值处理数据区如图 5-16 所示。

内存单元	
IX + 00H	SVL 操作员设定值
01	
02	SVC 串级主调输出
03	
04	SVS 上位机输出
05	
06	SV 未经限制的给定
07	
08	CSV 经限制的给定
09	
0A	SR 给定值变化率限制
0B	
0C	CL/CR 软开关
IX + 0DH	CAS/SCC 软开关

图 5-16 给定值处理数据区

5.4.2 被控量处理

对于被控量的处理主要是出于安全考虑的上下限报警,其原理如图 5-17 所示。设上限值为 PH,上限报警状态为 PHA;下限值为 PL,下限报警状态为 PLA,被控量为 PV,则

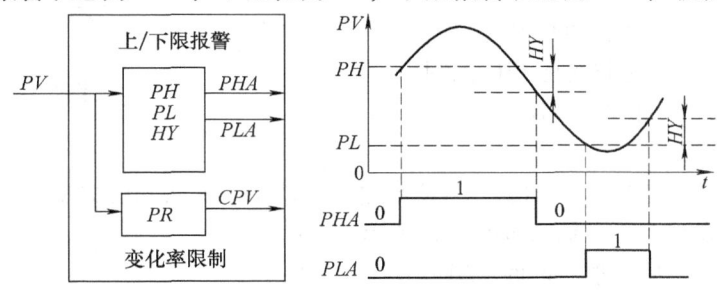

图 5-17 被控量处理

当 $PV > PH$ 时,PHA 为"1"

当 $PV < PL$ 时,PLA 为"1"

当出现上、下限报警状态时,它们通过驱动电路发出声光报警信号以提醒操作员注意。为了不使报警状态频繁改变,可设置一定的报警死区(HY)。为实现平衡控制,有时还需对被控量的变化率 PR 加以限制,其大小的选取应适中。

由图 5-17 知,被控量处理的数据区共需存放 1 个输入量 PV,3 个输出量 PHA、PLA 和 CPV,4 个参数 PH、PL、HY 和 PR。

5.4.3 偏差处理

偏差处理包括 4 个部分:计算偏差、偏差报警、非线性补偿和输入补偿,如图 5-18 所示。

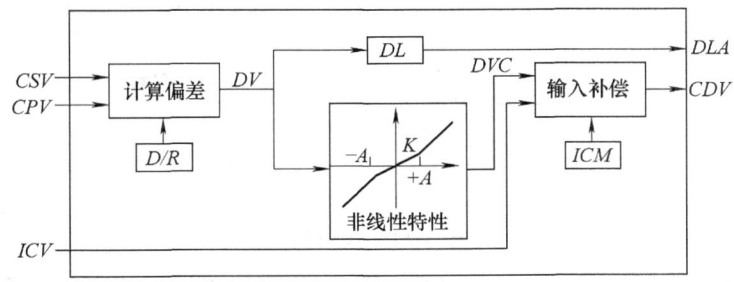

图 5-18 偏差处理

1. 计算偏差

根据正/反作用方式(D/R)计算偏差 DV,即

当 $D/R = 0$,代表正作用,偏差 $DV = CPV - CSV$;

当 $D/R = 1$,代表反作用,偏差 $DV = CSV - CPV$。

2. 偏差报警

对于控制要求较高的对象,为保证生产过程平稳,除了设置被控量 PV 的上下限报警以外,还要设置偏差报警,当偏差的绝对值大于某个极限值 DL 时,则给出报警信息。即一旦 $|DV| > DL$,则偏差报警状态 DLA 为"1"。

3. 非线性特性

非线性特性可设置非线性增益 K，非线性区 $-A \sim +A$，如图 5-19 所示，其目的是为了实现非线性 PID 控制或带死区的 PID 控制。

当 $K=0$ 时，则为带死区的 PID 控制；

当 $0<K<1$ 时，则为非线性 PID 控制；

当 $K=1$ 时，正常的 PID 控制。

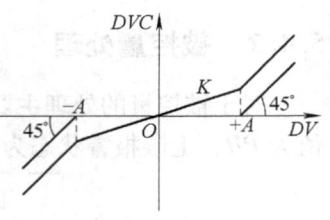

图 5-19 非线性特性

4. 输入补偿

输入补偿的方式 ICM 决定了偏差 DVC 与输入补偿量 ICV 之间的关系。

当 $ICM=0$，表示不考虑输入补偿，即 $CDV=DVC$；

当 $ICM=1$，表示加补偿，此时 $CDV=DVC+ICV$；

当 $ICM=2$，表示减补偿，此时 $CDV=DVC-ICV$；

当 $ICM=3$，表示置换补偿，此时 $CDV=ICV$。

利用加、减补偿，可以分别实现前馈控制与施密斯纯滞后补偿控制。

偏差处理数据区共存放 1 个输入补偿量 ICV，2 个输出量 DLA 和 CDV，2 个状态量 D/R 和 ICM，以及 4 个参数 DL、$-A$、$+A$ 和 K。

5.4.4 PID 计算

控制策略的实现指的是在自动状态下，由前面得到的偏差，根据各种控制算法计算出控制量，并进行上、下限限幅。以 PID 控制算法为例，当图 5-20 中的软开关 DV/PV 切向 DV 位置时，选用偏差微分方式；当切向 PV 位置时，则选用测量值（被控量）微分方式。

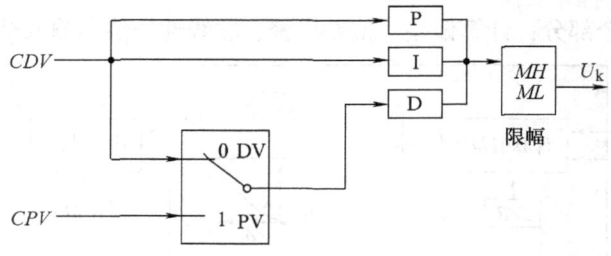

图 5-20 PID 计算

在 PID 计算数据区，不仅需要存放 PID 参数 K_p、T_i、T_d，采样周期 T 和积分分离值 ε，而且还需要存放微分方式 DV/PV、控制量上限值 MH 和下限值 ML，控制输出量 U_k，为了实现递推运算，还应保存 PID 计算所必需的历史数据，如 $e(k-1)$、$e(k-2)$ 和 $u(k-1)$ 等。

5.4.5 控制量处理

在实际输出由 PID 计算得到的控制量 U_k 之前，一般还要经过如图 5-21 所示的控制量处理，以扩展控制功能，实现安全平稳操作。

1. 输出补偿

由输出补偿方式 OCM 的状态，决定控制量 U_k 与输出补偿 OCV 之间的关系：

当 $OCM=0$，表示无输出补偿，此时 $U_C=U_k$；

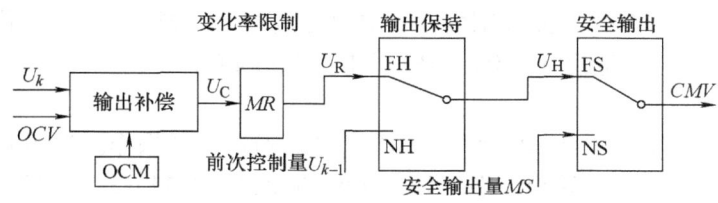

图 5-21 控制量处理

当 $OCM=1$，表示加补偿，此时 $U_C = U_k + OCV$；
当 $OCM=2$，表示减补偿，此时 $U_C = U_k - OCV$；
当 $OCM=3$，表示置换补偿，此时 $U_C = OCV$。

2. 变化率限制

MR 的设置是为了限制控制量变化率，使生产过程平稳操作。MR 应选取得适中，过小会使操作减缓，过大则达不到限制的目的。

3. 输出保持

当软开关 FH/NH 切向 NH 位置时，现时刻的控制量 U_k 等于前一采样时刻的控制量 U_{k-1}，也即输出控制量保持不变；当软开关 FH/NH 切向 FH 位置时，即为正常输出方式。软开关 FH/NH 的状态一般来自系统的安全报警开关。

4. 安全输出

当软开关 FS/NS 切向 NS 位置时，现时刻的控制量 U_k 等于预置的安全输出量 MS；当软开关 FS/NS 切向 FS 位置时，又恢复正常的输出方式。软开关 FS/NS 状态一般也来自系统的安全报警开关。

控制量处理数据区需要存放输出补偿量 OCV 和补偿方式 OCM、变化率限制值 MR、软开关 FH/NH 和 FS/NS、安全输出量 MS 以及控制量 CMV。

5.4.6 自动/手动切换

在控制系统正常运行时，系统处于自动状态；而在调试阶段或出现故障时，系统则处于手动状态。因此，一定要有自动/手动切换处理功能，其框图如图 5-22 所示。

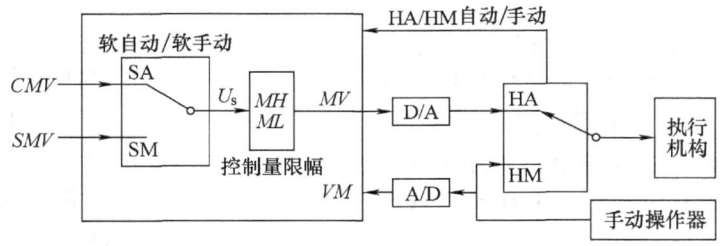

图 5-22 自动/手动切换

1. 软自动/软手动

当软开关 SA/SM 切向 SA 位置时，系统处于正常的自动状态，称为软自动(SA)；反之，切向 SM 位置时，控制量直接由操作键盘或上位计算机给出，系统处于计算机手动状态，称之为软手动(SM)。系统调试阶段一般采用软手动(SM)方式。

2. 控制量限幅

为保证执行机构工作在有效范围内，需要对控制量 U_k 进行上、下限限幅，使 $ML \leqslant MV \leqslant MH$，再经 D/A 转换器输出 0～10mA DC 或 4～20mA DC。

3. 自动/手动

一般的计算机控制系统可采用手动操作器作为系统的后备操作。当切换开关处于 HA 位置时，控制量 MV 通过 D/A 输出，系统处于正常的计算机控制方式，称为自动状态（HA 状态）；反之，若切向 HM 位置，则计算机不再承担控制任务，而由操作人员通过手动操作器输出信号，对执行机构进行遥控操作，称之为手动状态（HM 状态）。

5.4.7 无扰动切换

无扰动切换指的是在进行手动到自动或自动到手动的切换之前，不需要由人工进行手动输出控制信号与自动输出控制信号之间的平衡操作，就可以保证切换时不会对执行机构的现有位置产生扰动。为此，应采取以下措施（参见图 5-22）：

（1）手动到自动　为了实现手动到自动的平衡无扰动切换，在手动（SM 或 HM）状态下，尽管并不进行控制算法的运算，但应在每个采样周期都让存放在给定值数据区的给定值（CSV）跟踪存放在被控量数据区的被控量（CPV），同时将历史数据如 $e(k-1)$、$e(k-2)$ 等清零，并将 U_{k-1} 跟踪手动控制量（MV 或 VM）。这样，一旦切向自动时，由于给定值等于被控量，偏差为零，而 U_{k-1} 又等于切换瞬间的手动控制量，就可保证控制算法的连续性。当然，这一切都应有相应的硬件电路配合。

（2）自动到手动　当从自动（SA 或 HA）切向软手动（SM）时，只要计算机应用程序工作正常，就能自动保证无扰动切换。当从自动（SA 或 HA）切向硬手动（HM）时，通过手操器电路也能保证无扰动切换。

从输出保持状态或安全输出状态切向正常的自动工作状态时，同样需要进行无扰动切换，可采取如上所述的类似措施，此处不再赘述。

自动/手动切换数据区需要存放软手动控制量 SMV，软开关 SA/SM 状态，控制量上限值 MH 和下限值 ML，控制量 MV，切换开关 HA/HM 状态，以及手操器输出 VM。

5.4.8 PID 控制块参数表

完整的 PID 控制模块数据区除了上述各部分外，还有被控量量程上限 RH 和量程下限 RL，工程单位代码、采样（控制）周期等，如图 5-23 所示。该数据区是 PID 控制模块存在的标志，可把它看作是数字 PID 控制器的实体。只有正确地填写 PID 数据区，才能实现 PID 控制。

采用上述数字控制器，不仅可以组成单回路控制系统，而且通过增加各种补偿模块和各种功能运算模块的组合，还可以组成串级、前馈、纯滞后补偿等各种复杂控制系统来满足生产过程控制的需求。

IX+00H	模块号
	量程上限 RH
IX+01H	量程下限 RL
	工程单位代码
	控制周期 T
	给定值处理数据
	被控量处理数据
IX+07H	偏差处理数据
	PID 计算数据
	控制量处理数据
	自动/手动切换数据
IX+64H	其他

图 5-23　PID 控制模块数据区

5.5 MATLAB 在数字 PID 控制器设计中的应用

5.5.1 PID 控制算法的 M 文件编写

设单位反馈系统的被控对象为 $G(s) = 1/(s+1)^3$，则标准 PID 控制仿真程序如下：

```
% PID Controller
clear all;
close all;
G = tf(1,[1,3,3,1]);
Kp = 1;
Ti = 1;
Td = 0.5;
Gc = tf([Kp*Td,Kp,Kp/Ti],[1 0]);
Gc = feedback(G*Gc,1);
step(Gc);
```

其阶跃响应如图 5-24 所示。

又设单位反馈系统的被控对象为 $G(s) = \dfrac{10}{(s+1)(s+2)}$，则标准 PID 控制算法如下：

```
% PI Controller and PID Controller
clear all; close all;
ts = 0.1;
k = 10; z = []; p = [-1 -2];
syszpk = tf(zpk(z,p,k)); sys = tf(syszpk); dsys = c2d(sys,ts,'zoh');
[num,den] = tfdata(dsys,'v');
uk1 = 0;uk2 = 0;
yk1 = 0;yk2 = 0;
ek1 = 0;ei = 0;
for k = 1:1:200
time(k) = k*ts;
rin(k) = 1.0;
yout(k) = -den(2)*yk1 - den(3)*yk2 + num(2)*uk1 + num(3)*uk2; % Linear model
error(k) = rin(k) - yout(k);
ei = ei + error(k)*ts; kc = 0.1; ki = 0.4; kd = 0.3; % PID Controller
u(k) = kc*error(k) + ki*ei + kd*(error(k) - ek1);
uk2 = uk1;uk1 = u(k);
yk2 = yk1;yk1 = yout(k);
ek1 = error(k);
```

```
end
figure(1);
plot(time,rin,'b',time,yout,'r');
```

其阶跃响应如图 5-25 曲线 1 所示，如果上述程序中令 kd = 0，则得 PI 控制器的阶跃响应如图 5-25 曲线 2 所示。

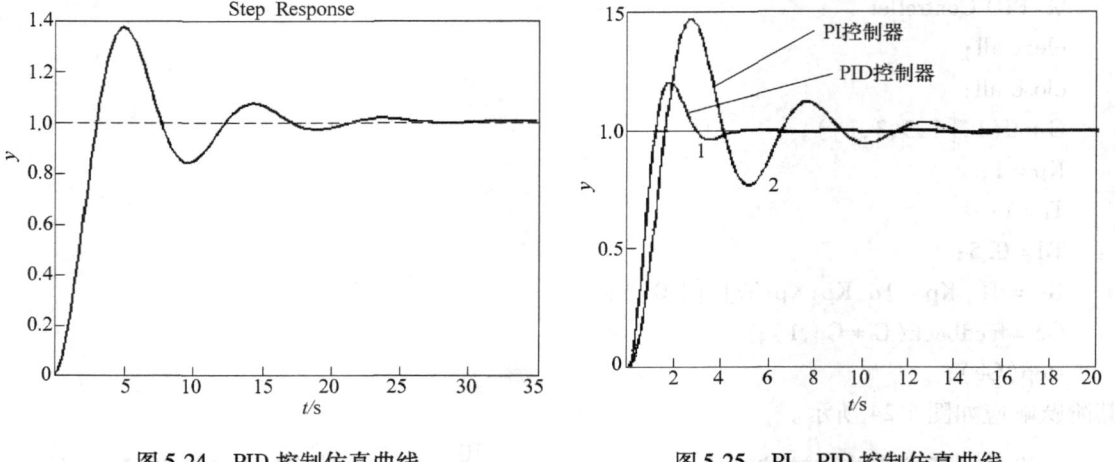

图 5-24 PID 控制仿真曲线　　　　　图 5-25 PI、PID 控制仿真曲线

5.5.2 利用 Simulink 设计数字 PID 控制器

利用 Simulink 可以方便地设计数字 PID 控制器，一个采样控制系统的 Simulink 仿真图如图 5-26 所示。

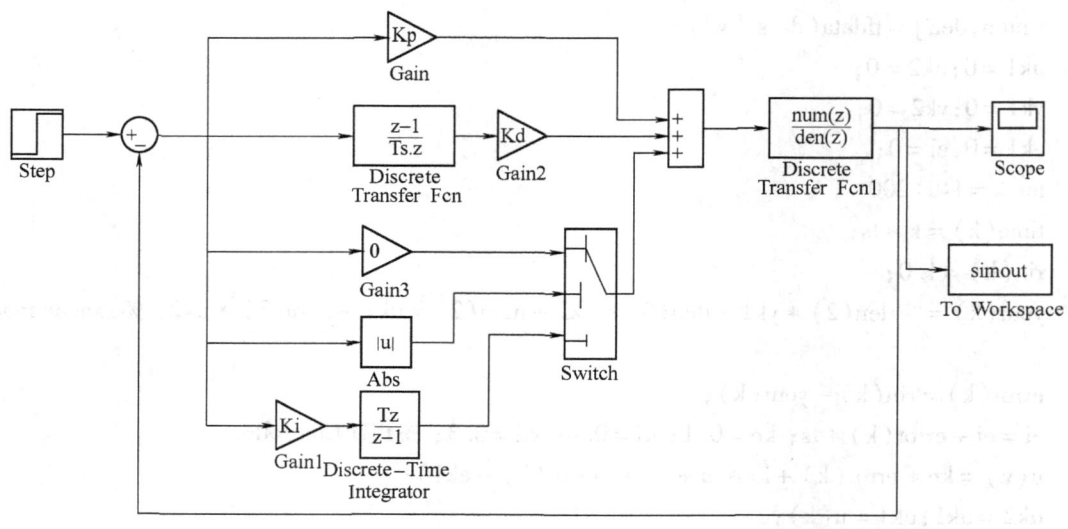

图 5-26 积分分离 PID 控制 Simulink 图

按照例4-19的方法，采用零阶保持器，令 $T_s = 0.1$s。将对象 $G_o(s) = \dfrac{2}{s(s+1)}$ 转换成 $G_o(z) = \dfrac{0.009675z + 0.009358}{z^2 - 1.905z + 0.9048}$。PID 参数为：$K_p = 1.5$、$K_i = 0.1$、$K_d = 0.4$，仿真结果如图 5-27 所示，其中响应曲线 1 采用了积分分离 PID 控制，此时阈值 $\varepsilon = 0.1$（即图 5-26 中模块 Switch 的阈值）；而响应曲线 2 则采用了标准 PID 控制，此时模块 Switch 的阈值设为 1。

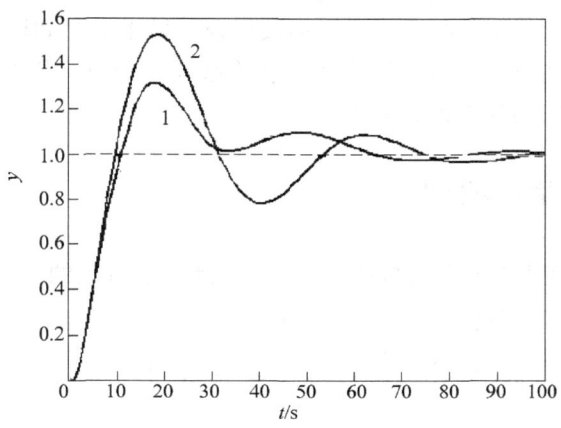

图 5-27 积分分离 PID 控制 Simulink 仿真曲线
1—积分分离 PID 控制　2—标准 PID 控制

思考题与习题

5-1 试叙述数字控制器的连续化设计步骤。

5-2 已知模拟调节器的传递函数为 $D(s) = \dfrac{U(s)}{E(s)} = \dfrac{1 + 2s}{1 + 0.5s}$，试写出相应数字控制器的位置型控制算式，设采样周期 $T = 0.5$s。

5-3 试说明比例、积分、微分控制作用的物理意义。

5-4 调节系统在纯比例作用下已整定好，加入积分作用后，为保证原稳定度，此时应将比例系数增大还是减小？

5-5 要消除系统的稳态误差，通常选用哪种调节规律？

5-6 如何消除积分饱和？

5-7 试画出微分先行 PID 控制器的结构图，并给出其计算机算法表达式。

5-8 试画出不完全微分 PID 控制器的结构图，并推导出其增量算式。

5-9 带死区的 PID 控制方法有何优点？

5-10 采样周期的选择需要考虑哪些因素？

5-11 简述 PID 归一参数法及其优点，试列出算式。

第6章 复杂控制算法

本章主要介绍计算机控制系统常用的复杂控制技术,包括最小拍控制、纯滞后控制、串级控制、预测控制、模糊控制等技术。对大多数系统,采用常规 PID 控制技术即可达到满意的控制效果,但对于复杂对象及有特殊控制要求的系统,采用 PID 控制技术难以达到目的,在这种情况下,则需要采用其他控制算法。

6.1 数字控制器设计原理

在图 6-1 所示的计算机控制系统框图中,$G_o(s)$ 是被控对象的连续传递函数,$D(z)$ 表示数字控制器,$G_h(s)$ 是零阶保持器,采样周期为 T。

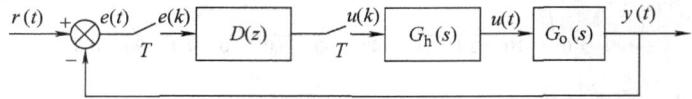

图 6-1 计算机控制系统框图

广义对象的脉冲传递函数 $G(z)$ 定义为

$$G(z) = Z[G_h(s)G_o(s)] = Z\left[\frac{1-e^{-Ts}}{s}G_o(s)\right] \tag{6-1}$$

则图 6-1 对应的闭环脉冲传递函数为

$$\Phi(z) = \frac{D(z)G(z)}{1 + D(z)G(z)} \tag{6-2}$$

为了设计数字控制器 $D(z)$,可以采用不同的方法。一种是参数优化方法,即首先确定 $D(z)$ 的结构,然后通过某一优化指标求出 $D(z)$ 中的参数,由于 $D(z)$ 的阶数是任意选定的,与被控对象的结构无关,所以可以设计阶数较低的数字控制器,以减少在线运算。另一种方法是与对象结构有关的设计,即按照某一期望的闭环脉冲传递函数 $\Phi(z)$ 来设计数字控制器 $D(z)$。这时,$D(z)$ 的结构将依赖于广义对象 $G(z)$ 的结构。本节仅讨论后一种方法,因为 $G(z)$ 和 $\Phi(z)$ 已知,故由式 (6-2) 可求得

$$D(z) = \frac{1}{G(z)} \cdot \frac{\Phi(z)}{1 - \Phi(z)} \tag{6-3}$$

由此可得出数字控制器的设计步骤如下:
1) 根据式 (6-1) 求广义对象的脉冲传递函数 $G(z)$。
2) 根据控制系统的性能指标要求和其他约束条件,确定闭环脉冲传递函数 $\Phi(z)$。
3) 根据式 (6-3) 求取数字控制器的脉冲传递函数 $D(z)$。
4) 根据 $D(z)$ 导出控制器的输出 $u(k)$。

设数字控制器 $D(z)$ 的一般形式为

$$D(z) = \frac{U(z)}{E(z)} = \frac{\sum_{i=0}^{m} b_i z^{-i}}{1 + \sum_{i=1}^{n} a_i z^{-i}} \qquad (6-4)$$

则

$$U(z) = \sum_{i=0}^{m} b_i z^{-i} E(z) - \sum_{i=1}^{n} a_i z^{-i} U(z) \qquad (6-5)$$

由此可得数字控制器输出的时间序列 $u(k)$ 为

$$u(k) = \sum_{i=0}^{m} b_i e(k-i) - \sum_{i=1}^{n} a_i u(k-i) \qquad (6-6)$$

按照式（6-6），就可编写出控制算法程序。

6.2 最小拍控制系统的设计

6.2.1 最小拍控制原理

在数字随动系统中，通常要求系统输出能够快速地、准确地跟踪给定值变化，最小拍控制就是适应这种要求的一种控制策略。

在数字控制系统中，通常把一个采样周期称为一拍。所谓最小拍控制，是指系统在某种典型输入信号（如阶跃信号、速度信号、加速度信号等）作用下，经过最少的采样周期使得系统输出的稳态误差为零。最小拍控制系统也称最小拍无差系统或最小拍随动系统。显然这种系统对闭环脉冲传递函数的性能要求是快速性和准确性。事实上最小拍控制就是一类时间最优控制，系统的性能指标就是要求调节时间最短。

下面讨论最小拍控制系统的设计及其特点。

1. 最小拍控制系统的设计

由图 6-1 可知，误差 $E(z)$ 的脉冲传递函数为

$$\Phi_e(z) = \frac{E(z)}{R(z)} = \frac{R(z) - Y(z)}{R(z)} = 1 - \Phi(z) \qquad (6-7)$$

由误差表达式

$$E(z) = \Phi_e(z) R(z) = e_0 + e_1 z^{-1} + e_2 z^{-2} + \cdots \qquad (6-8)$$

可知，要实现无静差、最小拍，$E(z)$ 应该在最短时间内趋近于零，即 $E(z)$ 应为有限项式。因此，在输入 $R(z)$ 一定的情况下，必须对 $\Phi_e(z)$ 提出要求。

典型输入的 Z 变换具有如下形式：

1）单位阶跃输入　　$r(t) = 1(t)$，$R(z) = \dfrac{1}{1 - z^{-1}}$

2）单位速度输入　　$r(t) = t$，$R(z) = \dfrac{Tz^{-1}}{(1 - z^{-1})^2}$

3）单位加速度输入　$r(t) = \dfrac{1}{2} t^2$，$R(z) = \dfrac{T^2 z^{-1}(1 + z^{-1})}{2(1 - z^{-1})^3}$

由此可得典型输入 Z 变换的一般形式：

$$R(z) = \frac{A(z)}{(1-z^{-1})^q}, \quad q = 1,2,3 \tag{6-9}$$

其中 $A(z)$ 是不含有 $(1-z^{-1})$ 因子的 z^{-1} 的多项式,根据 Z 变换的终值定理,系统的稳态误差为

$$\lim_{t\to\infty} e(t) = \lim_{z\to 1}(1-z^{-1})E(z) = \lim_{z\to 1}(1-z^{-1})\Phi_e(z)R(z)$$
$$= \lim_{z\to 1}(1-z^{-1})\Phi_e(z)\frac{A(z)}{(1-z^{-1})^q}$$

显然,要使稳态误差为零,$\Phi_e(z)$ 必须含有 $(1-z^{-1})$ 因子,且其幂次数不能低于 q,即

$$\Phi_e(z) = (1-z^{-1})^Q F(z) \tag{6-10}$$

式中,$Q \geq q$,$F(z)$ 是关于 z^{-1} 的有限多项式。为了实现最小拍,$\Phi_e(z)$ 中 z^{-1} 的幂次应当为最低。令 $Q = q$,$F(z) = 1$,则所得 $\Phi_e(z)$ 既可满足准确性,又可满足快速性要求,于是

$$\Phi_e(z) = (1-z^{-1})^q \tag{6-11}$$

$$\Phi(z) = 1 - \Phi_e(z) = 1 - (1-z^{-1})^q \tag{6-12}$$

2. 典型输入下最小拍控制系统分析

1) 单位阶跃输入

$$\Phi_e(z) = (1-z^{-1}), \Phi(z) = 1 - (1-z^{-1}) = z^{-1}$$
$$E(z) = \Phi_e(z)R(z) = (1-z^{-1})/(1-z^{-1}) = 1 \cdot z^0 + 0 \cdot z^{-1} + 0 \cdot z^{-2} + \cdots$$
$$Y(z) = \Phi(z)R(z) = z^{-1} \cdot 1/(1-z^{-1}) = z^{-1} + z^{-2} + z^{-3} + \cdots$$

即 $e(0) = 1, e(1) = 0, e(2) = \cdots = 0$,这说明一个采样周期后,系统在采样点上不再有偏差,这时过渡过程时间为一拍。

2) 单位速度输入

$$\Phi_e(z) = (1-z^{-1})^2, \quad \Phi(z) = 1 - (1-z^{-1})^2 = 2z^{-1} - z^{-2}$$
$$E(z) = \Phi_e(z)R(z) = (1-z^{-1})^2 Tz^{-1}/(1-z^{-1})^2 = Tz^{-1}$$
$$Y(z) = \Phi(z)R(z) = (2z^{-1} - z^{-2})Tz^{-1}/(1-z^{-1})^2$$
$$= 2Tz^{-2} + 3Tz^{-3} + 4Tz^{-4} + \cdots$$

即 $e(0) = 0, e(1) = T, e(2) = e(3) = \cdots = 0$,这说明经过两拍以后,偏差采样值达到并保持为零,过渡过程时间为两拍。

3) 单位加速度输入

$$\Phi_e(z) = (1-z^{-1})^3$$
$$\Phi(z) = 1 - (1-z^{-1})^3 = 3z^{-1} - 3z^{-2} + z^{-3}$$
$$E(z) = \Phi_e(z)R(z) = (1-z^{-1})^3 \cdot T^2 z^{-1}(1+z^{-1})/[2(1-z^{-1})^3]$$
$$= T^2 z^{-1}/2 + T^2 z^{-2}/2$$

即 $e(0) = 0, e(1) = e(2) = T^2/2, e(3) = e(4) = \cdots = 0$,这说明经过三拍以后,输出序列不会再有偏差,过渡过程时间为三拍。

例 6-1 最小拍控制系统如图 6-1 所示,对象的传递函数

$$G_o(s) = \frac{2}{s(0.5s+1)}$$

采样周期 $T=0.5$s，系统输入为单位速度函数，试设计最小拍控制器 $D(z)$ 。

解 广义对象传递函数为

$$G(z) = Z[G_h(s)G_o(s)] = Z\left[\frac{1-e^{-Ts}}{s} \cdot \frac{2}{s(0.5s+1)}\right]$$

$$= (1-z^{-1})Z\left[\frac{4}{s^2(s+2)}\right]$$

$$= (1-z^{-1})Z\left[\frac{2}{s^2} - \frac{1}{s} + \frac{1}{s+2}\right]$$

$$= (1-z^{-1})\left[\frac{2Tz^{-1}}{(1-z^{-1})^2} - \frac{1}{1-z^{-1}} + \frac{1}{1-e^{-2T}z^{-1}}\right]$$

$$= \frac{0.368z^{-1}(1+0.718z^{-1})}{(1-z^{-1})(1-0.368z^{-1})}$$

由于 $r(t)=t$，故得 $\Phi_e(z)=(1-z^{-1})^2$，$\Phi(z)=1-\Phi_e(z)$，所以，由式(6-3)可写出

$$D(z) = \frac{\Phi(z)}{G(z)\Phi_e(z)} = \frac{5.435(1-0.5z^{-1})(1-0.368z^{-1})}{(1-z^{-1})(1+0.718z^{-1})}$$

检验：$E(z)=\Phi_e(z)R(z)=Tz^{-1}$，由此可见，误差经过两拍达到并保持为零。

系统输出为

$$Y(z) = \Phi(z)R(z) = [1-\Phi_e(z)]R(z)$$

$$= (2z^{-1}-z^{-2})Tz^{-1}/(1-z^{-1})^2$$

$$= 2Tz^{-2} + 3Tz^{-3} + 4Tz^{-4} + \cdots$$

上式中各项系数，即为 $y(t)$ 在各个采样时刻的数值，其输出响应曲线如图 6-2b 所示。

对以上所设计的系统，当输入改为单位阶跃函数时，系统输出

$$Y(z) = \Phi(z)R(z) = (2z^{-1}-z^{-2}) \cdot 1/(1-z^{-1})$$

$$= 2z^{-1} + z^{-2} + z^{-3} + z^{-4} + \cdots$$

输出序列为

$$y(0)=0, y(1)=2, y(2)=1, y(3)=1, y(4)=1,\cdots$$

若输入为单位加速度，则系统输出

$$Y(z) = \Phi(z)R(z) = (2z^{-1}-z^{-2})T^2z^{-1}(1+z^{-1})/[2(1-z^{-1})^3]$$

$$= T^2z^{-2} + 3.5T^2z^{-3} + 7T^2z^{-4} + 11.5T^2z^{-5} + \cdots$$

输出序列为

$$y(0)=0, y(1)=0, y(2)=T^2, y(3)=3.5T^2, y(4)=7T^2, y(5)=11.5T^2,\cdots$$

当输入改为单位阶跃和单位加速度函数时，其输出响应曲线分别如图 6-2a、c 所示。由图可见，按单位速度输入设计的最小拍系统，当单位阶跃输入时，有 100% 的超调量，而在单位加速度输入时有静差。由上述分析可知，按照某种典型输入设计的最小拍系统，当输入函数改变时，输出响应不理想，说明最小拍系统对输入信号的适应性较差。

3. 最小拍控制器设计的限制条件

最小拍控制器的设计必须考虑如下问题：

（1）稳定性 闭环控制系统必须是稳定的。只有广义对象的脉冲传递函数 $G(z)$ 是稳定的（即在 Z 平面单位圆上和圆外没有极点），且不含有纯滞后环节时，上述方法才能成立。

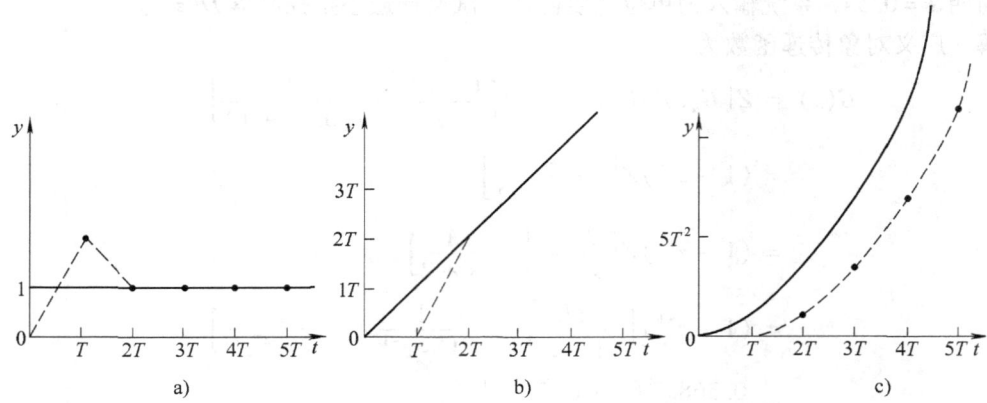

图 6-2 按单位速度输入设计的最小拍控制器对不同输入的响应曲线
a) 单位阶跃输入 b) 单位速度输入 c) 单位加速度输入

如果 $G(z)$ 不满足稳定条件，则应对设计原则作相应的限制。由式（6-2）可以看出，$D(z)$ 和 $G(z)$ 总是成对出现的，但却不允许它们的零点、极点相互对消。这是因为，简单地利用 $D(z)$ 的零点去对消 $G(z)$ 的不稳定极点，虽然从理论上可以得到一个稳定的闭环系统，但这种稳定是建立在零极点完全对消的基础上的。当系统的参数产生漂移，或辨识的参数有误差时，这种零极点对消不可能准确实现，从而引起闭环系统不稳定。如果 $G(z)$ 不稳定，在选择 $\Phi(z)$ 时加上一个约束条件，仍可使闭环系统补偿成稳定的系统，参见 6.2.2 小节。

（2）物理可实现性 $D(z)$ 必须是物理可实现的，即当前时刻的输出只取决于当前时刻及过去时刻的输入，而与未来的输入无关。在控制算法中，不允许出现未来时刻的偏差值，这就要求数字控制器 $D(z)$ 不能有 z 的正幂项。假定对象有 d 个采样周期的纯滞后，即

$$G(z) = g_{d+1}z^{-(d+1)} + g_{d+2}z^{-(d+2)} + \cdots, \quad d \geq 0$$

而我们所期望的闭环脉冲传递函数的一般形式为

$$\Phi(z) = \varphi_1 z^{-1} + \varphi_2 z^{-2} + \cdots$$

那么由式（6-3）计算出来的数字控制器为

$$D(z) = \frac{1}{G(z)} \cdot \frac{\Phi(z)}{1-\Phi(z)} = \frac{\varphi_1 z^{-1} + \varphi_2 z^{-2} + \cdots + \varphi_d z^{-d} + \varphi_{d+1} z^{-(d+1)} + \varphi_{d+2} z^{-(d+2)} + \cdots}{(g_{d+1} z^{-(d+1)} + g_{d+2} z^{-(d+2)} + \cdots)(1 - \varphi_1 z^{-1} - \varphi_2 z^{-2} - \cdots)}$$

$$= \frac{\varphi_1 z^d + \varphi_2 z^{d-1} + \cdots + \varphi_d z + \varphi_{d+1} + \varphi_{d+2} z^{-1} + \cdots}{(g_{d+1} + g_{d+2} z^{-1} + \cdots)(1 - \varphi_1 z^{-1} - \varphi_2 z^{-2} - \cdots)}$$

显然，要使 $D(z)$ 可以实现，必须有 $\varphi_1 = \varphi_2 = \cdots = \varphi_d = 0$。这时，$\Phi(z)$ 应具有形式

$$\Phi(z) = \varphi_{d+1} z^{-(d+1)} + \varphi_{d+2} z^{-(d+2)} + \cdots$$

由此可知，在最小拍控制中，期望的 $\Phi(z)$ 要在对象纯滞后的基础上加以确定，即

$$\Phi(z) = z^{-d} \Phi_1(z) = z^{-d}(\varphi'_1 z^{-1} + \varphi'_2 z^{-2} + \cdots + \varphi'_n z^{-n})$$

这样得到的最小拍控制器才是可以实现的。

重写式（6-3）如下：

$$D(z) = \frac{1}{G(z)} \cdot \frac{\Phi(z)}{1-\Phi(z)} = \frac{\Phi(z)}{G(z)\Phi_e(z)} \tag{6-13}$$

根据上面的分析，设计最小拍系统时，考虑到系统的稳定性和控制器的可实现性，必须

考虑以下几个条件：

1）为实现无静差调节，选择 $\Phi_e(z)$ 时，必须针对不同的输入选择不同的形式，通式为 $\Phi_e(z) = (1 - z^{-1})^Q F(z)$。

2）为实现最小拍控制，$F(z)$ 应该尽可能简单，$F(z)$ 的选择要满足恒等式

$$\Phi(z) + \Phi_e(z) = 1 \tag{6-14}$$

3）为保证系统的稳定性，$\Phi_e(z)$ 的零点应包含 $G(z)$ 的所有不稳定极点。

4）为保证控制器 $D(z)$ 物理上的可实现性，$G(z)$ 的所有不稳定零点和滞后因子均包含在闭环脉冲传递函数 $\Phi(z)$ 中。

6.2.2 最小拍控制器设计的稳定性问题

按照例 6-1 的方法设计的最小拍系统，闭环脉冲传递函数 $\Phi(z)$ 的全部极点都在 $z = 0$ 处，因此系统输出值在采样时刻的稳定性可以得到保证。但系统在采样时刻的输出稳定并不能保证连续物理过程的稳定。如果控制器 $D(z)$ 选择不当，极端情况下控制量 u 就可能是发散的，而系统在采样时刻之间的输出值以振荡形式发散，实际连续过程将是不稳定的。

例 6-2 图 6-1 所示的系统中，被控对象的传递函数和零阶保持器的传递函数分别为

$$G_o(s) = \frac{2.1}{s^2(s + 1.252)}, \quad G_h(s) = \frac{1 - e^{-Ts}}{s}$$

采样周期 $T = 1s$，当输入为单位阶跃函数时，试设计最小拍控制系统。

解 首先求取广义对象的脉冲传递函数

$$G(z) = Z\left[\frac{1 - e^{-Ts}}{s} \cdot \frac{2.1}{s^2(s + 1.252)}\right] = 2.1(1 - z^{-1})Z\left[\frac{1}{s^3(s + 1.252)}\right]$$

$$= 2.1(1 - z^{-1})Z\left[\frac{1/1.252 * z^{-1}(1 + z^{-1})}{2(1 - z^{-1})^3} - \frac{1/1.252^2 * z^{-1}}{(1 - z^{-1})^2} + \frac{1/1.252^3}{1 - z^{-1}} - \frac{1/1.252^3}{1 - 0.286z^{-1}}\right]$$

$$= \frac{0.265z^{-1}(1 + 2.78z^{-1})(1 + 0.2z^{-1})}{(1 - z^{-1})^2(1 - 0.286z^{-1})}$$

按例 6-1 的解法，因输入是单位阶跃，故 $\Phi(z) = 1 - (1 - z^{-1}) = z^{-1}$，则

$$D(z) = \frac{1}{G(z)} \cdot \frac{\Phi(z)}{1 - \Phi(z)} = \frac{(1 - z^{-1})^2(1 - 0.286z^{-1})}{0.265z^{-1}(1 + 2.78z^{-1})(1 + 0.2z^{-1})} \cdot \frac{z^{-1}}{1 - z^{-1}}$$

$$= \frac{3.774(1 - z^{-1})(1 - 0.286z^{-1})}{(1 + 2.78z^{-1})(1 + 0.2z^{-1})}$$

由此可导出输出量及控制量

$$Y(z) = \Phi(z)R(z) = z^{-1} \cdot 1/(1 - z^{-1}) = z^{-1} + z^{-2} + z^{-3} + \cdots$$

$$U(z) = D(z)E(z) = D(z)\Phi_e(z)R(z)$$

$$= (1 - z^{-1}) \cdot 1/(1 - z^{-1}) \cdot \frac{3.774(1 - z^{-1})(1 - 0.286z^{-1})}{(1 + 2.78z^{-1})(1 + 0.2z^{-1})} \cdot (1 - z^{-1}) \cdot \frac{1}{1 - z^{-1}}$$

$$= 3.774 - 16.1z^{-1} + 46.96z^{-2} - 130.985z^{-3} + \cdots$$

从零时刻起的输出序列为 0，1，1，…，表面上看起来输出可一拍后到达稳态，但控制器输出序列为 3.774，−16.1，46.96，−130.985…，呈现振荡发散，这必然导致对象的实际输出是振荡发散的，所以实际过程是不稳定的，如图 6-3 所示。

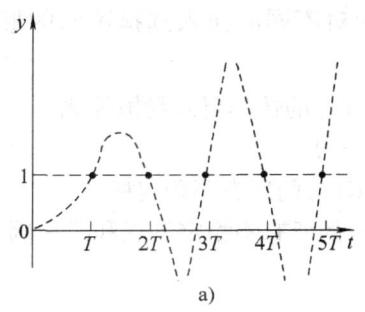 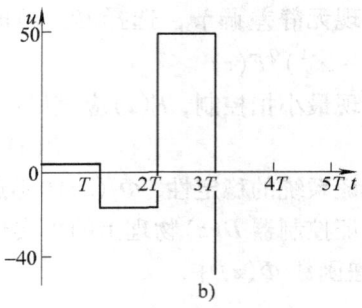

图 6-3 不稳定的最小拍系统波形
a) 系统输出 b) 控制量输出

由图 6-1 可得，$U(z)G(z) = Y(z) = \Phi(z)R(z)$，即

$$\Phi_u(z) = \frac{U(z)}{R(z)} = \frac{\Phi(z)}{G(z)} \tag{6-15}$$

如果对象 $G(z)$ 的所有零点都在单位圆内，则控制器是稳定的。若 $G(z)$ 带有在单位圆上和圆外的零点 $|z_i| \geq 1 (i = 1, 2, \cdots, k)$，则为保证其稳定性，$\Phi(z)$ 必须含有相同的零点，即

$$\Phi(z) = (1 - z_1 z^{-1}) \cdots (1 - z_k z^{-1})[1 - (1 - z^{-1})^q]$$

于是，根据

$$\Phi_e(z) = (1 - z^{-1})^Q F(z)$$

选取 $F(z)$ 时，就不能简单地令 $F(z) = 1$，而应根据 $\Phi(z)$ 中 z^{-1} 的幂次确定 $F(z)$ 的次数。

上例中，由于对象 $G(z)$ 有一个在单位圆外的零点 $z = -2.78$，对于单位阶跃输入，若选取

$$\Phi(z) = (1 + 2.78z^{-1})\varphi_1 z^{-1}$$

并令

$$\Phi_e(z) = 1 - \Phi(z) = (1 - z^{-1})(1 + f_1 z^{-1})$$

由此可解出 $\varphi_1 = 0.265, f_1 = 0.735$。

从而可得数字控制器

$$D(z) = \frac{(1 - z^{-1})(1 - 0.286z^{-1})}{(1 + 0.2z^{-1})(1 + 0.735z^{-1})}$$

以及控制量

$$U(z) = \frac{R(z)\Phi(z)}{G(z)} = \frac{1}{1 - z^{-1}} \cdot (1 + 2.78z^{-1}) \cdot 0.265z^{-1}$$

$$\cdot \frac{(1 - z^{-1})^2(1 - 0.286z^{-1})}{0.265z^{-1}(1 + 2.78z^{-1})(1 + 0.2z^{-1})}$$

$$= \frac{(1 - z^{-1})(1 - 0.286z^{-1})}{1 + 0.2z^{-1}} = 1 - 1.486z^{-1} + 0.5832z^{-2} - 0.1166z^{-3} + \cdots$$

即控制器输出是收敛的，其输出时间序列为 $1, -1.486, 0.5832, -0.1166, \cdots$。

系统输出为

$$Y(z) = \Phi(z)R(z) = 0.265z^{-1}(1 + 2.78z^{-1})\frac{1}{1 - z^{-1}} = 0.265z^{-1} + z^{-2} + z^{-3} + \cdots$$

其输出时间序列为 0.265,1,1,…,如图 6-4 所示。

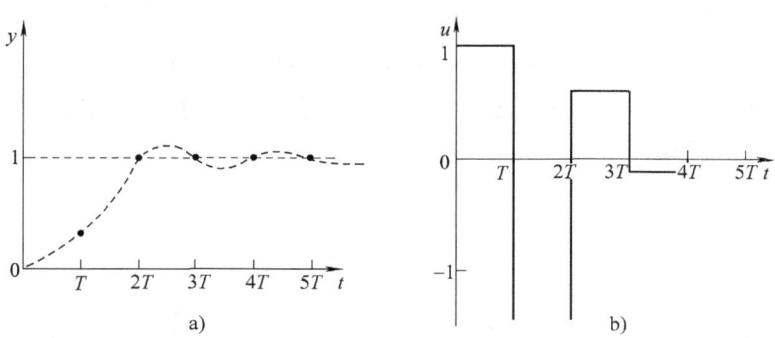

图 6-4 稳定的有波纹最小拍系统波形
a)系统输出 b)控制量输出

从图 6-4 进一步可知，这样设计的最小拍控制系统，只保证了系统的响应在采样点时刻误差为零，实际系统输出 $y(t)$ 在采样点之间有纹波存在，故称为有纹波最小拍控制系统。$y(t)$ 的纹波在采样点上观察不到，但可用修正 Z 变换计算出采样点之间的输出值。

由图 6-4b 可知，系统输出在采样点之间的纹波，是由控制序列的波动所引起的，其根源在于控制器含有非零极点。根据采样系统理论，若控制器的极点都在单位圆内，则控制器输出是稳定的。但其在单位圆内极点的位置将影响控制器输出的形式，特别是当极点在左半单位圆内时，控制器的输出将出现衰减振荡，这样的控制量必将导致系统的输出在采样点之间引起纹波。

6.2.3 无纹波最小拍控制系统设计

无纹波最小拍控制系统的设计，是对期望闭环脉冲传递函数 $\Phi(z)$ 进行修正，以消除采样点之间的输出纹波。因此，除了选择 $\Phi(z)$ 以保证控制器的可实现性及闭环系统的稳定性外，还应将被控对象 $G(z)$ 在单位圆内的非零零点包括在 $\Phi(z)$ 中，以便对消控制器中引起振荡的所有极点，使得输出纹波得以消除。但这也增加 $\Phi(z)$ 中 z^{-1} 的幂次，从而延长了调整时间。

例 6-2 的输出有纹波（见图 6-4），主要是由于对象传递函数有一个零点 $z = -0.2$，从而使控制器有一极点 $z = -0.2$，造成了控制量的上下波动。为了消除纹波，令

$$\Phi(z) = (1 + 2.78z^{-1})(1 + 0.2z^{-1})\varphi_1 z^{-1}$$

在对单位阶跃输入作最小拍设计时，应满足

$$\Phi_e(z) = 1 - \Phi(z) = (1 - z^{-1})(1 + f_1 z^{-1} + f_2 z^{-2})$$

由此可解出 $\varphi_1 = 0.22$，$f_1 = 0.78$，$f_2 = 0.1226$。控制器为

$$D(z) = \frac{0.83(1 - z^{-1})(1 - 0.286z^{-1})}{1 + 0.78z^{-1} + 0.1226z^{-2}}$$

控制器输出为 $U(z) = [\Phi(z)/G(z)]R(z)$，当输入为单位阶跃时

$$U(z) = 0.83(1 - z^{-1})(1 - 0.286z^{-1})$$

系统输出为

$$Y(z) = \Phi(z)R(z) = \frac{0.22(1 + 2.78z^{-1})(1 + 0.2z^{-1})}{1 - z^{-1}}$$

由此可知，控制输出序列为 0.83，-1.676，0.2374，0，0，…，系统输出序列为 0，0.22，0.8754，1，1，…，如图 6-5 所示。系统输出在三拍后才到达稳态，尽管调整时间增加了一拍，但纹波却消除了。

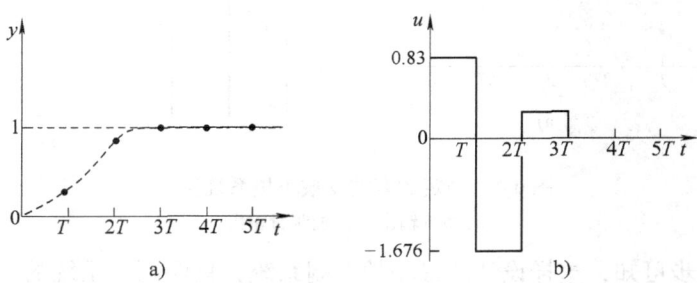

图 6-5 无波纹最小拍系统波形
a) 系统输出 b) 控制量输出

无纹波最小拍系统消除了采样点之间的纹波，并在一定程度上减小了控制能量，但它仍然是针对某一种特定输入设计的，对其他类型的输入未必理想。

6.2.4 有限拍控制

在最小拍设计的基础上，如果把闭环脉冲传递函数 $\Phi(z)$ 中 z^{-1} 的幂次适当提高一到二阶，闭环系统的脉冲响应将比最小拍时多持续一到二拍才归于零。这时显然已不是最小拍控制系统，但仍为一有限拍控制系统。在这一系统的设计中，由于阶次的增高，将使我们在选择 $\Phi(z)$ 及 $\Phi_e(z)$ 中的若干待定系数时增加一些自由度。一般情况下，这有利于降低系统对参数变化的敏感性，并减小控制作用。下面以一阶对象为例说明这一设计方法，设采样周期 $T = 1\text{s}$，且单位反馈系统的对象传递函数

$$G(z) = \frac{0.5z^{-1}}{1 - 0.5z^{-1}} \tag{6-16}$$

如果选择单位速度输入设计最小拍控制器，按例 6-1，则 $\Phi_e(z) = (1 - z^{-1})^2$，由此得到数字控制器

$$D(z) = \frac{\Phi(z)}{G(z)\Phi_e(z)} = \frac{(1 - 0.5z^{-1})(2z^{-1} - z^{-2})}{0.5z^{-1}(1 - z^{-1})^2} = \frac{4(1 - 0.5z^{-1})^2}{(1 - z^{-1})^2}$$

这时，系统对单位速度输入具有最小拍响应，如图 6-2b。如果被控对象的时间常数发生变化，则对象脉冲传递函数变为

$$G'(z) = \frac{0.6z^{-1}}{1 - 0.4z^{-1}} \tag{6-17}$$

则闭环脉冲传递函数将变为

$$\Phi(z) = \frac{D(z)G'(z)}{1 + D(z)G'(z)} = \frac{2.4z^{-1}(1 - 0.5z^{-1})^2}{1 - 0.6z^{-2} + 0.2z^{-3}}$$

在单位速度输入时

$$Y(z) = \frac{2.4z^{-2}(1-0.5z^{-1})^2}{(1-z^{-1})^2(1-0.6z^{-2}+0.2z^{-3})}$$
$$= 2.4z^{-2} + 2.4z^{-3} + 4.44z^{-4} + 4.56z^{-5} + 6.384z^{-6} + 6.648z^{-7} + \cdots$$

输出值序列为 0，0，2.4，2.4，4.44，4.56，6.384，6.648，…，显然与期望输出值 0，1，2，3，…，相差较大，如图 6-6 所示。

针对这种情况，在设计输入为单位速度的最小拍控制器时，如果不是取 $F(z) = 1$，而是取 $F(z) = 1 + 0.5z^{-1}$（0.5 是自由选择的），那么可以得到

$$\Phi_e(z) = (1-z^{-1})^2(1+0.5z^{-1}), \quad \Phi(z) = \varphi_1 z^{-1} + \varphi_2 z^{-2} + \varphi_3 z^{-3}$$

由此可求出 $\varphi_1 = 1.5$，$\varphi_2 = 0$，$\varphi_3 = -0.5$。

相应的有限拍控制器的脉冲传递函数为

$$D(z) = \frac{\Phi(z)}{G(z)\Phi_e(z)} = \frac{(1-0.5z^{-1})(3-z^{-2})}{1-1.5z^{-1}+0.5z^{-3}}$$

对单位速度输入的响应为

$$Y(z) = \frac{0.5z^{-2}(3-z^{-2})}{(1-z^{-1})^2} = 1.5z^{-2} + 3z^{-3} + 4z^{-4} + \cdots$$

系统输出在三拍后准确跟随单位速度变化，所需拍数比最小拍时增加了一拍。

当系统参数变化引起对象脉冲传递函数变为式（6-17）的 $G'(z)$ 时，闭环脉冲传递函数为

$$\Phi(z) = \frac{D(z)G'(z)}{1+D(z)G'(z)} = \frac{0.6z^{-1}(1-0.5z^{-1})(3-z^{-2})}{1-0.1z^{-1}-0.3z^{-2}-0.1z^{-3}+0.1z^{-4}}$$

对单位速度输入的响应为

$$Y(z) = \frac{0.6z^{-1}(1-0.5z^{-1})(3-z^{-2})}{(1-0.1z^{-1}-0.3z^{-2}-0.1z^{-3}+0.1z^{-4})(1-z^{-1})^2}$$
$$= 1.8z^{-2} + 2.88z^{-3} + 3.828z^{-4} + 5.027z^{-5} + 5.959z^{-6} + \cdots$$

输出序列为 0，0，1.8，2.88，3.828，5.027，5.959，…，如图 6-7 所示。与最小拍控制的图 6-6 相比，控制系统对于参数变化的灵敏度显然降低了。

本例的 Simulink 仿真如图 6-8 所示，这是降低参数变化灵敏度的系统。

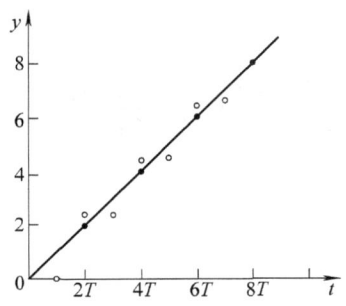

图 6-6 参数变化时系统响应变差

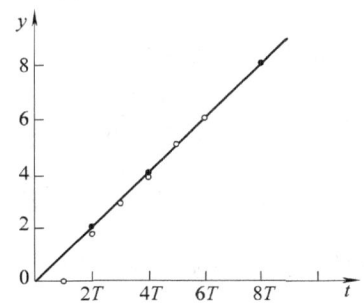

图 6-7 增加调整时间后的系统响应

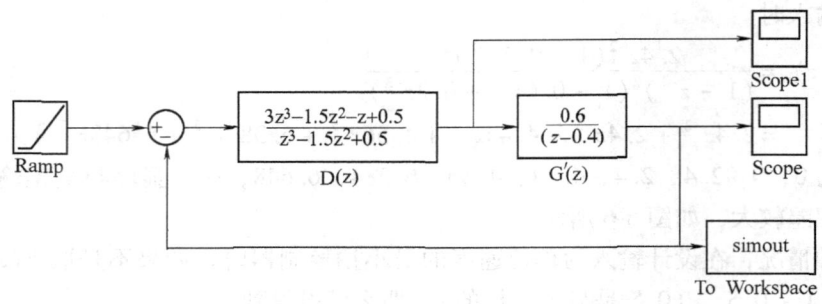

图 6-8 离散控制系统仿真图

6.2.5 惯性因子法

惯性因子法是针对最小拍控制系统只能适用于特定的输入类型，而对其他输入不能取得满意效果而采用的一种改进方法。它以损失控制的有限拍无差性质为代价，而使系统对多种类型输入有较满意的响应。这一方法的基本思想，是使误差对系统输入的脉冲传递函数

$$\frac{E(z)}{R(z)} = \Phi_e(z) = 1 - \Phi(z)$$

不再是最小拍控制中 z^{-1} 的有限多项式 $\Phi_e(z) = (1 - z^{-1})^q F(z)$，而是通过一惯性因子项 $1/(1 - cz^{-1})(|c| < 1)$ 将其修改为

$$1 - \Phi^*(z) = \frac{1 - \Phi(z)}{1 - cz^{-1}}$$

故闭环系统

$$\Phi^*(z) = \frac{\Phi(z) - cz^{-1}}{1 - cz^{-1}} \tag{6-18}$$

不再为 z^{-1} 的有限多项式。这表明，采用惯性因子法后，系统已不可能在有限个采样周期内准确到达稳态，而只能渐近地趋于稳态，但系统对输入类型的敏感程度却因此降低。通过选择合适的参数 c，它可对不同类型的输入均作出较好的响应。

仍以式（6-16）所描述的一阶对象为例，先按单位速度输入设计最小拍控制系统，然后将期望的闭环脉冲传递函数由 $\Phi(z) = 2z^{-1} - z^{-2}$ 改变为式（6-18）的形式，并取 $c = 0.5$，即

$$\Phi^*(z) = \frac{\Phi(z) - cz^{-1}}{1 - cz^{-1}} = \frac{1.5z^{-1} - z^{-2}}{1 - 0.5z^{-1}}$$

由此可得数字控制器为

$$D(z) = \frac{\Phi^*(z)}{G(z)[1 - \Phi^*(z)]} = \frac{1 - 0.5z^{-1}}{0.5z^{-1}} \cdot \frac{1.5z^{-1} - z^{-2}}{1 - 0.5z^{-1}} \cdot \frac{1 - 0.5z^{-1}}{(1 - 2z^{-1} + z^{-2})}$$

$$= \frac{(1 - 0.5z^{-1})(3 - 2z^{-1})}{(1 - 2z^{-1} + z^{-2})}$$

系统对单位阶跃输入的响应为

$$Y(z) = \Phi^*(z)R(z) = \frac{1.5z^{-1} - z^{-2}}{1 - 0.5z^{-1}} \cdot \frac{1}{1 - z^{-1}}$$

$$= 1.5z^{-1} + 1.25z^{-2} + 1.125z^{-3} + 1.0625z^{-4} + \cdots$$

这表明在期望值突变时,输出渐近地趋于期望值,系统输出如图 6-9a 所示。

系统对单位速度输入的响应为

$$Y(z) = \Phi^*(z)R(z) = \frac{1.5z^{-1} - z^{-2}}{1 - 0.5z^{-1}} \cdot \frac{z^{-1}}{(1 - z^{-1})^2}$$

$$= 1.5z^{-2} + 2.75z^{-3} + 3.875z^{-4} + 4.9375z^{-5} + \cdots$$

系统输出如图 6-9b 所示,可见经过四拍后,系统输出基本跟踪上期望输出。

将图 6-9 与图 6-2 进行比较可知,单位阶跃输入时,最大超调由原先的 100% 降为 50%,所以惯性因子法改善了控制系统对不同输入的适应性。

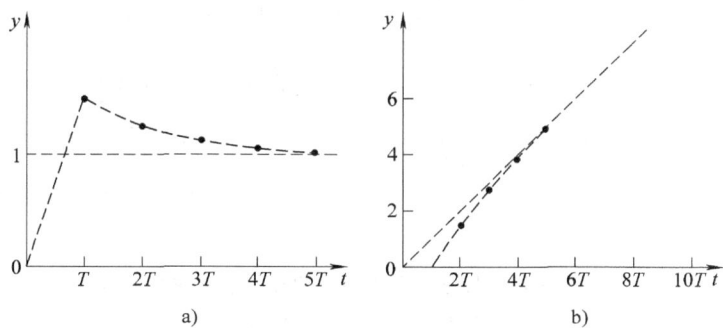

图 6-9 用惯性因子法改善系统对不同类型输入的响应
a) 单位阶跃输入 b) 单位速度输入

在惯性因子法中,参数 c 应满足 $|c|<1$ 以保证系统稳定。它可根据凑试方法确定,也可根据某些优化准则来选定。

6.3 纯滞后控制

在工业过程(如热工、化工)控制中,由于物料或能量的传输延迟,使得被控对象具有纯滞后性质,对象的这种纯滞后性质对控制性能极为不利。当对象的纯滞后时间 τ 与对象的时间常数 T 之比 $\tau/T \geqslant 0.5$ 时,采用常规的 PID 控制会使响应过程严重超调,稳定性变差。早在 20 世纪 50 年代,国外就对工业生产过程中的纯滞后对象进行了深入的研究。

6.3.1 施密斯预估控制

施密斯(Smith)提出了一种纯滞后补偿模型,但由于模拟仪表不能实现这种补偿,导致这种方法在工程中无法实现,现在人们利用微型计算机可以方便地实现纯滞后补偿。

1. 施密斯预估控制原理

在图 6-10 所示的单回路控制系统中,$D(s)$ 表示调节器的传递函数,$G(s)e^{-\tau s}$ 表示被控对象的传递函数,其中 $G(s)$ 为被控对象中不包含纯滞后部分的传递函数,$e^{-\tau s}$ 为被控对象纯滞后部分的传递函数。则其闭环传递函数为

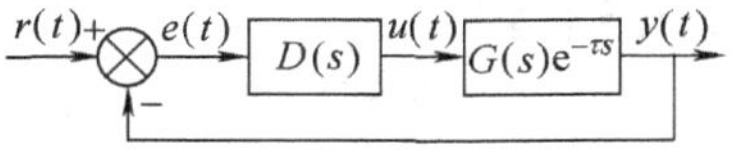

图 6-10 带纯滞后环节的控制系统

$$\Phi(s) = \frac{D(s)G(s)e^{-\tau s}}{1 + D(s)G(s)e^{-\tau s}} \tag{6-19}$$

闭环传递函数的分母中包含有纯滞后环节，它降低了系统的稳定性。当纯滞后时间 τ 较大时，系统将是不稳定的，这就是大纯滞后过程难以控制的本质。

施密斯预估控制器原理：引入一个补偿环节与对象并联，用来补偿被控对象中的纯滞后部分，该环节称为预估器，也称为施密斯预估控制器，其传递函数为 $G(s)(1-e^{-\tau s})$，补偿后系统框图如图 6-11a 所示。图 6-11a 可转换成图 6-11b 的等效形式。由此可见，由施密斯预估控制器和调节器 $D(s)$ 组成了一个补偿回路，构成了纯滞后补偿器，其传递函数为 $D'(s)$，即

$$D'(s) = \frac{D(s)}{1 + D(s)G(s)(1-e^{-\tau s})} \tag{6-20}$$

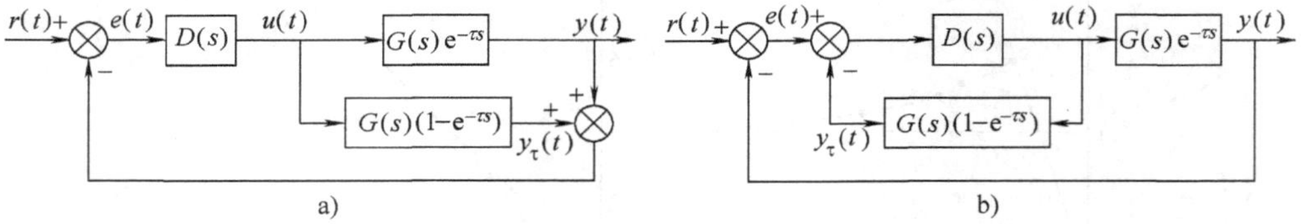

图 6-11 带施密斯预估器的控制系统框图
a) 补偿后　b) 其等效形式

经补偿后的系统闭环传递函数为

$$\Phi'(s) = \frac{D'(s)G(s)e^{-\tau s}}{1 + D'(s)G(s)e^{-\tau s}} = \frac{D(s)G(s)}{1 + D(s)G(s)}e^{-\tau s} \tag{6-21}$$

上式说明，经过补偿后，消除了纯滞后部分对控制系统品质的不利影响，因为式中的 $e^{-\tau s}$ 在闭环控制回路之外，不影响闭环系统的稳定性，拉普拉斯变换的位移定理说明，$e^{-\tau s}$ 仅仅将控制作用在时间轴上推移了一段时间 τ，控制系统的过渡过程及性能指标都与对象特性为 $G(s)$ 时完全相同，如图 6-12a 所示。

图 6-12b 表明，带纯滞后补偿的控制系统就相当于在控制器为 $D(s)$、被控对象为 $G(s)e^{-\tau s}$ 的系统的反馈回路串上一个传递函数为 $e^{\tau s}$ 的反馈环节，即检测信号通过超前环节 $e^{\tau s}$ 后进入控制器。

因此，从形式上可把纯滞后补偿视为对输出状态的预估作用，故称为施密斯预估器。

2. 具有纯滞后补偿的数字控制器

由图 6-13 可见，纯滞后补偿的数字控制器由两个部分组成：一部分是数字 PID 控制器；另一部分是施密斯预估器。

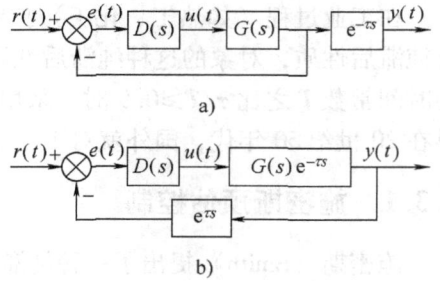

图 6-12 施密斯预估控制系统等效框图

（1）施密斯预估器　施密斯预估器的输出可按图 6-14 计算，在此取 PID 控制器前一个采样时刻的输出 $u(k-1)$ 作为预估器的输入。为了实现滞后环节，在内存中设置 N 个单元作为存放信号 $m(k)$ 的历史数据，存储单元的个数 N 由下式决定：

$$N = \tau/T (\text{取整})$$

式中　τ——纯滞后时间；

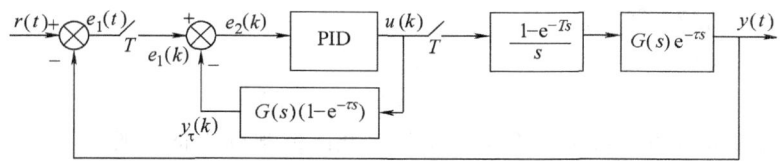

图 6-13 具有纯滞后补偿的控制系统

T——采样周期。

在每个采样周期,把第 $N-1$ 个单元移入第 N 个单元,第 $N-2$ 个单元移入第 $N-1$ 个单元,以此类推,直到把第 1 个单元移入第 2 个单元,最后将 $m(k)$ 移入第 1 个单元。从单元 N 输出的信号,就是滞后 N 个采样周期的 $m(k-N)$ 信号。图 6-14 中,$u(k-1)$ 是 PID 数字控制器上一个采样(控制)周期的输出,$y_\tau(k)$ 是施密斯预估器的输出。从图中可知,必须先计算传递函数 $G(s)$ 的输出 $m(k)$ 后,才能计算预估器的输出

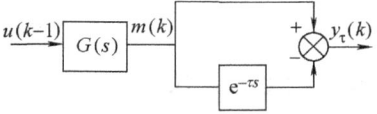

图 6-14 施密斯预估器框图

$$y_\tau(k) = m(k) - m(k-N) \tag{6-22}$$

许多工业对象可近似用一阶惯性环节加纯滞后来表示

$$G_o(s) = G(s)e^{-\tau s} = \frac{K}{T_0 s + 1}e^{-\tau s} \tag{6-23}$$

式中 K——被控对象的放大系数;

T_0——被控对象的时间常数;

τ——纯滞后时间。

则预估器的传递函数为

$$G_\tau(s) = G(s)(1 - e^{-\tau s}) = \frac{K}{T_0 s + 1}(1 - e^{-\tau s})$$

(2)纯滞后补偿控制算法步骤

1)计算反馈回路的偏差 $e_1(k)$

$$e_1(k) = r(k) - y(k) \tag{6-24}$$

2)计算纯滞后补偿器的输出 $y_\tau(k)$。先由图 6-14 求 $m(k)$,再按式(6-22)得到 $y_\tau(k)$。

$$\frac{M(s)}{U(s)e^{-Ts}} = G(s) = \frac{K}{T_0 s + 1}, \quad T_0\frac{dm(t)}{dt} + m(t) = Ku(t-T)$$

$$T_0\frac{m(k) - m(k-1)}{T} + m(k) = Ku(k-1), \quad m(k) = am(k-1) + bu(k-1)$$

式中 $a = T_0/(T_0 + T)$,$b = K(1-a)$。

当然对式(6-23)这样的模型较简单的对象,可由

$$\frac{Y_\tau(s)}{U(s)e^{-Ts}} = G(s)(1 - e^{-\tau s}) = \frac{K(1 - e^{-NTs})}{T_0 s + 1}$$

直接求出 $y_\tau(k)$

$$y_\tau(k) = ay_\tau(k-1) + b[u(k-1) - u(k-N-1)] \tag{6-25}$$

上式称为施密斯预估控制算法。

3) 计算偏差 $e_2(k)$

$$e_2(k) = e_1(k) - y_\tau(k) \tag{6-26}$$

4) 计算控制器的输出 $u(k)$。当控制器采用 PID 控制算法时，则

$$\begin{aligned} u(k) &= u(k-1) + \Delta u(k) \\ &= u(k-1) + K_p[e_2(k) - e_2(k-1)] + K_i e_2(k) \\ &\quad + K_d[e_2(k) - 2e_2(k-1) + e_2(k-2)] \end{aligned} \tag{6-27}$$

6.3.2 大林算法

1. 数字控制器 $D(z)$

设被控对象 $G(s)$ 为带有纯滞后的一阶或二阶惯性环节，即

$$G(s) = \frac{K}{1 + T_1 s} e^{-\tau s} \tag{6-28}$$

或

$$G(s) = \frac{K}{(1 + T_1 s)(1 + T_2 s)} e^{-\tau s} \tag{6-29}$$

式中 τ——纯滞后时间；

T_1、T_2——时间常数；

K——放大系数。

大林（Dahlin）算法的设计目标是使整个闭环系统所期望的传递函数 $\Phi(s)$ 相当于一个惯性环节和一个延迟环节相串联，即

$$\Phi(s) = \frac{1}{T_\tau s + 1} e^{-\tau s} \tag{6-30}$$

式中，T_τ 为闭环系统的时间常数，纯滞后时间 τ 和被控对象 $G(s)$ 的纯滞后时间相同，且与采样周期 T 有整数倍关系，即 $\tau = NT$，N 为正整数。

计算机控制系统如图 6-1 所示，考虑带有零阶保持器的 $\Phi(s)$，其所对应的期望闭环脉冲传递函数

$$\Phi(z) = \frac{Y(z)}{R(z)} = Z\left[\frac{1-e^{-Ts}}{s} \cdot \frac{e^{-\tau s}}{T_\tau s + 1}\right] = \frac{(1-e^{-T/T_\tau})z^{-N-1}}{1 - e^{-T/T_\tau}z^{-1}} \tag{6-31}$$

则

$$D(z) = \frac{1}{G(z)} \cdot \frac{\Phi(z)}{1 - \Phi(z)} = \frac{1}{G(z)} \cdot \frac{z^{-N-1}(1 - e^{-T/T_\tau})}{1 - e^{-T/T_\tau}z^{-1} - (1 - e^{-T/T_\tau})z^{-N-1}} \tag{6-32}$$

若已知被控对象的脉冲传递函数 $G(z)$，则可由上式求出数字控制器 $D(z)$。

1) 被控对象为带纯滞后的一阶惯性环节，其脉冲传递函数为

$$G(z) = Z\left[\frac{1-e^{-Ts}}{s} \cdot \frac{Ke^{-\tau s}}{T_1 s + 1}\right] = Kz^{-N-1}\frac{1 - e^{-T/T_1}}{1 - e^{-T/T_1}z^{-1}} \tag{6-33}$$

将式（6-33）代入式（6-32）得到数字控制器

$$D(z) = \frac{(1 - e^{-T/T_\tau})(1 - e^{-T/T_1}z^{-1})}{K(1 - e^{-T/T_1})[1 - e^{-T/T_\tau}z^{-1} - (1 - e^{-T/T_\tau})z^{-N-1}]} \tag{6-34}$$

2) 被控对象为带纯滞后的二阶惯性环节，其脉冲传递函数为

$$G(z) = Z\left[\frac{1-e^{-Ts}}{s} \cdot \frac{Ke^{-\tau s}}{(T_1 s+1)(T_2 s+1)}\right] = \frac{K(C_1+C_2 z^{-1})z^{-N-1}}{(1-e^{-T/T_1}z^{-1})(1-e^{-T/T_2}z^{-1})} \quad (6-35)$$

其中
$$\begin{cases} C_1 = 1 + \dfrac{1}{T_2-T_1}(T_1 e^{-T/T_1} - T_2 e^{-T/T_2}) \\ C_2 = e^{-T(1/T_2+1/T_1)} + \dfrac{1}{T_2-T_1}(T_1 e^{-T/T_2} - T_2 e^{-T/T_1}) \end{cases} \quad (6-36)$$

将式（6-35）代入式（6-32）得

$$D(z) = \frac{(1-e^{-T/T_\tau})(1-e^{-T/T_1}z^{-1})(1-e^{-T/T_2}z^{-1})}{K(C_1+C_2 z^{-1})[1-e^{-T/T_\tau}z^{-1}-(1-e^{-T/T_\tau})z^{-N-1}]} \quad (6-37)$$

2. 振铃现象及其消除方法

所谓振铃（Ringing）现象，是指数字控制器的输出 $u(k)$ 以 1/2 采样频率大幅度衰减的振荡，这与前面介绍的最小拍有纹波系统中的纹波实质上是一致的。被控对象中惯性环节的低通特性，使得这种振荡对系统的输出几乎没有任何影响，但是振荡现象却会增加执行机构的磨损；在存在耦合的多回路控制系统中，还有可能影响到系统的稳定性。

（1）振铃现象的分析　由式（6-15）得 $U(z) = \Phi_u(z)R(z)$，$\Phi_u(z)$ 表达了数字控制器的输出与系统输入函数的关系，这是分析振铃现象的基础。

单位阶跃输入函数 $R(z) = 1/(1-z^{-1})$ 中含有极点 $z=1$，如果 $\Phi_u(z)$ 中的极点在 Z 平面的单位圆内负实轴上，且与 $z=-1$ 点相近，那么数字控制器的输出序列 $u(k)$ 因含有这两种幅值相近的瞬态项而有波动。分析 $\Phi_u(z)$ 在 Z 平面负实轴上的极点分布情况，就可得出振铃现象的有关结论。

1）被控对象为带纯滞后的一阶惯性环节时，其脉冲传递函数 $G(z)$ 为式（6-33），闭环系统的期望传递函数 $\Phi(z)$ 为式（6-31），由式（6-15），则有

$$\Phi_u(z) = \frac{\Phi(z)}{G(z)} = \frac{(1-e^{-T/T_\tau})(1-e^{-T/T_1}z^{-1})}{K(1-e^{-T/T_1})(1-e^{-T/T_\tau}z^{-1})} \quad (6-38)$$

求得极点 $z = e^{-T/T_\tau} > 0$，故得出结论：在带纯滞后的一阶惯性环节组成的系统中，$\Phi_u(z)$ 不存在负实轴上的极点，这种系统不存在振铃现象。

2）被控对象为带纯滞后的二阶惯性环节时，$G(z)$ 为式（6-35），$\Phi(z)$ 仍为式（6-31），由式（6-15），可得

$$\Phi_u(z) = \frac{\Phi(z)}{G(z)} = \frac{(1-e^{-T/T_\tau})(1-e^{-T/T_1}z^{-1})(1-e^{-T/T_2}z^{-1})}{KC_1[1+(C_2/C_1)z^{-1}](1-e^{-T/T_\tau}z^{-1})} \quad (6-39)$$

上式有两个极点，第一个极点 $z = e^{-T/T_\tau} > 0$，不会引起振铃现象；第二个极点 $z = -C_2/C_1$。由式（6-36），在 $T\to 0$ 时，有

$$\lim_{T\to 0}(-C_2/C_1) = -1 \quad (6-40)$$

说明可能出现负实轴上与 $z=-1$ 相近的极点，这一极点将引起振铃现象。

（2）振铃幅度（Ringing Amplitude, RA）　它用来衡量振铃强烈的程度。为了描述振铃强烈的程度，应找出数字控制器输出量 $u(k)$ 的最大值。由于这一最大值与系统参数的关系难以用解析的式子描述出来，所以常用单位阶跃作用下数字控制器第 0 拍输出量与第 1 拍输出量的差值来衡量振铃幅度。

由式（6-15），$\Phi_u(z)$ 是 z 的有理分式，写成一般形式为

$$\Phi_u(z) = Az^{-L}\frac{1 + b_1z^{-1} + b_2z^{-2} + \cdots}{1 + a_1z^{-1} + a_2z^{-2} + \cdots} = Az^{-L}Q(z) \qquad (6\text{-}41)$$

从上式看出，数字控制器的单位阶跃响应输出序列幅度的变化仅与 $Q(z)$ 有关，因为 Az^{-L} 只是将输出序列延时和放大或缩小。故为简单起见，令 $A=1$、$L=0$，则有

$$U(z) = \Phi_u(z)R(z) = \frac{1 + b_1z^{-1} + b_2z^{-2} + \cdots}{1 + a_1z^{-1} + a_2z^{-2} + \cdots} \cdot \frac{1}{1 - z^{-1}}$$

$$= 1 + (b_1 - a_1 + 1)z^{-1} + \cdots \qquad (6\text{-}42)$$

$$RA = u(0) - u(1) = 1 - (b_1 - a_1 + 1) = a_1 - b_1 \qquad (6\text{-}43)$$

对于带纯滞后的二阶惯性环节组成的系统，其振铃幅度由式（6-39）可得

$$RA = C_2/C_1 - e^{-T/T_\tau} + e^{-T/T_1} + e^{-T/T_2} \qquad (6\text{-}44)$$

根据上式及式（6-36），当 $T \to 0$ 时，可得

$$\lim_{T \to 0} RA = 2 \qquad (6\text{-}45)$$

(3) 振铃现象的消除　有两种方法可用来消除振铃现象。第一种方法是先找出 $D(z)$ 中引起振铃现象的因子（$z = -1$ 附近的极点），然后令其中的 $z = 1$，根据终值定理，这样处理不影响输出量的稳态值。前面已介绍在带纯滞后的二阶惯性环节系统中，数字控制器 $D(z)$ 为式（6-37），其极点 $z = -C_2/C_1$ 将引起振铃现象。令极点因子（$C_1 + C_2z^{-1}$）中的 $z = 1$，就可消除这个振铃极点。这种消除振铃现象的方法虽然不影响输出稳态值，但却改变了数字控制器的动态特性，将改善闭环系统的瞬态性能。第二种方法是从保证闭环系统的特性出发，选择合适的采样周期 T 及系统闭环时间常数 T_τ，使得数字控制器的输出避免产生强烈的振铃现象。从式（6-44）中可以看出，振铃幅度与被控对象的参数 T_1、T_2 有关，也与闭环系统期望的时间常数 T_τ 以及采样周期 T 有关。通过适当选择 T 和 T_τ，可以把振铃幅度抑制在最低限度以内。有的情况下，系统闭环时间常数 T_τ 作为控制系统的性能指标被首先确定了，但仍可通过式（6-44）选择采样周期 T 来抑制振铃现象。

3. 大林算法的设计步骤

用直接设计法设计具有纯滞后系统的数字控制器，主要考虑的性能指标是控制系统无超调或超调很小，为保证系统稳定，允许有较长的调节时间。设计中应注意的问题是振铃现象。下面是考虑振铃现象影响时设计数字控制器的一般步骤：

1）根据系统性能，确定闭环系统的参数 T_τ，给出振铃幅度 RA 的指标。

2）由式（6-44）RA 与采样周期 T 的关系，解出给定振铃幅度下对应的采样周期，如果 T 有多解，则选择较大的采样周期。

3）确定纯滞后时间 τ 与采样周期 T 之比的最大整数 N。

4）求广义对象的脉冲传递函数 $G(z)$ 及闭环系统的期望脉冲传递函数 $\Phi(z)$。

5）求数字控制器的脉冲传递函数 $D(z)$。

6.4　常用多回路控制

在工业控制系统中，由于相当一部分被控对象的动态特性或工艺操作条件等原因，对控制系统提出了一些特殊的要求，这时需要在 PID 控制的基础上，构成多回路控制系统，其中

串级控制和前馈-反馈控制在工业过程控制中具有广泛的应用。

6.4.1 串级控制

串级控制是在单回路 PID 控制的基础上发展起来的一种控制结构。当系统中同时有几个因素影响同一个被控量时，如果只控制其中一个因素，将难以满足系统的控制性能。串级控制针对上述情况，在原控制回路中，增加了一个或几个采用 PID 控制的内回路，用以控制可能引起被控量变化的其他因素，可有效地降低被控对象的时滞，提高系统的快速性。

1. 串级控制的结构

图 6-15 是一个炉温控制系统，其控制目标是保持炉温恒定。假如煤气管道中的压力是恒定的，管道阀门的开度对应一定的煤气流量，这时为了保持炉温恒定，只需要测量实际炉温，并与炉温设定值进行比较，利用二者的偏差以 PID 控制规律控制煤气管道阀门的开度。但是，实际上煤气总管道同时向多个炉子提供煤气，管道中的压力可能波动。对于同样的阀位，由于煤气压力的变化，煤气流量要发生变化，最终将引起炉温的变化。系统只有检测到炉温偏离设定值时，才

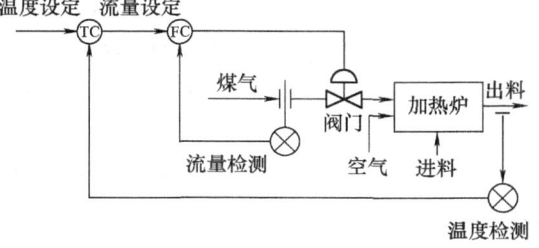

图 6-15 炉温控制系统

能进行控制，但这时已经产生了控制滞后。为了及时检测系统中可能引起被控量变化的某些因素并加以控制，本例在炉温控制回路中，增加煤气流量控制副回路，形成串级控制结构，如图 6-16 所示，图中主控制器 $D_1(s)$ 和副回路控制器 $D_2(s)$ 分别表示温度调节器 TC 和流量调节器 FC 的传递函数。

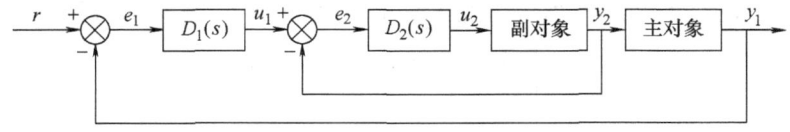

图 6-16 炉温和煤气流量的串级控制结构图

2. 数字串级控制算法

计算机串级控制系统如图 6-17 所示，图中 $D_1(z)$ 和 $D_2(z)$ 是由计算机实现的数字控制器，通常采用 PID 控制规律，$G_h(s)$ 是零阶保持器，T 为采样周期。

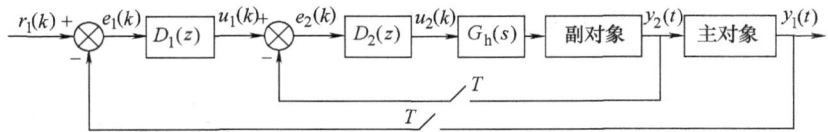

图 6-17 计算机串级控制系统

不管串级控制有多少级，计算的顺序总是从最外面的回路向内进行。对图 6-17 所示的双回路串级控制系统，其计算顺序如下：

1) 计算主回路的偏差 $e_1(k)$

$$e_1(k) = r_1(k) - y_1(k) \tag{6-46}$$

2) 计算主回路控制器 $D_1(z)$ 的输出 $u_1(k)$

$$\Delta u_1(k) = K_{p1}[e_1(k) - e_1(k-1)] + K_{i1}e_1(k) + K_{d1}[e_1(k) - 2e_1(k-1) + e_1(k-2)] \tag{6-47}$$

$$u_1(k) = u_1(k-1) + \Delta u_1(k) \tag{6-48}$$

式中　K_{p1}——比例增益；
　　　K_{i1}——积分系数，$K_{i1} = K_{p1}T/T_{i1}$；
　　　K_{d1}——微分系数，$K_{d1} = K_{p1}T_{d1}/T$。

3) 计算副回路的偏差 $e_2(k)$

$$e_2(k) = u_1(k) - y_2(k) \tag{6-49}$$

4) 计算副回路控制器 $D_2(z)$ 的输出 $u_2(k)$

$$\Delta u_2(k) = K_{p2}[e_2(k) - e_2(k-1)] + K_{i2}e_2(k) + K_{d2}[e_2(k) - 2e_2(k-1) + e_2(k-2)] \tag{6-50}$$

$$u_2(k) = u_2(k-1) + \Delta u_2(k) \tag{6-51}$$

式中　K_{p2}——比例增益；
　　　K_{i2}——积分系数，$K_{i2} = K_{p2}T/T_{i2}$；
　　　K_{d2}——微分系数，$K_{d2} = K_{p2}T_{d2}/T$。

3. 副回路微分先行 PID 串级控制算法

为防止主控制器输出（也就是副控制器的给定值）过大而引起副回路的不稳定，同时，也为了克服对象惯性较大而引起调节品质的恶化，在副回路的反馈通道中加入微分环节，称为副回路微分先行，系统的结构如图 6-18 所示。

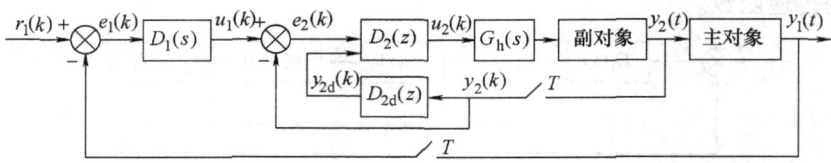

图 6-18　副回路微分先行 PID 的串级控制系统

微分先行部分的传递函数为

$$D_{2d}(s) = \frac{Y_{2d}(s)}{Y_2(s)} = \frac{T_{d2}s}{aT_{d2}s + 1} \tag{6-52}$$

式中　T_{d2}——副控制器（PID）的微分时间常数；$a > 0$。

将上式离散化，整理可得

$$\begin{aligned}y_{2d}(k) &= \frac{aT_{d2}}{aT_{d2} + T}y_{2d}(k-1) + \frac{T_{d2}}{aT_{d2} + T}y_2(k) - \frac{T_{d2}}{aT_{d2} + T}y_2(k-1) \\ &= b_1 y_{2d}(k-1) + b_2 y_2(k) - b_2 y_2(k-1)\end{aligned} \tag{6-53}$$

下面给出副回路微分先行的串级控制算法。

1) 计算主回路的偏差 $e_1(k)$

$$e_1(k) = r_1(k) - y_1(k) \tag{6-54}$$

2) 计算主回路控制器 $D_1(z)$ 的输出 $u_1(k)$

$$\Delta u_1(k) = K_{p1}[e_1(k) - e_1(k-1)] + K_{i1}e_1(k) + K_{d1}[e_1(k) - 2e_1(k-1) + e_1(k-2)] \tag{6-55}$$

$$u_1(k) = u_1(k-1) + \Delta u_1(k) \tag{6-56}$$

3) 计算微分先行部分的输出 $y_{2d}(k)$

$$y_{2d}(k) = b_1 y_{2d}(k-1) + b_2 y_2(k) - b_2 y_2(k-1) \tag{6-57}$$

4) 计算副回路的偏差 $e_2(k)$

$$e_2(k) = u_1(k) - y_2(k) \tag{6-58}$$

5) 计算副回路控制器的输出 $u_2(k)$

$$\Delta u_2(k) = K_{p2}[e_2(k) - e_2(k-1)] + K_{i2}e_2(k) + K_{p2}y_{2d}(k) \tag{6-59}$$

$$u_2(k) = u_2(k-1) + \Delta u_2(k) \tag{6-60}$$

串级控制系统较单回路控制系统有更强的抑制扰动能力,通常副回路抑制扰动的能力比单回路控制高出十几倍乃至上百倍,因此设计此类系统时应把主要的扰动包含在副回路中。对象纯滞后比较大时,若用单回路控制,则过渡过程时间长,超调量大,控制质量较差。若采用串级控制,把非线性对象包含在副回路中,由于副控制回路是随动系统,能够适应操作条件和负荷的变化,自动改变副控调节器的给定值,因而整个控制系统仍有良好的控制性能。

6.4.2 前馈-反馈控制

按偏差的反馈控制能够产生作用的前提是,被控量必须偏离设定值。也就是说,在干扰的作用下,被控量必须先偏离设定值,然后通过偏差进行控制,抵消干扰的影响。如果干扰不断产生,则系统总是跟在干扰作用之后波动,特别是系统滞后严重时波动就更为严重。前馈控制则是按扰动量进行控制的,当系统出现扰动时,前馈控制就按扰动量直接产生校正作用,以抵消扰动的影响。这是一种开环控制形式,在控制算法和参数选择合适的情况下,可以达到很高的精度。

1. 前馈控制结构

前馈控制的典型结构如图 6-19 所示。图中 $G_n(s)$ 是被控对象扰动通道的传递函数;$D_n(s)$ 是前馈控制的传递函数;$G(s)$ 是被控对象的传递函数;n、u、y 分别为扰动量、控制量、被控量。

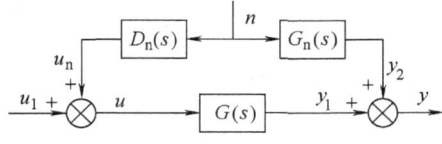

图 6-19 前馈控制的典型结构

为了便于分析扰动量的影响,假定由偏差产生的控制量 $u_1 = 0$,则有

$$Y(s) = Y_1(s) + Y_2(s) = [D_n(s)G(s) + G_n(s)]N(s) \tag{6-61}$$

若要使前馈作用完全补偿扰动作用,则应使扰动引起的被控量变化为零,即 $Y(s) = 0$,因此完全补偿的条件为

$$D_n(s)G(s) + G_n(s) = 0 \tag{6-62}$$

由此可得前馈控制器的传递函数

$$D_n(s) = -\frac{G_n(s)}{G(s)} \tag{6-63}$$

因为前馈控制是一个开环系统,所以在实际生产过程中很少单独采用前馈控制的方案,通常采用前馈和反馈控制相结合的方案。

2. 前馈-反馈控制结构

采用前馈与反馈控制相结合的控制结构,既能发挥前馈控制对扰动的补偿作用,又能保留反馈控制对偏差的控制作用。图 6-20 给出了前馈-反馈控制结构,由图可知,前馈-反馈控制结构图是在反馈控制的基础上,增加了一个扰动的前馈控制,由于完全补偿的条件未变,因此仍有 $D_n(s) = -G_n(s)/G(s)$。

实际应用中,还常采用前馈-串级控制结构,如图 6-21 所示。图中 $D_1(s)$、$D_2(s)$ 分别为主、副控制器的传递函数;$G_1(s)$、$G_2(s)$ 分别为主、副对象。

前馈-串级控制能通过前馈回路和串级副回路及时克服干扰对

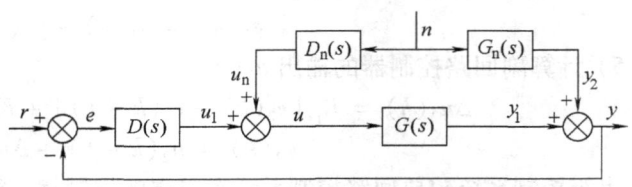

图 6-20 前馈-反馈控制结构图

被控量的影响,另外,因前馈控制的输出不是直接作用于执行机构,而是补充到串级控制副回路的给定值中,这样就降低了对执行机构动态响应性能的要求。

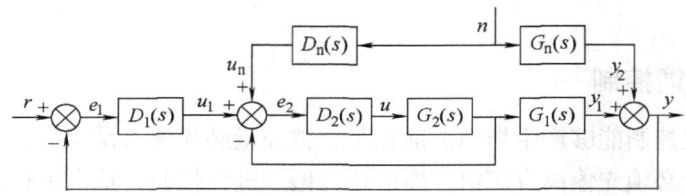

图 6-21 前馈-串级控制结构图

3. 数字前馈-反馈控制算法

图 6-22 是计算机前馈-反馈控制系统的框图,T 为采样周期,$D_n(z)$ 为前馈控制器,$D(z)$ 为反馈控制器,$G_h(s)$ 为零阶保持器。若

$$G_n(s) = \frac{K_1}{1+T_1s}e^{-\tau_1 s}, \quad G(s) = \frac{K_2}{1+T_2s}e^{-\tau_2 s}$$

令 $\tau = \tau_1 - \tau_2$,则

$$D_n(s) = \frac{U_n(s)}{N(s)} = -\frac{G_n(s)}{G(s)} = -\frac{K_1 T_2}{K_2 T_1} \cdot \frac{s+1/T_2}{s+1/T_1}e^{-\tau s} \tag{6-64}$$

由上式可得前馈控制器的微分方程

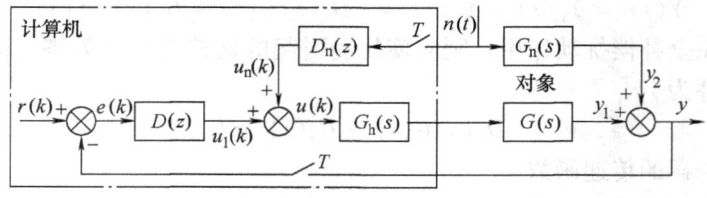

图 6-22 计算机前馈-反馈控制系统方框图

$$\frac{\mathrm{d}u_\mathrm{n}(t)}{\mathrm{d}t} + \frac{1}{T_1}u_\mathrm{n}(t) = -\frac{K_1 T_2}{K_2 T_1}\left[\frac{\mathrm{d}n(t-\tau)}{\mathrm{d}t} + \frac{1}{T_2}n(t-\tau)\right] \tag{6-65}$$

设纯滞后时间 τ 是采样周期 T 的整数倍，即 $\tau = mT$，对上式离散化可得到差分方程

$$u_\mathrm{n}(k) = A_1 u_\mathrm{n}(k-1) + B_m n(k-m) + B_{m+1} n(k-m-1) \tag{6-66}$$

式中 $A_1 = \dfrac{T_1}{T+T_1}$，$B_m = -\dfrac{K_1(T+T_2)}{K_2(T+T_1)}$，$B_{m+1} = \dfrac{K_1 T_2}{K_2(T+T_1)}$。

以下为计算机前馈-反馈控制的算法步骤：

1) 计算偏差 $e(k)$

$$e(k) = r(k) - y(k) \tag{6-67}$$

2) 计算反馈控制器（PID）的输出 $u_1(k)$

$$\Delta u_1(k) = K_\mathrm{p}[e(k) - e(k-1)] + K_\mathrm{i} e(k) + K_\mathrm{d}[e(k) - 2e(k-1) + e(k-2)] \tag{6-68}$$

$$u_1(k) = u_1(k-1) + \Delta u_1(k) \tag{6-69}$$

3) 计算前馈调节器 $D_\mathrm{n}(z)$ 的输出 $u_\mathrm{n}(k)$

$$\Delta u_\mathrm{n}(k) = A_1 \Delta u_\mathrm{n}(k-1) + B_m \Delta n(k-m) + B_{m+1} \Delta n(k-m-1) \tag{6-70}$$

$$u_\mathrm{n}(k) = u_\mathrm{n}(k-1) + \Delta u_\mathrm{n}(k) \tag{6-71}$$

4) 计算前馈-反馈调节器的输出 $u(k)$

$$u(k) = u_\mathrm{n}(k) + u_1(k) \tag{6-72}$$

6.5 模型预测控制

预测控制是一类已广泛应用于工业生产的先进控制技术。预测控制的基本出发点与传统的 PID 控制不同，PID 控制是根据偏差来确定当前的控制器输出，而预测控制不但利用当前的和过去的偏差值，而且还利用预测模型来预估过程的未来输出值，以滚动优化确定当前的最优控制策略。目前应用最为广泛的预测控制技术为模型预测控制，包括动态矩阵控制（DMC）、模型算法控制（MAC）、广义预测控制（GPC）等。

6.5.1 模型预测控制的基本原理

将预测控制的各类算法形式的基本思想归纳起来体现在 3 个方面：预测模型、滚动优化、反馈校正，如图 6-23 所示。

1. 预测模型

预测控制是一种基于模型的控制算法，需要一个预测模型。预测模型的功能是根据对象的历史信息和当前的输入，预测系统未来的输出，预测模型强调模型的功能而不强调其结构形式。因此，预测模型可以是被控过程的阶跃响应、脉冲响应等非参数模型，也可以是传递函数、差分方程、状态方程等参数模型。最近几年，人们还发展了用人工神经网络、模糊模型等作为预测模型。预测模型具有展示系统未来动态行为的功能。

2. 滚动优化

预测控制是一种优化控制算法，这种优化是滚动进行的。在任一时刻，依据目标、模型与现状可以计算出今后一段时期应该施加的控制作用量，它是通过某一性能指标的最优来确

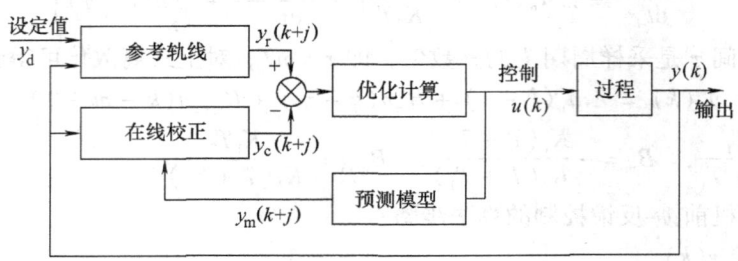

图 6-23 预测控制的基本结构

定未来的控制作用,这一性能指标涉及系统未来的行为,它是根据预测模型由未来的控制作用所决定的。预测控制中的优化有别于传统意义下的优化,主要表现在它是一种有限时段内的滚动优化。在每一采样时刻,优化性能只涉及从该时刻起到未来有限时间,而到下一采样时刻,这一优化时段同时向前推进。因此,预测控制不是用对全局相同的优化性能指标,而是在每一时刻有一个相对于该时刻的优化性能指标。预测控制的优化不是离线进行的,而是反复在线进行的,这就是滚动优化的含义。

3. 反馈校正

滚动优化确定了一系列的未来控制,为了防止模型失配或环境干扰引起输出状态偏差,预测控制只实施本时刻的控制作用。到下一个采样时刻,首先检测对象的实际输出,利用这一信息对基于模型的预测值进行修正,然后再进行优化。反馈校正的形式是多样的,可以不改变预测模型,而仅对未来的误差作出预测,并给予补偿,也可以根据在线辨识原理,对预测模型进行在线修正。由此可见,预测控制中的优化不仅基于模型,而且还利用了反馈信息,构成了闭环优化。

由此可见,预测控制尽管需要预测模型,但它对模型的形式和模型精度没有严格要求,尤其它用滚动的有限时段优化取代了一次全局优化,实现了滚动优化控制。尽管预测控制算法比较复杂,但控制性能要比 PID 控制提高很多,而且这类算法可方便地推广到有约束条件、大时滞、非最小相位以及非线性等过程对象,对克服系统不确定性影响具有更强的鲁棒性,更适合实际工业过程控制的特点。

6.5.2 模型算法控制

模型算法控制(Model Algorithmic Control,MAC)又称为模型预测启发控制(Model Predictive Heuristic Control,MPHC),是在 20 世纪 70 年代后期产生的一种用于工业过程控制的预测控制算法,它已在电力、化工等工业过程控制取得了显著的成效。MAC 适用于渐近稳定的线性对象,它由 4 部分组成:预测模型,参考轨迹,闭环预测,最优控制。

1. 预测模型

对于线性对象,如果已知其单位脉冲响应的采样值 g_1, g_2, $\cdots$,如图 6-24 所示,则可根据离散卷积和公式,写出其输入/输出间的关系

$$y(k) = \sum_{j=1}^{\infty} g_j u(k-j) \tag{6-73}$$

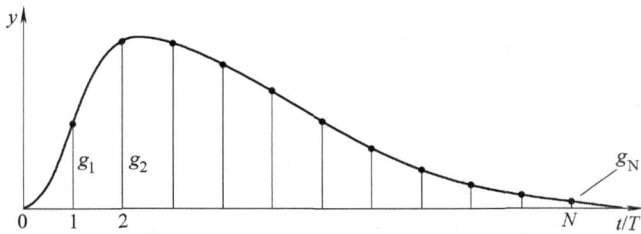

图 6-24 系统的离散脉冲响应

这里 u、y 分别是输入、输出量。对于渐近稳定的对象，由于 $\lim_{j \to \infty} g_j = 0$，所以总能找到一个时刻 $t_N = NT$，使得此后的脉冲响应 g_j（$j > N$）与测量和量化误差有相同的数量级，从而可以忽略。这样对象的动态特性就可以用一个有限项卷积和表示的预测模型来描述：

$$y_m(k+i) = \sum_{j=1}^{N} g_j u(k+i-j), \quad i = 1, 2, \cdots, P \tag{6-74}$$

此式即为 $t = kT$ 时刻，系统对未来输出的预测模型，式中 $y_m(\cdot)$ 表示模型的输出，P 为预测时域长度。令 M 为控制时域长度，注意到 $M \leqslant P$，因而，$u(k+i)$ 在 $i \geqslant M$ 将保持不变，即

$$u(k+i) = u(k+M-1), \quad i = M, \cdots, P-1 \tag{6-75}$$

因此预测模型式 (6-74) 可以写成

$$\begin{aligned} y_m(k+1) &= g_1 u(k) + g_2 u(k-1) + \cdots + g_N u(k+1-N) \\ &\vdots \\ y_m(k+M) &= g_1 u(k+M-1) + g_2 u(k+M-2) + \cdots + g_M u(k) \\ &\quad + g_{M+1} u(k-1) + \cdots + g_N u(k+M-N) \\ y_m(k+M+1) &= (g_1 + g_2) u(k+M-1) + g_3 u(k+M-2) + \cdots \\ &\quad + g_{M+1} u(k) + g_{M+2} u(k-1) + g_N u(k+M+1-N) \\ &\vdots \\ y_m(k+P) &= (g_1 + g_2 + \cdots + g_{P-M+1}) u(k+M-1) + g_{P-M+2} u(k+M-2) \\ &\quad + \cdots + g_P u(k) + g_{P+1} u(k-1) + \cdots + g_N u(k+P-N) \end{aligned} \tag{6-76}$$

上式可用向量和矩阵表示为

$$\boldsymbol{Y}_m(k) = \boldsymbol{G}_1 \boldsymbol{U}(k-1) + \boldsymbol{G}_2 \boldsymbol{U}(k) \tag{6-77}$$

式中

$$\boldsymbol{Y}_m(k) = [y_m(k+1) \quad y_m(k+2) \quad \cdots \quad y_m(k+P)]^T$$

$$\boldsymbol{U}(k-1) = [u(k-1) \quad u(k-2) \quad \cdots \quad u(k+1-N)]^T$$

$$U(k) = [u(k) \quad u(k+1) \quad \cdots \quad u(k+M-1)]^{\mathrm{T}}$$

$$G_1 = \begin{bmatrix} g_2 & g_3 & \cdots & g_{N-1} & g_N \\ g_3 & g_4 & \cdots & g_N & 0 \\ \vdots & & \ddots & \ddots & \vdots \\ g_{P+1} & \cdots & g_N & 0 & \cdots & 0 \end{bmatrix}_{P \times (N-1)}$$

$$G_2 = \begin{bmatrix} g_1 & 0 & \cdots & 0 & 0 \\ g_2 & g_1 & 0 & \cdots & 0 \\ \vdots & & & & \vdots \\ g_M & g_{M-1} & \cdots & g_2 & g_1 \\ g_{M+1} & g_M & \cdots & g_3 & g_1+g_2 \\ \vdots & & & & \vdots \\ g_P & g_{P-1} & \cdots & g_{P-M+2} & g_1+\cdots+g_{P-M+1} \end{bmatrix}_{P \times M}$$

注意，在预测模型式（6-77）中，G_1 和 G_2 是模型参数 g_j 构成的已知矩阵，$(N-1)$ 维向量 $U(k-1)$ 是在 $t=kT$ 时刻已知的控制向量，而 M 维向量 $U(k)$ 则为待求的现时和未来的控制向量，$Y_m(k)$ 则为模型预测输出向量。

2. 参考轨迹

在模型算法控制中，控制系统的期望输出是由当前的实际输出 $y(k)$ 出发，向设定值 w 光滑过渡的一条参考轨迹规定的。这条参考轨迹 $y_r(t)$ 通常取为一阶指数变化的形式，离散化的参考轨迹 $y_r(k)$ 如图 6-25 所示。

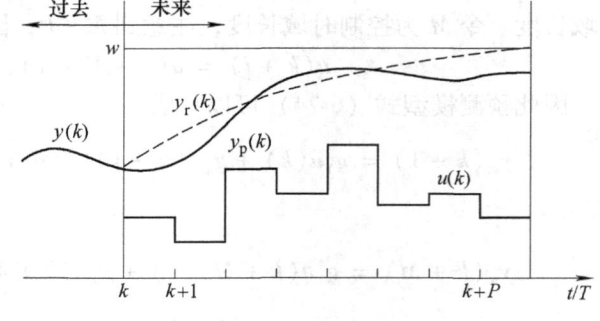

图 6-25 参考轨迹与最优化

k 时刻以后参考轨迹序列的向量形式为

$$Y_r(k) = [y_r(k+1) \quad \cdots y_r(k+P)]^{\mathrm{T}} \tag{6-78}$$

具有一阶指数变化规律的 $y_r(k+i)$ 的表达式为

$$y_r(k+i) = a^i y(k) + (1-a^i)w, \qquad i=1,2,\cdots \tag{6-79}$$

式中　$a = \mathrm{e}^{-T/T_r}$，$0 < a < 1$；

T_r——参考轨迹 $y_r(t)$ 的时间常数；

w——输出设定值。

参考轨迹中的参数 a 是 MAC 算法中一个关键参数，对闭环系统的动态特性和鲁棒性的影响都很大。a 越小，参考轨迹到达设定值越快，但鲁棒性较差；a 越大，闭环系统的鲁棒性越好，但控制的快速性变差。因此，要适当选择 a，兼顾动态特性和鲁棒性两方面的要求。

3. 闭环预测

从预测模型式（6-77）得到的预测值没有考虑到真实输出信息 y 的反馈，故称为开环预测。开环预测的明显缺点是：当存在模型误差、参数漂移、干扰和噪声时，将会产生静差，从而影响 MAC 控制的效果。因此，引入 k 时刻的实际输出值 $y(k)$，与此时刻的模型输出进行比较后产生误差 $e(k)$，以此来修正模型预测值，这就构成所谓的闭环预测。在 $t = kT$ 时刻，输出的闭环预测

$$y_p(k+i) = y_m(k+i) + h_i e(k) \tag{6-80}$$

h_i $(i = 1, 2, \cdots, P)$ 是误差反馈系数。写成向量形式，为

$$\boldsymbol{Y}_p(k) = \boldsymbol{Y}_m(k) + \boldsymbol{h}e(k) \tag{6-81}$$

式中

$$\boldsymbol{Y}_p(k) = [y_p(k+1) \quad \cdots \quad y_p(k+P)]^T$$

$$\boldsymbol{h} = [h_1 \quad h_2 \quad \cdots \quad h_P]^T$$

$$e(k) = y(k) - y_m(k) = y(k) - \sum_{j=1}^{N} g_j u(k-j)$$

4. 滚动优化和最优控制律

在 MAC 中，k 时刻的优化准则是要选择未来 M 个控制量，使在未来 P 个时刻的预测输出 y_p 尽可能接近由参考轨迹所确定的期望输出。MAC 的优化目标函数为

$$\min J = \sum_{i=1}^{P} q_i [y_p(k+i) - y_r(k+i)]^2 + \sum_{j=1}^{M} r_j u^2(k+j-1) \tag{6-82}$$

式中，q_i $(i = 1, 2, \cdots, P)$，r_j $(j = 1, 2, \cdots, M)$ 分别为不同时刻的误差和控制作用的加权系数。目标函数中对控制量的约束是为了消除系统输出在采样时刻之间的振荡。令 $\boldsymbol{Q} = diag(q_1, \cdots, q_P)$，$\boldsymbol{R} = diag(r_1, \cdots, r_M)$，将性能指标式（6-82）写成矩阵形式，有

$$\begin{aligned}\min J &= [\boldsymbol{Y}_p(k) - \boldsymbol{Y}_r(k)]^T \boldsymbol{Q} [\boldsymbol{Y}_p(k) - \boldsymbol{Y}_r(k)] + \boldsymbol{U}^T(k) \boldsymbol{R} \boldsymbol{U}(k) \\ &= [\boldsymbol{G}_2 \boldsymbol{U}(k) + \boldsymbol{G}_1 \boldsymbol{U}(k-1) + \boldsymbol{h}e(k) - \boldsymbol{Y}_r(k)]^T \\ &\quad \cdot \boldsymbol{Q} [\boldsymbol{G}_2 \boldsymbol{U}(k) + \boldsymbol{G}_1 \boldsymbol{U}(k-1) + \boldsymbol{h}e(k) - \boldsymbol{Y}_r(k)] + \boldsymbol{U}^T(k) \boldsymbol{R} \boldsymbol{U}(k)\end{aligned} \tag{6-83}$$

上式对控制向量求导，并令 $\partial J / \partial \boldsymbol{U}(k) = 0$，即可求出无约束最优控制算法

$$\boldsymbol{U}(k) = (\boldsymbol{G}_2^T \boldsymbol{Q} \boldsymbol{G}_2 + \boldsymbol{R})^{-1} \boldsymbol{G}_2^T \boldsymbol{Q} [\boldsymbol{Y}_r(k) - \boldsymbol{G}_1 \boldsymbol{U}(k-1) - \boldsymbol{h}e(k)] \tag{6-84}$$

在 k 时刻的最优控制

$$u(k) = [1 \quad 0 \quad \cdots \quad 0] \boldsymbol{U}(k) = \boldsymbol{d}^T [\boldsymbol{Y}_r(k) - \boldsymbol{G}_1 \boldsymbol{U}(k-1) - \boldsymbol{h}e(k)] \tag{6-85}$$

式中

$$\boldsymbol{d}^T = [1 \quad 0 \quad \cdots \quad 0] (\boldsymbol{G}_2^T \boldsymbol{Q} \boldsymbol{G}_2 + \boldsymbol{R})^{-1} \boldsymbol{G}_2^T \boldsymbol{Q} = [d_1 \quad d_2 \quad \cdots \quad d_P] \tag{6-86}$$

由式（6-84）求出的 $\boldsymbol{U}(k)$ 中包含了从 k 时刻起到 $k+M$ 时刻的 M 步（$M \leq P$）控制作用。实际应用时，可根据系统受干扰程度、模型误差大小、计算机运算速度等不同的情况采取不同的实施办法。例如，在干扰频繁、模型误差较大、计算机运算速度较快时，实施 $\boldsymbol{U}(k)$ 的前几步后即开始新的计算，这样做有利于克服干扰，提高输出预测的精度，模型算法控制原理如图 6-26 所示。

如果在优化目标函数中，令 $P = M = 1$，则称为一步优化模型算法控制，这时有预测模型

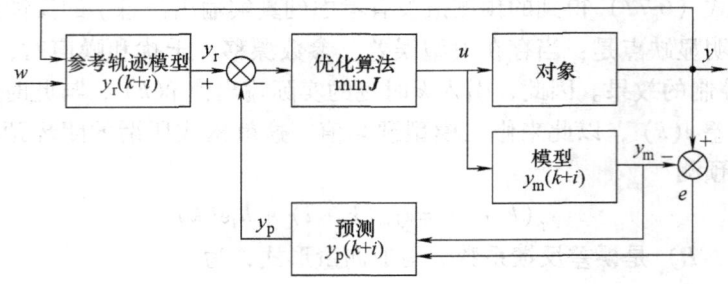

图 6-26 模型算法控制示意图

$$y_m(k+1) = g_1 u(k) + \sum_{j=2}^{N} g_j u(k-j+1) \tag{6-87}$$

参考轨迹

$$y_r(k+1) = a y(k) + (1-a) w \tag{6-88}$$

误差校正

$$y_p(k+1) = y_m(k+1) + e(k) = y_m(k+1) + y(k) - \sum_{j=1}^{N} g_j u(k-j) \tag{6-89}$$

目标函数

$$\min J_1(k) = [y_p(k+1) - y_r(k+1)]^2 \tag{6-90}$$

可导出最优控制 $u(k)$ 的显式解

$$u(k) = \frac{1}{g_1}[ay(k) + (1-a)w - y(k) + \sum_{j=1}^{N} g_j u(k-j) - \sum_{j=2}^{N} g_j u(k-j+1)]$$

$$= \frac{1}{g_1}\{(1-a)[w - y(k)] + g_N u(k-N) + \sum_{j=1}^{N-1}(g_j - g_{j+1})u(k-j)\} \tag{6-91}$$

如果对控制输入存在约束,则可由以下公式计算实际控制作用:

$$u^*(k) = \begin{cases} u_{max}, & u(k) > u_{max} \\ u(k), & u_{min} \leq u(k) \leq u_{max} \\ u_{min}, & u(k) < u_{min} \end{cases} \tag{6-92}$$

由于一步模型算法控制只采用一步预测优化,故这一算法不适用于时滞对象和非最小相位对象,只能用于一些控制要求不高的场合。

6.5.3 动态矩阵控制

动态矩阵控制(Dynamic Matrix Control,DMC)是基于对象阶跃响应的一种预测控制算法,它采用工程上易于测试的阶跃响应模型,算法比较简单,计算量较少,鲁棒性较强,适用于纯滞后、开环渐近稳定的非最小相位系统。DMC 控制包括预测模型、滚动优化、反馈校正三部分。

1. 预测模型

从被控对象的单位阶跃响应出发,对象的动态特性可以通过一系列动态系数 a_1,$a_2,\cdots,a_N$,也就是单位阶跃响应在采样时刻 $t = T, 2T, \cdots, NT$ 的值来描述,NT 是阶跃响应的截断点，N 称为模型时域的长度，如图 6-27 所示。对渐近稳定的对象，在 N 个采样周期之后，系统输出将趋于稳定，即 $y(NT) = a_N = y(\infty)$。

根据线性系统的比例和叠加性质，利用这一模型可由给定的输入控制增加量 Δu 来预测系统未来时刻的输出值。在 k 时刻，假定控制作用保持不变，对未来 N 个时刻的输出有初始预测值 $y_0(k+1), y_0(k+2), \cdots, y_0(k+N)$，那么，在控制增加量 $\Delta u(k)$ 作用后系统的输出预测值可由下式计算

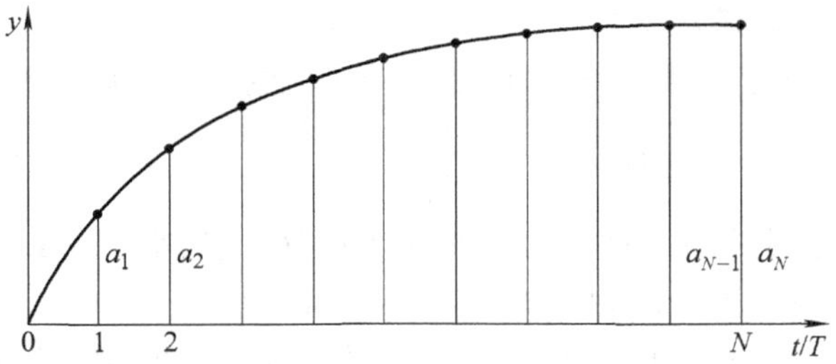

$$Y_{N1}(k) = Y_{N0} + a\Delta u(k) \quad (6\text{-}93)$$

式中

图 6-27 系统的离散阶跃响应

$$Y_{N0}(k) = \begin{bmatrix} y_0(k+1) \\ \vdots \\ y_0(k+N) \end{bmatrix}, \quad Y_{N1}(k) = \begin{bmatrix} y_1(k+1) \\ \vdots \\ y_1(k+N) \end{bmatrix}$$

分别是 $t = kT$ 时刻，系统在无控制增量和施加控制增量 $\Delta u(k)$ 之后的系统输出的预测值；$a = \begin{bmatrix} a_1 & a_2 & \cdots & a_N \end{bmatrix}^T$，是系统动态系数向量，也就是单位阶跃响应向量。同样，在 M 个控制增量序列 $\Delta u(k), \Delta u(k+1), \cdots, \Delta u(k+M-1)$ 作用下，系统未来 P 个时刻的输出（如图 6-28 所示）可由下式表示：

$$Y_{PM}(k) = Y_{P0} + A\Delta u_M(k) \tag{6-94}$$

式中

$$Y_{P0}(k) = \begin{bmatrix} y_0(k+1) \\ \vdots \\ y_0(k+P) \end{bmatrix}, \quad \Delta u_M(k) = \begin{bmatrix} \Delta u(k) \\ \vdots \\ \Delta u(k+M-1) \end{bmatrix}$$

$$A = \begin{bmatrix} a_1 & 0 & \cdots & 0 \\ a_2 & a_1 & \cdots & 0 \\ \vdots & & \ddots & \vdots \\ a_P & a_{P-1} & \cdots & a_{P-M+1} \end{bmatrix}_{P \times M}, \quad Y_{PM}(k) = \begin{bmatrix} y_M(k+1) \\ \vdots \\ y_M(k+P) \end{bmatrix}$$

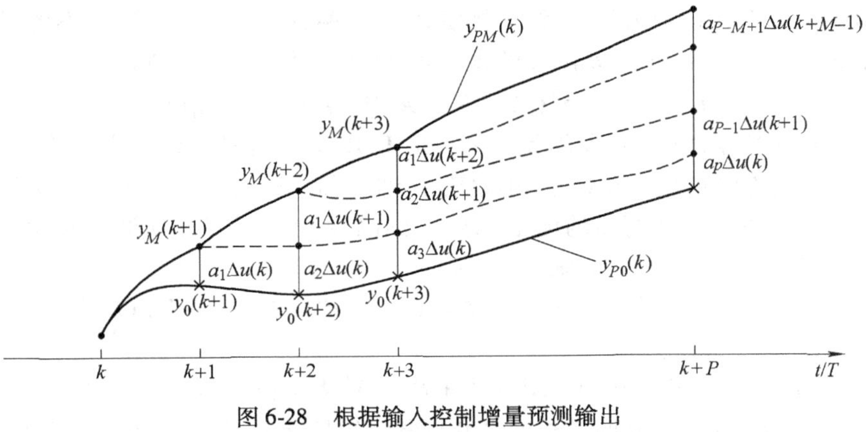

图 6-28 根据输入控制增量预测输出

这里，A 是由单位阶跃响应系数组成的矩阵，称为动态矩阵；P 是预测的时域长度；M 是控制时域长度，P 和 M 应满足 $M \leqslant P \leqslant N$。

2. 滚动优化

动态矩阵控制采用了滚动优化的控制策略。在采样时刻 $t = kT$，优化目标函数为

$$\min J(k) = \sum_{i=1}^{P} q_i [w(k+i) - y_M(k+i)]^2 + \sum_{j=1}^{M} r_j \Delta u^2(k+j-1) \tag{6-95}$$

即通过选择 k 时刻和未来时刻的 M 个控制增量 $\Delta u(k), \Delta u(k+1), \cdots, \Delta u(k+M-1)$，使系统在未来 P 个时刻的输出值 $y_M(k+1), \cdots, y_M(k+P)$，尽可能接近期望值 $w(k+1), \cdots, w(k+P)$。目标函数中的第二项是对控制增量的约束，即不允许控制量的变化过于剧烈。式中，q_i 和 r_j 为权系数。图 6-29 给出动态矩阵控制的优化控制策略。

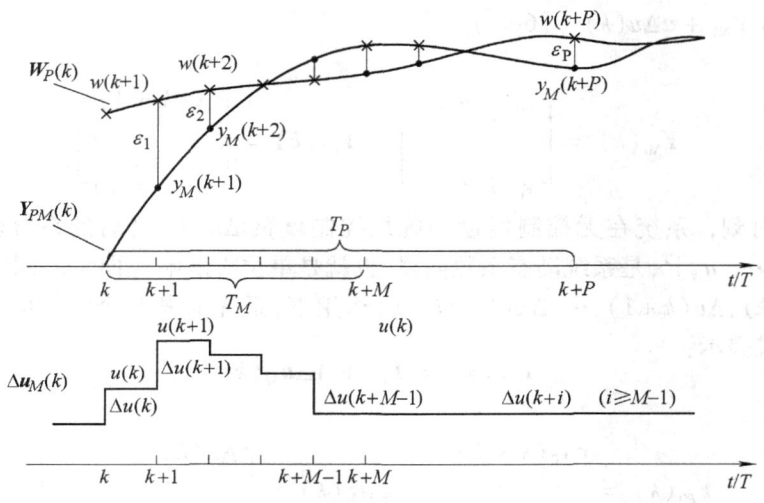

图 6-29 动态矩阵控制的优化策略

显然，在不同采样时刻优化目标函数是不同的，但其相对形式是一样的，都有式 (6-95) 的形式，优化时域随着时间的递进不断向前推移。令 $Q = diag(q_1, \cdots, q_P)$，$R = diag(r_1, \cdots r_M)$，则优化目标函数式 (6-95) 可写成

$$\min J(k) = [W_p(k) - Y_{PM}(k)]^T Q [W_p(k) - Y_{PM}(k)] + \Delta u_M^T(k) R \Delta u_M(k) \tag{6-96}$$

在 k 时刻，$W_p(k)$、$Y_{PM}(k)$ 均为已知，将预测模型式 (6-94) 代入式 (6-96)，在不考虑输入/输出约束条件下，使 $J(k)$ 取极小的 $\Delta u_M(k)$ 可通过极值必要条件 $\partial J(k)/\partial \Delta u_M(k) = 0$ 求得

$$\Delta u_M(k) = (A^T Q A + R)^{-1} A^T Q [W_p(k) - Y_{P0}(k)] \tag{6-97}$$

此即 $t = kT$ 时求得的最优控制增量序列，但 DMC 并不都把它作为实现的控制作用，而只取其中 k 时刻的控制增量 $\Delta u(k)$，构成实际控制 $u(k) = u(k-1) + \Delta u(k)$ 作用于对象。到 $t = (k+1)T$ 时刻，又进行新的优化，求出 $\Delta u(k+1)$，这就是所谓"滚动优化"策略。

由式 (6-97) 可求出 $t = kT$ 时刻的 $\Delta u(k)$

$$\Delta u(k) = [1 \quad 0 \quad \cdots \quad 0] \Delta u_M(k) = d^T [W_p(k) - Y_{P0}(k)] \tag{6-98}$$

其中

$$d^T = [1 \quad 0 \quad \cdots \quad 0] (A^T Q A + R)^{-1} A^T Q = [d_1 \quad d_2 \quad \cdots \quad d_P] \tag{6-99}$$

由于矩阵 A、Q、R，优化时域长度 P 和控制时域长度 M 都是已知的，所以 d^T 可以一次

离线计算确定,在线计算就简化为控制律式(6-98)直接计算问题,变得十分简单。但值得注意的是,这个最优解是基于预测模型推导,是开环最优解。

3. 反馈校正

由于模型误差、弱非线性以及其他实际过程中存在的不确定因素,按预测模型得到的预测值有可能偏离实际值,因此,如不及时利用实际输出进行反馈校正,进一步的优化就会建立在虚假的基础上。考虑到 $\Delta u(k)$ 已作用于对象,对系统未来输出的预测便要叠加上 $\Delta u(k)$ 产生的影响,即由式(6-93)算出的 $Y_{N1}(k)$。为此,到下一采样时刻 $(k+1)T$ 首先检测对象实际输出 $y(k+1)$,并将其与预测模型式(6-93)计算的 kT 时刻预测输出 $y_1(k+1)$ 相比较,构成预测误差

$$e(k+1) = y(k+1) - y_1(k+1) \tag{6-100}$$

这一误差信息反映了模型中未包括的不确定因素对输出的影响,可以用来修正预测模型。通常用对 $e(k+1)$ 加权的方式修正对未来输出的预测,即

$$Y_{\text{cor}}(k+1) = Y_{N1}(k) + he(k+1) \tag{6-101}$$

式中 $Y_{\text{cor}}(k+1)$ —— $t=(k+1)T$ 时刻经误差校正后所预测的系统在 $t=(k+i)T(i=1,\cdots,N)$ 时刻的输出;

$$Y_{\text{cor}}(k+1) = [y_{\text{cor}}(k+1) \quad \cdots \quad y_{\text{cor}}(k+N)]^{\text{T}}$$

h ——误差校正向量,是对不同时刻预测值进行误差校正的权重系数,$h = [h_1 \quad \cdots \quad h_N]^{\text{T}}$,其中 $h_1 = 1$。

经校正后的 $Y_{\text{cor}}(k+1)$ 的各分量中,除第一项外,其余各项分别是 $t=(k+1)T$ 时刻在尚无 $\Delta u(k+1)$ 等未来控制增量作用时对输出在 $t=(k+2)T,\cdots,(k+N)T$ 时刻的预测值。因此,在 $t=(k+1)T$ 时刻,$Y_{\text{cor}}(k+1)$ 可作为 $Y_{N0}(k+1)$ 的前 $N-1$ 个分量,即

$$y_0(k+1+i) = y_{\text{cor}}(k+1+i), \quad i = 1,2,3,\cdots N-1 \tag{6-102}$$

而 $Y_{N0}(k+1)$ 中的最后一个分量 $y_0(k+1+N)$ 只能用 $y_{\text{cor}}(k+N)$ 来近似,即

$$y_0(k+1+N) = y_{\text{cor}}(k+N)$$

所以,在预测模型式(6-93)中 $(k+1)T$ 时刻的初始预测值 $Y_{N0}(k+1)$ 的设置可用向量形式表示

$$Y_{N0}(k+1) = SY_{\text{cor}}(k+1) \tag{6-103}$$

式中 S ——位移矩阵

$$S = \begin{bmatrix} 0 & 1 & 0 & 0 & \cdots & 0 & 0 \\ 0 & 0 & 1 & 0 & \cdots & 0 & 0 \\ \vdots & & & & \ddots & & \vdots \\ 0 & 0 & 0 & 0 & \cdots & 0 & 1 \\ 0 & 0 & 0 & 0 & \cdots & 0 & 1 \end{bmatrix}$$

在 $t=(k+1)T$ 时刻,有了 $Y_{N0}(k+1)$,就又可以像上面 $t=kT$ 时刻那样进行新一轮的预测优化,求出 $\Delta u(k+1)$。整个控制就是以预测→优化→校正→预测→……这样的形式随着时间递推在线进行。

由此可以看到,整个动态矩阵控制算法是由预测、控制、校正三部分组成的,该算法结构可用图 6-30 加以说明。图中粗箭头表示向量流,细箭头表示标量流。对此结构图可这样理解:在每一时刻,未来 P 个时刻的期望输出与预测输出所构成的偏差向量按式(6-98)

与动态向量 $\boldsymbol{d}^T$ 点乘，得到该时刻的控制增量 $\Delta u(k)$。这一控制增量一方面通过积分（累加）运算求出控制量 $u(k)$ 作用于对象；另一方面与阶跃响应向量 $\boldsymbol{a}$ 相乘，并按式（6-93）计算出在其作用后所预测的系统输出 $Y_{N1}(k)$。到了下一采样时刻，首先测定系统的实际输出 $y(k+1)$，并与该时刻的预测值相比较，按式（6-100）算出预测误差 $e(k+1)$。这一误差与校正向量 $\boldsymbol{h}$ 相乘后，再按式（6-101）校正预测的输出值。由于时间的推移，经校正的预测输出 $Y_{\text{cor}}(k+1)$ 将按式（6-103）移位，并置该时刻的预测初值 $Y_{N0}(k+1)$。图中的 z^{-1} 表示时移算子，如果把新的时刻重新定义为 k 时刻，则预测初值 $Y_{N0}(k)$ 的前 P 个分量将与期望输出一起，参与新时刻控制增量的计算。如此循环进行，以实现在线控制。在这里，当控制启动时，预测输出的初值可取为这时测得的系统实际输出。

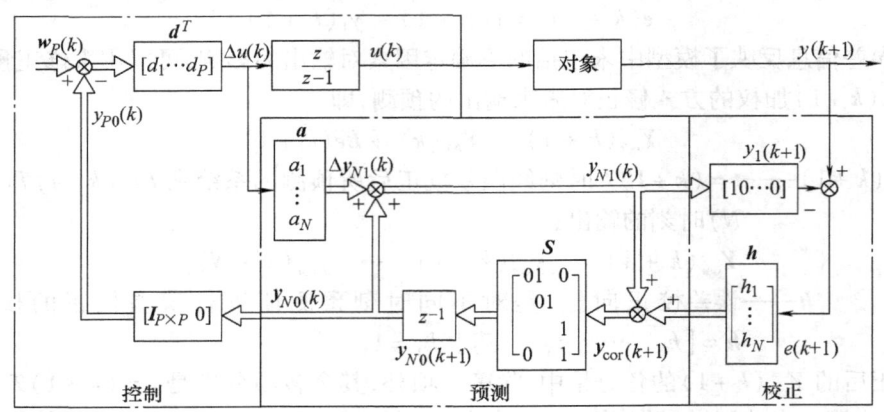

图 6-30　动态矩阵控制的算法结构

在计算机控制系统中执行动态矩阵控制（DMC）算法之前，必须进行以下离线计算：
1) 测试对象的阶跃响应，经光滑后得到模型系数 $a_1, a_2, \cdots, a_N$。
2) 选择优化策略，计算控制系数向量
$$[d_1 \quad d_2 \quad \cdots \quad d_P] = (1\ 0\ \cdots\ 0)(\boldsymbol{A}^T\boldsymbol{Q}\boldsymbol{A}+\boldsymbol{R})^{-1}\boldsymbol{A}^T\boldsymbol{Q}$$
3) 选择校正系数 $h_1, \cdots, h_N$。

在线计算程序如图 6-31 所示，注意在控制的第一步，由于没有预测初值，也没有误差，故需进行初始化。在主程序中的初始化程序中应建立动态矩阵控制算法的初始化标志。

6.5.4　预测控制软件包

模型预测控制已经在工业过程中得到了广泛应用，其应用范围遍及石油、化工、建材、冶金、食品加工等行业。据调查统计显示，应用模型预测控制技术的工业装置已达数千套，而且呈不断加速增长的趋势。模型预测控制已成为在工业领域中应用的主要先进控制策略，给企业带来了显著的效益。近 30 年来，美国、英国、法国、加拿大等国家相继出现了 Aspen Tech、Honeywell Hi-Spec Solutions、Shell Global Solutions、Invensys System Inc. 和 Adersa 等专门从事实时控制与优化的软件公司，开发出适用于实时控制和在线优化的多变量约束控制及实时在线优化的商品化、工程化软件，大量推向市场，获得了巨大的经济效益。在国内，模型预测控制技术同样得到了广泛应用，如上海交通大学和浙江大学联合开发了 MCC 软件包，在大型催化裂化装置中得到应用；浙江中控软件技术有限公司利用 Adersa 公司转

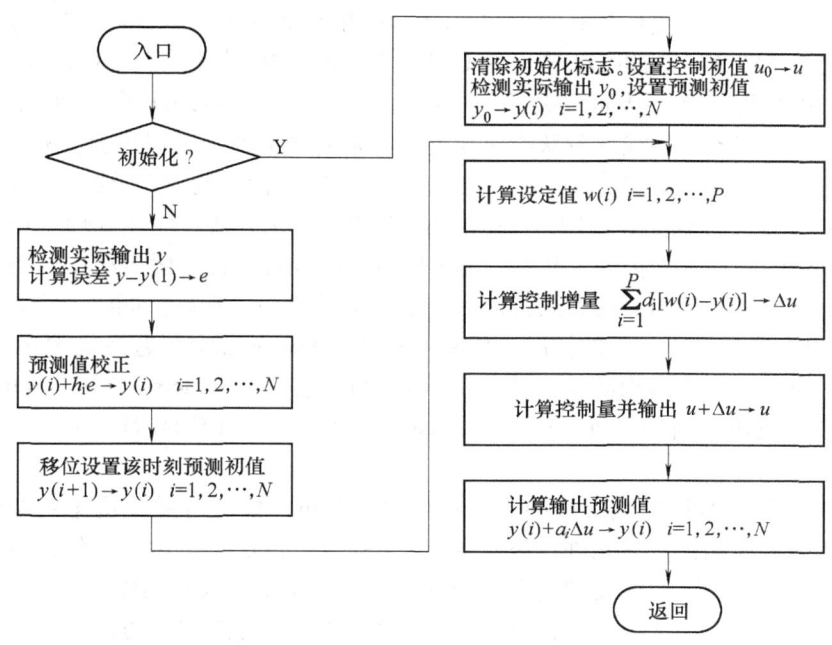

图 6-31 动态矩阵控制的算法框图

让的 HIECON 技术开发出了 AdvanTrol-Hiecon、APC-HIECON 和 APC-PFC 等预测控制产品。

自模型预测控制算法提出以来，迅速出现了适用于工业过程的模型预测控制软件产品，其中，第一代产品以法国 Adersa 公司的 IDCOM 和 Shell Oil 公司的 DMC 为代表，主要用于无约束的多变量过程控制；第二代以 Shell Oil 公司的 QDMC 为代表，可处理有约束的多变量过程控制问题；第三代产品有 Adersa 公司的 HIECON 和 PFC、Setpoint 公司的 IDCOM-M 和 SMCA、Shell 公司的 SMOC，可用于解决有约束多变量过程存在的不可行解问题，能处理更大范围的过程动态，如积分过程和开环不稳定过程，并获得更好的控制性能；第四代产品以 Honeywell Hi-Spec Solutions 的 RMPCT 和 Aspen Tech 的 DMC+ 为代表，提供了多目标优化、鲁棒设计和辨识技术等。以下将各时期具有代表性的 MPC 软件包做简要介绍。

IDCOM 和 DMC 是第一代工业 MPC 技术的典型代表。Richalet 等在 1976 年给出了模型预测控制的第一个应用算法，称为模型预测启发控制（Model Predictive Heuristic Control, MPHC），由 Adersa 公司开发出的相应软件称为 IDCOM（identification and command）。其算法采用脉冲响应模型（FIR）和有限预测时域上的二次型性能指标。对象的未来输出目标跟踪参考轨迹，允许处理简单的输入/输出约束。另外，其算法与辨识对偶，可以利用启发迭代算法计算最优输入值。Cutler 等人在 1981 年开发出 DMC 软件包，其主要特点如下：采用线性阶跃响应模型，有限时域上的二次型性能指标，对象的未来输出尽可能跟踪期望值。能有效地处理大规模复杂控制问题和大纯滞后以及大时间常数过程，应用线性规划原理来实现经济性能指标的最优化，优化解是最小二乘问题解。采用操作变量经济性能指标的线性规划以及因变量的相对重要性分析原理，DMC 控制器能容易地处理操作变量多于被控变量或被控变量多于操作变量的情形。另外，控制器能考虑在整个动态响应区间内被控变量和操作变量的约束，具有动态加权和在线整定功能，同时具有完善的多变量动态过程模型辨识软件。

实际工业过程往往对变量是有约束的。IDCOM 和 DMC 算法在处理有约束过程时的控制性能并不理想。1983 年，Shell Oil 公司的 Cutler 等人将 DMC 算法改造成可以显式表示输入/输出约束的二次规划问题，从而解决了这个难题。Garcia 和 Morshedi 在 1986 年给出了该算法的详细描述。该算法使用线性阶跃响应模型和有限时域上的二次型性能指标，采用二次规划（QP）方法求解最优输入值。QDMC 算法被认为是第二代工业 MPC 技术的典型产品。

尽管 QDMC 算法提供了处理输入/输出硬约束的系统化方法，但在处理不可行解问题时遇到了难以克服的困难，如前馈干扰会引起 QP 的不可行解。在实际过程中，各种约束的重要性是不同的，采用一视同仁的方式抑制了系统性能的进一步提高。同时，实际过程中还存在着输入/输出变量数目不相等的情况。传感器失效等硬件故障会引起系统输入/输出变量数目的改变，从而导致系统结构的动态变化。为解决这些问题，Adersa 公司、Setpoint 公司和 Shell 公司分别开发出了新的 MPC 算法。Setpoint 公司称之为 IDCOM-M，Adersa 公司则称之为 HIECON。

IDCOM-M 采用线性脉冲响应模型，具有可控性分析功能，可避免病态系统的产生，能处理多个目标函数的优化。它先进行被控变量 CV 的设定值优化，然后在保证其优化结果的基础上进行操作变量 MV 的理想稳态值（Ideal RestingValue，IRV）优化；约束处理策略采用具有优先权的硬约束和软约束。在 IDCOM-M 的基础上，将辨识、仿真、组态和控制等功能集成在一起，形成了 SMCA（Setpoint Multivariable Control Architecture）软件包，它包含了能用于一系列独立的稳态目标优化问题的数值求解方法，并提供了处理多级控制目标和约束的有效工具。

20 世纪 80 年代后期，法国 Shell 研究所开发出了结合状态空间和 MPC 算法的多变量优化控制器（Shell Multivariable Optimizing Controller，SMOC）。SMOC 是把 MPC 处理约束的特点与状态空间的反馈结构结合在一起，用状态空间模型来描述过程动态特性，用干扰模型来描述不可测干扰的影响，用 Kalman 滤波器根据输出测量值来估计对象的状态和干扰，输入/输出的约束直接包含在 QP 问题求解过程中。HIECON 软件包是 Adersa 公司在 IDCOM 基础上发展起来的多变量优化控制软件包，与 IDCOM-M 功能相似，采用了阶跃响应模型，可用于操作变量与被控变量数目不相等的过程，能有效处理多级控制目标和具有优先权的硬约束与软约束。IDCOM-M、HIECON、SMCA 和 SMOC 算法是第三代 MPC 技术的代表，其他还包括 Profimatics 的 PCT 算法和 Honeywell 的 RMPC 算法等。

DMC + 和 RMPCT 是 20 世纪 90 年代中后期推出的第四代 MPC 软件包。1995 年，Honeywell 通过兼并 Profimatics 公司组建了 Honeywell Hi-Spec Solutions 公司，将 Honeywell 公司的 RMPC 算法与原 Profimatics 公司的 PCT 算法结合产生了 RMPCT 软件包。1996 年，Aspen Tech 兼并了 Setpoint 和 DMC 公司，1998 年又兼并了 Treiber Control 公司，SMCA 和 DMC 技术的融合产生了 Aspen Tech 公司现有的产品 DMC +。DMC + 和 RMPCT 都采用了基于 Windows 的图形用户界面，能处理具有优先权控制目标的多目标优化问题，增强了稳态目标优化的适应性，在优化目标中直接考虑了模型的不确定性，同时采用基于预测误差和子空间辨识方法来改进原有的模型辨识技术。

浙江中控软件技术有限公司与法国 Adersa 公司合作开发的多变量预测控制软件包 APC-HIECON 和预测函数控制软件包 APC-PFC 是具有代表性的 MPC 软件包。APC-HIECON 软件包控制结构灵活、功能强大、技术成熟、应用范围广，充分考虑了实际控制系统中的各种要求，保证了系统性能和控制器的鲁棒性。该软件包可进行不同的模型和控制目标的仿真对比，用户可以根据不同的性能要求离线设计 PFC 控制器。该软件包在国内的生产过程装置上得到了广泛的应用。

6.6 模糊控制

传统的控制系统分析与设计大多依赖于被控对象的精确数学模型，如传递函数或状态方程。但许多实际系统和过程都比较复杂，例如工业过程的被控对象具有非线性、时变、大延迟等特性，很难建立精确的数学模型和设计出合适的控制器。然而这些过程由熟练操作工来操作或控制却往往能达到较好的工作状态，其操作（控制）规则常常以模糊的形式体现在控制人员的经验中。

模糊逻辑控制（Fuzzy Logic Control），又称模糊控制（Fuzzy Control），是以模糊集合论、模糊语言变量和模糊逻辑推理为基础的一类计算机控制策略，模糊控制是一种非线性控制。"模糊"是人类感知万物、获取知识、思维推理、决策实施的重要特征，它比"清晰"所拥有的信息量更大，内涵更丰富，更符合客观世界。模糊控制不是采用纯数学建模的方法，而是结合专家的知识和思维，进行学习与推理、联想和决策的过程，由计算机来辨识和建模，并进行控制。因此，它属于智能控制的范畴。

6.6.1 模糊控制概述

1965 年，美国的 L. A. Zadeh 创立了模糊集合论；1968～1973 年期间他先后提出语言变量、模糊条件语句和模糊算法等概念和方法，使得某些以往只能用自然语言的条件语句形式描述的手动控制规则可采用模糊条件语句形式来描述，从而使这些规则成为在计算机上可以实现的算法。1974 年，英国的 E. H. Mamdani 首先将模糊控制应用于锅炉和蒸汽机的控制，在实验室获得成功。这一开拓性的工作标志着模糊控制论的诞生。此后，模糊控制不论从理论上还是技术上都有了长足的进步，已成为目前实现智能控制的一种重要而有效的形式。特别是近年来，模糊控制与其他控制策略构成的集成控制，尤其是模糊控制和神经网络、遗传算法及混沌理论等结合，成为自动控制领域中一个非常活跃而又硕果累累的分支。

图 6-32 给出了一个模糊控制系统的基本结构，由图可知模糊控制器由模糊化、知识库、模糊推理和清晰化（或称去模糊化）4 个功能模块组成，各模块功能如下。

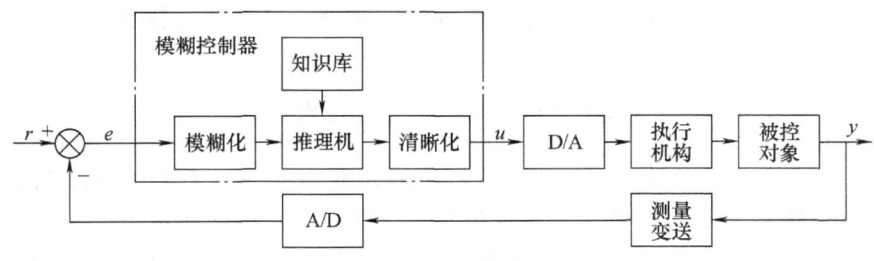

图 6-32 模糊控制系统基本结构

1. 模糊化

模糊化模块的功能是将输入的精确量按某些算法转换为模糊量。该模块的输入量包括了系统的参考输入、系统输出或状态等。模糊化过程一般如下:

1) 首先对输入量进行处理,变换成模糊控制器要求的输入量。例如,当系统控制是按偏差控制时,计算偏差 $e = r - y$。

2) 将上述已经处理过的输入量进行尺度变换,使其变换到各自的论域。

3) 将变换到论域范围的输入量进行模糊化处理,把原有的精确量变换成模糊量,并用相应的模糊集合语言值来表示,例如 $\{PL, PM, PS, ZO, NS, NM, NL\}$ = {"正大","正中","正小","零","负小","负中","负大"}。

2. 知识库

知识库包含应用领域的知识和控制目标,通常由数据库和模糊控制规则库两部分组成。数据库主要包括了各语言变量的隶属函数、尺度变换因子,以及模糊空间的划分数等。模糊控制规则库包括了用模糊语言变量表示的一系列控制规则,反映了控制专家的经验和知识。

3. 模糊推理

模糊推理是模糊控制器的核心,该推理过程是基于模糊逻辑中的蕴含关系及推理规则来进行的。

4. 清晰化(去模糊化)

由于实际的控制量,也就是被控对象的输入应当是精确量,清晰化的功能就是将模糊推理得到的模糊控制量变换为实际的控制量。它是把模糊量经清晰化运算后变换成论域范围的清晰量,再经尺度变换转换成实际的控制量。

6.6.2 模糊控制的数学基础

1. 模糊集合

在人类的思维中,有许多模糊的概念,如大、小、冷、热等,都没有明确的内涵和外延;有些概念则具有清晰的内涵和外延,如男人和女人。前者可称为模糊集合,后者称为普通集合(或经典集合)。

经典集合可以用特征函数来描述,而模糊集合用隶属函数来表示,记作 $\mu_A(x)$。$\mu_A(x)$ 表示元素 x 属于模糊集合 A 的程度。隶属函数是模糊数学中最基本的概念,我们用隶属函数来给出模糊集合:在论域 U 上的模糊集合 A,由隶属函数 $\mu_A(x)$ 来表征,$\mu_A(x)$ 在 $[0, 1]$ 区间内连续取值。$\mu_A(x)$ 的大小反映了元素 x 对于模糊集合 A 的隶属程度。

通常采用 Zadeh 表示法来表达论域 U 上的模糊集合,当 U 为有限集 $\{x_1, x_2, \cdots, x_n\}$ 时,

$$A = \frac{\mu(x_1)}{x_1} + \frac{\mu(x_2)}{x_2} + \cdots + \frac{\mu(x_n)}{x_n} \tag{6-104}$$

式中,$\mu(x_1)/x_1$ 并不表示分数,而是表示论域中的元素 x_1 与其隶属度 $\mu(x_1)$ 之间的对应关系。"+"也不表示"求和",而是表示模糊集合在论域 U 上的整体。

例 6-3 在由整数 1,2,…,10 组成的论域中,即 $U = \{1, 2, 3, 4, 5, 6, 7, 8, 9, 10\}$,讨论"几个"这一模糊概念。根据经验,可以定量地给出它们的隶属函数,模糊集合"几个"可表示为

$$A = \frac{0}{1} + \frac{0}{2} + \frac{0.3}{3} + \frac{0.7}{4} + \frac{1}{5} + \frac{1}{6} + \frac{0.7}{7} + \frac{0.3}{8} + \frac{0}{9} + \frac{0}{10} \tag{6-105}$$

由上式可知，五个、六个的隶属度为1，说明"几个"表示五个、六个的可能性最大；而四个、七个对于"几个"这个模糊概念的隶属度为0.7；通常不采用"几个"来表示一个、二个或九个、十个，因此它们的隶属度为零。

在论域 U 中，$\mu_A(x_i) > 0$ 的元素集合称为 A 的台集，又称为模糊集合 A 的支集。实际上，若某元素的隶属函数值为零，即它不属于这个集合，若用台集来表示一个模糊集合，可使表达式简单明了。例如模糊集合"几个"可表示为

$$A = \frac{0.3}{3} + \frac{0.7}{4} + \frac{1}{5} + \frac{1}{6} + \frac{0.7}{7} + \frac{0.3}{8} \tag{6-106}$$

当 U 为无限连续域时，Zadeh 给出如下记法：

$$A = \int_U \frac{\mu_A(x)}{x} \tag{6-107}$$

同样，$\mu_A(x)/x$ 不表示分数，而表示论域上的元素与隶属度之间的对应关系；"$\int$"既不表示"积分"，也不是"求和"，而是表示论域 U 上的元素 x 与其隶属度 $\mu(x)$ 对应关系的一个总括。

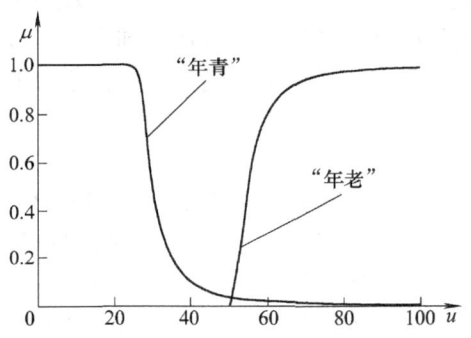

图 6-33　"年青"与"年老"的隶属函数曲线

例 6-4　以年龄为论域，取 $U = [0, 200]$，Zadeh 给出了"年老" O 与"年青" Y 两个模糊集合的隶属函数 $\mu_O(u)$、$\mu_Y(u)$ 为（见图 6-33）

$$\mu_O(u) = \begin{cases} 0, & 0 \leq u \leq 50 \\ \left[1 + \left(\frac{5}{u-50}\right)^2\right]^{-1}, & 50 < u \leq 200 \end{cases}$$

$$\mu_Y(u) = \begin{cases} 1, & 0 \leq u \leq 25 \\ \left[1 + \left(\frac{5}{u-25}\right)^{-2}\right]^{-1}, & 25 < u \leq 200 \end{cases}$$

采用 Zadeh 表示法，"年老" O 与"年青" Y 两个模糊集可写为

$$O = \int_{0 \leq u \leq 50} \frac{0}{u} + \int_{50 < u \leq 200} \frac{[1 + [5/(u-50)]^2]^{-1}}{u}$$

$$Y = \int_{0 \leq u \leq 25} \frac{1}{u} + \int_{25 \leq u \leq 200} \frac{[1 + [5/(u-25)]^{-2}]^{-1}}{u}$$

将 55、60、70 代入"年老"的隶属函数，可得

$$\mu_O(55) = 0.5, \mu_O(60) = 0.8, \mu_O(70) = 0.94$$

这表明 55 岁只能是"半老"，而 70 岁的人属于"年老"集合的隶属程度为 0.94。

2. 模糊集合的运算和基本性质

对于给定论域 U 上的模糊集合 A、B、C，借助于隶属函数定义它们之间的运算如下：

（1）相等　$\forall x \in X$，都有 $\mu_A(x) = \mu_B(x)$，则称 A 与 B 相等，记作 $A = B$。

（2）包含　$\forall x \in X$，都有 $\mu_A(x) \geq \mu_B(x)$，则称 A 包含 B，记作 $A \supseteq B$。

(3) 空集 $\forall x \in X$，都有 $\mu_A(x) = 0$，则称 A 为模糊空集，记作 $A = \Phi$。

(4) 并集 $\forall x \in X$，都有 $\mu_C(x) = \max[\mu_A(x), \mu_B(x)] = \mu_A(x) \vee \mu_B(x)$，则称 C 是 A 与 B 的并集，记作 $C = A \cup B$。

(5) 交集 $\forall x \in X$，都有 $\mu_C(x) = \min[\mu_A(x), \mu_B(x)] = \mu_A(x) \wedge \mu_B(x)$，则称 C 是 A 与 B 的交集，记作 $C = A \cap B$。

(6) 补集 $\forall x \in X$，都有 $\mu_B(x) = 1 - \mu_A(x)$，则称 B 是 A 的补集，记作 $B = \bar{A}$。

(7) 直积 $\forall x \in X$，$\forall y \in Y$，若有两个模糊集合 A 和 B，其论域分别为 X 和 Y，则称定义在积空间 $X \times Y$ 上的模糊集合 $A \times B$ 为 A 和 B 的直积，其隶属度函数

$$\mu_{A \times B}(x, y) = \mu_A(x) \wedge \mu_B(y) = \min[\mu_A(x), \mu_B(y)]$$

或

$$\mu_{A \times B}(x, y) = \mu_A(x) \cdot \mu_B(y)$$

直积的概念和运算可以推广到多个集合的直积。

类似于普通集合运算，模糊集合的运算也具有以下基本性质：

(1) 分配律 $A \cap (B \cup C) = (A \cap B) \cup (A \cap C), A \cup (B \cap C) = (A \cup B) \cap (A \cup C)$。

(2) 结合律 $(A \cap B) \cap C = A \cap (B \cap C)$，$(A \cup B) \cup C = A \cup (B \cup C)$。

(3) 交换律 $A \cup B = B \cup A$，$A \cap B = B \cap A$。

(4) 吸收律 $(A \cap B) \cup A = A$，$(A \cup B) \cap A = A$。

(5) 幂等律 $A \cup A = A$，$A \cap A = A$。

(6) 同一律 $A \cup X = X$，$A \cap X = A$，$A \cup \Phi = A$，$A \cap \Phi = \Phi$，其中 X 表示论域全集，Φ 表示空集。

(7) 达摩根律 $\overline{(A \cup B)} = \bar{A} \cap \bar{B}$，$\overline{(A \cap B)} = \bar{A} \cup \bar{B}$。

(8) 双重否定律 $\bar{\bar{A}} = A$。

以上运算性质和普通集合的运算性质完全相同，但是在普通集合中成立的排中律和矛盾律对于模糊集合不再成立，即 $A \cup \bar{A} \neq X$，$A \cap \bar{A} \neq \Phi$。

3. 隶属函数

正确地确定隶属函数，是运用模糊集合理论解决实际问题的基础。隶属函数是对模糊概念的定量描述，我们遇到的模糊概念不胜枚举，然而准确地反映模糊概念的模糊集合的隶属函数，却无法找到统一的模式。隶属函数的确定有多种方法，常用的有模糊统计法、例证法等。不同的方法所得到的结果是不相同的，但隶属函数确定是否合适，主要看其是否符合实际，并在应用中检验其效果。

人们已经归纳出一些常用的隶属函数，可根据实际问题选用。在此列出常用的一维隶属函数形式以及参数化表示。图 6-34 分别给出了 4 种一维三角形、梯形、高斯型和广义铃形隶属函数。

三角形隶属函数由 3 个参数 $[a, b, c]$ 来描述

$$\mathrm{triangle}(x, a, b, c) = \begin{cases} 0, & x \leq a, x \geq c \\ \dfrac{x - a}{b - a}, & a \leq x \leq b \\ \dfrac{c - x}{c - b}, & b \leq x \leq c \end{cases} \tag{6-108}$$

参数 $[a, b, c]$ $(a<b<c)$ 决定了三角形隶属函数的 3 个角的 x 坐标。图 6-34a 显示的是 MATLAB 的 Fuzzy Logic Toolbox 中的 trimf $(x, [20\ 60\ 80])$ 定义的三角形隶属函数。

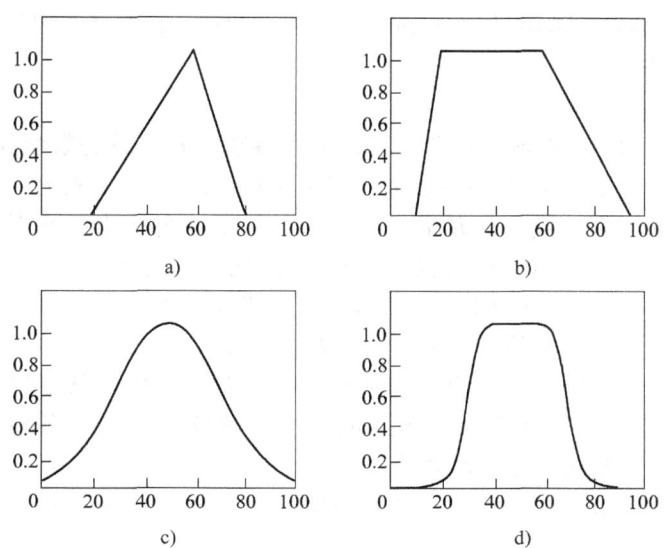

图 6-34 常用的隶属函数
a) 三角形 b) 梯形 c) 高斯型 d) 广义铃形

梯形隶属函数用 4 个参数 $[a, b, c, d]$ 来描述

$$\text{trapezoid}(x,a,b,c,d) = \begin{cases} 0 &, x \leq a, x \geq d \\ \dfrac{x-a}{b-a} &, a \leq x \leq b \\ 1 &, b \leq x \leq c \\ \dfrac{d-x}{d-c} &, c \leq x \leq d \end{cases} \qquad (6\text{-}109)$$

参数 $[a, b, c, d]$ $(a<b<c<d)$ 决定了梯形隶属函数的 4 个角的 x 坐标。图 6-34b 显示 trapmf $(x, [10\ 20\ 60\ 95])$ 定义的梯形隶属函数。

高斯型隶属函数用两个参数 $[c, \sigma]$ 来描述

$$\text{gaussian}(x,c,\sigma) = e^{-\frac{1}{2}\left(\frac{x-c}{\sigma}\right)^2} \qquad (6\text{-}110)$$

其中 c 表示隶属函数的中心，σ 决定函数的宽度，图 6-34c 绘出 gaussmf $(x, [20\ 50])$ 定义的高斯型隶属度函数。

广义的铃形隶属函数用 3 个参数 $[a, b, c]$ 来描述

$$\text{bell}(x,a,b,c) = \dfrac{1}{1+\left|\dfrac{x-c}{a}\right|^{2b}} \qquad (6\text{-}111)$$

其中参数 b 通常为正，图 6-34d 绘出 gbellmf $(x, [10\ 4\ 50])$ 定义的广义铃形隶属函数。

在 MATLAB 的 Fuzzy Logic 工具箱中给出了 11 种隶属函数，即 S 形隶属函数（sigmf）、双 S 形隶属函数（dsigmf）、联合高斯型隶属函数（gauss2mf）、高斯型隶属函数（gaussmf）、广义铃形隶属函数（gbellmf）、π 型隶属函数（pimf）、双 S 形乘积隶属函数（psigmf）、S 形隶属函数（smf）、梯形隶属函数（trapmf）、三角形隶属函数（trimf）和 Z 形隶属函数（zmf），可根据需要选用。

4. 模糊关系

客观世界的各事物之间普遍存在着联系，描写事物之间联系的数学模型之一就是关系。关系常用符号 R 表示。由 X 到 Y 的关系 R，可用序对 (x, y) 来表示，其中 $x \in X, y \in Y$。所有有关系 R 的序对可以构成一个 R 集。在集 X 与集 Y 中各取出一元素排成序对，所有这样序对的集合叫做 X 和 Y 的直积集（也称笛卡儿乘积集），记为

$$X \times Y = \{(x,y) \mid x \in X, y \in Y\}$$

显然，R 集是 X 和 Y 的直积集的一个子集，即 $R \subset X \times Y$。

模糊关系在模糊集合论中占有重要的地位。在日常生活中经常可以听到 "x 比 y 好得多"，"张三比李四能力强" 等描述性的语句，这些语句就表达了一种模糊关系。借助模糊集合理论可以定量地来描述这些模糊关系。

(1) 模糊关系的定义　n 元模糊关系 R 是定义在直积 $X_1 \times X_2 \times \cdots \times X_n$ 上的模糊集合，它可以表示为

$$\begin{aligned}R_{X_1 \times X_2 \times \cdots \times X_n} &= \{[(x_1 x_2 \cdots x_n), \mu_R(x_1 x_2 \cdots x_n)] \mid (x_1 x_2 \cdots x_n) \in X_1 \times \cdots \times X_n\} \\ &= \int_{X_1 \times X_2 \times \cdots \times X_n} \mu_R(x_1 x_2 \cdots x_n)/(x_1 x_2 \cdots x_n)\end{aligned} \quad (6\text{-}112)$$

当 $X = \{x_1, x_2, \cdots x_n\}$，$Y = \{y_1, y_2, \cdots y_m\}$ 是有限集合时，定义在 $X \times Y$ 上的二元模糊关系 R 可用如下 $n \times m$ 阶矩阵来表示：

$$\boldsymbol{R} = \begin{bmatrix} \mu_R(x_1,y_1) & \mu_R(x_1,y_2) & \cdots & \mu_R(x_1,y_m) \\ \mu_R(x_2,y_1) & \mu_R(x_2,y_2) & \cdots & \mu_R(x_2,y_m) \\ \vdots & & & \vdots \\ \mu_R(x_n,y_1) & \mu_R(x_n,y_2) & \cdots & \mu_R(x_n,y_m) \end{bmatrix} \quad (6\text{-}113)$$

这样的矩阵称为模糊矩阵，其元素均为隶属函数。

例 6-5　设某地区人的身高论域 $X = \{140, 150, 160, 170, 180\}$（单位为 cm），体重论域 $Y = \{40, 50, 60, 70, 80\}$（单位为 kg），表 6-1 为身高与体重的相互关系，它是从 X 到 Y 上的一个模糊关系 $\boldsymbol{R}$。

用模糊矩阵表示上述模糊关系 $\boldsymbol{R}$ 时，可写为

$$\boldsymbol{R} = \begin{bmatrix} 1 & 0.8 & 0.2 & 0.1 & 0 \\ 0.8 & 1 & 0.8 & 0.2 & 0.1 \\ 0.2 & 0.8 & 1 & 0.8 & 0.2 \\ 0.1 & 0.2 & 0.8 & 1 & 0.8 \\ 0 & 0.1 & 0.2 & 0.8 & 1 \end{bmatrix}$$

表 6-1 某地区人的身高与体重的相互关系

R \ Y / X	40	50	60	70	80
140	1	0.8	0.2	0.1	0
150	0.8	1	0.8	0.2	0.1
160	0.2	0.8	1	0.8	0.2
170	0.1	0.2	0.8	1	0.8
180	0	0.1	0.2	0.8	1

（2）模糊关系的合成　由于模糊关系是定义在直积空间上的模糊集合，所以它也遵从一般模糊集合的运算，下面介绍模糊关系的合成运算。

设 X,Y,Z 是论域，R 是 X 到 Y 的一个模糊关系，S 是 Y 到 Z 的一个模糊关系，则 R 到 S 的合成 T 也是一个模糊关系。记"∘"为合成算子，则 $T = R \circ S$，它具有隶属度

$$\mu_{R \circ S}(x,z) = \bigvee_{y \in Y} \{\mu_R(x,y) * \mu_S(y,z)\} \tag{6-114}$$

其中"∨"是并的符号，它表示对所有 y 取最大值或上界值；"*"是二项积算子，因此上面的合成称为 Sup − * 合成，也可写成 $\mu_R(x,z) = \underset{y \in Y}{Sup} \{\mu_R(x,y) * \mu_S(y,z)\}$。"*"算子通常可以取模糊交或代数积。若模糊集合 A 和 B，对应的模糊交和代数积分别定义如下：

模糊交　$\mu_{A \cap B}(x,y) = \mu_A(x) * \mu_B(y) = \min\{\mu_A(x), \mu_B(y)\}$；

代数积　$\mu_{A \cdot B}(x,y) = \mu_A(x) * \mu_B(y) = \mu_A(x) \cdot \mu_B(y)$。

若"*"算子是取模糊交，则 R 到 S 的合成

$$\begin{aligned} R \circ S \leftrightarrow \mu_{R \circ S}(x,z) &= \bigvee_{y \in Y} (\mu_R(x,y) \wedge \mu_S(y,z)) \\ &= \max_{y \in Y} \{\min(\mu_R(x,y), \mu_S(y,z))\} \end{aligned} \tag{6-115}$$

这称为 max − min 合成，是最常用的合成方法。

当 X,Y,Z 为有限集时，模糊关系的合成可用模糊矩阵的合成来表示。设

$$R = (r_{ij})_{n \times m}, \quad S = (s_{jk})_{m \times l}, \quad R \circ S = (t_{ik})_{n \times l}$$

采用 max − min 合成，则有

$$\begin{aligned} t_{ik} &= \bigvee_{j=1}^{m} [\mu_R(x_i, y_j) \wedge \mu_S(y_j, z_k)] \\ &= \max_j \{\min(\mu_R(x_i, y_j), \mu_S(y_j, z_k))\} = \max_j \{\min(r_{ij}, s_{jk})\} \end{aligned}$$

5. 模糊推理

在模糊推理中有两类重要的推理方法，一类是广义取式推理（Generalized Modus Ponens，GMP），另一类是广义拒式推理（Generalized Modus Tollens，GMT）。在模糊控制中主要采用 GMP 推理。

GMP 推理规则

前提 1：x is A'

前提 2：if x is A then y is B

结论：y is B'

这里 A' 和 A 是论域 X 中的模糊集合，B' 和 B 是论域 Y 中的模糊集合。为了实现模糊推理，

需解决以下两个问题。

(1) 关系生成规则 模糊蕴涵关系 $A \to B$ 表示了模糊推理的前提2，它应是 X 到 Y 的模糊关系 $R(x,y)$。关系生成规则可以采用模糊蕴涵关系的运算。

(2) 推理合成规则 由模糊关系 $R(x,y) = A \to B$ 和前提1中的 A' 得到 Y 上的模糊集 B'，即

$$B' = A' \circ (A \to B) = A' \circ \boldsymbol{R} \tag{6-116}$$

式中"∘"为模糊关系合成算子；而 $\boldsymbol{R}$ 为模糊蕴涵关系，则

$$\boldsymbol{R} = A \to B = A \times B = \int_{X \times Y} \frac{\mu_A(x) \wedge \mu_B(y)}{(x,y)} \tag{6-117}$$

对于有限集 $A = \{\mu_A(x_1), \mu_A(x_2), \cdots, \mu_A(x_m)\}$，$B = \{\mu_B(y_1), \mu_B(y_2), \cdots, \mu_B(y_n)\}$，有

$$\boldsymbol{R} = A \to B = A \times B = A^T \wedge B = \begin{bmatrix} \mu_A(x_1) \wedge \mu_B(y_1) & \cdots & \mu_A(x_1) \wedge \mu_B(y_n) \\ \vdots & & \vdots \\ \mu_A(x_m) \wedge \mu_B(y_1) & \cdots & \mu_A(x_m) \wedge \mu_B(y_n) \end{bmatrix} \tag{6-118}$$

在模糊控制中广泛使用 Mamdani 算法。在该算法中，关系生成规则为

$$R(x,y) = A \to B = A(x) \wedge B(y)$$

推理合成规则为

$$B'(y) = A' \circ R = \bigvee_{x \in X} \{A'(x) \wedge R(x,y)\}$$

将关系生成规则和推理合成规则合并在一起，则有

$$B'(y) = A' \circ R(x,y) = \bigvee_{x \in X} \{A'(X) \wedge A(x) \wedge B(y)\} \tag{6-119}$$

采用 max – min 合成运算，用隶属函数可表示为

$$\mu_{B'}(y) = \max\{\min[\mu_{A'}(x), \mu_R(x,y)]\} = \max\{\min[\mu_{A'}(x), \mu_A(x), \mu_B(y)]\}$$

例 6-6 设有一电加热炉，存在"如果炉温低，则应施加高电压"的经验规则，试问当炉温为"非常低"时，应怎样施加电压？

解 设 x, y 分别表示"炉温"和"电压"，其论域为 X 和 Y，并有

$$X = Y = \{1,2,3,4,5\}$$

设 A 表示炉温低的模糊集合，A' 表示"炉温非常低"，B 表示"高电压"，并定义

$$A = \text{"炉温低"} = \frac{1}{1} + \frac{0.8}{2} + \frac{0.6}{3} + \frac{0.4}{4} + \frac{0.2}{5}$$

$$A' = \text{"炉温非常低"} = \frac{1}{1} + \frac{0.64}{2} + \frac{0.36}{3} + \frac{0.16}{4} + \frac{0.04}{5}$$

$$B = \text{"高电压"} = \frac{0.2}{1} + \frac{0.4}{2} + \frac{0.6}{3} + \frac{0.8}{4} + \frac{1}{5}$$

则本例的问题就可用"if x is A then y is B, x is A'，求 $y' = ?$"来描述。模糊蕴涵关系

$$\boldsymbol{R} = A \to B = A \times B = A^T \wedge B = [1\ 0.8\ 0.6\ 0.4\ 0.2]^T \wedge [0.2\ 0.4\ 0.6\ 0.8\ 1]$$

$$= \begin{bmatrix} 0.2 & 0.4 & 0.6 & 0.8 & 1 \\ 0.2 & 0.4 & 0.6 & 0.8 & 0.8 \\ 0.2 & 0.4 & 0.6 & 0.6 & 0.6 \\ 0.2 & 0.4 & 0.4 & 0.4 & 0.4 \\ 0.2 & 0.2 & 0.2 & 0.2 & 0.2 \end{bmatrix}$$

在 A' 下的模糊结果

$$B' = A' \circ \mathbf{R}$$

$$= [1\ 0.64\ 0.36\ 0.16\ 0.04] \circ \begin{bmatrix} 0.2 & 0.4 & 0.6 & 0.8 & 1 \\ 0.2 & 0.4 & 0.6 & 0.8 & 0.8 \\ 0.2 & 0.4 & 0.6 & 0.6 & 0.6 \\ 0.2 & 0.4 & 0.4 & 0.4 & 0.4 \\ 0.2 & 0.2 & 0.2 & 0.2 & 0.2 \end{bmatrix}$$

$$= [0.2\ 0.4\ 0.6\ 0.8\ 1]$$

属于"高电压"模糊集。

对于两个以上模糊输入变量称为多输入模糊推理。特别是两输入的情况，在模糊控制中用得比较普遍。其一般形式是如下的 GMP 推理，即

前提 1：x is A' and y is B'

前提 2：if x is A and y is B then z is C

结论：z is C'

这里 A' 和 A，B' 和 B，C' 和 C 分别是论域 X，Y，Z 上的模糊集合。

前提 2 中的"x is A and y is B"可以看成直积空间 $X \times Y$ 上的模糊集合，记为 $A \times B$，其隶属函数为

$$\mu_{A \times B}(x,y) = \min[\mu_A(x), \mu_B(y)]$$

这时模糊蕴涵关系是三元模糊关系，可记为 $A \times B \to C$，即有以下关系生成规则

$$R(x,y,z) = A \times B \to C = A \times B \times C = A(x) \wedge B(y) \wedge C(z)$$

对于结论 C'，可以由以下模糊推理求出，即

$$C' = (A' \times B') \circ R(x,y,z) = (A' \times B') \circ (A \times B \to C)$$

用隶属度函数表示为

$$\mu_{C'}(z) = \bigvee_{x,y} \{[\mu_{A'}(x) \wedge \mu_{B'}(y)] \wedge [\mu_A(x) \wedge \mu_B(y) \wedge \mu_C(z)]\}$$

对于多输入多规则的模糊推理，能通过多输入单规则模糊推理的组合获得，可以用模糊规则的模糊关系的并来计算。

设"if x is A_i and y is B_i then z is C_i"的模糊蕴涵关系 R_i 定义为

$$R_i = (A_i \times B_i) \to C_i, \mu_{R_i}(x,y,z) = [\mu_{A_i}(x) \wedge \mu_{B_i}(y)] \wedge \mu_{C_i}(z)$$

这表明，"$R_i = (A_i \times B_i) \to C_i$"是定义在 $X \times Y \times Z$ 上的模糊蕴涵关系。考虑 n 条模糊规则的总的模糊蕴涵关系为

$$R = \bigcup_{i=1}^{n} R_i$$

最后可求得模糊推理的结论为

$$C' = (A' \wedge B') \circ R = \bigcup_{i=1}^{n} C'_i = \bigcup_{i=1}^{n} \{ \bigvee_{x,y} [\mu_{A_i} \wedge \mu_{B_i}] \wedge [\mu_A \wedge \mu_B \wedge \mu_C] \}$$

例 6-7 设输入量为 x 和 y, 输出量为 z, x、y、z 均为模糊变量, 存在两条控制规则:

$$R1: \text{if } x \text{ is } A_1 \text{ and } Y \text{ is } B_1 \text{ then } z \text{ is } C_1$$

$$R2: \text{if } x \text{ is } A_2 \text{ and } Y \text{ is } B_2 \text{ then } z \text{ is } C_2$$

且已知

$$A_1 = \frac{1}{a_1} + \frac{0.5}{a_2} + \frac{0}{a_3}, B_1 = \frac{1}{b_1} + \frac{0.6}{b_2} + \frac{0.2}{b_3}, C_1 = \frac{1}{c_1} + \frac{0.4}{c_2} + \frac{0}{c_3}$$

$$A_2 = \frac{0}{a_1} + \frac{0.5}{a_2} + \frac{1}{a_3}, B_2 = \frac{0.2}{b_1} + \frac{0.6}{b_2} + \frac{1}{b_3}, C_2 = \frac{0}{c_1} + \frac{0.4}{c_2} + \frac{1}{c_3}$$

若新的输入

$$A' = \frac{0.5}{a_1} + \frac{1}{a_2} + \frac{0.5}{a_3}, B' = \frac{0.6}{b_1} + \frac{1}{b_2} + \frac{0.6}{b_3}$$

求 C'。

解 本例具有两条模糊控制规则, 均为双输入单输出 Mamdani 型规则, 其推理过程如下:

(1) 计算每条规则的模糊蕴涵关系 R_i ($i=1, 2$)

$$\boldsymbol{P}_1 = A_1 \times B_1 = [1 \ 0.5 \ 0]^T \wedge [1 \ 0.6 \ 0.2] = \begin{bmatrix} 1 & 0.6 & 0.2 \\ 0.5 & 0.5 & 0.2 \\ 0 & 0 & 0 \end{bmatrix}$$

为了便于计算, 将 $\boldsymbol{P}_1$ 表示成 $\boldsymbol{P}_1 = [1 \ 0.6 \ 0.2 \ 0.5 \ 0.5 \ 0.2 \ 0 \ 0 \ 0]$

则有 $\boldsymbol{R}_1 = \boldsymbol{P}_1 \rightarrow C_1 = \boldsymbol{P}_1^T \times C_1 = [1 \ 0.6 \ 0.2 \ 0.5 \ 0.5 \ 0.2 \ 0 \ 0 \ 0]^T \wedge [1 \ 0.4 \ 0]$

同理, 可得 $\boldsymbol{R}_2 = \boldsymbol{P}_2 \rightarrow C_2 = \boldsymbol{P}_2^T \times C_2 = [0 \ 0 \ 0 \ 0.2 \ 0.5 \ 0.5 \ 0.2 \ 0.6 \ 1]^T \wedge [0 \ 0.4 \ 1]$

即

$$\boldsymbol{R}_1 = \begin{bmatrix} 1 & 0.4 & 0 \\ 0.6 & 0.4 & 0 \\ 0.2 & 0.2 & 0 \\ 0.5 & 0.4 & 0 \\ 0.5 & 0.4 & 0 \\ 0.2 & 0.2 & 0 \\ 0 & 0 & 0 \\ 0 & 0 & 0 \\ 0 & 0 & 0 \end{bmatrix}_{9 \times 3} \quad \boldsymbol{R}_2 = \begin{bmatrix} 0 & 0 & 0 \\ 0 & 0 & 0 \\ 0 & 0 & 0 \\ 0 & 0.2 & 0.2 \\ 0 & 0.4 & 0.5 \\ 0 & 0.4 & 0.5 \\ 0 & 0.2 & 0.2 \\ 0 & 0.4 & 0.6 \\ 0 & 0.4 & 1 \end{bmatrix}_{9 \times 3}$$

(2) 计算总模糊蕴涵关系 $\boldsymbol{R}$

$$R = R_1 \cup R_2 = \begin{bmatrix} 1 & 0.4 & 0 \\ 0.6 & 0.4 & 0 \\ 0.2 & 0.2 & 0 \\ 0.5 & 0.4 & 0.2 \\ 0.5 & 0.4 & 0.5 \\ 0.2 & 0.4 & 0.5 \\ 0 & 0.2 & 0.2 \\ 0 & 0.4 & 0.6 \\ 0 & 0.4 & 1 \end{bmatrix}_{9 \times 3}$$

（3）计算新的输入 A' 和 B' 之间的模糊关系，并将 P' 表示成向量

$$P' = A' \times B' = [0.5\ 1\ 0.5]^T \wedge [0.6\ 1\ 0.6]$$

$$= \begin{bmatrix} 0.5 & 0.5 & 0.5 \\ 0.6 & 1 & 0.6 \\ 0.5 & 0.5 & 0.5 \end{bmatrix} = [0.5\ 0.5\ 0.5\ 0.6\ 1\ 0.6\ 0.5\ 0.5\ 0.5]$$

（4）计算输出量的模糊集合

$$C' = (A' \times B') \circ R = P' \circ R = [0.5\ 0.5\ 0.5\ 0.6\ 1\ 0.6\ 0.5\ 0.5\ 0.5]$$

$$\times \begin{bmatrix} 1 & 0.4 & 0 \\ 0.6 & 0.4 & 0 \\ 0.2 & 0.2 & 0 \\ 0.5 & 0.4 & 0.2 \\ 0.5 & 0.4 & 0.5 \\ 0.2 & 0.4 & 0.5 \\ 0 & 0.2 & 0.2 \\ 0 & 0.4 & 0.6 \\ 0 & 0.4 & 1 \end{bmatrix}_{9 \times 3} = [0.5\ 0.4\ 0.5]$$

即

$$C' = \frac{0.5}{c_1} + \frac{0.4}{c_2} + \frac{0.5}{c_3}$$

6.6.3 模糊控制系统的结构与原理

在确定性控制系统中，根据输入变量和输出变量的个数，可分为单变量控制系统和多变量控制系统。在模糊控制系统中也可类似地划分为单变量模糊控制和多变量模糊控制。

（1）单变量模糊控制器（Single Variable Fuzzy Controller，SVFC） 将其输入变量的个数定义为模糊控制器的维数，如图 6-35 所示。

1）一维模糊控制器：其输入变量往往选择为输入给定和被控量的偏差量 e。由于仅仅采用偏差值，很难反映过程的动态特性品质，因此，所能获得的系统动态性能是不能令人满意的。这种一维模糊控制器往往被用于一阶被控对象。

2）二维模糊控制器：两个输入变量基本上都选用偏差 e 和偏差变化 ec，由于它们能够较严格地反映受控过程中输出变量的动态特性，因此，在控制效果上要比一维控制器好得

多，也是目前采用较广泛的一类模糊控制器。

3）三维模糊控制器：3个输入变量分别为系统偏差量e、偏差变化量ec和偏差变化的变化率ecc。由于这种模糊控制器结构较复杂，推理运算时间长，因此除非对动态特性要求特别高的场合，一般较少选用三维模糊控制器。

（2）多变量模糊控制器（Multi Variable Fuzzy Controller，MVFC） 要直接设计一个多变量模糊控制器是相当困难的，可利用模糊控制器本身的解耦特点，通过模糊关系方程求解。在控制器结构上实现解耦，即将一个多输入多输出（MIMO）的模糊控制器分解成若干个多输入单输出（MISO）的模糊控制器，这样可采用单变量模糊控制器方法设计。

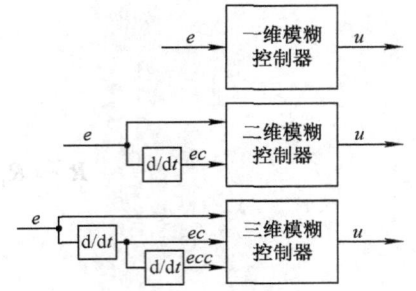

图 6-35 单变量模糊控制器

本小节主要介绍单变量二维模糊控制器的原理。由图6-32可知，模糊控制器主要包括输入量模糊化接口、知识库、推理机、输出清晰化接口4个部分。

1. 模糊化

模糊控制器的精确量输入必须经过模糊化后，转换成一个模糊量才能用于模糊控制，具体可按模糊化等级进行模糊化。例如，设x的取值为$[a,b]$区间，由下式

$$y = INT\left[\frac{12}{b-a}\left(x - \frac{a+b}{2}\right)\right] \tag{6-120}$$

变换为取值在$[-6,6]$间的整数y，再将y模糊化为七级，相应的模糊量为：

-6 称为负大，记为NL；
-4 称为负中，记为NM；
-2 称为负小，记为NS；
0 称为适中，记为ZO；
2 称为正小，记为PS；
4 称为正中，记为PM；
6 称为正大，记为PL。

因此，对于模糊输入变量y，其模糊子集为$y = \{NL, NM, NS, ZO, PS, PM, PL\}$。模糊子集可用表6-2表示，表中的数为对应元素在对应模糊集中的隶属度。

表 6-2 模糊变量y不同等级的隶属度值

隶属度 \ 等级 \ 模糊变量	-6	-5	-4	-3	-2	-1	0	1	2	3	4	5	6
PL	0	0	0	0	0	0	0	0	0.2	0.4	0.7	0.8	1
PM	0	0	0	0	0	0	0	0	0.2	0.7	1	0.7	0.2
PS	0	0	0	0	0	0	0.3	0.8	1	0.7	0.5	0.2	0
ZO	0	0	0	0	0.1	0.6	1	0.6	0.1	0	0	0	0
NS	0	0.2	0.5	0.7	1	0.8	0.3	0	0	0	0	0	0

(续)

隶属度 等级 模糊变量	-6	-5	-4	-3	-2	-1	0	1	2	3	4	5	6
NM	0.2	0.7	1	0.7	0.2	0	0	0	0	0	0	0	0
NL	1	0.8	0.7	0.4	0.2	0	0	0	0	0	0	0	0

2. 知识库

知识库由数据库和规则库两部分组成。数据库所存放的是所有输入/输出变量的全部模糊子集的隶属度的量值，若论域为连续域，则为隶属函数。对于以上例子，需将表 6-2 中内容存放于数据库，在规则推理的模糊关系方程的求解过程中，向推理机提供数据。

规则库存放了模糊控制规则，在推理时为"推理机"提供控制规则。模糊控制器的规则是基于专家知识或手动操作经验来建立的，它是人的直觉推理的一种语言表示形式。模糊规则通常由一系列的关系词连接而成，如 if、then、else、also、and、or 等。关系词必须经过"翻译"，才能将模糊规则数值化。如果某模糊控制器的输入变量为 e（误差）和 ec（误差变化），相应的语言变量为 E 与 EC，控制变量 u 的语言变量为 U，有下述一族模糊规则：

$R1$：if E is NL and EC is NL then U is PL

$R2$：if E is NL and EC is NM then U is PL

$R3$：if E is NL and EC is NS then U is PM

$R4$：if E is NL and EC is ZO then U is PM

……

$R49$：if E is PL and EC is PL then U is NL

通常把 if 部分称为"前提部"；而 then 部分称为"结论部"，控制系统的全部模糊规则可写成模糊关系矩阵 $\boldsymbol{R}$。

3. 推理机

推理机是模糊控制器中，根据输入模糊量和知识库（数据库和规则库）完成模糊推理，并求解模糊关系方程，从而获得模糊控制量的功能部分。

最简单的单输入单输出的控制系统如图 6-36a 所示，控制规则可用"如 A 则 B"语言来描述，若输入为 A_1，则输出为

$$B_1 = A_1 \circ \boldsymbol{R} = A_1 \circ (A \times B) \tag{6-121}$$

双输入单输出的控制系统表示如图 6-36b 所示，其控制规则可用"如 A 且 B 则 C"型控制语言来描述。若输入为 A_1、B_1 则输出 C_1 为

$$C_1 = (A_1 \times B_1) \circ \boldsymbol{R} = (A_1 \times B_1) \circ (A \times B \times C) \tag{6-122}$$

4. 清晰化

通过模糊决策所得到的输出是模糊量，要进行控制必须经过清晰化将其转换成精确量。若通过模糊决策所得的输出量为

$$C = \{\mu_C(u_1)/u_1, \mu_C(u_2)/u_2, \cdots, \mu_C(u_n)/u_n\} \tag{6-123}$$

经常采用下面三种方法，将其转换成精确的执行量。

（1）选择隶属度大的原则　若对应的模糊决策的模糊集 C 中，元素 $u^* \in U$ 满足

$$\mu_C(u^*) = \max\mu_C(u) \quad u \in U \tag{6-124}$$

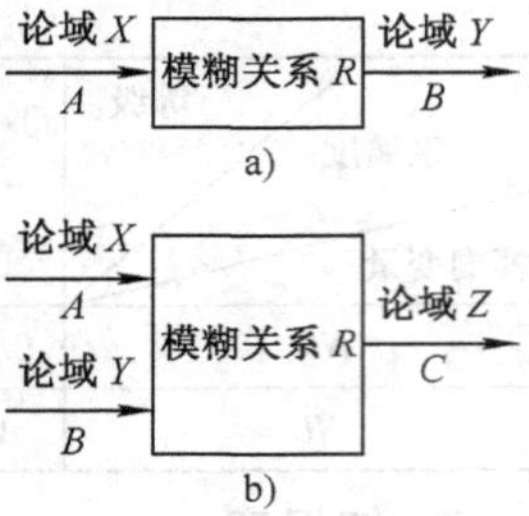

则取 u^*（精确量）作为输出控制量。如果这样的隶属度最大点 u^* 不唯一，就取它们的平均值 $\bar{u}^*$ 或 $[u_1^*, u_p^*]$ 的中点 $(u_1^* + u_p^*)/2$ 作为输出执行量，其中 $u_1^* \leq u_2^* \leq \cdots \leq u_p^*$。这种方法简单、易行、实时性好，但它概括的信息量少。例如，若

$$C = \frac{0.2}{2} + \frac{0.7}{3} + \frac{1}{4} + \frac{0.7}{5} + \frac{0.2}{6}$$

则按最大隶属度原则应取执行量 $u^* = 4$。又如，若

$$C = \frac{0.1}{-4} + \frac{0.4}{-3} + \frac{0.8}{-2} + \frac{1}{-1} + \frac{1}{0} + \frac{0.4}{1}$$

则按平均值法，应取 $u^* = [0 + (-1)]/2 = -0.5$。

（2）加权平均原则　该方法的输出控制量 u 的值由下式来决定

$$u^* = \frac{\sum_i \mu_C(u_i) \times u_i}{\sum_i \mu_C(u_i)} \tag{6-125}$$

图 6-36　模糊控制系统的输入/输出关系
a）单输入单输出
b）双输入单输出

例如，若

$$C = \frac{0.2}{2} + \frac{0.7}{3} + \frac{1}{4} + \frac{0.7}{5} + \frac{0.2}{6}$$

则可求得 u^* 为

$$u^* = \frac{2 \times 0.2 + 3 \times 0.7 + 4 \times 1 + 5 \times 0.7 + 6 \times 0.2}{0.2 + 0.7 + 1 + 0.7 + 0.2} = 4$$

（3）中位数判决　在最大隶属度法中，只考虑了最大隶属数，而忽略了其他信息的影响。中位数判决法是将隶属函数曲线与横坐标所围成的面积平均分成两部分，以分界点所对应的论域元素 u^* 作为判决输出。

6.6.4　模糊控制器的设计步骤与方法

根据图 6-32 可知，模糊控制系统设计的关键是模糊控制器，而设计一个模糊控制器需要：选择模糊控制器的结构，选取模糊规则，确定模糊化和清晰化方法，确定模糊控制器的参数，编写模糊控制算法程序。

1. 模糊控制器的结构设计

（1）单输入单输出结构　在单输入单输出系统中，受人类控制过程的启发，一般可设计成一维或二维模糊控制器。在极少情况下，才有设计成三维控制器的要求。这里所讲的模糊控制器的维数，通常是指其输入变量的个数。

1）一维模糊控制器。这是一种最为简单的模糊控制器，其输入和输出变量均只有一个。假设模糊控制器输入变量为 X，输出变量为 Y，X 一般为控制偏差，Y 为控制量，此时的模糊规则为

$R1$：if X is A_1 then Y is B_1
　　　$\vdots$
Rn：if X is A_n then Y is B_n

这里，$A_1, \cdots, A_n$、$B_1, \cdots, B_n$ 均为输入/输出论域上的模糊子集。这类模糊规则的模糊关系为

$$R(x,y) = \bigcup_{i=1}^{n} A_i \times B_i \tag{6-126}$$

2）二维模糊控制器。这里的二维指的是模糊控制器的输入变量有两个，而控制器的输出只有一个。这类模糊规则的一般形式为

$$Ri: \text{if } X_1 \text{ is } A_i^1 \text{ and } X_2 \text{ is } A_i^2 \text{ then } Y \text{ is } B_i$$

这里，A_i^1、A_i^2、B_i 均为论域上的模糊子集。这类模糊规则的模糊关系为

$$R(x,y) = \bigcup_{i=1}^{n} (A_i^1 \times A_i^2) \times B_i \tag{6-127}$$

在实际系统中，X_1 一般取为偏差，X_2 一般取为偏差变化率，Y 一般取为控制量。

(2) 多输入多输出结构　工业过程中的许多被控对象比较复杂，往往具有一个以上的输出变量。以二输入三输出为例，则有

$$Ri: \text{if } (X_1 \text{ is } A_i^1 \text{ and } X_2 \text{ is } A_i^2) \text{ then } (Y_1 \text{ is } B_i^1 \text{ and } Y_2 \text{ is } B_i^2 \text{ and } Y_3 \text{ is } B_i^3)$$

由于人对具体事物的逻辑思维一般不超过三维，因而很难对多输入多输出系统直接提取控制规则。例如，已有样本数据 $(X_1, X_2, Y_1, Y_2, Y_3)$，则可将之变换为 (X_1, X_2, Y_1)，(X_1, X_2, Y_2)，(X_1, X_2, Y_3)。这样，首先把多输入多输出系统化为多输入单输出的结构形式，然后用单变量系统的设计方法进行模糊控制器设计。这样做，不仅设计简单，而且经人们的长期实践检验，也是可行的，这就是多变量控制系统的模糊解耦问题。

2. 模糊规则的选择和模糊推理

(1) 模糊规则的选择

1）模糊语言变量的确定。一般说来，一个语言变量的语言值越多，对事物的描述就越准确，可能得到的控制效果就越好。当然，过细的划分反而使控制规则变得复杂，因此应视具体情况而定。如误差等语言变量的语言值一般取为 {负大，负中，负小，负零，正零，正小，正中，正大}。

2）语言值隶属函数的确定。语言值的隶属函数又称为语言值的语义规则，它有时以连续函数的形式出现，有时以离散的量化等级形式出现。连续的隶属函数描述比较准确，而离散的量化等级简洁直观。

3）模糊控制规则的建立。模糊控制规则的建立常采用经验归纳法和推理合成法。所谓经验归纳法，就是根据人的控制经验和直觉推理，经整理、加工和提炼后构成模糊规则的方法，它实质上是从感性认识上升到理性认识的一个飞跃过程。推理合成法是根据已有的输入/输出数据对，通过模糊推理合成，求取模糊控制规则。

(2) 模糊推理　模糊推理有时也称为似然推理，其一般形式为

1）一维形式

if X is A then Y is B

if X is A_1 then Y is ?

2）二维形式

if X is A and Y is B then Z is C

if X is A_1 and Y is B_1 then Z is ?

3. 清晰化

清晰化的目的是根据模糊推理的结果，求得最能反映控制量的值。目前常用的方法有三种，即最大隶属度法、加权平均原则和中位数判决法。

4. 模糊控制器论域及比例因子的确定

众所周知，任何系统的信号都是有界的。在模糊控制系统中，这个有限界一般称为该变量的基本论域，它是实际系统的变化范围。以两输入单输出的模糊控制系统为例，设定偏差的基本论域为 $[-|e_{max}|, |e_{max}|]$，偏差变化率的基本论域为 $[-|ec_{max}|, |ec_{max}|]$，控制量的变化范围为 $[-|u_{max}|, |u_{max}|]$。

设偏差的模糊论域为　　$E = \{-l, -(l-1), \cdots, 0, 1, 2, \cdots, l\}$

偏差变化率的论域为　　$EC = \{-m, -(m-1), \cdots, 0, 1, 2, \cdots, m\}$

控制量所取的论域为　　$U = \{-n, -(n-1), \cdots, 0, 1, 2, \cdots, n\}$

若用 a_e、a_c、a_u 分别表示偏差、偏差变化率和控制量的比例因子，则有

$$a_e = l/|e_{max}| \tag{6-128}$$

$$a_c = m/|ec_{max}| \tag{6-129}$$

$$a_u = |u_{max}|/n \tag{6-130}$$

一般说来，a_e 越大，系统的超调越大，过渡过程就越长；a_e 越小，则系统变化越慢，稳态精度降低。a_c 越大，则系统输出变化率越小，系统变化越慢；若 a_c 越小，则系统反应越加快，但超调增大。

5. 编写模糊控制器的算法程序

第一步：设置输入、输出变量及控制量的基本论域，即 $e \in [-|e_{max}|, |e_{max}|]$，$ec \in [-|ec_{max}|, |ec_{max}|]$，$u \in [-|u_{max}|, |u_{max}|]$。预置量化常数 a_e、a_c、a_u。

第二步：判断采样时间到否，若时间已到，则转第三步，否则转第二步。

第三步：启动 A/D 转换，进行数据采集和数字滤波等。

第四步：计算 e 和 ec，并判断它们是否已超过上（下）限值，若已超过，则将其设定为上（下）限值。

第五步：按给定的输入比例因子 a_e、a_c 对 e 和 ec 进行量化（模糊化），进行模糊推理，求得控制量。

第六步：控制量的量化值清晰化后，乘上比例因子 a_u。若 u 已超过上（下）限值，则设置为上（下）限值。

第七步：启动 D/A 转换，作为模糊控制器实际模拟量输出。

第八步：循环至第二步。

6. 双输入单输出模糊控制器设计

一般的模糊控制器都是采用双输入单输出，即在控制过程中，不仅要利用实际偏差进行调节，还要利用实际偏差变化率进行调节。

（1）模糊化　　设置输入/输出变量的论域，并预置常数 a_e、a_c、a_u，如果偏差 $e \in [-|e_{max}|, |e_{max}|]$，且 $l=6$，则由式（6-128）知误差的比例因子为 $a_e = 6/|e_{max}|$，这样就有 $E = a_e \cdot e$，采用就近取整的原则，得 E 的论域为

$$E = \{-6, -5, -4, -3, -2, -1, 0, +1, +2, +3, +4, +5, +6\}$$

E 的模糊子集为 $E = \{NL, NM, NS, ZO, PS, PM, PL\}$，其赋值如表 6-3 所示。

表 6-3 偏差 E 的赋值表

隶属度 \ e \ 模糊变量	-6	-5	-4	-3	-2	-1	0	1	2	3	4	5	6
PL	0	0	0	0	0	0	0	0	0	0.1	0.4	0.8	1
PM	0	0	0	0	0	0	0	0	0.2	0.7	1	0.7	0.2
PS	0	0	0	0	0	0	0.3	0.8	1	0.5	0.1	0	0
ZO	0	0	0	0	0.1	0.6	1	0.6	0.1	0	0	0	0
NS	0	0	0.1	0.5	1	0.8	0.3	0	0	0	0	0	0
NM	0.2	0.7	1	0.7	0.2	0	0	0	0	0	0	0	0
NL	1	0.8	0.4	0.1	0	0	0	0	0	0	0	0	0

如果偏差变化率 $ec \in [-|ec_{max}|, |ec_{max}|]$,且 $m=6$,则 EC 的论域为

$$EC = \{-6, -5, -4, -3, -2, -1, 0, +1, +2, +3, +4, +5, +6\}$$

EC 的模糊子集为 $EC = \{NL, NM, NS, ZO, PS, PM, PL\}$,其赋值如表 6-4 所示。

表 6-4 偏差 EC 的赋值表

隶属度 \ ec \ 模糊变量	-6	-5	-4	-3	-2	-1	0	1	2	3	4	5	6
PL	0	0	0	0	0	0	0	0	0	0.1	0.4	0.8	1
PM	0	0	0	0	0	0	0	0	0.2	0.7	1	0.7	0.2
PS	0	0	0	0	0	0	0	0.9	1	0.7	0.2	0	0
ZO	0	0	0	0	0	0.5	1	0.5	0	0	0	0	0
NS	0	0	0.2	0.7	1	0.9	0	0	0	0	0	0	0
NM	0.2	0.7	1	0.7	0.2	0	0	0	0	0	0	0	0
NL	1	0.8	0.4	0.1	0	0	0	0	0	0	0	0	0

类似地,由式(6-130)得到输出 U 的论域

$$U = \{-7, -6, -5, -4, -3, -2, -1, 0, +1, +2, +3, +4, +5, +6, +7\}$$

也采用 NL、NM、NS、ZO、PS、PM、PL 等 7 个模糊状态来描述 U,那么 U 的赋值如表 6-5。

表 6-5 输出 U 的赋值表

隶属度 \ u \ 模糊变量	-7	-6	-5	-4	-3	-2	-1	0	1	2	3	4	5	6	7
PL	0	0	0	0	0	0	0	0	0	0	0	0.1	0.4	0.8	1
PM	0	0	0	0	0	0	0	0	0	0.2	0.7	1	0.7	0.2	0

(续)

隶属度 模糊变量	u	-7	-6	-5	-4	-3	-2	-1	0	1	2	3	4	5	6	7
PS		0	0	0	0	0	0	0	0	0.4	1	0.8	0.4	0.1	0	0	0
ZO		0	0	0	0	0	0	0.5	1	0.5	0	0	0	0	0	0
NS		0	0	0	0.1	0.4	0.8	1	0.4	0	0	0	0	0	0	0
NM		0	0.2	0.7	1	0.7	0.2	0	0	0	0	0	0	0	0	0
NL		1	0.8	0.4	0.1	0	0	0	0	0	0	0	0	0	0	0

(2) 模糊控制规则、模糊关系和模糊推理　对于双输入单输出系统，一般都采用 "if A and B then C" 来描述。因此，模糊关系为 $R: A \times B \times C$，模糊控制器在某一时刻的输出值为

$$U(k) = [E(k) \times EC(k)] \circ R$$

为了节省 CPU 的运算时间，增强系统的实时性，节省系统存储空间的开销，通常离线进行模糊矩阵 R 的计算、输出 $U(k)$ 的计算。模糊控制器把实际的控制策略归纳为控制规则表，如表 6-6 所示。

表 6-6　推理语言规则表

EC \ U \ E	NL	NM	NS	ZO	PS	PM	PL
NL	PL	PL	PL	PL	PM	PS	ZO
NM	PL	PL	PM	PM	PS	ZO	ZO
NS	PL	PM	PM	PS	ZO	ZO	NS
ZO	PM	PS	PS	ZO	NS	NS	NM
PS	PS	ZO	ZO	NS	NM	NM	NL
PM	ZO	ZO	NS	NM	NM	NL	NL
PL	ZO	NS	NM	NL	NL	NL	NL

(3) 清晰化　采用最大隶属度法进行模糊决策，将 $U(k)$ 经过清晰化转换成相应的确定量，然后输出控制量乘上比例因子 a_u，其结果用来进行 D/A 转换输出控制，以完成控制生产过程的任务。

6.6.5　模糊控制器的改进

前述二维模糊控制器，即双输入单输出模糊控制器的两个输入是偏差 e 和偏差变化 ec，相当于非线性 PD 控制，这类模糊控制器虽然能对复杂的和难以建模的过程进行简单而有效的控制，但是由于不具有积分环节，因而很难消除稳态误差，尤其在变量分级不够多的情况下，常常在平衡点附近产生小幅振荡。另一方面，常规 PID 控制是过程控制中应用最广泛的一种基本控制规律，具有原理简单、使用方便、稳定性和鲁棒性较好的特点。然而，常规

PID 控制也面临着难以控制强非线性、时变和机理复杂的过程,以及参数在线整定困难等问题。如果将这两种控制策略结合起来,则能构成兼有两者优点的新的控制器,即模糊 PID 控制器。重写离散 PID 算法如下:

$$u_{\text{PID}}(k) = K_{\text{p}}\left\{e(k) + \frac{T}{T_{\text{i}}}\sum_{j=0}^{k}e(j) + \frac{T_{\text{d}}}{T}[e(k) - e(k-1)]\right\} \tag{6-131}$$

上式的的输出可以分为如下两项,即

$$u_{\text{PID}}(k) = u_{\text{PD}}(k) + u_{\text{PI}}(k) \tag{6-132}$$

式中

$$u_{\text{PD}}(k) = K'_{\text{p}}e(k) + K_{\text{p}}\frac{T_{\text{d}}}{T}[e(k) - e(k-1)] \tag{6-133}$$

$$u_{\text{PI}}(k) = K''_{\text{p}}e(k) + K_{\text{p}}\frac{T}{T_{\text{i}}}\sum_{j=0}^{k}e(j) \tag{6-134}$$

而 K'_{p} 和 K''_{p} 满足

$$K_{\text{p}} = K'_{\text{p}} + K''_{\text{p}} \tag{6-135}$$

式(6-134)可以表示为

$$u_{\text{PI}}(k) = \sum_{j=0}^{k}\left\{K_{\text{p}}\frac{T}{T_{\text{i}}}e(j) + K''_{\text{p}}[e(j) - e(j-1)]\right\} \tag{6-136}$$

令

$$K'_{\text{p}} = \frac{K_{\text{p}}}{T_{\text{i}}\varphi}, \quad K''_{\text{p}} = \varphi K_{\text{p}} T_{\text{d}} \tag{6-137}$$

式中 φ ——待定系数,在一定条件下有解。

则式(6-136)变为

$$u_{\text{PI}}(k) = \varphi T \sum_{j=0}^{k} u_{\text{PD}}(j) \tag{6-138}$$

将上式代入式(6-132)得

$$u_{\text{PID}}(k) = u_{\text{PD}}(k) + \varphi T \sum_{j=0}^{k} u_{\text{PD}}(j) \tag{6-139}$$

当 PID 控制器为 PD 控制时,应该有 $\varphi = 0$。

基于式(6-132),同样可以把 PI 型和 PD 型模糊控制器的输出进行叠加,从而构造如下的 PID 型模糊控制器,即

$$u_{\text{FPID}}(k) = u_{\text{FPD}}(k) + u_{\text{FPI}}(k) \tag{6-140}$$

式中,$u_{\text{FPID}}(k)$、$u_{\text{FPD}}(k)$、$u_{\text{FPI}}(k)$ 分别为 PID 型、PD 型和 PI 型模糊控制器的输出。注意,前述二维模糊控制器就是 PD 型模糊控制器。参考式(6-138),可以进一步将 $u_{\text{FPI}}(k)$ 简化

成为

$$u_{\text{FPI}}(k) = aT \sum_{j=0}^{k} u_{\text{FPD}}(j) \tag{6-141}$$

式中　a——可调参数。

将上式代入式（6-140）得

$$u_{\text{FPID}}(k) = u_{\text{FPD}}(k) + aT \sum_{j=0}^{k} u_{\text{FPD}}(j) \tag{6-142}$$

其具体结构如图 6-37 所示。

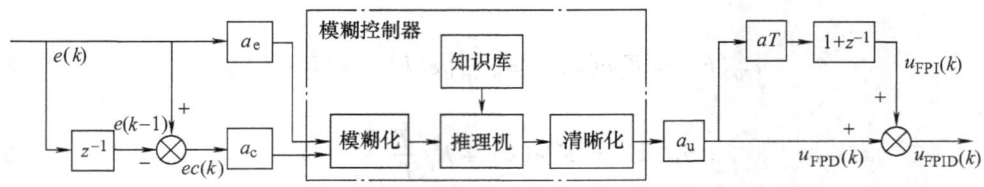

图 6-37　PID 型模糊控制器结构

在规则表、隶属函数、推理方法和清晰化方法不变的前提下，PID 型模糊控制器的可调参数为 a_e、a_c、a_u 和 a 这四个比例因子。然而迄今为止，模糊控制器的参数整定问题仍是一件十分棘手的问题，通常需要经过多次试凑才能得到合适的比例因子。

除了上述的 PID 型模糊控制器，还可将基本模糊控制器和其他控制策略相结合，构成其他模糊集成控制。例如，模糊自适应整定 PID 控制，模糊控制器用来整定 PID 控制器的三个参数 K_p、K_i、K_d，在这个系统中，模糊控制器通过不断检测 e 和 ec，根据模糊控制原理对 3 个参数进行在线修改，以满足不同的 e 和 ec 对控制参数的要求。

常见的模糊集成控制方法还有 Fuzzy-PID 复合控制、自适应模糊控制、专家模糊控制、神经模糊控制，以及基于遗传算法的模糊控制等，读者可参阅相关文献，以作进一步研究。

6.6.6　MATLAB 在模糊控制器设计中的应用

模糊逻辑工具箱（Fuzzy Logic Toolbox）是建立在 MATLAB 环境下的函数集，用来生成并编辑模糊推理系统（FIS）。可以用调用函数命令方式生成和编辑模糊推理系统，也可利用工具箱中 GUI（图形用户界面）编辑函数直观地生成模糊系统。现以模糊洗衣机为例介绍 MATLAB 在模糊控制器设计中的应用。

模糊洗衣机是第一个应用模糊系统的消费产品，它是由日本松下电子工业公司于 1990 年前后生产的。该洗衣机是通过传感器将输入变量输入到模糊系统中的。首先，光学传感器会射出一道穿过水的光线并计算有多少光线到达了另一端。水越脏，到达的光线越少。然后，光学传感器要辨别脏物是污泥还是油脂，污泥是很快能洗干净的。如果光的读数快速到达最小值的话，则脏物是污泥；如果下降较慢的话，则脏物是油脂；如果曲线斜率介于上述两斜率之间，则脏物是污泥油脂混合物。洗衣机还有一个负载传感器，它能感知衣物的重量。很明显，衣物量越大，所需的洗衣时间也就越长。将以上的启发式规则用几条 IF-THEN 模糊规则进行概括，然后再根据这些模糊规则构造模糊系统，调节洗衣机的洗涤时间。

以洗衣机洗涤时间为控制目的的模糊控制系统设计,其实质是一个开环决策过程。影响洗涤时间的因素很多,这里选取衣物的污泥和油脂为主要控制参量,即设计两输入单输出模糊控制器。控制器的输入为衣物的污泥和油脂,输出为洗涤时间。

现将污泥分为3个模糊集:SD(污泥少),MD(污泥中),LD(污泥多),取值范围为[0,100];将油脂分为3个模糊集:NG(无油脂),MG(油脂中),LG(油脂多),取值范围为[0,100];将洗涤时间分为五个模糊集:VS(很短),S(短),M(中等),L(长),VL(很长),取值范围为[0,60]。采用三角形隶属函数(trimf)对污泥、油脂、洗涤时间进行模糊化。

根据人的操作经验设计模糊规则,模糊规则设计的标准为:"污泥越多,油脂越多,洗涤时间越长";"污泥适中,油脂适中,洗涤时间适中";"污泥越少,油脂越少,洗涤时间越短"。据此,建立模糊控制表,见表6-7。例如,规则"VS#"为:"IF 衣物污泥少且没有油脂 THEN 洗涤时间很短"。

表6-7 洗衣机的模糊控制表

洗涤时间 z		油脂 y		
		NG	MG	LG
污泥 x	SD	VS#	M	L
	MD	S	M	L
	LD	M	L	VL

1. 初始化

在 MATLAB 命令窗口中输入"fuzzy",打开 FIS 编辑器,执行【Edit】→【Add Variable…】→【Input】命令,使系统变成两个输入,一个输出。给输入、输出信号命名:将 input1 改为"污泥质量 $x(g)$",将 input2 改为"油脂质量 $y(g)$",将 output1 改为"洗涤时间 $z(min)$"。执行【File】→【Export】→【To Disk】命令,命名文件为 Washer,此时建立的模糊推理系统的 GUI 如图 6-38 所示。

2. 隶属函数编辑器

求输入变量的隶属函数,需要调用隶属函数编辑器。双击输入或输出的图标,打开隶属函数编辑器,设置污泥质量 $x(g)$、油脂质量 $y(g)$ 和洗涤时间 $z(min)$ 三个参数,前者的隶属函数图形如图 6-39 所示,后二者的隶属函数如图 6-40 和图 6-41 所示。

3. 规则编辑器

双击 FIS 编辑器中间的图标,打开规则编辑器,根据表 6-7 所示的模糊规则,在规则编辑器 GUI 上产生这些规则,共 9 条规则,结果如图 6-42 所示。

4. 规则观察器

可以利用规则观察器来查看模糊规则推理和输出曲面。在 FIS 编辑器中打开【View】→【Rules】命令,得到模糊规则观察器如图 6-43 所示。

假定当前传感器测得的信息为:$x0=60$,$y0=70$,在模糊规则观察器的输入文本框中输入后,则右上方显示"洗涤时间 $z(min) = 24.9$"。注意,清晰化的方法为最大平均法(mom),参见图 6-38。

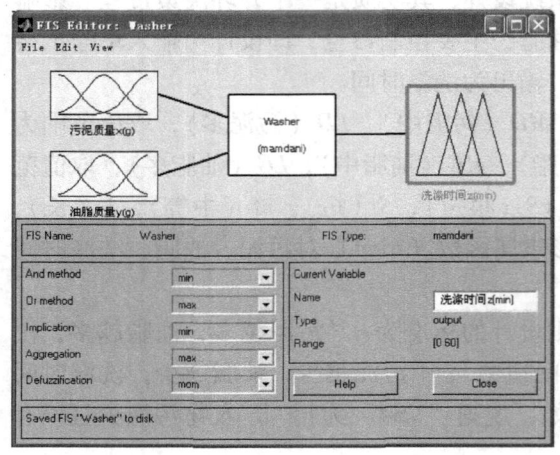

图 6-38 初步的 FIS

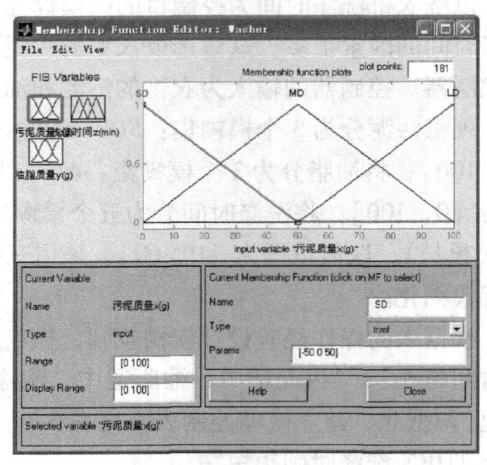

图 6-39 污泥质量 $x(g)$ 的隶属函数

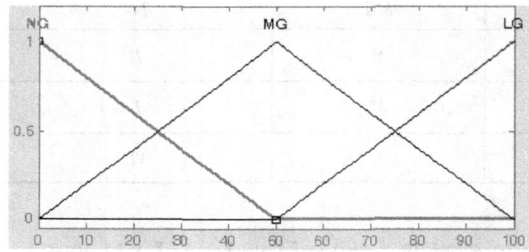

图 6-40 油脂质量 $y(g)$ 的隶属函数

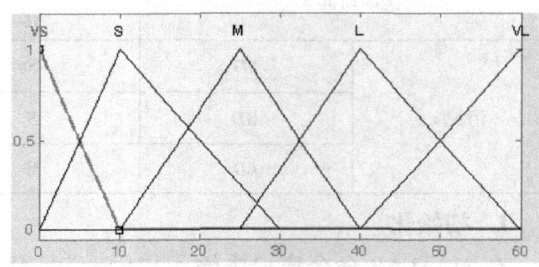

图 6-41 洗涤时间 $z(\min)$ 的隶属函数

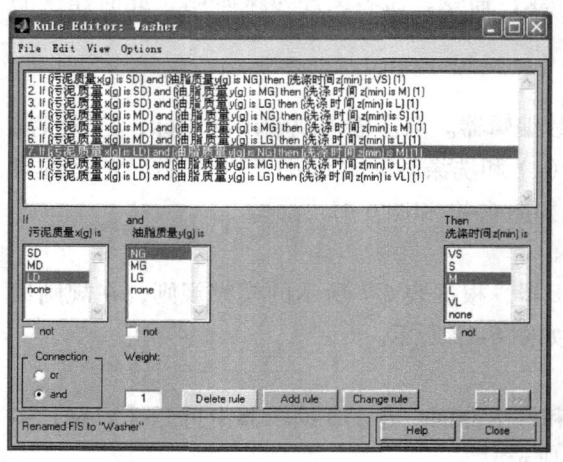

图 6-42 建立规则后的 GUI

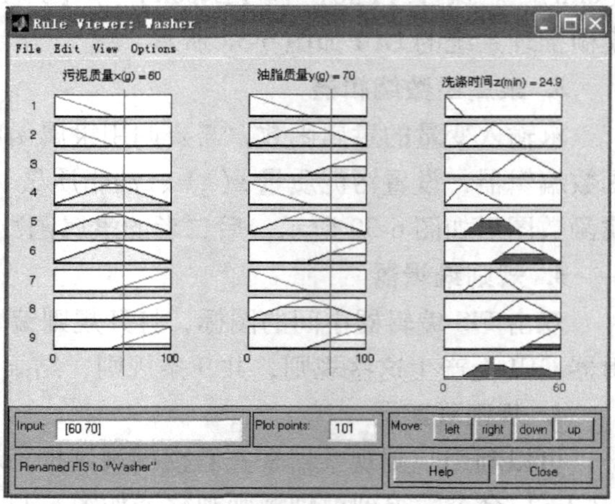

图 6-43 模糊规则观察器

思考题与习题

6-1 最小拍设计的要求是什么?在设计过程中怎样满足这些要求?它有什么局限性?

6-2 系统如图 6-44 所示,求 $r(t) = t$ 时最小拍系统的 $D(z)$。

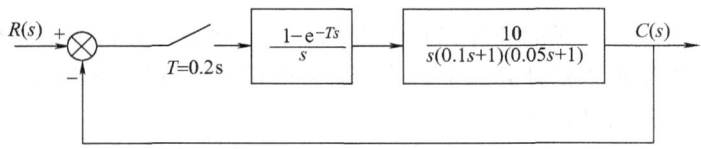

图 6-44 题 6-2 的采样系统

6-3 单位反馈系统的连续对象传递函数为

$$G(s) = \frac{10}{s(s+1)}$$

设采样周期 $T = 1\text{s}$,试确定它对单位阶跃输入的最小拍控制器,并用 Z 传递函数计算出系统的输出量序列及控制量序列。检验所算出的输出序列是否正确,并计算出采样中间时刻的输出值。这个最小拍系统有无纹波?用 MATLAB 语言设计此题。

6-4 为什么不能用 $D(z)$ 的极、零点抵消 $G(z)$ 中含有 Z 平面单位圆外或圆上的零、极点?

6-5 为什么 $\Phi(z)$ 的零点中,必须包含 $G(z)$ 的所有在 Z 平面单位圆外与单位圆上的零点?为什么 $\Phi_\text{e}(z)$ 的零点中,必须包含 $G(z)$ 的所有在 Z 平面单位圆外与单位圆上的极点?

6-6 具有纯滞后补偿的控制系统如图 6-12 所示,采样周期 $T = 1\text{s}$,对象为

$$G(s)\text{e}^{-2s} = \frac{1}{s+1}\text{e}^{-2s}$$

求 Smith 预估器的控制算式 $y_\tau(k)$。

6-7 什么是振铃现象?振铃是如何引起的?如何消除?

6-8 已知被控对象和希望闭环传递函数分别为

$$G(s) = \frac{5}{(s+1)(10s+1)}\text{e}^{-0.1s}, \Phi(s) = \frac{1}{s+1}\text{e}^{-0.1s}$$

试用大林算法设计数字控制器,并画出闭环系统框图。

6-9 简述 PID 串级控制原理,并查阅资料,找一个实际串级控制系统模型进行 MATLAB/Simulink 仿真。

6-10 前馈控制完全补偿的条件是什么?前馈与反馈相结合有什么好处?

6-11 试画出计算机前馈-串级控制系统的框图。

6-12 前馈控制结构图如图 6-19,设被控对象的干扰通道和控制通道的传递函数分别为

$$G_\text{n}(s) = \frac{1}{9s+1}\text{e}^{-4s} \quad G(s) = \frac{1}{30s+1}\text{e}^{-2s}$$

采样周期 $T = 1\text{s}$。试推导完全补偿前馈控制器 $D_\text{n}(z)$ 输出 $u_\text{n}(k)$。

6-13 动态矩阵控制的算法结构分成几部分?它们各有什么功能?涉及到什么动态系数及在线计算?

6-14 动态矩阵控制和模型算法控制为什么只能适用于渐近稳定的对象?对模型时域长度 N 有什么要求?如果 N 取得太小有什么问题?

6-15 参照"年青"的隶属函数,写出"很年青"的隶属函数,并画出其曲线;对 $x = 30, 40, 50$,分别求出属于"很年青"的隶属度。

6-16 什么叫模糊控制?模糊控制和 PID 控制有什么区别?

6-17 如何构造一个模糊控制器?

第 7 章　计算机控制系统的软件设计

计算机控制系统是由相应的硬件和软件构成的，必须为计算机提供或研制相应的软件，使人的控制知识与思维加入到计算机中，才能对生产过程进行自动控制。本章主要介绍计算机控制系统的相关软件设计技术。

7.1　计算机控制系统软件概述

7.1.1　控制系统软件的组成

典型的计算机控制系统软件可分为系统软件、支持软件和应用软件三大部分。其中系统软件指的是计算机控制系统的操作平台，支持软件是指控制系统应用软件的开发平台，而应用软件可按用途划分为监控平台软件、基本控制软件、先进控制软件、局部优化软件、操作优化软件、最优调度软件和企业计划决策软件等，如图 7-1 所示。

从系统功能的角度划分，最基本的计算机控制系统应用软件由直接程序、规范服务性程序和辅助程序等组成。直接程序是指与控制过程或采样/控制设备直接有关的程序，这类程序参与系统的实际控制过程，完成与各类 I/O 模板相关的信号采集、处理和各类控制信号的输出任务，其性能直接影响系统的运行效率和精度，是软件系统设计的核心部分。规范服务性程序是指完成系统运行中的一些规范性服务功能的程序，如报表打印输出、报警输出、算法运行、各种画面显示等。辅助程序包括接口驱动程序、检验程序

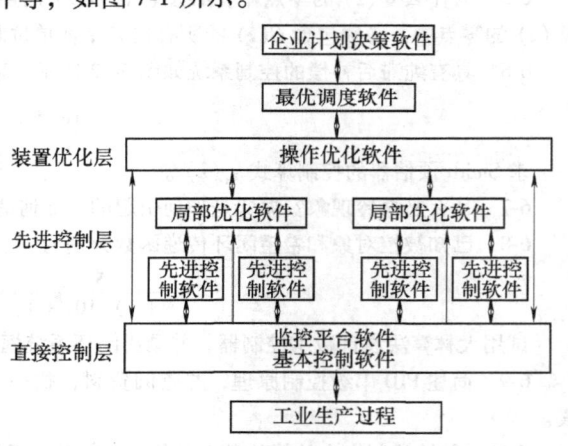

图 7-1　计算机控制系统软件组成框图

等，特别是设备自诊断程序，当检测到错误时，启用备用通道并自动切换，这类程序虽然与控制过程没有直接关系，但却能增加系统的可靠性，是应用软件不可缺少的组成部分。

7.1.2　控制系统软件的功能

一般说来，控制系统软件至少由系统组态程序、前台控制程序、后台显示、打印、管理程序以及数据库等组成，具体实现如下功能：

（1）实时数据采集　完成现场过程参数的采集。
（2）控制输出　根据设计的控制算法输出控制信号，以跟踪输入信号。
（3）控制运算　包括模拟控制、顺序控制、逻辑控制和组合控制功能。
（4）报警监视　完成过程参数越界报警及设备故障报警等功能。

（5）画面显示和报表输出　实时显示过程参数及工艺流程，并提供操作画面、报表显示和打印功能。

（6）可靠性功能　包括自诊断、掉电处理、备用通道切换等。

（7）管理功能　包括文件管理、数据库管理、趋势曲线、统计分析等。

（8）通信功能　包括控制单元之间、操作站之间、子系统之间的数据通信功能。

（9）流程画面制作功能　指用来生成应用系统的各种工艺流程画面和报表等功能。

衡量控制系统软件性能优劣的主要指标是：

1）系统功能是否完善，能否提供足够多的控制算法（包括若干种高级控制算法）。

2）系统内各种功能能否协调运行，如进行实时采样和控制输出的同时，又能显示画面、打印管理报表和进行数据通信。

3）人机接口是否良好，要有丰富的画面和报表形式，有较多的操作指导信息，操作方便灵活。

4）系统的可扩展性如何，即能否不断地满足用户的新要求。

由于控制系统软件功能和指标的特殊性，因此对控制系统软件的设计也提出了较高要求，设计者不仅应具备一定的自动控制理论基础和工程实践经验，还需掌握计算机系统软件技术，包括程序设计能力和数据结构、数据库、操作系统等方面的知识。

7.2　实时数据库技术

7.2.1　数据库技术概述

1. 数据库系统的基本概念

数据库系统要求数据在统一的控制下为尽可能多的应用服务，即实现数据的共享，同时使应用程序和数据尽可能相互独立，使得应用程序尽可能少地依赖于存储介质和数据的物理结构。数据库系统通常由数据库、硬件、软件和数据库管理员四部分组成。

（1）数据库（DB）　通常由两大部分组成：一部分是有关应用所需要的工作数据的集合，称做物理数据库，它是数据库的主体；另一部分是关于各级数据结构的描述数据，称做描述数据库，通常是由一个数据字典系统管理。

（2）硬件支持系统　包括数据库服务器、大规模存储设备、网络通信设备、用户终端等。在客户机/服务器的系统结构中，越来越多地采用集群服务器的结构。

（3）软件支持系统　主要包括操作系统、各种宿主语言、实用程序和数据库管理系统等。为了开发应用系统，还要有各种宿主语言的编译系统，这些语言应与数据库有良好的接口；应用开发工具软件是系统为应用开发人员和最终用户提供的交互程序设计系统，包括报表生成器、表格系统、图形系统、具有数据库存取和表格 I/O 功能的软件、数据字典等。

（4）数据库管理员（Database Administrator，DBA）　管理、开发和使用数据库系统的人员，主要有数据库管理员、系统分析员、应用程序员和用户。数据库系统中的不同人员涉及到不同的数据抽象级别，具有不同的数据视图。用户通过应用系统的用户接口使用数据库，常用的接口方式包括菜单驱动、表格操作、图形显示、报表生成等；应用程序员负责设计应用系统的程序模块，根据外模式编写应用程序和对数据库的操作过程；系统分析员负责应用系统的需求分析和规范说明，他们和用户及 DBA 相结合，确定系统的软硬件配置并参与数据库各级模式的概要设计。DBA 控制数据库整体结构，负责保护和控制数据，使数据能被任何有权使用的人有效使用；DBA 还负责维护数据库，但对数据库的内容不负责，而且为了保证数据的安全性，数据库的内容应该对 DBA 是封锁的。DBA 工作的两个重要工具是：一系列的实用程序，用于数据库管理系统（Database Managent System，DBMS）的装配、重组、日志、恢复、统计分析等；数据字典，是关于数据库的"数据"。

2. 数据库系统结构

数据库系统结构分为三个层次：内层、概念层和外层，其体系结构如图 7-2 所示。从某个角度看到的数据特性称为数据视图。外层最接近于用户，是单个用户所能看到的数据，单个用户使用的数据视图称为外模型。概念层是涉及到所有用户的数据定义，也就是全局的数据视图，称为概念模型。内层最接近于物理存储设备，涉及到实际数据存储的方式，物理存储的数据视图称为内模型。这三种模型用数据库的数据定义语言（DDL）描述分别得到外模式（或子模式）、概念模式（或模式）、内模式（或存储模式）。数据库的三级结构是对数据库的三个抽象级别，它把数据的具体组织留给 DBMS 管理，使用户能逻辑抽象地处理数据，而不必关心数据在计算机中的表示和存储。为实现这三个抽象级别之间的转换，数据库管理系统在这三级结构间提供了两层变换：外模式/模式变换、模式/内模式变换。下面具体讨论这三级结构及其特性。

（1）用户　用户一般是指使用数据库的应用程序和联机终端用户。

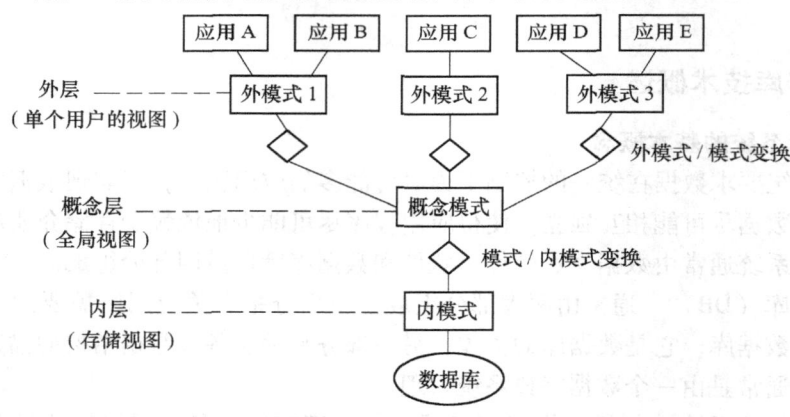

图 7-2　数据库系统的体系结构

（2）外模式　它是用户与数据库系统的接口。单个用户的视图称为外部视图，外部视图由若干外部记录类型组成。用户使用数据操纵语言（DML）对数据库进行操作，实际上是对外部视图的外部记录进行操作。例如，GET 操作是读一个外部记录值（实际为逻辑记录值），而不是数据库的内部记录值。每个外部视图用数据定义语言（DDL）描述后得到的是外模式，描述外部视图的 DDL 称为"外模式 DDL"。

（3）模式　它称为概念视图，由若干个概念记录类型组成。概念视图用 DDL 描述后得到的是概念模式（或模式），描述概念视图的 DDL 称为"模式 DDL"。模式是所有概念记录类型的定义，包含了数据库中全部数据的逻辑结构描述。

模式必须保持数据独立性。模式描述不涉及到存储结构、访问技术等细节。

(4) 内模式　内部视图是数据库中最低一级的逻辑表达，它由若干内部记录类型组成，内部记录也称为存储记录。内部视图用 DDL 描述后得到的是内模式，描述内部视图的 DDL 称为"内模式 DDL"。内模式是数据在物理存储方面的描述。

数据按外模式的描述提供给用户，按内模式的描述存储在存储设备中。

(5) 模式/内模式变换　该变换存在于概念层和内层之间，定义了模式和内模式之间的对应性。对内模式的修改尽量不涉及到模式，如果内模式要作修改，那么模式/内模式变换也要作相应的修改，但模式很可能保持不变，对外模式和应用程序的影响就更小，从而使数据库达到了物理数据独立性。

(6) 外模式/模式变换　该变换存在于外层和概念层之间，定义了外模式和模式之间的对应性。外模式和模式这两级的数据结构可能不一致，因而需要说明外部记录和字段怎样对应到概念记录和字段。一个模式可能存在多个外模式，每个用户只使用一个外模式，但不同的用户可共享同一个外模式。对模式的修改尽量不涉及到外层的外模式，如果数据库的整体逻辑结构要做修改，那么模式/外模式变换也要作相应的修改。但外模式很可能保持不变，对应用程序的影响就更小，这样就达到了逻辑数据独立性。外模式/模式变换在外模式中描述。

(7) 用户界面　它是用户和数据库系统的一条分界线。界线以下，用户是不可知的；用户界面定义在外层上，用户对于外模式是可知的。

数据库管理系统本质上取决于数据模型。所谓数据模型是表示现实世界中客观存在的实体与实体之间的联系。通常把现实世界抽象成三种数据模型：层次模型、网络模型和关系模型。

1）层次模型：用树形数据结构来表示实体之间联系的模型叫层次模型。其特征是：有且只有一个结点（根结点）无父结点；除根结点外，其他结点有且仅有一个父结点，如图 7-3 所示。

2）网络模型：若取消层次模型的两个特征，即一个结点可能有两个以上的父结点，便形成网络，这种用网络数据结构表示的实体与实体之间联系的模型叫做网络模型，其结构如图 7-4 所示。

3）关系模型：表格是一种常用的数据表示方法，用表格数据来表示实体与实体之间联系的模型叫关系模型。

在层次模型和网络模型中，文件中存放的是数据，各文件之间的联系是通过指针来实现的。而在关系模型中，文件中存放两类数据：一类是实体本身的数据；另一类是实体间的联系，这种联系是通过存放关键字来实现的。

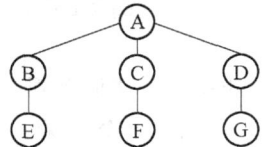

图 7-3　层次模型示意图

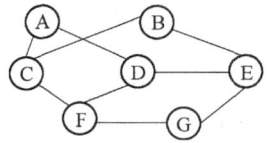

图 7-4　网络模型示意图

3. 数据库管理系统

在数据库系统中用于管理数据库的软件称为数据库管理系统（DBMS），它是数据库系统的核心组成部分。DBMS 是某种数据模型在计算机系统上的具体实现，数据库系统的一切操作，包括查询、更新以及控制都通过 DBMS 进行。DBMS 对数据的管理通过操作系统（OS）实现，DBMS 与 OS 之间的接口称之为存储记录接口，与用户之间的接口称之为用户接口。DBMS 提供数据语言给用户，包括数据定义语言（DDL）和数据操作语言（DML）。用户若要对数据库进行操作，先由 DBMS 把操作从应用程序带到外层、概念层，再到内层，进而操作存储器中的数据。DBMS 使数据易于为各种不同的用户所共享，增进数据的安全性、完整性和可用性，并提供高度的数据独立性。

下面通过对 DBMS 功能和组成以及对用户访问数据库的全过程描述来说明 DBMS 在数据库系统中的核心作用。

（1）DBMS 的主要功能和组成

1) 数据库的定义功能。DBMS 提供数据定义语言 DDL 来定义数据库的结构，包括全局逻辑数据结构（概念模式）定义、局部逻辑数据结构（外模式）定义、存储结构（内模式）定义、每一个内模式与模式、模式与外模式之间的变换、数据的完整性约束、保密定义以及信息格式定义。定义工作由数据库管理员完成，DBMS 包括 DDL 的编译程序，它把用 DDL 书写的各种源模式编译成相应的目标模式。这些目标模式是对数据库的描述，而不是数据库本身，它们是数据库的框架，被保存在数据字典中，供数据操作时使用。

2) 数据库操作功能。DBMS 提供数据操作语言 DML 实现对数据库的操作。基本的数据操作有四种：检索、插入、删除和修改。DML 有两种：一种是嵌入到主语言中使用，这类 DML 不能单独使用，称为宿主型 DML；另一类为单独地交互使用的 DML，称之为自主型 DML。

3) 数据库控制功能。DBMS 对数据库的控制主要包括四个部分：数据安全性控制、数据完整性控制、多用户环境下的并发控制和数据库的恢复，这是 DBMS 运行时的核心部分。数据安全性控制是对数据库的一种保护，安全性机构的设计是为防止未被授权的用户来存取数据库中的数据。数据完整性控制是 DBMS 对数据库提供的另一重要的方面，完整性是数据准确性和一致性的测度。数据库技术的优点之一是数据的共享性，并发控制机制能正确处理多用户多任务环境，防止错误数据的发生。数据库的恢复机制防止运行过程中出现故障而使数据库受到破坏。

4) 数据库建立和维护功能。它包括数据库建立、数据库更新、数据库再组织、数据库结构维护、数据库恢复及性能监视等，由各个实用程序来完成。

5) 数据字典。数据字典是 DBMS 的重要成分。数据字典中存放着数据库三级结构的描述，对于数据库的操作都要通过查阅数据字典来进行。在许多大型数据库系统中，数据字典被单独抽出来成为一个软件工具，使得数据字典提供一个比 DBMS 更高级的用户与数据库之间的接口。

（2）用户存取数据的过程简述 为了进一步理解 DBMS 的功能，我们来看一个应用程序 A 如何通过 DBMS 读取数据库中一个记录的全过程。在 A 运行时，DBMS 开辟一个数据库的系统缓冲区，用于 I/O 数据，外模式、模式、内模式的定义存放在数据字典中，具体过程如下：

1) 用户在其应用程序中安排一条读记录 DML 语句，该语句给出外模式中记录类型名及欲读记录的关键字值，当计算机执行到该 DML 语句时，立即启动 DBMS，并向 DBMS 发出读取记录的命令。

2）DBMS 分析命令，并从数据字典中调用应用程序 A 对应的外模式，检查 A 的存取权限，决定是否执行 A 的命令。

3）在执行 A 的命令后，DBMS 调用相应的模式描述，并从外模式变换到概念模式，把外模式的记录格式变换到概念模式的概念记录格式，决定概念模式应读入哪些记录。

4）DBMS 调用相应的内模式描述，并从概念模式变换到内模式，把概念模式的概念记录格式变换到内模式内部记录格式，确定应读入哪些物理记录以及具体的地址信息。

5）DBMS 向操作系统发出从指定地址读取物理记录的命令。

6）操作系统执行读命令，按指定地址从数据库中把数据读入到数据库的系统缓冲区，并在操作结束后向 DBMS 作出回答。

7）DBMS 收到操作系统读操作结束的回答后，参照模式，将读入系统缓冲区中的内容变换成概念记录，再参照外模式，变换成用户要求读取的外部记录。

8）DBMS 把导出的外部记录从系统缓冲区送到应用程序 A 的"程序工作区"中。

9）DBMS 向运行日志数据库发出读一条记录的信息，以备以后查询使用数据库的情况。

10）DBMS 将操作执行成功与否的状态信息返回给用户。应用程序根据返回的状态信息决定是否使用工作区中的数据。

4. 关系数据库查询语言 SQL

SQL（Structured Query Language）语言是一种关系数据库语言，现在各种机型的数据库系统都采用 SQL 作为共同的数据库语言。

SQL 按其功能可分为 4 大部分：

1）数据定义语言（Data Definition Language，DDL），用于定义、撤销和修改数据模式。

2）查询语言（Query Language，QL），用于查询数据。

3）数据操纵语言（Data Manipulation Language，DML），用于增、删、改数据。

4）数据控制语言（Data Control Language，DCL），用于数据访问权限的控制。

SQL 可用于所有用户（包括系统管理员、数据库管理员、应用程序员、决策支持系统人员以及其他类型的终端用户）的数据库活动记录。它为许多任务提供命令，包括查询数据；在表中插入、修改和删除行；建立、修改和删除数据对象；控制对数据库和数据对象的存取；保证数据库的一致性和完整性。

7.2.2 计算机控制系统中的实时数据库

数据库技术经过几十年的发展，历经层次、网络和关系型的三种结构，直到今天大型关系数据库在商业领域取得了巨大的成功。但是在指挥系统、雷达跟踪、控制系统、证券交易、CIMS 等领域其应用的共同特征是不仅要处理传统数据库中的持久性数据，还要处理即时数据，支持这种应用的数据管理系统称为实时数据库系统。

1. 实时数据库的概念

实时数据库系统（RTDBS）就是其事务和数据都是有定时特性或显式的定时限制的数据库系统。系统的正确性不仅依赖于逻辑结果，而且还依赖于逻辑结果产生的时间。近年来，RTDBS 受到了来自数据库和实时系统两个领域研究者的极大关注，数据库研究者旨在利用数据库技术来解决实时系统的数据管理问题，实时系统研究者则致力于为 RTDBS 提供时间驱动调度和资源分配算法。然而，RTDBS 并非是两者的简单集成，它需要对一系列问题进行全面的研究与决策：数据和数据库的结构和组织；事务时限的软硬性、事务模型及其结构特征；事务的调度策略；通信的协议和算法；数据和事务的特性以及它们与一致性、正确性的关系等。

实时数据库可用于生产过程数据的自动采集、存储和监视，可在线存储每个工艺过程点的多年数据。它提供了清晰、精确的操作情况画面，用户既可浏览当前的生产情况，也可回顾过去的生产情况。另一方面，实时数据库为最终用户提供了快捷、高效的企业信息。由于企业实时数据存放在统一的数据库中，企业中的所有相关人员，无论身处何地都可看到相同的信息，客户端的应用程序可使用户很容易在企业级实施管理，诸如工艺改进、质量控制、故障预防维护等。通过实时数据库可集成数据管理系统（DMS）、能量管理系统（EMS）、企业资源规划（ERP）、设备维护管理、管理信息系统（MIS）、模拟与优化等应用程序，在业务管理和实时生产之间起到桥梁作用，实现企业数字化管理，如图 7-5 所示。

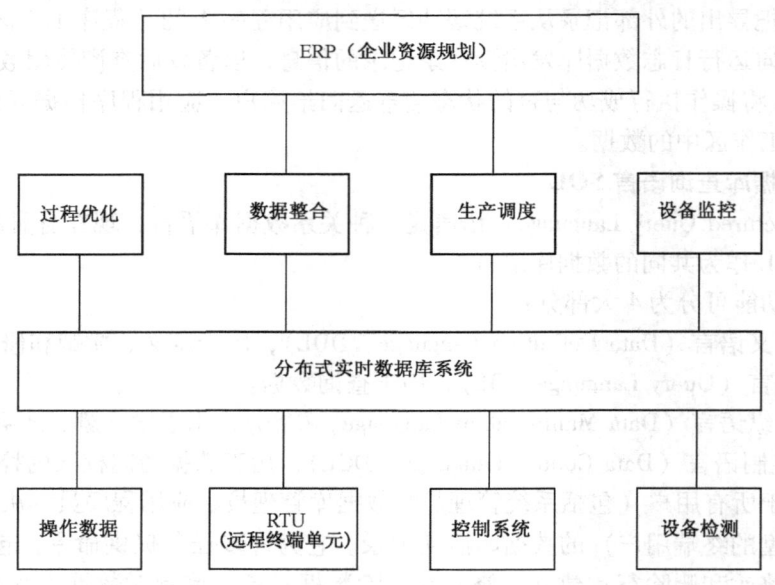

图 7-5　实时数据库系统在企业信息化中的地位

2. 实时数据库的功能和特点

由于实时信息系统处理的信息量越来越大，故倾向于采用数据库技术。但是传统的关系数据库系统，主要是针对商业应用发展起来的，强调维护数据的正确性、保持系统的低代价、提供友好的用户界面，而未考虑实时系统的特点（如：定时限制，系统的性能目标在于吞吐量和平均响应时间，而不是各个事务的限制），这样系统在调度决策时，一般不考虑工程上的各种实时要求，从而限制了它在工业实时控制的应用。

实时系统所支持的应用具有很强的时间性要求，其处理活动和数据都有定时的特性。传统实时系统的处理对象为简单和可预报的数据，所要求的也是简单任务。随着处理量的增大，处理对象的复杂化，维护数据一致性的重要性亦日益突出，因而导致了数据库与实时系统的结合，从而产生实时数据库。

实时数据库融合了实时系统和数据库两个领域的技术和特点，从而具备了一些不同于两者的新特点。

数据的一致性仍然是实时数据库系统的重要目标,为此人们在系统的并发控制及数据存取机制方面进行了多方面的研究,以探讨在时间约束的环境下如何保证共享数据一致性的方法,满足外部实时应用环境对数据库系统的关于时间和数据方面协调一致的要求。

另外,在实时数据库系统中还有以下几个方面需要着重提出:

1) 在实时系统中经常以固定的时间周期收集被控系统的实时数据,相应地控制系统也必须周期性地处理数据和作出响应。

2) 数据与时间具有同步性,输入数据的合法性具有时间特征,输入数据随着时间变化,在一个时间周期内输入数据代表了被控系统的当前状态。

3) 控制系统必须在接收到数据的一定的时间内作出响应,如果超出了这个时间范围,就达不到实时控制的目的。

实时数据库系统组合了如下功能:

1) 数据描述(模型、模式)。
2) 数据正确性维护(完整性、一致性检验)。
3) 有效的数据存取(数据库组织、操作与存取方法)。
4) 查询和事务的正确执行(事务管理、调度与并发控制)。
5) 数据的安全性和可靠性保护(安全性检验、恢复)。

7.2.3 实时数据库的设计

实时数据库按应用对象划分,包括现场数据源服务层、实时数据平台层、实时数据平台应用层、外部通用软件应用层4个层次,如图7-6所示。

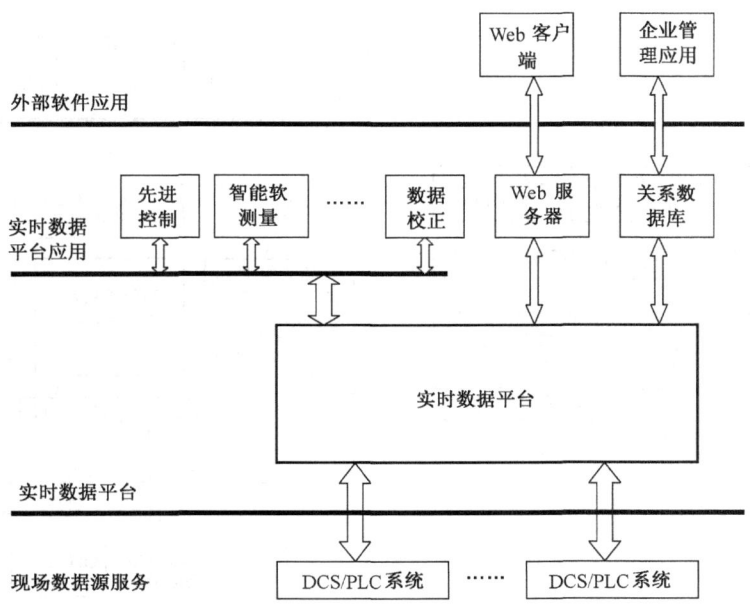

图7-6 实时数据系统层次结构

现场数据源服务面向各种数据源,目的是将企业生产中分散的、类型不一致的数据采集上来,以标准的数据方式传送给实时数据平台。

实时数据平台是整个实时数据库系统的核心,它的职责是管理现场的实时数据,保存历史数据,为应用层的软件提供数据接口,协调、维持各项事务的正常进行,为数据获取、数据处理等事务的具体实行提供组态服务等。一般来说,在工业自动化过程监控系统中,对于数据采集和存储可以采用实时数据库和历史数据库相结合的方法,即分为驻内和留外两个部分。实时数据库系统为驻内部分,采用主存数据库,存储形式可采用顺序结构或 B 树结构,主存部分保持一定的容量,将超过一定时间的数据写到外存数据库并从内存中清除。实时系统采集的数据,经过应用程序处理后,存入内存数据库中。对于简单系统,可采用数组结构进行存储;复杂系统因数据量大,为提高查询效率可采用 B 树或其他树形结构进行存储。

实时数据平台应用软件本身属于实时数据库系统,因为它是通过实时数据平台的个性化接口获取数据。实时数据平台应用软件是多样化的,根据用户和工艺要求可以开发出相适应的各种应用软件。例如实时数据库涉及到过程监控中的许多功能应用,如:报警、棒图、趋势显示、串行通信等等,在工业自动化软件中具有极其重要的作用。

实时数据库系统的外部通用软件如 Web 应用平台,提供基于 B/S 结构的实时数据报表、流程图、趋势图应用。提供全厂装置流程图监视、位号的实时趋势图、数据一览表、连接实时数据平台、系统维护等功能模块。

目前比较流行的实时数据库系统有:中国科学院软件研究所开发的分布式实时数据库 Agilor 系统,其系统组成及逻辑结构如图 7-7 所示;浙大中控推出 ESP-iSYS 实时数据集成与过程监控平台,其系统结构如图 7-8 所示;美国 OSI Software 公司开发的基于 C/S、B/S 结构的 PI 实时数据库系统,其结构如图 7-9 所示;美国 Honeywell 公司的 Uniformance PHD 实时数据库系统。

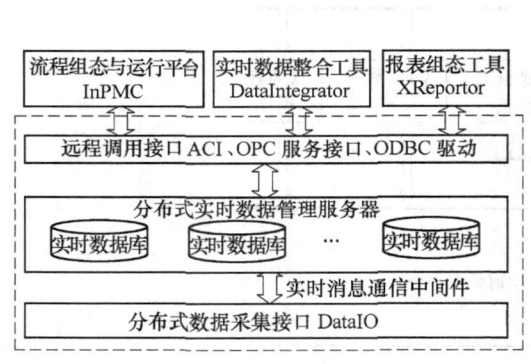

图 7-7 Agilor 系统组成及逻辑结构图

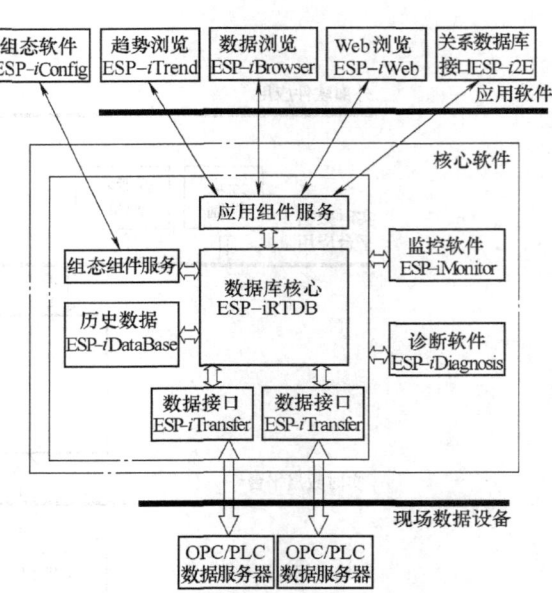

图 7-8 ESP-iSYS 系统结构

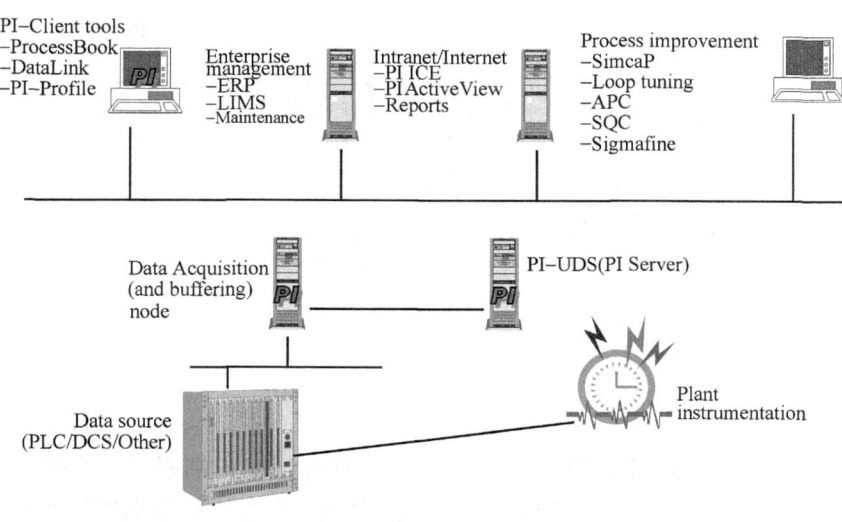

图 7-9 PI 系统结构

7.2.4 实时数据库的实例

工业监测控制系统中需要对外部系统的运行进行监视、控制和管理，不仅需要维护大量的共享数据和控制知识，而且这些功能的完成又具有严格的时限。因此监测控制系统的正确性不仅依赖于逻辑结果，而且还依赖于逻辑结果产生的时间。关系型数据库在存储和管理永久性、非短暂数据方面虽然有着广泛的应用，但由于它主要存储在慢速的外部存储设备，执行时间不可预测，没有实时性，利用它管理实时数据显然存在着严重的不足。因而将实时技术和传统的数据库技术相结合，针对工业监测控制系统的实时数据库系统的特征、主要技术、数据模型及其应用开展研究是非常必要的。

本例中工业监控系统采用分层分布式结构，其功能结构如图 7-10 所示，监控系统主要由实时库模块、测控服务模块、前置机模块、画面监视模块构成。前置机模块解释各种规约，不同规约分别编成规约库，根据系统具体规约配置由前置数据进程动态加载。前置机解析来自测控单元的控制信息，并放入共享内存，测控服务模块通过共享内存与前置机通信，读取这些数据，经过处理后写入实时数据库。另外，测控服务模块还完成一些可控对象的遥控和遥调功能。实时数据库的维护进程负责实时数据库的备份、动态加载，向客户端提供数据服务。分析机负责完成工业系统大量在线综合分析和计算功能。大量的设备参数信息及实时运行数据状态信息，通过配置 Web 服务器，可在 Internet 使用浏览器监控整个工业监控系统运行的动态情况。

实时数据库中为不同应用提供服务的各子数据库应该分布在不同的服务器结点上。作为系统数据处理的关键模块，它的效率和稳定性决定了系统的成败。

1. 实时数据库的结构

本实时数据库系统的设计要求达到以下目标：系统能支持大规模的数据采集与数据管理，能够覆盖测控系统中所有关键控制系统和实时数据源；能通过实时数据库查询、优化；系统在连续运行的情况下，能在线修改、扩充和调试；系统能够通过标准通信协议接入其他

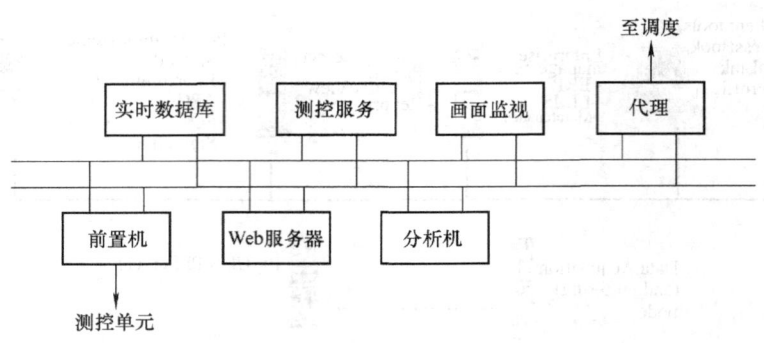

图 7-10　工业监测控制系统功能结构图

系统。

本系统实时数据库的体系结构如图 7-11 所示。它包括客户端程序、实时任务调度与管理、内存数据库、I/O 调度、关系数据库。其中内存数据库是实时数据库的核心之一，它包括数据库数据模型、实时资源管理、数据操作、事务处理控制和网络通信等。

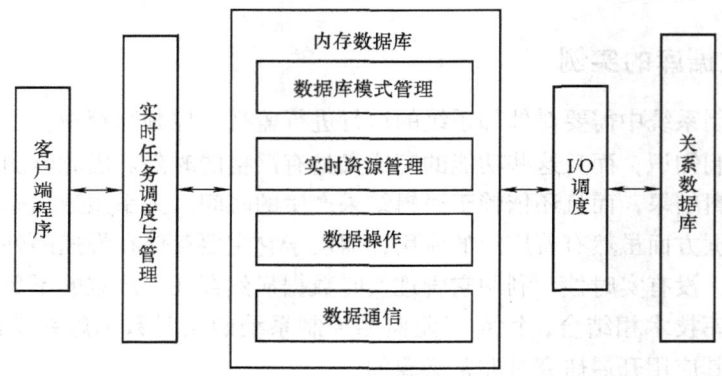

图 7-11　实时数据库体系结构

内存数据库为静态连接库，为实时数据库平台的建立提供接口函数和可供调用的类。内存数据库要求较大内存，但如果内存开辟得过大，将会影响操作系统的运行性能，因此设计时将下述两类数据保存在内存。第一类是具有短暂有效时间的数据，如遥测量、遥信量、度量等数据；第二类是存取频率高的数据，如计算规则和参数配置等数据。

系统采用面向对象技术并用 C++语言来构造数据表类和数据库类。其中，核心类是数据库类，即 RTDbData 类，它控制对数据库的交互应用，包括事务管理、内存分配、数据库访问等，主要封装了三类成员：①同步事件对象；②由数据表类声明的对象；③从通信协议层接收、发送的数据和任务管理。

内存数据库中的数据存放在表中，一个数据库中可以包含很多个表。这里的表对应于 C++ 中的类，表中的记录对应于类的实例，相同类型的记录放在同一个表中，主要有遥测类、遥信类、度量类、计算规则类、控制操作类和操作规则类。遥测类包含越限监视、最大（小）值和平均值统计和历史采样处理等任务；遥信类包含变位监视、复合遥信计算等任务；度量类包含量的累计与统计等任务；控制类包含控制等任务。利用 RTDataTable 类作为实时数据库中所有数据表类的基类，封装了实时数据表类的公共属性和方法；RTData 类作为 RTYcTable（遥测类）、RTYxTable（遥信类）、RTKwhTable（度量类）和 RTControl（控制类）的基类，是抽象类，封装了启动 Start、停止 Stop 等方法，派生于 RTDataTable 类；RTRules 类是 RTCalculate（计算规则类）和 RTCondition（控制规则类）的基类，封装了计算等任务，也派生于 RTDataTable 类。

2. 实时数据库的设计

（1）工业监控数据模型的建立　根据上述分析，对工业监控实时数据库常用到的数据模型按层次加关系的模型进行设计。主要有如下库类：

公用字典类数据库，该类库是整个数据库的基础，存储内容包括：实时数据库中每一数据元素的名称、意义、描述、来源、职责、格式、用途及其与其他数据的关系；

测控数据库，主要有远方终端（RTU）库、遥测库、遥信库、操作库、度量库、历史数据库、事件顺序记录（SOE）库等。

根据数据对象类别和相互之间关系分类设计，降低共享内存空间，便于将复杂事务分解为执行时间较短的任务单元，降低资源竞争的机会，简化任务调度。下面以实时库中的事件库类，作为事务时间性约束的典型代表为例说明事件类的构成。

事件记录类 EventSet：
double　　　m_Year；
double　　　m_Month；
double　　　m_Day；
double　　　m_Hour；
double　　　m_Minute；
double　　　m_Second；
double　　　m_MilliSec；//记录事件发生时间
CString　　　m_Cause；//事件原因
double　　　m_EventType；//事件类型
double　　　m_RTUNo；//站号
double　　　m_No；//事件 ID
double　　　m_YCValue//遥测事项记录值
BOOL　　　　m_SGFlag//开关变位事故标志

（2）实时数据库 C/S 访问控制　本系统采用了客户/服务器数据库系统机制，由专用服务器管理整个数据库，而应用系统运行的所有其他结点（称之为客户）与服务器进行通信来存取数据库。

在实时数据库服务器实现时，为了对来自不同结点的并发请求进行处理，首先创建一个线程，在此线程里创建一个套接字，负责侦听连接请求，在处理并发请求时，服务器的侦听套接字不需要重复创建，只需要有一个侦听套接字在设定的端口进行侦听即可，这种侦听在服务器开始运行就启动，给侦听到的连接请求分配一个新的套接字，并将建立的连接添加到 m_ConnectionList 链表的尾部，然后启动数据收发线程，该线程通过扫描连接链表的各个成员，就可以获取它们的状态和更新客户机的数据信息。

当多个客户"同时"与服务器通信时，服务器必须能"同时"实时响应各个客户，使客户不致有先启后启的感觉。为这种并发服务器的实现，采用 Windows 操作系统相应的语句

Select。Windows 还有与窗口相联系的语句 WSAAsyncSelect，函数自动将套接口设置为非阻塞模式。WSAAsyncSelect 可以通知套接口有请求事件发生，包括：

FD_READ 欲接收读准备好的通知。

FD_WRITE 欲接收写准备好的通知。

FD_ACCEPT 欲接收将要连接的通知。

FD_CONNECT 欲接收已连接好的通知。

如下例：

if (select (nfds+1, &rdset, &wrset, NULL, &timeout) == SOCKET_ERROR)
{
　　FD_ZERO (&rdset);
　　FD_ZERO (&wrset);
} //获取端口状态
if (FD_ISSET (gtcp_sock, &rdset)) //判断是否可读，
{…}
if (FD_ISSET (gtcp_sock, &wrset)) //判断是否可写，
{…}

(3) 数据库 I/O 访问控制　　实时数据库是内存数据库，它针对不同应用提供了两类访问模式。第一类是直接的物理地址访问，把实时数据库分区的共享内存进行映射，应用程序就可以相当高的效率访问这一段共享内存，在 Windows 操作系统下，利用 CreateFileMapping () 和 MapViewOfFile () 函数实现。这一类模式具有很高的访问效率，但是这种访问模式绕过了数据库管理系统，不能保证数据的安全性与完整性，只能访问本地数据。第二类是通过系统提供的规范接口实现不同进程和不同结点之间数据的访问与控制。本系统利用 COM/DCOM 技术实现 IRtDb 和 ICursor 接口。IRtDb 接口是主要接口，负责实现实时库的打开、关闭，启动和停止周期计算，执行相应的 SQL 语句（包括建表、插入、更新、删除、添加/删除索引等数据库的操作），ICursor 接口用于输出查询结果。

(4) 分布式机制的实现　　实时库的实体以应用为单位在网络上进行分布，例如测控数据库和分析机数据库等，这些数据库实体在逻辑上是分开的，相互独立存在。实时数据库利用客户服务器交互访问、流式传输、异地镜像、报文广播、代理服务等多种机制来实现数据的分布功能，这几种机制在系统中被用于不同的情况。

1) 选择 Client/Server (C/S) 方式：即问答式访问。客户端不生成数据库实体，只需安装实时库的客户端，实时数据通过客户端接口从服务器的数据库实体中获取。这种方式的优点是客户端比较瘦，易于系统移植、扩展和维护数据一致性，缺点是网络负载较重，影响速度。对于数据量不大、访问实时库不是很频繁的应用可以采用这种方式。

2) 流式传输与客户服务器交互访问有很大的类似性，它的基本原理是客户端定义某种规则向服务器一次性申请某些数据，并说明所请求数据的刷新周期，向实时库服务器注册一个流。而后服务器就会按指定时间间隔周期性地向客户端"回送"数据，其特点是取消了客户服务器交互访问中频繁的应答过程，且服务器可根据客户请求数据的变化情况，动态调整数据报文的大小，优化网络中的数据流量，提高系统响应速度。

3) 异地镜像可以提高数据库间的数据同步效率以适应某些特殊的应用，其实质是以数

据库中一些基本结构为单位，进行整体数据的异地同步。在系统实时数据库配置时，指定实时库服务器的安装结点和镜像结点，由实时库镜像进程维护实时数据库在服务器结点和镜像结点之间的镜像。

4）驻留代理机制（Proxy）的服务器动态地维护分布式系统中某一数据库的相关信息，完成对数据库进行请求等操作，并把操作结果组合起来，返回给应用程序。应用程序只和代理打交道，将第三方的应用与监控实时数据库系统完全隔离开来，提高了系统的安全性。代理机制一般需要完成以下功能：资源字典的建立及查询、各种访问请求的转发、对应答的递交、回答的超时控制和数据库中模式信息的查询等。

在代理服务器端先定义要代理的实时库名，实时库中的表名和字段名，以及刷新的时间节拍。由实时库复制进程把要求实时库记录从相关的服务器复制到代理服务器。代理服务器接收第三方应用的请求，将实时数据回送给第三方应用。

7.3 计算机控制系统的软件设计

计算机控制系统软件具有实时性强、可靠性高和多功能的要求，控制系统软件应具有合理的系统结构，才能灵活地配置和扩充系统功能，实现控制、显示、打印和其他管理功能，以使整个系统高效运行。

7.3.1 应用软件设计的需求

从企业综合自动化的角度看，计算机控制系统的需求可以参考图 7-1 所示的层次结构。这种结构的系统运行模式是：控制层（包括基础控制与先进控制）按秒级运行；生产装置优化层，根据工艺的实际情况，一般是 3~4 小时进行一次最优化计算；企业生产最优化调度是以天或旬为单位计算一次；而企业长期计划决策是按月、季或年进行的。这样，一个极其复杂的计算机过程控制系统在软件上分解成控制、操作优化、最优调度、最优计划决策等几个层次。

先进控制和操作优化层一般采用一个通用的监控平台，它是以实时数据库为核心，具有组态功能的通用软件。该平台能方便地用组态方式实现实时数据、历史趋势、棒图、动态数据流程的显示等，形成各种打印报表，并具有与各种 DCS 及 PLC 的数据通信等功能。开放式结构允许将先进控制软件及在线优化软件嵌入主控程序中，可方便地实现先进控制及在线操作优化算法的投运和切除。

要实现上述各个层次的功能，计算机控制系统的软件应建立在一个开放式的集成环境上。集成环境包括以下几个方面：集成各个功能软件模块；及时完成信息的上传、下达和存储；显示功能软件模块的信息和其他有关信息，传达操作者的指令信息到功能软件模块；满足功能软件模块对信息实时性的不同要求；完成对计算机资源、进程和任务的管理和调度。因此，集成环境应包括操作系统、网络、接口驱动程序、实时数据库和人机界面等。

7.3.2 操作系统的选择

1. 操作系统的功能和任务

操作系统是最基本的系统软件，直接运行在裸机之上，是硬件机器的第一级扩充，任何软件的运行都必须依靠操作系统的支持。操作系统的主要目的是控制与管理计算机的硬件和软件资源,合理地组织计算机工作流程,方便用户使用计算机。

操作系统主要具有以下五大管理功能:

(1) 作业管理　对作业的控制有"脱机"和"联机"两种方式。"脱机控制"是指所有作业统一由系统操作员送入磁盘(带),由作业控制语言实现作业的提交和运行。"联机控制"则是作业由用户在终端或控制台上用操作系统的命令控制。

(2) 处理机管理(或称 CPU 管理)　CPU 管理的基本功能是在多个进程共享一个 CPU 的情况下,根据选定的策略对 CPU 实施分配与回收。分为作业调度和进程调度两级:

1) 作业调度确定哪个作业进入执行状态,有时也称为高级调度或宏调度。

2) 进程调度确定哪个进程可占有 CPU,有时也称为低级调度或微调度。

(3) 存储管理　存储管理包括以下三个功能:

1) 内存分配,根据适当的算法分配和回收内存空间,保证操作系统和各个用户作业有必要的活动空间。

2) 内存保护,防止在多道程序或多任务运行时,用户程序对系统程序或其他用户程序的破坏,存储保护需要硬件提供支持。

3) 内存扩充,提供容量远大于内存容量的虚拟存储器,以解决多任务环境下内存紧张的问题。

(4) 设备管理　一是对系统的输入/输出设备进行统一的分配与管理,使有限的设备资源为多个用户共享;二是由操作系统代替用户来控制设备运行的细节,达到既方便用户,又可防止操作错误、保障设备安全的目的。其主要功能为:

1) 设备分配,决定将设备分配给谁,按什么策略分配,在什么时机分配,但单用户系统不存在设备分配问题。

2) 设备驱动,控制外部设备、实施具体的输入/输出操作,并根据操作的结果是否正常,进行相应的处理。

3) 虚拟设备,用一种设备或其他资源模拟另一种设备,借以提高设备的效率。

(5) 文件管理　操作系统的文件管理具有如下功能:

1) 文件存储与检索,决定文件用什么方式存储到外存介质上,采用哪些存储结构与存取方法,以及外存空间如何分配与回收。

2) 文件操作,包括对文件的按名查找、建立、删除与读/写等。

3) 文件保护与控制,防止文件被非法使用或破坏。

2. 操作系统的分类

操作系统可以按不同的分类方法进行分类:

(1) 按功能分类

1) 批处理操作系统。"单道批处理操作系统",以成批的方式处理作业,在作业运行结束后,自动调入同批中的下一个作业。"多道批处理操作系统",除了保持作业自动过渡的功能外,还支持同一批中的多道用户程序在一个 CPU 中同时运行。批处理操作系统虽然提高了计算机的效率,但由于一次要处理一批作业,在该批作业处理过程中,任何用户都不能与计算机进行交互,即使发现某个作业的程序错误,也要等该批次作业全部结束后才能修改。

2）分时操作系统。分时操作系统适用于连接多台终端机的计算机系统，由操作系统将 CPU 时间划分为许多很短的时间片，轮流为各个终端的用户服务。例如操作系统是一个具有 20 个终端的分时系统，若每个终端每次分配给 50ms 的时间片，则每隔 1s 即可为所有的用户服务一遍。分时系统能够对每个终端及时响应，终端上的用户几乎感觉不到分时的存在。分时系统具有"独占性"，"交互性"（人机对话）、"同时性"等三大特征。

3）实时操作系统。实时操作系统分为两种类型：一类是实时信息处理系统，另一类是实时监督控制系统。

（2）按计算机配置分类 大型计算机的资源众多，价格昂贵，理所当然地希望操作系统具有相当完备的功能，以便充分利用大型机的资源。微型机则不同，它的配置通常比较简单，价格便宜，要求操作系统短小精悍，具有较大的灵活性。

计算机网络的出现对操作系统提出了新要求，产生了网络操作系统和分布式操作系统，前者设置在网络服务器上，操作站上的计算机仍配置非网络操作系统；后者则在全网公用一个分布式操作系统，以代替在每个结点设置操作系统。

（3）按用户/任务分类 分为单用户单任务操作系统、单用户多任务操作系统和多用户多任务操作系统。分时操作系统和网络操作系统都属于多用户操作系统，支持多个用户的作业同时在系统上运行。现在的操作系统一般都支持多任务的功能。

3. 典型的操作系统

（1）Windows NT 操作系统 Windows NT Server 4.0 采用客户/服务器结构，是面向网络服务器的网络操作系统，为网络应用提供了功能强大的服务器平台。它还是一种面向 Internet/Intranet 的网络操作系统，内置有强大的 Internet/Intranet 服务支持功能，可以方便地构成 Internet 信息服务器，并内置了包括浏览器在内的多种 Internet 访问工具。

Windows NT Workstation 4.0 是面向网络工作组的操作系统，采用对等式的网络通信机制，既可以单独作为桌面操作系统，用于对等式通信的网络工作组环境，也可在 Windows NT Server 4.0 环境中作为工作站操作系统使用。

Windows NT 采用抢先式多任务机制来提供多任务能力，操作系统可以剥夺每一个应用程序对 CPU 的控制权，保证每个应用程序都能获得合理的共享时间，同时运行而互不干扰。

Windows NT 支持多线程处理，允许编程人员将一个应用程序分成可同时运行的几个部分（即线程）。这样，在用户与应用程序交互的同时，后台还可以完成其他任务。如果 Windows NT 运行在多处理器系统上，则通过对称式多处理技术，使每个处理器能运行同一应用程序或不同应用程序中的线程（包括操作系统本身），加快系统响应，进一步提高系统的实时性。

（2）Windows 2000 系列 Windows 2000 系列分成四个产品：Windows 2000 Professional、Windows 2000 Server、Windows 2000 Advanced Server、Windows 2000 Datacenter Server。Windows 2000 Professional 是 Windows NT Workstation 4.0 的升级版。Windows 2000 Server 和 Advanced Server 分别是 Windows NT Server 4.0 及其企业版的升级产品，是为服务器开发的多用户操作系统，可为部门工作组或中小型企业用户提供文件和打印、应用软件、Web 和通信等各种服务。而 Advanced Server 除了上述功能外，还有一些专门为大型企业级服务器所设计的特性，如集群、负载平衡和对称多处理器（SMP）支持等。Windows 2000 Datacenter Server 是 Windows 2000 系列中全新的版本，主要通过 OEM 的方式销售。

(3) VMS 操作系统　VMS 是由 DEC 公司开发的实时多任务操作系统。

在 VMS 中，应用分为多个较小的可管理的执行单位——进程。主进程同步和管理从进程的执行，从进程处于不同的状态和优先级并执行不同的任务。CPU 在每一个瞬时只执行一个进程，但是对各个进程的执行采取按时间片循环轮转结合优先级调度，为多进程的执行创造了并行执行环境。在实时应用中，将对时间要求严格的过程事件放在一个有较高优先级的进程里，其他的过程事件放在较低优先级的进程里，任何进程可以选择放入等待状态。当事件发生，进程就被唤醒执行。比如，高优先级的进程从实时设备上采集数据传递给数据分析进程并唤醒其执行，数据分析进程可随时被数据采集进程中断而等待数据采集的完成。这样，对时间要求严格的操作和对时间要求不严格的操作分离，并恰当地共享着 CPU。

(4) Linux 与 RT Linux 操作系统　Linux 是一种类 UNIX 操作系统，其内核由 Linux Torvalds 以及网络上组织松散的黑客队伍一起从零开始编写而成，属于开放源代码的自由软件。它与其他操作系统有两点最主要的区别：一是完全免费；二是程序源代码，包括内核部分全部对用户公开，这使得任何用户都可以在其内核中增加代码以满足自己的需要。

Linux 继承了 UNIX 系统的特点和设计思想，系统的内核结构由内存管理、进程管理、设备驱动程序、文件系统和网络管理等部分构成，它保持了与可移植操作系统接口（Portable Operating System Interfaces of Unix, POSIX）的兼容。Linux 具有真正的多任务、虚拟内存、共享库、需求装载、优秀的内存管理、TCP/IP 网络支持等特征。Linux 系统支持虚拟文件系统（Virtual File System, VFS），作为实际文件系统和操作系统之间的接口，将它们隔离开来。

RT Linux 是能够提供实时功能的 Linux 操作系统，非常适合于工业计算机控制领域。目前 RT Linux 已用于机器人控制器以及加工中心，甚至被用于人工心脏控制器。与标准 Linux 类似，RT Linux 提供了运行特殊实时任务和终端句柄的能力。在 Intel X86 机器上，RT Linux 执行终端句柄的延迟不超过 15ms，而当调度一个经常性任务时，该任务的执行时间将在 35ms 内。

RT Linux 采用了虚拟机技术，即 Linux 并不直接与中断控制硬件进行联系，而是通过设备仿真层进行中断控制，该仿真层不但使 Linux 不能禁止中断，同时还能对 Linux 内核的同步需求提供支持。在 RT Linux 中，一旦中断到来，就先由设备仿真层处理，完成所有需要进行的实时处理之后，再提交给 Linux 进行下一步处理。如果 Linux 已经执行了禁止中断的操作，则仿真层只是将该中断标记为挂起状态；当 Linux 执行了允许中断的操作后，仿真层就会将控制切换到处于挂起状态且具有最高优先级的中断处理程序。要注意的是，RT Linux 中采用的虚拟机技术不同于以往的虚拟机技术，RT Linux 的虚拟机只负责仿真中断控制，而在其他方面仍可直接控制硬件，从而既保证了较好的运行效率，又使 Linux 内核的修改量最小。

(5) Windows CE 操作系统　Windows CE 是微软在嵌入式系统的重头戏，相关的发展历程已经超过十个年头，目前最新版本为 6.0。Windows CE 6.0 大幅改变了核心地址以及资源分配的机制，最大可同时执行 32000 个程序，而且每个程序可拥有独立分配的 2GB 虚拟存储器。与此同时，核心服务、硬件装置的驱动程序、视窗绘图以及事件子系统、档案系统等服务都被转移到系统核心保留空间中。Windows CE 6.0 新的 BSP（Board Support Package）与编译器都支持 ARM 的最新体系，同时 6.0 版也是首个导入 ExFAT（扩展 FAT）的操作系统。ExFAT 在 Windows CE 6.0 中，担当了总管所有外接储存媒体的中介层角色，解除过去传统 FAT 档案系统的 32GB 单一容量限制。ExFAT 同样也解除了单一档案只能在 2GB 以下的限制，这对于硬件厂商以 Windows CE 发展大容量储存管理伺服架构，有着相当大的帮助。

Windows CE 6.0 在网络堆叠协定方面，直接支持了 802.11i、WAP2、802.11e（无线 QoS）、蓝牙 A2DP/AVRCP 的 AES 加密等，为无线通信建立了一个稳定、安全以及可靠的应用环境。Windows CE 6.0 支持了 Windows.NET Compact Framework 2.0 作为应用程序管理开发以及 Win32、MFC、ATL、WTL 和 STL 等程序开发界面提供给应用程序的开发者使用。

在不变更原有的硬件架构之下，导入 Windows CE 6.0 可以大幅改善原有程序的执行效率，并且也允许同时有更多程序同步执行，由于每个程序都具备独立的执行空间，即便某些程序当掉，也不会影响到其他应用程序或系统执行，提供给使用者比起以往旧版系统更强的稳固性与更大的弹性。

4. 操作系统的选择

在确定计算机控制系统的硬件方案后，即可进行操作系统的选择。选择操作系统时，需考虑如下因素：

1）操作系统提供的开发工具。有些实时操作系统只支持该系统供应商的开发工具，用户还必须向操作系统供应商获取编译器、调试器等；而有些操作系统使用广泛，且有第三方工具可用，选择的余地比较大。

2）操作系统向硬件接口移植的难度。

3）操作系统的内存要求。

4）开发人员是否熟悉此操作系统及其提供的 API。

5）操作系统是否提供硬件驱动程序，如网卡驱动程序等。

6）操作系统的可剪裁性。

7）操作系统的实时性能。

目前在工业过程控制中，上位机监控系统通常选择 Windows 2000，在一些嵌入式监控系统中则选择 Windows CE 或 Linux 操作系统，而在实时性要求较高的场合，则选择 VMS、RT Linux 或 QNX 等实时操作系统。

7.3.3 应用程序开发平台

计算机控制系统应用程序开发平台要求有合适的语言、良好的工具、有效的编辑和调试手段以及尽可能丰富的实用程序。与运行环境比，开发环境对软、硬件的要求都要高得多。在某些情况下，开发者在一种环境下开发，但必须转到另一种不同的环境中运行。用于开发的计算机称为宿主机，用于运行的计算机则称为目标机。所以运行环境也称为目标环境。

计算机控制系统应用程序开发平台可分为硬件平台和软件平台两部分，硬件平台主要包括处理器、内存、硬盘、输入装置、图像和语音装置、光驱、I/O 接口以及扩展总线等；而软件平台主要包括操作系统、编程语言和集成开发环境等。

在选择开发平台时，处理器的选择是最重要的，操作系统和编程语言的选择也是非常关键的。处理器的选择往往会限制操作系统的选择，操作系统的选择又会限制开发工具的选择。

计算机控制系统应用程序设计者在选择处理器时主要考虑的因素有：① 处理性能，取决于多个方面的因素，如时钟频率，内部寄存器的大小，指令是否能够处理所有的寄存器等；② 技术指标；③ 功耗；④ 软件支持工具；⑤ 是否内置调试工具。⑥ 供应商是否提供评估板。

目前可供选择的 CPU 处理器有 Intel 的 x86 系列，ARM 芯片以及单片机 MCS51 等。

编程语言的选择主要考虑以下因素：① 通用性；② 可移植性；③ 执行效率，一般来说，越是高级的语言，其编译器和开销就越大，应用程序也就越大、越慢；但单纯依靠低级语言，如汇编语言来进行应用程序的开发，带来的问题是编程复杂、开发周期长，因此，存在一个开发时间和运行性能间的权衡问题；④ 可维护性。

(1) 汇编语言　汇编语言是面向具体微处理器的，使用它能够具体描述控制运算和处理的过程、紧凑地使用内存，对内存和地址空间的分配比较清楚，能够充分发挥硬件的性能，所编软件运算速度快、实时性好，主要用于过程信号的检测、控制计算和控制输出的处理。与高级语言相比，汇编语言编程效率低、移植性差，一般不用于系统界面设计和系统管理功能的设计中。

(2) 高级语言　高级语言编程效率高，不必了解计算机的指令系统和内存分配等问题，但源程序经过编译后，可执行的目标代码比完成同样功能的汇编语言目标代码长得多，增加执行时间，难以满足实时性的要求，故高级语言一般用于系统界面和管理功能的设计。针对汇编语言和高级语言各自的优缺点，可以用混合语言编程，即系统的界面和管理功能等采用高级语言编程，而实时性要求高的控制功能则采用汇编语言编程，且控制功能模块由高级语言调用，从而兼顾了实时性和复杂界面实现等要求。许多高级语言，如 C 语言、BASIC 语言等，均提供与汇编语言的接口。Java 语言具有很强的跨平台特性，其"一次编程，到处可用"的特性，使得它在很多领域备受欢迎。随着网络技术和嵌入式技术的不断发展，Java 及嵌入式 Java 的应用也将越来越广，但 Java 消耗硬件资源较大。

(3) 组态软件　组态软件是针对控制系统设计的面向问题的高级语言，它为用户提供了众多的功能模块，包括：控制算法模块（多为 PID），运算模块（四则运算、开方、最大值/最小值选择、一阶惯性、超前滞后、工程量变换、上下限报警等数十种），计数/计时模块，逻辑运算模块，输入模块，输出模块，打印模块，CRT 显示模块等。系统设计者根据控制要求，选择所需的模块就能生成系统控制软件，因而软件设计工作量大大减少。常用的组态软件有 Intouch、iFIX、WinCC、KingView 组态王、MCGS、力控等。

7.3.4　实时数据库的选择

实时数据库平台可以简化各个应用软件的开发实施，避免系统的数据过度冗余和不一致性，减轻数据维护的工作量。计算机控制系统实时数据库的选择可以结合以下几方面进行考虑：

(1) 数据存储效率和最大采集标签点数　不同的系统采用不同的压缩技术，其存储效率也不相同。数据库的存储容量和存储效率直接关系到采集数据的点数和采集精度。大型控制系统实时数据库的最大采集标签点数最好能支持 100 000 点以上，至少要大于全厂所有的控制点总数。

(2) 系统访问结构　实时/历史数据服务器应该基于开放的 C/S 结构或者 B/S 结构，服务器和客户机应该支持分布式结构和多服务器结构。

（3）二次开发能力和开放性　实时/历史数据库必须具有完善的二次开发手段，包括应用开发接口 API 和数据库访问手段。开放性体现在用户是否能通过多种途径方便、快捷地存取数据。

（4）接口技术　实时/历史数据库应具有成熟的接口技术，例如与 DCS、PLC、RTU 等是否有专门的接口，是否具有与全厂 MIS 数据库或者其他关键应用的成熟接口技术。

（5）数据缓冲功能和容错功能　为了防止潜在的数据丢失，实时/历史数据库应该具有数据缓冲功能和容错功能。当数据服务器发生故障或网络出现故障时，接口机可以继续工作，把采集到的数据先保存到本地硬盘上，同时接口机会不断地去测试数据服务器或网络，一旦恢复正常，接口软件会把数据补回到数据服务器中，从而确保数据不丢失。

（6）已有的应用软件　基于实时数据库的现成应用软件，包括服务器端模块和客户端模块，是否适合于企业的实际情况，是否能够满足企业对安全性和经济性的要求。

（7）数据备份和安全机制　实时数据库提供了完善的数据备份及查询功能，方便系统管理员的使用，同时应具有自动备份和修复功能。数据库应具备完备的安全机制，包括安全保密的账户管理、用户权限、网络安全控制和数据约束等。

（8）可移植性和可扩展性　可移植性指垂直扩展和水平扩展能力，垂直扩展要求新平台能够支持低版本的平台，数据库客户机/服务器机制支持集中式管理模式，保证用户以前的投资和系统；水平扩展要求满足硬件上的扩展，支持从单 CPU 模式转换成多 CPU 并行模式。

7.3.5　应用软件的构建

1. 控制系统软件设计的目的和任务

在计算机控制系统软件的设计过程中，首先要明确让软件去"做什么事情"，开发阶段才能解决要软件"怎么去做"。有时将这两个不同的过程分别称为分析阶段与设计阶段。通过软件的需求分析，明确需要软件解决什么问题，而设计的作用，就是使开发出来的软件能够真正解决问题。

应该指出，设计阶段的结果还不是程序，而是用伪代码或某种图形工具描述的程序的逻辑过程。但是，一个过程控制程序是否适合于需要解决的问题，在设计阶段已经决定了，此后的编码仅起到一个"翻译"的作用。

按照软件工程的观点，设计的活动一般应包括"总体设计"与"详细设计"两个步骤。其任务可简单地表示为：

总体设计——决定软件的总体结构，又称为"概要设计"或"结构设计"；

详细设计——决定软件中每一模块内部的逻辑过程，又称为"过程设计"或"算法设计"。

2. 控制系统软件设计的基本原则

同其他软件设计一样，计算机控制系统的软件设计必须遵循如下原则：抽象、细化、模块化和信息隐藏。

（1）抽象（Abstraction）　抽象是一个系统的简化描述或规范说明。通过抽象可以从具体事物中抽取相对独立的各个方面：如属性、关系等，并能在思维中抽取出事物的本质属性而忽略非本质的或者是与研究内容无关的枝节。

抽象在程序设计中占有重要的地位。在程序设计中，抽象可包括"数据抽象"、"控制抽象"和"过程抽象"三个方面的内容。描述一个学生，可能要说明其学号、姓名、性别、年龄等信息。如果定义一种称为"学生"的构造型数据，使之包含上述的数据项，则无论哪一个学生，都可用这种构造型数据来表示，这就是数据抽象。控制抽象可用于描述程序中的各种控制结构，而不考虑其实现细节。过程抽象在程序设计中用于描述程序的逻辑。

（2）细化（Refinement） 细化是软件设计中又一条极重要的原则。一个软件系统，其功能在高层次上的抽象一般可用几句话来概括。当对系统由顶向下进行设计时，第一次可能将它细化为若干子系统，每一子系统执行一项独立的子功能。再次细化，则每个子系统又可划分为若干模块，每一模块完成一个或一组确定的任务。由此可见，细化的实质是分解，其目的是分解问题，合理分配给软件的各个模块，以便最终获得软件的总体结构。需要注意的是细化的结果并不是唯一的，不同的设计方法，对于同样的软件需求可能导出不同的软件结构。

（3）模块化（Modularity） 模块化的中心思想是，对较大的程序"分而治之"，使其每一部分都变得较易管理，这比把整个软件处理为一个单模块软件容易掌握得多。在现代软件工程时代，模块化仍然是大程序设计的基本策略，而且对怎样衡量模块的独立性，也有了具体的实用标准。有些实时控制软件，由于实时性要求较高，划分模块后增加执行时间和存储容量等，导致实时性下降。在这种情况下，仍应遵循模块化的原则，不过在编码时允许变通，写成单模块程序，但实际上仍能保持模块化程序所具备的优点。

（4）信息隐藏（Information Hiding） 模块化的原则给软件设计人员带来一个很自然的问题，即模块应怎样划分，才能取得良好的效果。1972年，Parnas提出了著名的"信息隐蔽"原则。其中心思想是，一个模块内部的数据与过程，应该对没有必要了解这些数据与过程的其他模块隐藏起来。换句话说，在相互独立的模块之间，只允许传递为了完成软件功能所必需的信息，对于模块内部的其他细节和局部数据，应限制别的模块对它们访问。这样做的优点，一是可以简化模块接口，使软件易于设计；更重要的是能够在修改软件时减少错误在模块间的传播机会，使软件易于维护。

除上述4项基本原则外，控制系统软件设计还需遵循一致性、完整性和可验证性等原则。

7.3.6 应用软件编程的基本方法

1. 结构化程序设计

结构化程序设计的三种基本控制结构是"顺序"、"选择"、"循环"，它们的流程图分别如图7-12 a、b、c所示。

实际上用顺序结构和循环结构（又称DO—WHILE结构）完全可以实现选择结构（又称IF—THEN—ELSE结构），因此理论上最基本的控制结构只有两种。

结构化程序设计是一种程序设计技术，它采用自顶向下逐步求精的设计方法和单入口单出口的控制结构。关于逐步求精方法，Niklaus Wirth曾做过如下说明："我们对付复杂问题的最重要的办法是抽象，因此，对一个复杂的问题不应该立即用计算机指令、数字和逻辑符号来表示，而应该用较自然的抽象语句来表示，从而得出抽象程序。抽象程序对抽象的数据进行某些特定的运算并用某些合适的记号（可能是自然语言）来表示。对抽象程序做进一步的分解，并进入下一个抽象层次，这样的精细化过程一直进行下去，直到程序能被计算机

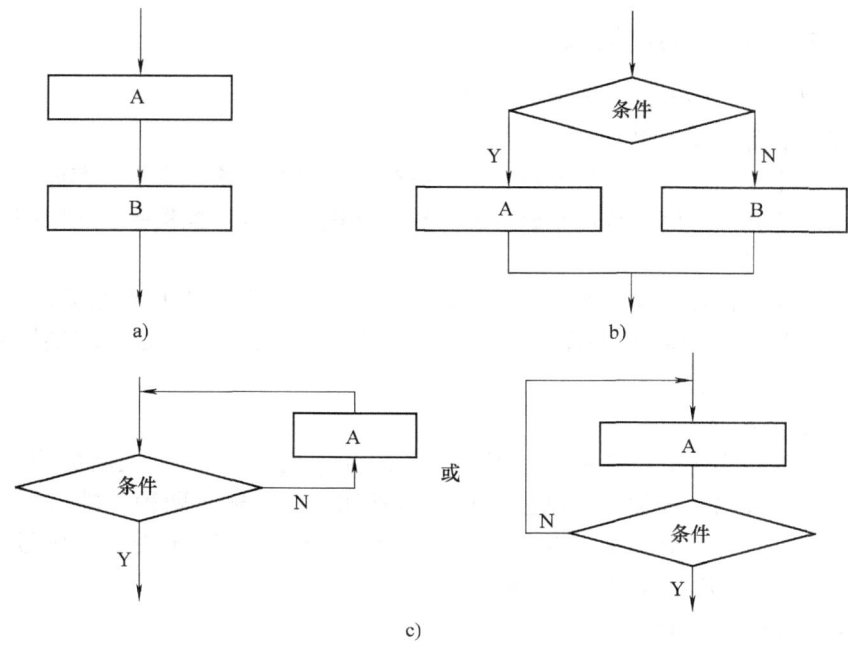

图 7-12 程序的基本控制结构
a) 顺序结构　b) 选择结构　c) 循环结构

接受为止。这时的程序可能是用某种高级语言或机器指令书写的。"

在总体设计阶段采用自顶向下逐步求精的方法，可以把一个复杂问题的解法分解和细化成一个由许多模块组成的层次结构的软件系统。在详细设计或编码阶段采用自顶向下逐步求精的方法，可以把一个模块的功能逐步分解细化为一系列具体的处理步骤或某种高级语言的语句。

2. 面向对象设计

C++、Delphi 等一批面向对象语言的出现，进一步打破了"不得不让解适应于语言，而不是让语言适应于解"的传统局面。它们支持设计人员用"对象"和"消息传递"直接映射客观系统中的"实体"及其"相互关系"，使得用这类语言设计出来的程序，其结构可与客观系统的抽象模型相同或相似。面向对象设计的最大优点就在于使人们改变按照语言结构来分析问题的传统思维方式，转而按事物的本来面貌来认识系统，建立系统的抽象模型。其结果将是，使问题空间的模型与解空间的模型尽可能接近一致，从而降低软件开发的复杂性，同时提高软件的可修改性与可维护性。

面向对象设计的另一重要特点，是提高软件的可重用性。面向对象语言不仅对模块化结构提供了强有力的支持，还支持"类"和"继承"等机制。类是对对象的抽象，同一类中的对象具有共同的特性。当我们描述一个类时，实际上也就描述了这个类中的许多对象。继承则是支持父类和子类之间自动共享数据结构及其有关操作的一种机制。假如 A 类是 B 类的父类，B 类又是 C 类的父类，则 C 类自动继承了 B 类乃至 A 类的数据与操作。类与继承，给软件的重用增添了两种方便的形式，为通过重用来降低开发成本创造了条件。

7.3.7 实时控制程序的结构设计

实时控制程序的结构设计应考虑如下部分：

1. 数据采集及数据处理程序

数据采集程序主要包括模拟量和数字量多路信号的采样、输入变换、存储等。数据处理程序主要包括数字滤波程序、线性化处理和非线性补偿、标度变换程序、超限报警程序等。

2. 控制算法程序

控制算法程序进行控制规律的计算，产生控制量，包括数字 PID 控制算法、大林算法、Smith 补偿控制算法、最小拍控制算法、串级控制算法、前馈控制算法、解耦控制算法、模糊控制算法、最优控制算法等。

3. 控制量输出程序

控制量输出程序实现对控制量的处理（上下限和变化率处理）、控制量的变换及输出，驱动执行机构或各种电气开关。控制量包括模拟量和开关量输出两种。模拟量控制由 D/A 转换模板输出，一般为标准的 0~10mA（DC）或 4~20mA（DC）信号，该信号驱动执行机构（如各种调节阀）。开关量控制信号驱动各种电气开关。

4. 实时时钟和中断处理程序

实时时钟是计算机控制系统一切与时间有关过程的运行基础。时钟有两种，即绝对时钟与相对时钟，绝对时钟与当地的时间同步，有年、月、日、时、分、秒等功能；相对时钟与当地时间无关，一般只要时、分、秒就可以，在某些场合要精确到 0.1s 甚至毫秒。

计算机控制系统中有很多任务是按时间来调度，这些任务的触发和撤销由系统时钟来控制，无需操作者直接干预，这在很多无人值守的场合尤其必要。实时任务有两类：第一类是周期性的，如每天固定时间启动，固定时间撤销的任务；第二类是临时性任务，操作者预定好启动和撤销时间后由系统时钟来执行，但仅一次有效。作为一般情况，假设系统中有几个实时任务，每个任务都有自己的启动和撤销时刻。在系统中建立两个表格：一个是任务启动时刻表；一个是任务撤销时刻表，表格按作业顺序编号安排。为使任务启动和撤销及时准确，这一过程应由时钟中断子程序来完成。定时中断服务程序在完成时钟调整后，就开始扫描启动时刻表和撤销时刻表，当表中某项和当前时刻完全相同时，就可以启动或撤销相应的任务。许多实时任务如周期采样、定时显示打印、定时数据处理等都是利用实时时钟来实现的。

另外，事故报警、掉电检测及处理等功能的实现通常使用中断技术，以便计算机能对事件做出及时处理。事件处理由中断服务程序和相应的硬件电路来完成。

5. 数据管理程序

数据管理部分程序用于生产管理，主要包括画面显示、变化趋势分析、报警记录、统计报表打印输出等。

6. 数据通信程序

数据通信程序主要完成计算机与计算机之间、计算机与智能设备之间的信息传递和交换，这个功能主要在分散型控制系统、分级计算机控制系统、工业网络等系统中实现。

一般来说，控制程序往往由数据采集构件、计算构件、输出构件、报警构件、报表打印构件、工艺显示构件集合而成。这些完成不同功能的构件应该由另一种称为组合构件的对象来调度。组合构件包括通信、调度和用户接口。通信用来在构件之间传输数据；调度用来控制系统资源的调用；用户接口用来提供进入程序的路径，允许用户修改参数，允许一个应用程序和其他应用程序协同操作。组合构件需要和系统中的其他构件相互作用，所以这是一类最费时的程序模块。组合构件是一组标准构件，在诸如 RTOS、iRMX 等实时操作系统支持下，为应用程序的设计和运行服务。例如完成创建任务（Create Task）、创建邮箱（Create Mail）、等待信号灯（Wait Semaphore）等功能。这些构件是调度程序的高级模块，由系统软件提供，用户不需要编写新的组合构件，有效地减少了应用程序的开发费用，缩短了开发周期。

应用程序的集成由以下三步实现：

第一步开发可嵌入的软件构件。例如针对不同系列的可编程序控制器，开发不同的驱动构件。一旦开发了构件，即把它放入构件库。由于不断增加构件，构件库变得更加完整，不断减少了创建新构件的需要。理想情况下，一个应用程序可以不需要开发任何新构件便集合成功。但从另一方面来说，开放的集成系统，必须有用户添加新构件和修改原有构件的空间，以满足不同控制任务的要求。完全封闭的构件库会限制系统的应用范围和效果。面向接口的构件可通过接口的数据结构来处理构件中的集成和联接问题，编程人员创建新构件时只需加进新的算法，从而产生基于输入信号的输出响应放至接口上。

第二步通过组合构件创建任务集。由接口连接构件，通过数据通信完成对信号流的传输，对资源的共享、互斥，对事件、时间的响应。软件构件的嵌入形式类似于硬件构件的组装。在分布系统和复杂大系统情况下，各个子系统可能完成相似的输入、控制、输出任务，尽管检测信号、控制对象可能有所差异，但控制规律相同。构件的可嵌入减少了程序开发量，增大了应用的灵活性。实时系统的任务可以按控制回路设计，每个任务完成外部输入、计算处理和输出等功能，形成一个独立子系统。也可以按功能划分，如数据采集任务，分配数据给计算处理任务；输出任务完成统一输出功能。图 7-13 所示是两种不同形式的任务结构。

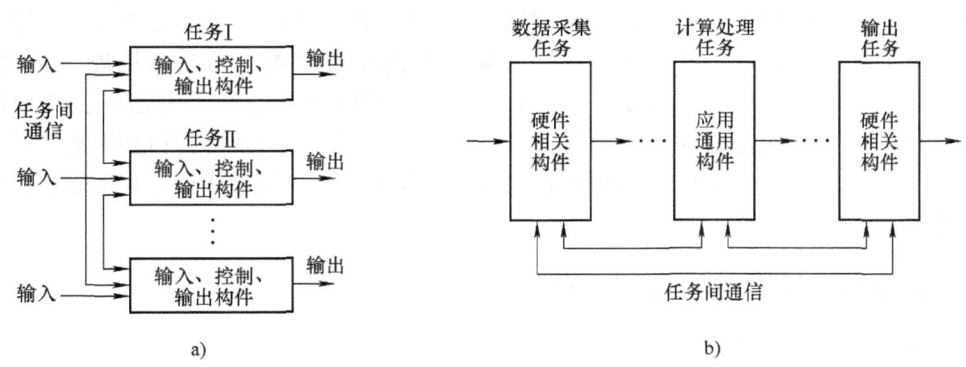

图 7-13 两种不同形式的任务结构

a）按控制回路划分 b）按功能划分

第三步把任务排队创建应用程序。当一个应用程序包含一个或多个并行执行的子系统时，在这级上的开发使用构件嵌入实施动态重构。由组合构件执行的任务管理程序调度任务实时激活，协调在任务之间传递信息，保持同步。任务之间的逻辑关系、时序关系十分复杂，如果不采用构件形式，那么程序开发人员的工作量将大得难以完成，而且可能给软件的维护造成极大的困难。

用与硬件相关的构件、通用构件和与应用领域相关的构件组合成任务。组合构件相当于连接件，也是通过接口与其他构件连接。这类构件不对控制进行实际操作，不采集数据、不计算控制量、不输出指令，仅起到任务调配连接作用。例如邮箱构件的接口是邮箱名，任务通过邮箱名即可向邮箱投递信息（Put Cond）和取得信息（Get Cond）。例如创建任务构件的接口是任务名，而任务实体、任务优先级和任务占用的内存空间通过接口把一个任务的构件系列集合在一起，同时处理与其他任务的关系。

7.4 工控组态软件

7.4.1 工控组态软件概述

当前世界范围内市场经济的激烈竞争，以及对节约资源和净化环境的进一步要求，推动着各国的过程工业追求更加高级的过程控制，使生产过程的优化运行更加平稳、可靠，以获取更大的经济效益。要努力做到这一点，就必须充分利用信息技术及计算机技术，使企业不断增强市场应变能力，根据市场需求及时组织和调整生产，充分挖掘生产潜力，提高竞争能力。在此背景下，基于计算机集成技术的管理和控制一体化，已成为过程工业自动化的发展趋势和应用的标准模式。由于工业控制软件可以给企业带来巨大的经济效益，它们在过程控制界已得到广泛的应用；也正是有了对工业控制软件的需求，才产生了由专业化公司生产的商品化工业控制软件。

组态的概念最早来自英文 Configuration，其含义是使用软件工具对计算机及软件的各种资源进行配置，使计算机或软件自动执行特定的任务。组态软件是面向系统监控与数据采集系统（SCADA）的软件平台，为自动化工程技术人员提供了一种采用搭积木的方式制作现场控制过程和控制界面的工具，具有丰富的设置项目，使用方式灵活，功能强大。组态软件最早出现时主要是解决人机图形界面问题，随着它的快速发展，实时数据库、实时控制、SCADA、通信及联网、开放数据接口、对 I/O 设备的广泛支持已经成为它的主要功能。虽然大部分 DCS 厂家的组态软件仍与硬件相关，不可相互替代，但国内外已出现了多家独立软件商，专门从事工业控制组态软件的开发，提供不同厂家、不同设备的 I/O 驱动模块，使组态软件越来越趋于通用。

7.4.2 工控组态软件的组成与特点

1. 组态软件基本组成

组态软件由系统开发环境和系统运行环境两大部分构成。

（1）系统开发环境　它是自动化工程师为实施其控制方案，在组态软件的支持下进行应用程序的系统生成所必须依赖的工作环境。通过建立一系列用户数据文件，生成最终的图形目标应用系统，供系统运行环境运行时使用。系统开发环境由若干个组态程序组成，如图形界面组态程序、实时数据库组态程序等。

（2）系统运行环境　在系统运行环境下，目标应用程序被装入计算机内存并投入实时运行。系统运行环境由若干个运行程序组成，如图形界面运行程序、实时数据库运行程序等。

组态软件支持在线组态技术，可在不退出系统运行环境的情况下直接进入组态环境并使修改后的组态直接生效。

2. 基本组态软件必备的功能组件

（1）应用程序管理器　应用程序管理器是提供应用程序的搜索、备份、解压缩、建立新应用等功能的专用管理工具。

（2）图形界面开发/运行程序　它是一个进行图形系统生成工作所依赖的开发环境，通过建立一系列用户数据文件，生成最终的图形目标应用系统。

（3）实时数据库系统组态/运行程序　有的组态软件只在图形开发环境中增加了简单的数据管理功能，因而不具备完整的实时数据库系统。目前，比较先进的组态软件都有独立的实时数据库组件，以提高系统的实时性，增强处理能力。实时数据库系统组态程序是建立实时数据库的组态工具，可以定义实时数据库结构、数据来源、数据连接、数据类型及相关的各种参数，生成目标实时数据库。

（4）I/O 驱动程序　它是组态软件中必不可少的组成部分，用于和 I/O 设备通信，互相交换数据。DDE（直接数据交换）和 OPC Client（基于 OLE 的过程控制技术客户端）是两个通用的标准 I/O 驱动程序，用来支持 DDE 标准和 OPC 标准的 I/O 设备通信。多数组态软件的 DDE 驱动程序被整合在实时数据库系统或图形系统中，而多数 OPC Client 则单独存在。

3. 组态软件其他功能组件

（1）通用数据库接口（ODBC 接口）组态/运行程序　通用数据库接口组件用来完成组态软件的实时数据库与通用数据库（如 Oracle、Sybase、DB2、SQL Server 等）的互联，实现双向数据交换。通用数据库既可以读取实时数据，又可以读取历史数据；实时数据库也可以从通用数据库实时地读入数据。通用数据库接口（ODBC 接口）组态环境用于指定要交换的通用数据库的数据库结构、字段名称及属性、时间区段、采样周期、字段与实时数据库数据的对应关系等。

（2）策略（控制方案）编辑/生成组件　策略编辑/生成组件是以 PC 为中心实现低成本监控的核心软件，具有很强的逻辑、算术运算能力和丰富的控制算法。策略编辑/生成组件通过 IEC61131-3 标准为使用者提供标准的编程环境，共有五种编程方式：梯形图 LD、结构化文本语言 ST、指令语言 IL、功能块 FBD、顺序功能图 SFC。使用者一般都习惯于使用 FBD 进行控制方案组态，组态结束后系统将保存组态内容并对组态内容进行语法检查、编译。

编译生成的目标策略代码既可以与图形界面同在一台计算机上运行，也可以下装到目标设备上运行。控制功能组件以基于 PC 的策略编辑/生成组件（有时称之为软逻辑或软 PLC）为代表，虽然脚本语言程序可以完成一些控制功能，但对于习惯了梯形图或其他标准编程语言的自动化工程师来说，显得很不方便。因此，目前多数组态软件都提供了基于 IEC61131-3 标准的策略编辑/生成组件。

（3）实用通信程序组件　实用通信程序极大地增强了组态软件的功能，可以实现与第三方程序的数据交换，是组态软件成为开放系统的标志。实用通信程序具有以下功能：

- 用于双机冗余系统中主机与从机间的通信。
- 实用通信程序可以使用以太网、RS-485、RS-232、公共交换电话网络（PSTN）、GSM 等多种通信介质或网络实现其功能。实用通信程序组件可以划分为 Server 和 Client 两种类型,Server 是数据提供方,Client 是数据访问方。一旦 Server 和 Client 建立起了连接,二者间就可以实现数据的双向传送,构成分布式人机交互界面(HMI)/SCADA 监控实时网。

- 在基于 Internet 或 Browser/Server(B/S)的应用中实现通信功能。

在多任务环境下,由于操作系统直接支持多任务,组态软件的性能得到了全面加强。因此,组态软件一般都由若干组件构成,而且组件的数量在不断增长,功能不断加强。各组态软件普遍使用了"面向对象"(Object Oriented)的设计和编程方法,使软件更加易于学习和掌握,功能也更强大。

4. 组态软件的数据处理流程

组态软件通过 I/O 驱动程序从现场 I/O 设备获得实时数据,对数据进行必要的加工。一方面以图形方式直观地显示在计算机屏幕上;另一方面按照组态要求和操作人员的指令将控制数据送给 I/O 设备,对执行机构实施控制。将需存储的采集信息存储到历史数据库并对历史数据检索请求给予响应。当发生报警时及时将报警以声音、图像的方式通知操作人员,并记录报警的历史信息,以备检索。

实时数据库是组态软件的核心和引擎。历史数据的存储与检索、报警处理与存储、数据的运算处理、数据库冗余控制、I/O 数据连接都是由实时数据库系统完成的。图形界面系统、I/O 驱动程序等组件以实时数据库为核心,通过高效的内部协议相互通信,共享数据。

5. 组态软件的性能及特点

(1)实时多任务　实时性是指工业计算机控制系统应该具有的能够在限定的时间内对外来事件做出反应的特性。确定该限定时间主要考虑两个要素:其一,工业生产过程出现的事件能够保持多长的时间;其二,该事件要求计算机在多长的时间内必须做出反应。可见,实时性是相对的。工业控制计算机及监控组态软件都具有时间驱动和事件驱动能力,因而能在一定的时间周期对所有事件进行巡检扫描并随时响应事件的中断请求。

实时性一般都要求计算机具有多任务处理能力,以便将测控任务分解成若干并行执行的任务,加快程序执行速度。

可以把那些变化并不显著,即使不立即做出反应也不至于造成影响或损害的事件,作为顺序执行的任务,按照一定的巡检周期有规律地执行;而把那些保持时间很短且需要计算机立即做出反应的事件,作为中断请求源或事件触发信号,以便该类事件一旦出现计算机能够立即响应。如果由于测控范围庞大,变量繁多,这样分配仍然不能保证所要求的实时性,则表明计算机的资源已经不够使用,只得对程序结构进行重新设计,或者提高计算机的档次。

(2)高可靠性　为提高系统可靠性,可利用冗余技术构成双机乃至多机备用系统。冗余技术是利用冗余资源来克服故障影响从而增加系统可靠性的技术,冗余资源是指在系统完成正常工作所需资源以外的附加资源。

双机热备一般是指两台计算机各自运行功能几乎相同的软件,其中一台机器为主机,另一台作为从机,从机数据与主机数据实时同步。从机实时监视主机状态,一旦发现主机出现故障,便切换为主机,从而提高系统的可靠性。

(3)标准化　尽管目前尚没有一个明确的国际、国内标准用来规范组态软件,但国际电工委员会的 IEC61131-3 开放型国际编程标准在组态软件中起着越来越重要的作用。IEC61131-3 规定了五种编程语言标准(梯形图、结构化文本语言、功能块、指令语言、顺序功能图)。

此外，OLE（对象连接与嵌入）、OPC（基于 OLE 的过程控制技术）是微软公司的编程技术标准，目前也被广泛使用。TCP/IP 是网络通信的标准协议，被广泛应用于现场测控设备之间及测控设备与操作站之间的通信。

组态软件本身的标准尚难统一，因其本身就是创新的产物，处于不断的发展变化之中。由于使用习惯的原因，早期进入市场的软件在用户意识中已形成一些不成文的标准，成为某些用户判断另一种产品的"标准"。

6. 组态软件在监控系统中的地位

在一个自动监控系统中，投入运行的监控组态软件是系统的数据收集/处理中心、远程监视中心和数据转发中心，并与各种控制、检测设备（如 RTU、PLC、智能仪表、DCS 等）共同构成快速响应/控制中心（也称为调度中心）。

监控组态软件投入运行后，操作人员可以在它的支持下完成以下 6 项任务：
1）查看生产现场的实时数据及流程画面。
2）自动打印各种实时/历史生产报表。
3）自由浏览各个实时/历史趋势画面。
4）及时获得并处理各种过程报警和系统报警。
5）在需要时，人为干预生产过程，修改生产过程参数和状态。
6）与管理部门的计算机联网，为管理部门提供生产实时数据。

7.4.3 工控组态软件开发及调试

目前流行的组态软件有有 Intouch、iFIX、WinCC、KingView 组态王、MCGS、力控等。现以"组态王"软件为例简单介绍其软件结构和设计方法。

1. "组态王"通用版软件结构

"组态王 6.5"是运行于 Microsoft Windows XP/NT/2000 中文平台上的人机界面软件（HMI），为窗体框架结构，界面直观易学易用；采用了多线程、COM（Component Object Model）组件等新技术，实现了实时多任务；软件运行稳定可靠。

"组态王 6.5"软件包由工程管理器 ProjManager、工程浏览器 TouchExplorer、画面开发系统 TouchMak（内嵌于工程浏览器）和运行系统 TouchView 四部分组成。工程管理器用于新工程的创建和已有工程的管理；工程浏览器可以查看、配置工程的各个组成部分，画面的开发和运行由工程浏览器调用画面开发系统和工程运行系统来完成。

ProjManager 是计算机内的所有应用工程的统一管理环境，可用于新工程的创建及删除，并能对已有工程进行搜索、备份及有效恢复，实现数据字典的导入和导出。

TouchExplorer 是应用工程的设计管理配置环境，进行应用工程的程序语言的设计、变量定义管理、连接设备的配置、开放式接口的配置、系统参数的配置、Web 发布管理、第三方数据库的管理等。

TouchMak 是应用工程的开发环境，在这个环境中可完成画面设计、动画连接、程序编写等工作。TouchMak 具有先进、完善的图形生成功能；数据词典库提供多种数据类型，能合理地提取控制对象的特性；对变量报警、趋势曲线、过程记录、安全防范等重要功能进行简洁的操作。

TouchView 是"组态王 6.5"软件的实时运行环境，在应用工程的开发环境中建立的图形画面必须在 TouchView 中运行。TouchView 负责从控制设备中采集数据，并存入实时数据库中。它还负责把数据的变化以动画的方式形象地表示出来，同时可以完成变量报警、操作记录、趋势曲线等监视、存储功能，并按实际需求记录在历史数据库中。

组态王作为一个开放型的通用工业监控软件系统，支持工控行业中大部分国内常见的测量控制设备，并遵循工控行业的标准采用开放接口提供第三方软件的连接（DDE/OPC/ActiveX）等，用户无须关心复杂的通信协议原代码、无须编写大量的图形生成、数据统计处理程序代码就可以方便快捷地进行画面开发、函数调用和设备连接，完成监控系统的设计。

2. 组态王画面开发环境

在图形画面生成方面，构成现场各过程图形的画面被划分成 3 类简单的对象：线、填充形状和文本。每个简单的对象均有影响其外观的属性。对象的基本属性包括：线的颜色、填充颜色、高度、宽度、取向、位置移动等。这些属性可以是静态的，也可以是动态的。

静态属性在系统投入运行后保持不变，与原来组态时一致；而动态属性则与表达式的值有关，表达式可以是来自 I/O 设备的变量，也可以是由变量和运算符组成的数学表达式，动态属性随表达式值的变化而实时改变。

例如，用一个矩形填充体模拟现场的液位，在设计这个矩形的填充属性时，指定代表液位的工位号名称、液位的上下限及对应的填充高度，就完成了液位的图形组态，这种组态过程通常叫做动画连接。

图形界面还具备报警通知及确认、报表组态及打印、历史数据查询与显示等功能。各种报警、报表、趋势都是动画连接的对象，其数据源都可以通过组态来指定。

这样每个画面的内容就可以根据实际情况由工程技术人员灵活设计，每幅画面中的对象数量均不受限制。

在图形界面中，还提供了一种类 C/Basic 语言的编程工具——脚本语言来扩充其功能。用脚本语言编写的程序段可由事件驱动或周期性地执行。

例如，当按下某个按钮时可指定执行一段脚本语言程序，完成特定的控制功能。也可以指定当某一变量的值变化到关键值以下时，马上起动一段脚本语言程序完成特定的控制功能。

组态王报警管理系统提供多种报警管理功能，包括基于事件的报警、报警分组管理、报警优先级、报警过滤、死区和延时等功能，以及通过网络的远程报警管理。组态王还可以记录应用程序事件和操作员操作信息。报警和事件具有多种输出方式：文件、数据库、打印机和报警窗，并且可以利用控件等工具轻松浏览和打印报警数据库的内容。

组态王提供一套全新的、集成的内嵌式报表系统，具有丰富的报表函数，用户可创建多样的报表。提供报表工具条，操作简单明了，比如：日报表的组态只需用户选择需要的变量和每个变量的收集间隔时间；提供报表模板，方便用户调入其他的表格。报表能够进行组态，例如有日报表、月报表、年报表、实时报表的组态；另外，报表打印时可以进行预览和页面设置。

组态王支持 Windows 标准的 Active X 控件（主要为可视控件），包括 Microsoft 提供的标准 Active X 控件和用户自制的 Active X 控件。Active X 控件的引入在很大程度上方便了用户，用户可以灵活地编制一个符合自身需要的控件，或调用一个已有的标准控件，来完成一项复杂的任务，而无需在组态王中做大量的复杂工作。

此外，组态王画面开发环境还具有如下特点：

(1) 支持无限色和过渡色　组态王调色板支持无限色，支持 24 种过渡色效果，组态王的任一种绘图工具都可以使用无限色，大部分图形都支持过渡色效果。巧妙地利用无限色和过渡色效果，可以轻松构造无限逼真、美观的画面。

(2) 图库　使用图库降低了工程人员设计界面的难度，缩短开发周期；用图库开发的软件具有统一的外观，方便工程人员学习和掌握；利用图库的开放性，工程人员可以生成自己的图库元素，"一次构造，随处使用"。提供具有属性定义向导的图库精灵，用户只需稍做调整即能制作具有个性化的图形。

(3) 按钮和图形　组态王支持按钮的多种形状和多种效果，并且支持位图按钮，用户可以构造各式漂亮的按钮。另外，组态王支持多种图形格式，如 GIF、JPG、BMP 等，用户可以充分利用已有的资源，轻松构造自己功能强大且美观的应用系统。

(4) 可视化动画连接向导　通过可视化图形操作，直接完成移动、旋转的动画连接定义。

3. 动画效果

开发者在 TouchMak 中制作的画面都是静态的，那么如何以动画方式反映工业现场的状况呢？这需要通过实时数据库，因为只有实时数据库中建立的变量才是与现场状况同步变化的。数据库变量的变化通过"动画连接"产生画面变化的效果。"动画连接"就是建立画面的图素与数据库变量的对应关系。这样，工业现场的数据，比如温度、液面高度等发生变化时，通过设备驱动，将引起实时数据库中相关联变量的变化，比如画面上有一个图素指针，如果规定了它的偏转角度与某个变量相关，就会看到指针随工业现场数据的变化而同步偏转。

动画连接的引入是设计人机界面的一次技术突破，它把程序员从繁重的图形编程中解放出来，为程序员提供了标准的工业控制图形界面，并且可以通过内置的命令语言来增强图形动画效果。

4. 组态王的通信机制

"组态王 6.5" 把每一台与之通信的设备（硬件或软件）看作是外部设备。为实现组态王和外部设备的通信，组态王内置了大量的设备驱动作为组态王和外部设备的通信接口，在开发过程中只需根据工程浏览器提供的"设备配置向导"窗口完成连接过程即可实现组态王和外部设备驱动的连接。运行期间，组态王通过通信接口和外部设备交换数据，包括采集数据和发送数据/指令。每一个驱动都是一个 COM 对象，使驱动和组态王构成一个完整的系统，既保证了运行系统的高效率，也使系统有很强的扩展性。图 7-14 是组态王工作原理。

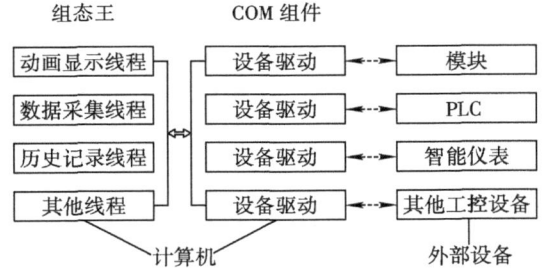

图 7-14　组态王工作原理

7.4.4 用工控组态软件构建应用控制软件的基本步骤

利用组态软件建立应用控制软件大致可分为以下 4 个步骤：设计图形界面；定义设备驱动，构造数据库变量；建立动画连接；运行和调试。

需要说明的是，这 4 个步骤并不是完全独立的，事实上，这 4 个部分常常是交错进行的。在构造应用工程之前，要仔细规划项目，主要考虑三方面问题：

（1）画面　希望用怎样的图形画面来模拟实际的工业现场和相应的控制设备？用组态王软件开发的应用工程是以"画面"为基础的程序显示单元，"画面"显示于程序实际运行时的 Windows 窗口中。

（2）数据　怎样用数据来描述控制对象的各种属性？也就是创建一个实时数据库，用此数据库中的变量来反映控制对象的各种属性，比如变量"温度"、"压力"等。此外，还有代表操作者指令的变量，比如"电源开关"。规划中还要为临时变量预留空间。

（3）动画　数据和图形画面中图素的连接关系是什么？也就是画面上的图素以怎样的动画来模拟现场设备的运行，以及怎样让操作者输入控制设备的指令。

思考题与习题

7-1　在数据库的三级模式结构中，内模式有_____。
A. 1 个　　B. 2 个　　C. 3 个　　D. 任意多个

7-2　计算机控制系统软件应用程序开发平台应如何选择？

7-3　选用一种组态软件开发一个简单的计算机监控系统的应用模块。

第8章 分布式计算机控制系统

分布式计算机控制系统（Distributed Control System）是在吸取了模拟仪表控制系统和计算机控制系统优点的基础上发展起来的控制系统。它在实现控制功能分散的同时，实现了危险性的分散，并将参数显示和操作功能进行集中。它是以计算机（Computer）、控制（Control）、通信（Communication）和CRT显示（通常简称为4C技术）为特征的计算机控制系统。

本章介绍分布式计算机控制系统的基本概念、体系结构、基本类型和现场总线控制系统。

8.1 分布式计算机控制系统概述

8.1.1 系统的基本组成

分布式计算机控制系统也称为计算机集散控制系统，简称集散控制系统（DCS）。管理的集中性和控制的分散性是推动集散控制系统发展的根本原因，其实质是利用计算机、信号处理、测量控制、通信网络和人机接口等技术对生产过程进行分散控制，集中监视、操作和管理的一种新型控制概念及技术。它既不同于分散的仪表控制系统，又不同于集中式的计算机控制系统，而是在吸收了两者优点的基础上发展起来的一类控制系统。

DCS硬件概括起来由集中显示管理、分散控制监测和网络通信组成。集中显示管理部分又可分为工程师站、操作员站和管理计算机，工程师站主要用于组态和维护；操作员站则用于监视和操作；管理计算机用于系统的信息管理和完成部分优化控制任务。分散控制监测部分按功能可分为控制站、监测站或现场控制站，用于实时的控制和监测。网络通信部分连接DCS的各分布部分（统称为工作站），完成数据、指令及其他信息的传递。各工作站通过网络接口连接起来，独立自主地完成各自功能，如数据采集、处理、计算、监视、操作和控制等等。工作站采用微计算机，存储容量容易扩充，配套软件功能齐全，是一个能够独立运行的高可靠性系统。

DCS软件由实时多任务操作系统、数据库管理系统、数据通信软件、组态软件和各种应用软件组成。DCS软件具有通用性强、系统组态灵活、控制功能完善、数据处理方便、显示操作集中、人机界面友好、安装简单规范化、调试方便、运行安全可靠的特点。

8.1.2 系统的特点

DCS采用标准化、模块化和系列化设计，完成对生产过程进行实时监督与控制的任务，并通过软硬件接口与上位机或实时数据库进行通信，为实施企业综合自动化系统提供良好的条件。因此，DCS是一个以通信网络为纽带的计算机控制系统，其特点可以概括如下。

1. 独立性

DCS 工作站虽然是通过网络接口互相连接，但各工作站独立自主地完成各自功能。其控制功能分散、危险分散的特点，提高了系统的可靠性。

2. 协调性

DCS 各工作站间通过通信网络传送信息并协调工作，以完成控制系统的总体功能和优化处理。采用实时性的、安全可靠的工业控制局部网络，提高了信息的畅通性，使整个系统信息共享。采用标准通信网络协议，DCS 可与上层的信息管理系统连接起来。

3. 友好性

DCS 操作方便、显示直观，提供了装置运行下的可监视性。其简洁的人机会话系统、CRT 彩色高分辨率交互图形显示、复合窗口技术，使画面日趋丰富，菜单功能更具实时性，并提供总貌、控制、调整、趋势、流程、回路一览、报警一览、批量控制、计量报表、操作指导等画面。而平面密封式薄膜操作键盘、触摸式屏幕、鼠标器、跟踪球操作器等更便于操作，语音输入/输出使操作员与系统对话更加方便。

DCS 提供的组态软件包括系统组态、过程控制组态、画面组态、报表组态，是集散控制系统的关键部分，使用组态软件可以方便地生成实际的应用软件。

4. 适应性、灵活性和可扩充性

DCS 硬件和软件采用开放式、标准化和模块化设计，系统为积木式结构，可灵活配置，以适应不同用户的需要。

5. 实时性

通过人机接口和 I/O 接口，DCS 可对过程对象进行实时采集、处理、记录、监视、操作控制，并对系统结构和组态回路在线修改，以及对局部故障在线维护等。

6. 可靠性

高可靠性、高效率和高可用性是 DCS 的生命力所在，其高可靠性体现在下列 6 个方面：

（1）系统结构采用容错设计　DCS 在结构上是一个多处理机系统，分散的子系统自治性强，各个微处理机具有自己的局部操作系统，使得系统在任一单元失效的情况下，仍能保持其完整性。即使全局性通信或管理站失效，局部站仍能维持工作。另一方面，数据可以在"就地单元"处理，减少了通信开销，缩短了处理时间，还增加了数据的可靠性和安全性。

（2）系统所有硬件采用冗余设计　操作站、控制站和通信链路都可以采用双备份。

（3）软件的容错设计　程序采用积木式结构与模块化设计以及程序卷回（即指令复执）措施，提高软件的容错能力。

（4）"电磁兼容性"设计　所谓"电磁兼容性"是指系统的抗干扰能力与系统内外的干扰相适应，并留有充分的余地，以保证系统的可靠性。因此，系统内外应采取各种抗干扰措施，如系统放置环境应远离磁场、超声波等辐射源；过程控制信号、测量信号电缆等可靠接地和屏蔽；采用不间断供电设备，带屏蔽的专用电缆供电；控制站、监测站的输入/输出信号须经隔离，接到安全栅再与现场对象连接。

（5）结构、组装工艺的可靠性设计　严格挑选元器件，降额使用，加强质量控制，尽可能地减少器件故障出现的概率。新一代的 DCS 采用专用集成电路和表面安装技术，大大提高了硬件结构的紧凑化和可靠性。

（6）在线快速排除故障的设计　采用硬件自诊断和故障部件的自动隔离、自动恢复与

热机插拔技术；系统内部出现异常，经硬件自诊断检出，汇总到操作站，然后通过 CRT 显示、声光报警或打印机输出，通知操作员；监测站、控制站各模块上都有状态信号灯，指示故障模块。

8.1.3 系统的发展

20 世纪 70 年代中期以后，微处理器技术高速发展，价格不断下降。同时计算机网络技术、通信技术的迅速发展，使微型计算机可通过网络连接起来，构成一个大型计算机系统。而分散化思想的日益成熟以及分布式系统结构的优点，使整个系统的任务可分散完成，从而大大降低了系统出现故障的风险。这些都推动了分布式控制系统的发展。

总的来看，DCS 经历了 3 个重要的发展阶段，相应地有 3 种基本结构。

1. DCS 的开创期（1975～1980 年）

这一阶段的代表产品有美国 Honeywell 公司的 TDC 2000，它是一个具有多台微处理器的分级控制系统，以分散的控制设备来适应分散的过程对象，并将它们通过数据高速公路与基于 CRT 的操作站相连接，互相协调，实现对工业过程的控制和监视。系统克服了集中型计算机控制系统的致命弱点，实现了控制系统的功能分散、负荷分散，从而危险也分散。这个阶段比较著名的产品还有 Bailey 的 NETWORK 90，Foxboro 的 SPECTRUM，Yakogawa 的 CENTUM 等。如图 8-1 所示，第一代 DCS 的基本结构主要由 5 大部分组成。

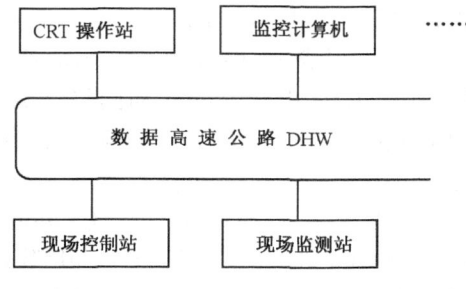

图 8-1　第一代 DCS 基本结构

（1）现场控制站　现场控制站又称为过程控制单元（Process Control Unit，PCU）、现场控制单元（Field Control Unit，FCU）或基本控制器（Basic Controller，BC）等。它由微处理器、存储器（ROM、RAM）、I/O 板、A/D 与 D/A 转换器、内总线、电源及通信接口等组成。这种过程控制和数据采集装置，将控制、通信和显示有机地结合，可以控制一个或多个回路。

（2）现场监测站　现场监测站又称为数据采集装置（Data Acquisition Unit，DAU）或过程接口单元（Process Interface Unit，PIU）。其主要任务是采集非控制变量，并将预处理后的数据经数据高速公路 DHW 送到监控计算机，它本身对回路没有控制能力。

（3）CRT 操作站　CRT 操作站是以微处理器为基础、将通信和 CRT 显示技术相结合的操作员接口，包括微机、CRT、键盘、外部存储盘、打印机等，承担系统与外界联系的媒介任务，其主要功能为集中显示、集中管理和集中操作。

（4）数据高速公路（Data Highway，DHW）　它是 DCS 实现集中管理与分散控制的关键，是连接 CRT 操作站、现场控制站、现场监测站和监控计算机的纽带，是一种初级的工业控制局部网络，一般采用生产厂家的专用通信协议。现场控制站和现场监测站的现场信息经它送到 CRT 操作站和监控计算机；反之，将 CRT 操作站与监控计算机的操作、管理信息送至现场控制站和现场监测站。

（5）监控计算机　它是 DCS 的主机，也就是所谓上位机。它综合监视全系统的各工作站，管理全系统的所有信息，一般能进行大型、复杂的运算，具有多输入、多输出控制功能，实现系统的最优控制或优化管理。

2. 集散控制系统的成长与完善时期（1980～1985 年）

第二代 DCS 产品在第一代产品的基础上，进一步提高可靠性、扩展功能，向着高精度、高可靠性、小型化、控制功能多样化、数据通信标准化和人机接口智能化方向发展。新开发的多功能过程控制站、增强型操作站、光纤通信，以及 ASIC 专用集成电路与 SMT 表面安装技术在硬件设计中的应用、局部网络技术进入 DCS 等，大大改变了 DCS 的面貌。这一阶段的代表产品有 Honeywell 公司的 TDC3000，Taylor 的 MOD 300，Westing House 的 WDPF，Yokogawa 的 CENTUM A/B/C 等，它们的基本结构如图 8-2 所示。

这一代 DCS 以局部网络 LAN 为主干，统领全系统，其他各单元都是挂在它上面的网络结点工作站，这些网络结点可通过网关 GW（Gateway）与其他网络或异种网络相连。因此，第二代 DCS 可以通过 GW 挂在 LAN 上，实现系统的更新与升级。第二代 DCS 主要由 7 大部分组成。

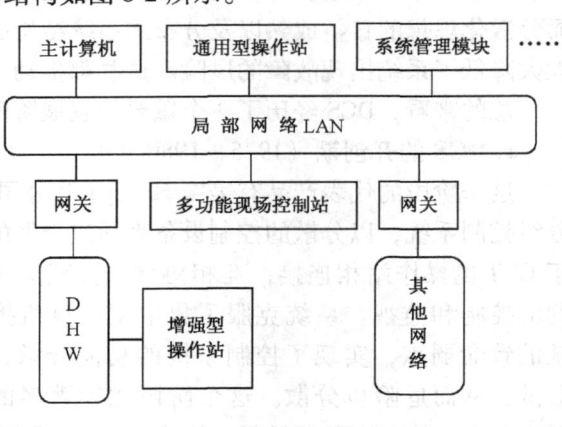

图 8-2　第二代 DCS 基本结构

（1）局部网络（Local Area Network，LAN）　LAN 由传输介质和网络结点组成，网络结点工作站通过 LAN 与其他工作站相连。

（2）多功能现场控制站（Multifunction Field Control Station，MFCS）　MFCS 是第二代 DCS 中主要的现场控制单元，它是在第一代 DCS 的现场控制站的基础上，采用更先进的微处理器构成的，能够实现对 I/O 更完善的监控功能和各种复杂运算。

（3）增强型操作站（Enhanced Operator Station，EOS）　EOS 直接挂在数据高速公路上，在第一代的 CRT 操作站的基础上，改善了人机界面，加强了集中监视操作、工艺流程图显示和任意格式报表打印等功能。

（4）通用型操作站（Universal Station，US）　US 是直接挂在 LAN 上的中央操作站，一般由图象显示器、高性能微型机、图象生成模块、多种键盘（主要为工程师键盘和操作员键盘）、彩色拷贝机、打印机和专用软件组成。它是整个系统的人机联系窗口，不仅可以显示网络中各个节点子系统的每一数据点信息，而且可以操作管理各工作站，生成历史画面、趋势画面以及对全系统管理调度的图表、画面，因此是全系统的操作站。

（5）网关（Gateway，GW）　网关是 LAN 与系统子网或其他工业网络的连接转换装置，是通信系统的转换口，而且可以转接到可编程序控制器（PLC）的子系统网络，是整个系统不可缺少的部分。

（6）系统管理模块（System Management Module，SMM）　为了加强全系统的管理功能，在第二代 DCS 中增加了系统管理模块，它直接挂接在 LAN 上，用以补充主计算机和通用操作站的功能。系统管理模块包括历史单元模块、计算单元模块、应用单元模块、系统优化模块等。

（7）主计算机（Host Computer，HC）　主计算机也称为管理计算机，它直接挂接在 LAN 上，一般为小型机，具有复杂的运算能力和各种管理功能。

3. 集散控制系统的扩展期（1985 年以后）

这一代的 DCS 为适应信息社会发展的需要，将过程控制、监督控制和管理调度等进一步结合起来，采用了专家系统、制造自动化协议（Manufacture Automation Protocol，MAP）标准以及硬件上的诸多新技术。这一代的典型产品有 Honeywell 公司的 TDC 3000/PM、Yokagawa 公司的 CENTUM-XL、Foxboro 公司的 I/A Series 和 Bailey 公司的 INFI-90 等。

这一代产品的进一步发展是为适应实施计算机集成制造系统（Computer Integrated Manufacture System，CIMS）需要，即将企业的管理信息与工厂的生产信息集成为一体的计算机系统。

这一代产品在实现技术上的共同特点如下：

1）实现开放式的系统通信，向上能与 MAP 和以太网（Ethernet）接口，或者通过网关与其他网络联系，构成综合管理系统；向下支持现场总线，使得过程控制或车间的智能变送器、执行器和本地控制器之间实现可靠的实时数据通信。由于现场总线技术的崛起，使得 DCS 进一步分散化和具有一定的智能。

2）控制站使用 32 位微处理器，使控制功能更强，能方便地使用先进控制算法；采用专用集成电路和表面安装技术，使板卡上的元件数更少，体积更小，能耗更低，可靠性更高。

3）操作站采用 32 位高档微计算机，增强图形显示功能，采用多窗口技术和触摸屏调出画面，操作简单，操作响应速度加快。

4）过程控制组态采用 CAD 方法，使其更直观方便。

5）人工智能特别是知识库系统（KBS）和专家系统（ES）与生产过程日益融合，并且在 DCS 各个层次中得到实现，这包括自整定和自适应控制器、故障诊断、生产计划和调度、过程优化、控制系统的计算机辅助设计、仿真培训和在线维修等。

进入 20 世纪 90 年代以后，集散控制系统的技术发展很快，生产过程控制系统与信息管理系统更紧密结合，DCS 向综合化、开放化发展，形成新一代集散控制系统。如 Honeywell 公司的 Experion PKS 系统、Emerson 公司的 PlantWeb、Yokogawa 公司的 R3、ABB 公司的 Industrial IT、和利时公司的 MACS SmartPro。这是因为 90 年代的工厂自动化要求加强各种设备之间的通信能力，以方便地构成一个企业综合自动化大系统，而数据通信的趋势是向开放系统互连模型（OSI）方向发展。因此，各 DCS 制造商为适应这种发展，将自己的专用网络改造，使之符合国际标准，或在自己的专用网络与普通网络之间加入网关，便于其与以太网、MAP 网连接。新一代的集散控制系统的开放型结构，可方便地与指挥生产管理的上位计算机进行信息交换，共同构成计算机集成生产系统。

在大型 DCS 进一步完善和提高的同时，小型集散控制系统也在发展。随着微处理器及 VLSI 技术的发展，DCS 的主机不断更新，采用多处理器或 RISC 工作站，速度更快，容量更大；彩色 CRT 分辨率更高，广泛采用复合窗口技术和触摸屏技术的图形窗口功能更丰富；过程控制采用 32 位微机，可实现各种复杂控制策略和先进控制，并将反馈控制、顺序控制和批量控制集中于一体；应用智能 I/O 设备，可实施现场总线技术。随着 PLC、DCS 和其他控制回路之间接口的迅速发展，将连续控制、逻辑控制和批量控制功能汇入在统一的高性能系统中，从而将 PLC 和 DCS 融合在一起，以适应工业自动化的要求。

8.2 分布式控制系统（DCS）的体系结构

8.2.1 DCS 的层次结构

自 DCS 诞生以来，随着计算机、通信网络、屏幕显示和控制技术的发展与应用，DCS 也不断发展和更新。尽管不同 DCS 产品在硬件的互换性、软件的兼容性、操作的一致性等方面很难达到统一，但从基本构成方式和构成要素来分析，仍然具有相同或相似的体系结构。

DCS 按功能分层的层次结构充分体现了其分散控制和集中管理的设计思想。DCS 从下至上分为直接控制层、操作监控层、生产管理层和决策管理层，如图 8-3 所示。

1. DCS 的直接控制层

直接控制层又称为现场控制层，是 DCS 的基础，其主要设备是控制站（CS）。CS 主要由输入输出单元（IOU）、控制单元（CU）、电源单元（PU）组成。

输入/输出单元直接与生产过程的传感器、变送器和执行器连接，其功能是采集过程变量和状态变量，并进行数据处理；向现场的执行器传送模拟量操作信号 4～20mA（DC）和数字量操作信号。

控制单元通过 I/O 总线与 I/O 单元连接，实现直接数字控制，即连续控制、逻辑控制、顺序控制和批量控制等，并通过网络连接操作站/工程师站，实现对生产过程的监视和操作，同时进行冗余处理，一旦发现 DCS 故障，就立即切换到备用设备，保证系统连续安全运行。

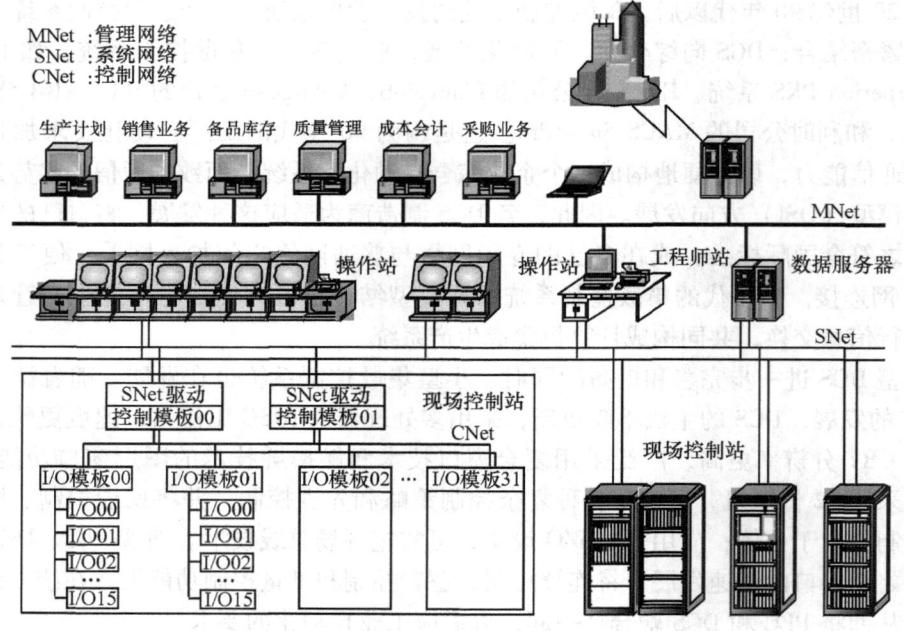

图 8-3 典型 DCS 的结构示意图

2. DCS 的操作监控层

操作监控层主要设备是操作员站、工程师站、监控计算机站和计算机网关。操作员站一般为一台功能较强的计算机，并配置彩色 CRT、操作员专用键盘和打印机等外部设备，供工艺操作员对生产过程进行监视、操作和管理，具有友好的人机界面。工程师站的硬件配置要求与操作员站相同，既可单独配置工程师站，也可由操作员站兼任，供计算机工程师对 DCS 进行系统生成和诊断维护。监控计算机站为 32 位或 64 位小型机，用来建立生产过程的数学模型，实施先进过程控制策略，实现装置级的优化控制和协调控制，并对生产过程进行故障诊断、预报和分析，保证生产安全。计算机网关（Computer Gateway，CG）用于连接生产管理网络 MNET。

3. DCS 的生产管理层

生产管理层的主要设备是生产管理计算机（Manufacture Management Computer，MMC），一般由一台中型机和若干台微型机组成。该层处于工厂级，根据订货量、库存量、生产能力、生产原料和能源供应情况及时制定全厂的生产计划，分解落实到生产车间，并根据生产状况及时协调全厂的生产，进行生产调度和科学管理。

4. DCS 的决策管理层

决策管理层的主要设备是决策管理计算机，一般由一台大型机、几台中型机和若干台微型机组成。该层处于公司级，通过收集各个部门的信息，进行综合分析，实时做出决策，协助各级管理人员指挥调度，使公司各个部门的工作处于最佳运行状态。

8.2.2　DCS 的硬件结构

DCS 基于分级分布式网络结构连接各硬件单元或硬件模块，硬件系统主要包括：控制单元、输入/输出单元、电源单元、控制网络及设备、系统网络及设备、操作员站、工程师站、监控计算机站、机柜和操作台等，如图 8-4 所示。

1. 控制单元

控制单元是各个 DCS 控制站的中央处理单元，是 DCS 的核心设备。控制单元可以由一个、两个或多个控制模板分别构成非冗余控制单元、双模冗余控制单元或多模冗余控制单元。作为控制站的运算处理中心，控制模板一般由主 CPU 模块、实时数据存储器、冗余系统网络 SNet 驱动单元和冗余控制网络 CNet 驱动单元等功能模块组成。控制单元负责协调处理控制站内部的所有 I/O 模板或其他功能模板的数据交流和控制运算，如 I/O 信号处理、回路控制计算、网络通信处理、冗余诊断等功能。

控制单元的关键指标是处理容量、控制周期、负荷率，这与其 CPU 型号、主频、外围芯片、内存容量、外存容量等并不直接挂钩，其更大程度上取决于网络指标和控制软件的设计。

控制单元的处理容量包括可连接 I/O 的数量和可装载程序的容量，其中 I/O 的处理数量是包括物理点和逻辑点的总点数。控制周期是循环执行一次 I/O 输入/输出、用户程序计算、网络通信的周期时间，可以根据需要把控制策略分解为几个子任务，并设定不同的控制周期，以提高运行效率。负荷率是控制单元所处理负荷占总体处理能力的比例，一般维持 30%~40% 的负荷率，以应对突发事件或雪崩状态。

控制单元所特有的可靠性设计主要有：控制冗余设计、控制网络冗余设计、系统网络冗余设计、实时数据的掉电保持、在线诊断与状态指示、故障隔离与故障恢复等。

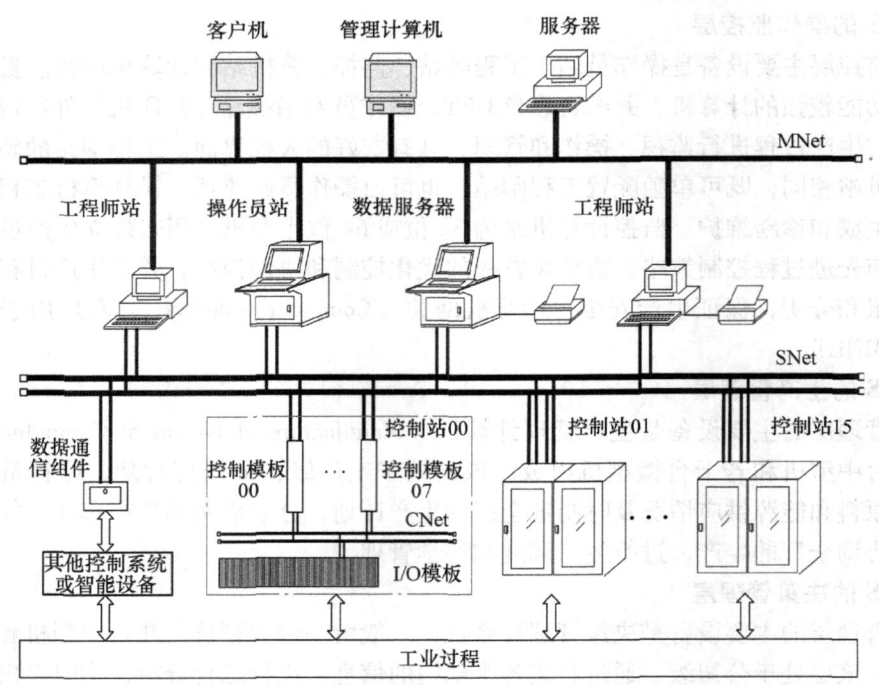

图 8-4　典型集散控制系统的硬件结构示意图

2. 输入/输出单元

输入/输出单元是由各种类型的输入/输出模板组成，包括大信号模拟量输入模板、热电偶输入模板、热电阻输入模板、通用模拟量输入模板、模拟量输出模板、开关量输入模板、SOE 输入模板、开关量输出模板、脉冲量输入模板等。

3. 电源单元

DCS 系统主要采用开关电源，包括输入电网滤波器、输入整流滤波器、逆变器、输出整流滤波器、控制电路和保护电路等。开关电源的主要优点是体积小、重量轻、效率高、输出精度高、抗干扰性强、输入电压范围宽。主要指标包括：输入电压范围、额定输出功率、电压调整率、负载调整率、输出电压精度、动态响应、纹波和噪声、转换效率、绝缘、过电压保护、欠电压保护、过电流保护、过热保护、温度漂移、工作温度等。

4. 机柜

现场控制站的机柜内部均装有多层机架，以供安装电源及各种模块之用。为给机柜内部的电子设备提供完善的电磁屏蔽，其外壳均采用金属材料（如钢板或铝材），并且活动部分（如柜门与机柜主体）之间要保证有良好的电气连接。同时，机柜还要求可靠接地，接地电阻应小于 4Ω。

为保证柜内电子设备的散热降温，一般柜内均装有风扇，以提供强制风冷。同时为防止灰尘侵入，在与柜外进行空气交换时，要采用正压送风，将柜外低温空气经过滤网过滤后压入柜内。在灰尘多、潮湿或有腐蚀性气体的场合，一些厂家还提供密封式机柜，冷却空气仅在机柜内循环，通过机柜外壳的散热叶片与外界交换热量。为保证在特别冷或热的室外环境下正常工作，还为这种密封式机柜设计了专门的空调装置，以保证柜内温度维持在正常值。

另外，现场控制站机柜内大多设有温度自动检测装置，当机柜内温度超过正常范围时，产生报警信号。

5. DCS 的操作站

DCS 操作站一般分为操作员站和工程师站两种。其中工程师站提供技术人员生成控制系统的人机接口，或者对应用系统进行监视，配有组态软件，提供灵活的、功能齐全的工作平台，通过它来实现各种控制策略。为节省投资，有很多系统的工程师站用一个操作员站代替。DCS 操作站的主要功能为过程显示和控制、系统生成与诊断、现场数据的采集和恢复等。

8.2.3 DCS 的软件结构

DCS 软件系统分为工程师站组态软件、操作员站监控软件及现场控制站控制软件三大部分，三部分软件分别运行在不同层次的硬件平台上，并通过控制网络、系统网络进行通信，彼此互相配合协调，交换管理和控制信息，完成整个集散控制系统的各种功能，如图 8-5 所示。

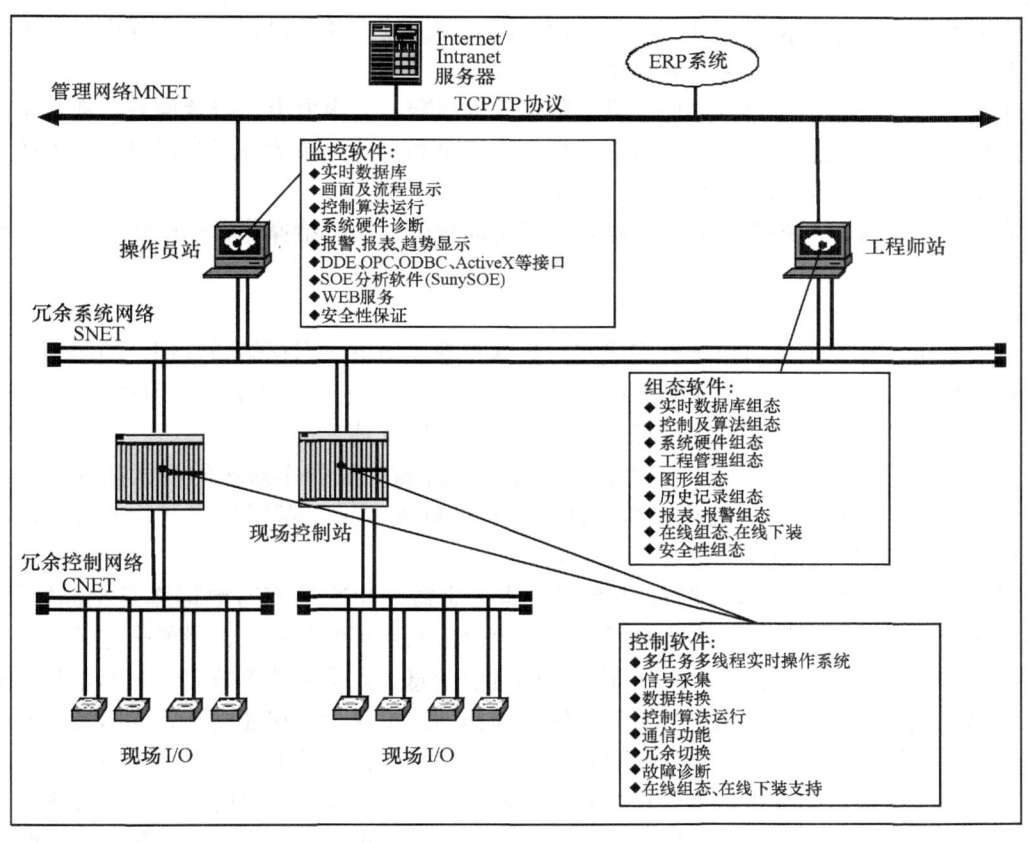

图 8-5 典型 DCS 软件结构示意图

1. 组态软件

组态软件实现实时数据库组态、控制算法组态、系统硬件组态、画面组态、历史记录组态、报表组态、报警组态、在线组态、在线下装、安全性组态等功能。

实时数据库组态是通过实时数据库编辑器来完成的，用来定义各站点的变量信息，包括各站的组成设备及其属性，各点的数据采集与转换、报警、历史记录、安全区等属性。

算法编辑器用于生成 DCS 系统所有连续控制、逻辑控制、顺序控制、特殊处理算法等控制策略，一般采用 IEC61131-3 国际可编程控制组态语言标准，以满足过程控制领域的组态需求。

系统硬件组态是配置 DCS 系统的 I/O 模板、I/O 模块、通信模板及控制模板的专用软件，同时可以实时监控系统内所有模板和模块数据，具备在线下装，模板、模块及组态等方面的故障诊断功能。

画面组态主要指工艺流程画面的生成。

报表打印是 DCS 不可缺少的功能。大多数 DCS 都支持两类报表打印功能：一类是周期性的报表打印；另一类为触发性报表。周期性报表记录生产操作记录和统计记录，包括班报表或日报表等，它可以代替操作工每班或每天的报表。触发性报表则用来记录在某些特定事件发生前后的某些过程点的值，以及报警记录列表和键盘调用列表。为便于生成符合用户需要的打印报表，多数 DCS 都提供一个报表生成软件，用户可以离线生成打印报表格式和确定报表内容，生成报表格式文件和报表数据文件。报表管理软件根据这些文件内容，依次到实时数据库中取出数据填入表格并打印。

报警、历史记录组态可以方便地设置数据点的报警组、报警限、报警偏差、变化率报警限等属性来满足不同的报警需要；可以选择变化记录和定时记录的方式来记录数据点的历史数据，提供给历史趋势和历史报表进行显示分析。

安全性组态可以对画面上的图形对象设置访问权限，同时给操作者分配访问优先级和安全区。

2. 监控软件

一般来讲，操作员站监控软件完成实时数据管理、历史数据存储和管理、控制回路调节和显示、生产工艺流程画面显示、系统状态、趋势显示以及生产记录的打印和管理等功能，实现这些功能的关键就是实时多任务操作系统和数据库管理。

（1）实时多任务操作系统　实时多任务操作系统与一般操作系统的最大区别就是实时多任务执行核心，它为计算机硬件和在其上运行的软件提供了逻辑接口（Logic Interface）、任务调度、任务间通信以及资源管理等功能。

（2）实时数据库　实时数据是 DCS 最基本的资源。DCS 的实时数据库是全局数据库，通常采用分布式数据库结构。在现场控制站上存储该站所用的各种点记录的全记录信息，例如对于一个 I/O 点的记录内容就确定了该点的索引信息、点值和状态信息、显示信息、通道地址信息、报警信息和转换信息等。为了实现操作站集中显示的快速刷新，同时考虑到操作站系统有限的硬件、软件资源，一般只将现场控制站各点记录的索引、点值与点状态等部分信息存放在操作站数据库中。当操作站只需显示点值和点状态等信息时，可直接在本站数据库中获取；而当它要用到某点的完整记录时，则向实时数据库发出全记录调用，实时数据库管理任务将该请求转换成标准格式发向网络通信管理任务，网络通信管理任务则负责向该点所在的现场控制站读取该记录，并及时返回给调用任务。因此整个系统的实时数据库是全局性的，点值和状态是全局性的周期刷新，同时又合理地利用系统资源，使信息分布存储，通过网络实行全局管理。

操作站的实时数据库由实时数据配置文件和管理程序两部分组成。实时数据配置文件由数据库组态软件生成，通过网络将各点的完整记录下载到现场控制站，而将点值与点状态等信息存放在操作站数据库中。管理程序负责对实时数据的系统管理（如备份、下载等）以及处理其他任务对实时数据的实时请求。

（3）历史数据库 为了便于操作员或工程师对系统各点进行变化趋势分析以及管理人员对系统进行综合分析，必须在操作站上建立一个历史数据库，将一段时间内的历史数据存储起来。为了适应不同的用途，历史数据库一般分为短时间间隔历史数据和长时间间隔历史数据，前者主要用于显示趋势曲线，存储间隔一般是秒级，而后者主要用于长时间的趋势分析、记录打印和统计计算，存储间隔从 1 分钟到几十分钟不等。

（4）网络通信管理 操作站对 DCS 集中管理和操作的基础就是系统的网络通信，这是 DCS 的关键技术之一。DCS 对网络通信的要求可以概括为高可靠性、实时性和灵活性。高可靠性即要求在硬件上高度可靠，同时在软件上要有较好的容错能力，即当收到不正确的信息包或有不正确的通信要求时，它能够自动处理，而不会造成死机。实时性则要求现场控制站的实时数据要及时传输到操作站，对其他站的定向请求要及时实现；另一方面，在操作站上，操作员或工程师要检查某一现场控制站的详细状态时，该请求应该尽快地通过网络发给所要求的现场控制站，该站收到信息之后应立即给予答复。灵活性指能够支持多种数据信息格式的能力。

3. 控制软件

为保证控制站高可靠运行，控制模板软件常采取一些可靠性保护措施，如控制模板与控制网络的故障诊断、网络冗余、主从切换、故障恢复、数据掉电保持等。控制软件各功能模块依其重要性被赋予不同的优先级，再辅以对突发中断事件的实时处理，因而在实时多任务操作系统下，控制软件能有效地利用 CPU 资源，使各功能模块协调地工作。控制软件主要完成以下功能：数据采集、数据转换、算法运行、控制输出、与其他站点通信及实时传输数据、控制站自诊断及故障恢复、冗余切换、在线组态、在线下装、工程在线升级和数据保持。

现场控制站的软件分为执行代码和数据两部分。执行代码一般固化在 EPROM 中，而数据则保留在 RAM 中，在系统开机或恢复运行时，这些数据的初始值从网络上载入。执行方式有两种：周期执行和随机执行。周期执行一般由硬件时钟定时触发，完成周期性的工作，如定时数据采集、处理，控制算法的周期运算，周期性的系统状态检测和周期性网络数据通信等。随机执行一般由硬件中断激活，主要完成系统的故障信号处理、事件顺序信号（Sequence of Event, SOE）处理、实时网络数据接收等，这类信号发生的时间不定，而一旦发生就要求及时处理。典型的现场控制站软件执行顺序如图 8-6 所示。现场控制站软件模块结构如图 8-7 所示。

实时数据库是现场控制站软件系统的中心环节，其作用有信息传递和数据共享两个方面。实时数据库一般都有以下 4 种基本数据类型：模拟量输入/输出结构、开关量输入/输出结构、模拟计算量结构和开关量点组合结构。对实时数据库的存取一般有以下几种形式：

1）输入/输出模块取得通道信息和转换信息后，经运算后将运算结果存回数据库。例如，输入模块将采集数据的处理结果写回数据库，而输出模块则存回执行输出的结果状态。

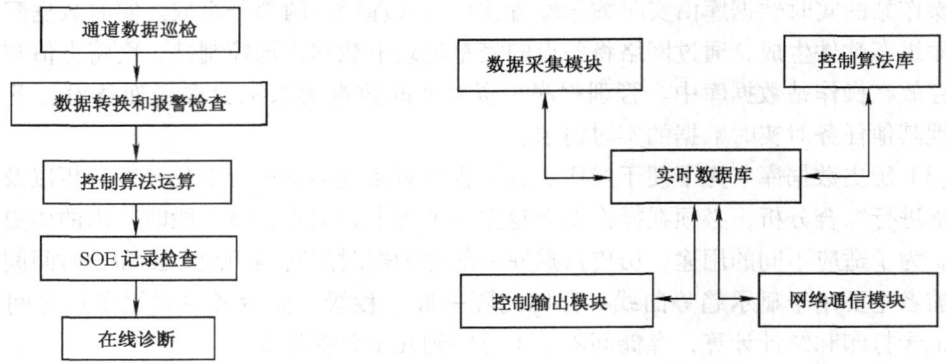

图 8-6 现场控制站软件执行顺序　　图 8-7 现场控制站软件模块结构

2）控制算法从数据库中取得运算所需要的各种变量值，并把控制结果写回数据库。

3）网络通信模块周期性地从数据库取得各记录的实时值并广播到网络上，以刷新其他各站的数据库，同时不断接收网络上的控制信息包，并将该信息写回该点的记录中。

8.2.4　DCS 的网络结构

DCS 采用层次化网络结构，自下而上依次分为控制网络 CNET、系统网络 SNET、管理网络 MNET 和决策管理网络 DNET。

1. DCS 的控制网络 CNET

控制网络是控制站内部使用的冗余实时网络，实现在控制站内部各个智能 I/O 模板和控制模板之间信息传递。

2. DCS 的系统网络 SNET

系统网络 SNET 是 DCS 的中枢，应具有良好的实时性、快速的响应性、极高的安全性和网络的开放性等特点。系统网络常选用局域网，符合 ISO 提出的开放系统互联 7 层参考模型，以及 IEEE 提出的 IEEE 802.3 局域网标准，并选用国际流行的局域网协议，如 Ethernet、MAP 和 TCP/IP 等，工业 Ethernet 或 MAP 尤其适用于 DCS。系统网络传输介质采用同轴电缆或光缆，传输速率为 1~10Mbit/s，传输距离为 1~5km。

3. DCS 的管理网络 MNET

生产管理网络 MNET 处于工厂级，覆盖一个厂区的各个网络结点。一般选用局域网，采用国际流行的局域网协议（如 Ethernet 等），传输距离为 5~10km，传输速率为 5~10Mbit/s，传输介质为同轴电缆或光缆，采用客户机/服务器模式。

4. DCS 的决策管理网络 DNET

决策管理网络 DNET 处于公司级，覆盖整个公司的各个网络结点，选用局域网或区域网，采用局域网协议或光缆分布数据接口 FDDI，传输距离为 10~50km，传输介质为同轴电缆、光缆、电话线或无线，采用客户机/服务器模式。

8.2.5　DCS 实例

美国 Honeywell 公司作为全球著名的 DCS 制造商曾成功推出 TDC、TPS 和 PlantScape 等多套 DCS 系统，其最近开发的新系统 PKS（Process Knowledge System）继承了 TPS-3000 系

统适用于大型复杂系统及 PlantScape 系统价格低廉等方面的优点并进行了技术创新,使得系统性能更加稳定可靠。

1. PKS 系统的网络拓扑结构

PKS 系统可看做由三层控制网络构成:第一层称为以太网,该层网络以服务器(Server)、操作站(Station)为主要结点。服务器与操作站之间采用 Client/Server 结构,每台 Server 提供模拟点、状态点和累积点等,系统规模可达到两万多个集成点,可实时采集各种过程装置实时信息。Station 则提供了视窗化人机界面和强大的报警管理功能及丰富的应用开发功能。具有完善的系统管理维护和监视功能,并采用 ACTIVE X 控件,使用 ODBC 进行 SQL 数据交换。因为操作站与现场控制站的控制器并没有直接相连,它们之间的数据交换是通过服务器进行的,因此操作站要实时访问服务器的数据库,以完成对整个生产过程的监控。第二层控制网络称为监控网,该层网络的主要结点是服务器(Server)和控制器(CPM)。其中 CPM 广泛采用的是 C200 系列混合控制器(Hybrid Controller),具有连续调节、批处理、逻辑控制、顺序控制、联锁等综合控制功能。监控网的相关硬件为 PCIC 卡,该卡件直接插在服务器的主板上,协调外围设备之间的通信。第三层控制网络称为 I/O 控制网,该层的主要结点是控制器和输入输出卡件。它们均采用模块化结构,配置灵活,各卡件均可以进行带电热插拔,不会对系统的运行造成任何影响。I/O 卡件是控制器的输入/输出接口,可以进行模拟量($-10\sim+10V$、$0\sim+5V$、$0\sim+10V$、$4\sim20mA$、$0\sim10mA$)和开关量($AC24\sim220V$、$DC24V$、$DC10\sim30V$、$DC48V$、$DC125V$)的输入/输出,充分满足了生产过程中对各种信号类型进行检测和控制的要求。

2. PKS 系统的特点

(1)可实现模拟量控制、顺序控制及逻辑控制 PKS 系统提供了丰富完善的功能模块,可在电力、石油化工等领域实现模拟量控制、顺序控制和逻辑控制功能,对调节回路可提供几十种控制算法并可采用 PID 参数自整定技术进行优化控制。

(2)实现多级冗余 为了提高系统的可靠性,PKS 系统在重要设备、对全系统有影响的公共设备上采用冗余结构,以免故障停工造成更大的经济损失。

1)服务器冗余:对于大型的复杂控制系统,一般需要服务器冗余,此时两台服务器为同步运转方式冗余,而且没有绝对的主 Server 与备用 Server 之分,哪一台服务器先上电就是主 Server,另一台则为备用 Server。数据库始终放在备用 Server 上,主 Server 通过访问备用 Server 保持数据库同步。若备用 Server 出现故障,则采集的现场数据自动存放在主 Server 上。一旦主 Server 出现故障,处于热备状态的 Server 立即支撑整个系统,确保全系统不会瘫痪。

2)控制器冗余:PKS 系统的控制器可在线完成冗余功能,但两台相互冗余的控制器之间必须用光缆连接,某一控制器出现故障时,可不必停车,而由系统自动完成控制器的切换,对生产过程不会造成任何影响。

3)I/O 通道冗余:PKS 系统的控制站增添了输入/输出连接卡件(I/O Link Module),从而使 I/O 通道冗余的实现成为可能。与以前的 PlantScape 系统相比,这是 PKS 系统比较明显的改善之处,保证了重要的采集信号不会丢失。

(3)人机界面非常友好 组态(Configuration)是用控制系统所提供的功能模块或算法来完成各类系统功能,包括系统组态、画面组态和控制组态。对于 PKS 系统来说,在 Control Builder 软件环境下，完成系统组态和控制组态。Control Builder 软件提供了许多功能强大的模块，可完成对大型复杂过程的控制，工程师组态时只需用鼠标拖动所需功能模块后连线即可完成。当然还要对各模块的参数进行设置，如 I/O 通道模块中分配 I/O 卡件及卡件的通道号、PID 模块中需设置 P、I、D 参数及报警界限等。画面组态需在 Display Builder 软件环境下完成，该软件提供了各种线型用以完成对复杂图形的描绘，同时还提供了一个现成的图库，涵盖了工业过程中用到的大部分设备如风机、管道、水箱、泵、阀门等，工程师利用这些丰富的线型及现有设备图形可方便地绘制出各种主流程页面、顺序子图和动态子图，大大提高了画面组态的效率。

（4）提供了向 FCS 过渡的解决方案　DCS 控制系统的核心思想是分散控制、集中管理，但与最近蓬勃发展的现场总线控制系统（FCS）相比，还存在系统开放性不够、抗干扰能力不强和控制分散程度不彻底等方面的不足。但 FCS 取代 DCS 也并不是一朝一夕能完成的事，在今后相当长一段时间里，工业控制将出现 DCS 与 FCS 并存的局面。

Honeywell 公司根据这一现状背景开发出的 PKS 系统，不但可以设计成传统的集散控制系统（DCS），还可与 FF（基金会现场总线）技术有机地融合在一起，设计成现场总线控制系统（FCS）。当然要设计成 FCS，还需在 I/O 监控网中利用连续接口卡件（Serial Interface Card），完成现场设备的连接。用户可根据自己生产过程的需要，从节约一次性投资成本或节约系统维护支出等角度出发灵活地选择设计成 DCS 或 FCS 控制系统。

（5）支持 OPC（OLE for Process Control）数据交换　为提高 PKS 系统的开放性，Honeywell 公司为用户提供了 OPC 服务器接口，OPC 客户程序开发者可以在不同的软件环境中访问过程数据。用户也不必为硬件特性的改变而重新编写程序，可直接利用 C、VC 或 VB 等程序开发工具开发应用程序，有效地对生产过程进行监控和决策。同时，也正是由于 PKS 系统支持 OPC 技术，才使得不同厂商生产的控制系统可与 PKS 系统集成。当用户因生产规模扩大等原因需要添加新的控制系统时，不必受制于 Honeywell 公司，而是根据实际需要灵活地选择控制系统，从而大大降低了系统集成的费用。

（6）支持第三方控制器　为了满足有大量顺序控制的生产过程的需要，PKS 系统可以下挂多种型号的 PLC（如 Allen Bradley，Modicon、GE 和 Siemens 等公司生产的大多数 PLC），组成 PLC + 集散控制系统的形式，应用于有实时要求的顺序控制和较多回路的连续控制的场合。从网络技术角度看，PKS 系统具备很强的开放性，同时 PKS 的这一特性也使得整个过程控制系统集成优化设计成为可能。

（7）支持仿真环境，可离线组态　操作员可通过修改注册表建立 Control Builder 的仿真环境，从而实现离线组态。PKS 系统的控制方案组态采用标准功能模块连接的方式完成，在线仿真功能可以使组态的正确性立即得到验证。这样，系统在现场连线之前，既可以进行所有控制方案、逻辑的正确性测试，又可使现场调试的工作量大大减少。

8.3　分布式控制系统基本类型

8.3.1　集散型控制系统

Honeywell 公司在 1975 年首先推出 TDC 2000 型集散控制系统，并于 1983 年 10 月推出了 TDC 3000 型产品。经过十几年的发展，于 1988 年又发表了 TDC 3000 新版本产品。其宗旨为解决过程控制领域内的关键问题——过程控制系统与信息管理系统的协调，为实现全厂生产管理提供最佳系统。下面以 TDC 3000 为例介绍大型 DCS 的体系结构和各层功能。TDC3000 的体系结构如图 8-8 所示。

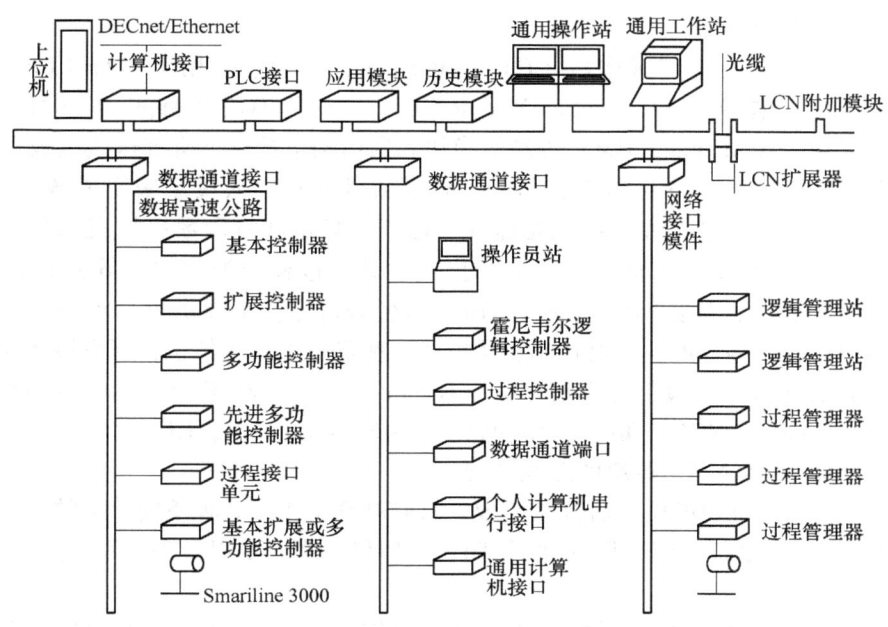

图 8-8　TDC3000 集散控制系统分层结构图

如今 TDC3000 已经形成 3 种相对独立的通信链路：数据高速公路（DATA Highway，DHW）、通用控制网（Universal Control Network，UCN）和局部控制网（Local Control Network，LCN），以这 3 种网络为基础形成 DCS 的层次结构。

1. TDC3000 的 3 种通信链路

（1）数据高速公路（DHW）　DHW 是 1975 年 Honeywell 公司推出 TDC2000 时首次提出的，它是第一代 DCS 的通信系统。其通信采用串行、半双工方式工作，优先存取和定时询问方式控制，传输介质为 75Ω 同轴电缆，传输速率为 250Kbit/s。在 DHW 上设有通信指挥器（HTD）来管理通信，任何 DHW 之间通信必须首先从 HTD 获得相应的权利。在 DHW 上可挂有多种设备，如基本控制器（Basic Controller）、过程接口单元（Process Interface Unit）、多功能控制器（MC），这些以 DHW 为基础的设备以及其他一些相关设备在系统中起着过程控制第一级的作用。

（2）通用控制网（UCN）　UCN 是 1988 年开发的以 MAP 为基础的双重化控制网络，与 IEEE 和 ISO 标准兼容。其通信采用令牌传送方式，传输速率为 5Mbit/s，可支持 32 个冗余设备，它的对等通信能力使得系统容易实现过程数据共享，并可方便地增加和减少节点。

过程管理器（Process Manager，PM）作为 UCN 上的重要设备，是一个高度灵活的数据采集和控制装置。PM 可以包括多达 40 个可选择的 I/O 处理器、一个高性能的控制处理器，能够实现连续、逻辑和顺序控制功能。此外，分离的通信和 I/O 接口处理器，能够确保内部和外部到 PM 的高速信息流。数据、类型以及处理速率均可由用户组态。

(3) 局部控制网（LCN） LCN 是 TDC3000 的主干网，通信采用令牌存取通信控制方式，符合 IEEE802.4 标准，传输速率为 5Mbit/s，为总线拓扑结构。通过计算机接口，LCN 可以与 DECnet/Ethernet 相连，与系统计算机构成综合管理系统；与个人计算机构成范围更广泛的计算机综合网络系统，从而将工厂所有计算机系统和控制系统联系成为一体，实现优化控制、优化管理的目标。

在 LCN 上主要挂有通用操作站（Universal Station, US）、通用工作站（Universal Work Station, UWS）、计算模块（Computing Module, CM）、应用模块（Application Module, AM）和历史模块（History Module, HM）等高级模块和通信网络接口。所有这些组成了友好的人机接口。其中的 US 或 UWS 可被操作员、工程师或维修技术人员用来完成各自相关任务，包括系统和过程操作功能（如系统状态监视与诊断、显示和打印数据报表以及报警的发出和处理等）、过程工程功能（如网络组态、报表设计、过程数据库建立等）以及维护功能（如系统故障诊断等）；计算模块可使用户通过高级语言编程来提供更高水平的控制，应用模块允许用户使用一些标准的高级控制算法以及一些优化工具软件包；历史模块收集和存储历史数据；通信网络接口包括计算机网关（Computer Gateway, CG）、网络接口模块（Network Interface Module, NIM）和高速公路网关（Highway Gateway, HG）。

2. TDC3000 提供的不同等级的分散控制

通过 LCN、UCN 和 DHW 三种连接组成，TDC3000 提供了 3 种不同等级的分散控制。

1）以过程控制设备，如过程管理器 PM、逻辑管理器 LM 以及 DHW 上各设备为基础，组成过程控制级。

2）先进控制级，包括比过程控制级更加复杂的控制策略和计算，通常称为工厂级。

3）最高控制级，提供高级计算技术和手段，例如适用于复杂控制的过程模型，过程最优控制及线性规划等，故称为联合级。

3. TDC3000 的冗余技术

TDC 3000 采用了多级冗余措施。

1）对大多数的关键性系统单元都采用了带有自动切换的全冗余，如局部控制网、通用控制网和数据高速公路始终是冗余的，因为网络接口模块和高速公路接口都是与 LCN 相连接的关键性部件。

2）典型的操作员控制台至少由三个通用的操作站组成，对某一操作员控制台，其冗余度是由其他任何 US 的能力来保证的。

TDC 3000 系统中，控制台的每一个操作站都可以存取相同的信息，任何一台操作站都可以代替另一台进行操作。这样当其中一台用于维护系统时，操作员可以使用其余的操作站进行正常的监控操作。

3）对过程连接的控制级，其冗余由过程管理器中的过程管理模块实现，而关键环节的冗余是由 TDC 3000 基本型、扩展型和多功能控制器的不间断的自动控制（UAC）特性来完成。

4）TDC 3000 在结构上提供历史模块的冗余盘和冗余的应用模块来提高可靠性。

具有历史模块冗余的所有信息分别写在两块磁盘上，如果一块出现故障，则切换到另一块盘上继续操作。在失效盘恢复以后，冗余盘上的信息可以复制到修复的盘上而无需中断在线操作。在正常运行的时候，系统周期地从两个盘上读取信息，以确保它们都可以正常使用。

通过将所有新的信息存入工作和备用的接口模块，使备用网络接口模块或高速公路接口与处于工作状态的接口模块尽量保持一致，而信息只从处于工作状态的接口模块中输出，周期地进行出错校验和其他例行检查，以决定当工作模块失灵时，备用接口模块立即投入运行。如果接口模块失灵，则在提醒操作员的同时，将备用模块切入工作状态，其切换时间小于5s。由于开关切换没有考虑系统的故障和对生产过程的冲击，因此，操作员应密切注意切换过程。与接口模块一样，应用模块的切换是在失灵后的5s内完成的，因此输出作用和有关信息都不会丢失。

5) 在 TDC 3000 的局部控制网中，一根通信电缆作为主要电缆，另一根则作为备用电缆，所有信息同时在两根电缆中传送，但是各个模块只从主要电缆中接收信息。系统定期地发布命令到所有模块中去进行主要电缆和备用电缆之间的切换。若有某一个模块不能从主要电缆中接收到信息，那么它就切换到备用电缆中接收信息，并且发送一个出错信号给错误日志和操作员。在 TDC 3000 的数据高速公路上，也使用类似于局部控制网的双缆结构，一根为主要电缆，另一根为备用电缆，TDC 3000 系统周期地切换使用通信电缆，以保证两者的正常工作，当有一根电缆失效或出错，则相应的模块即自动地切换到备用电缆上。UCN 和数据高速公路电缆以及与之相连的各个设备的运行状态都能在操作站上监视，在任何时候，操作员都可以切换到备用电缆上。TDC 3000 的这种结构使得它可以在维护时取下或装上某一模块而不对整个系统造成影响，因此 TDC 3000 的维护工作可以在线进行。

8.3.2 集散型控制系统存在的问题及发展趋势

DCS 以多台微处理器分散应用于生产过程控制，完成数据采集和处理、连续及顺序控制等，从而克服了集中控制系统存在危险集中、常规仪表控制功能单一等问题。同时由于计算机技术和制造工艺的发展使 DCS 的可靠性得以提高。可以说，DCS 的出现是控制系统发展过程中的一个重要里程碑。从当前 DCS 应用的情况来看，DCS 取代常规仪表应用于工业过程控制，其应用的效益主要体现在下列几个方面：由于 DCS 具有较高的可靠性，大大降低了系统运行的故障率，延长了系统正常运行的时间；DCS 的应用提高了控制系统的控制精度，可以在一些生产过程中采取"卡边控制"；由于实现了集中监控，使操作更加方便，减轻了劳动强度。

但是在看到上述优点的同时，不能不看到 DCS 的局限性。首先，在组成控制系统的各个环节中，其测量变送和执行机构仍是基于模拟仪表的，即仍采用 4~20mA 的模拟信号进行检测和传输，使得检测信号的精度低，与现场总线及智能仪表的数字信号传送相比，其抗干扰能力与传输精度都大为逊色。其次，各 DCS 开发生产企业制造的 DCS 使用他们自己的专用平台，且对外保密，使得不同厂商之间的产品互不兼容，互操作性差。再其次，传统 DCS 在控制规律和控制算法方面，相对于常规仪表并没有重大突破，所提供的编程计算工具功能仍显简单，比如，TDC-3000 的 CL 语言、μXL 的 BASIC 语言等，难以实现复杂的控制规律，使得许多先进的控制算法无法在 DCS 上直接实现，对于一些多变量、强耦合、时变、大纯滞后系统，以及在未建模动态特性和干扰均不确定的情况下，基于常规控制规律的 DCS 的控制品质难以满足生产的控制需求。

受信息技术（网络通信技术、计算机硬件技术、嵌入式系统技术、现场总线技术、各种组态软件技术、数据库技术等）发展的影响，以及用户对先进的控制功能与管理功能需求的增加，各新型集散控制系统（DCS）厂商（以 Honeywell、Emerson、Foxboro、横河、ABB 为代表）纷纷提升 DCS 系统的技术水平，并不断地丰富其内容。可以说，以 Honeywell 公司最新推出的 Experion PKS（过程知识系统）、Emerson 公司的 PlantWeb（Emerson Process Management）、横河公司的 R3（PRM-工厂资源管理系统）和 ABB 公司的 Industrial IT 系统为标志的新一代 DCS 已经形成。

目前，以和利时、浙大中控、上海新华、正泰中自为代表的国内 DCS 厂家经过 10 余年的努力，各自推出自己的 DCS 系统：和利时推出 MACS-SmartPro 第四代 DCS 系统、浙大中控推出 Webfield（ECS）系统、新华推出 XDPF-400 系统、正泰中自推出 CTS700 系统。例如新华公司在火力发电方面取得显著成绩，浙大中控和正泰中自在化工控制等方面业绩突出，和利时公司在核电、热电、化工、水泥、制药以及造纸等方面取得了一定的业绩。

随着开放系统和平台技术的发展，产品的选择更加灵活，软件组态功能越来越强大并灵活，但是每一个特定的应用都需要一个独特的解决方案，所以专业化的应用知识和经验是当今工业自动化厂商或系统集成商成功的关键因素。各 DCS 厂家在努力宣传各自 DCS 技术优势的同时，更是努力宣传自己的行业方案设计与实施能力。为不同的用户提供专业化的解决方案并实施专业化的服务，将是今后各 DCS 厂家和系统集成商竞争的焦点，同时也是各厂家盈利的主要来源。

8.3.3 基于 IPC 构成的分布式控制系统

自 20 世纪 90 年代初进军工业自动化领域以来，IPC 正以势不可挡的速度进入各领域，获得广泛的应用；众多工控机生产厂家更是不断推陈出新，使工控市场越来越活跃。目前分布式控制系统中的现场控制器多采用第二代 IPC 工控机产品。在轨道交通控制系统中，车站计算机连锁系统、行车调度监督系统以及铁路红外热轴探测系统均应用了数千套第一代和第二代工控机，现在已经开始用新一代 CompactPCI 总线和 PXI 总线工控机替代。电力系统自动化、纺织工业、制造业、食品加工、石油化工行业、车载信息系统等均需要采用新一代工控机技术。

1. IPC-DCS 的层次结构

IPC-DCS 系统自上而下分为 4 层：管理层（SMS）、操作层（IOS）、现场控制层（FCS）、仪表层（FIS），其基本结构如图 8-9 所示。

（1）管理层（SMS）　SMS 用于工厂总工室或计划调度室，分析系统操作站的数据，提供管理、决策、工艺分析所需的数据，运行优化软件、专家系统和其他用户应用软件，提供去 MIS（管理信息系统）和其他外界系统的接口（如 Internet 接口）和通信管理。该层在拓扑结构上有时和下面的操作层在同一层次上。

（2）操作层（IOS）　IOS 用于系统中央控制室（或值班室等），运行 SCADA（数据采集与监控）软件和工控组态软件（GENESIS、WinCC 或 iFIX），进行生产流程的操作，以及处理数据、存储、显示、报警、手动/自动控制切换和报表等。操作层内核主要完成如下功能：

1）图形系统中，用于自由组态画面，并完全通过图形对象进行操作，图形对象具有动态属性，可对属性进行在线组态。

2) 报警信息系统中，记录和存储时间并显示，可自由选择信息分类、信息显示和报表。

3) 变量存档，接收、记录和压缩测量值。

4) 曲线和图表显示。

5) 用户档案库中，用于存储有关用户数据记录及配方参数。

6) 报表系统中，用户自由选择一定的报表格式，按时间顺序或者时间触发来操作信息、归档数据，进行用户报表输出。

7) 处理功能中，编辑组态图形对象的动作连接。

8) 标准接口是该系统的一个重要组成部分，可通过 ODBC 和 SQL 访问用于组态和过程数据的数据库。

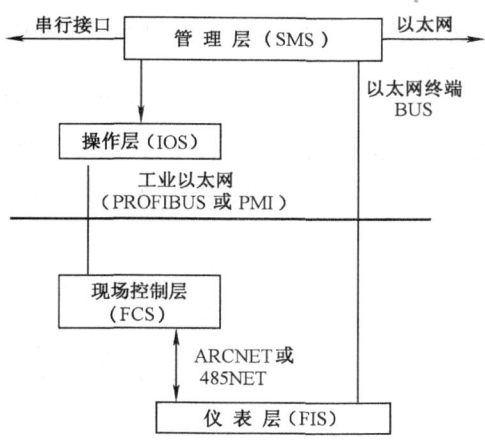

图 8-9　IPC-DCS 的基本结构

9) 应用程序接口可在所有应用模块中使用，并提供便利的访问函数和数据功能，开放的开发工具允许用户编写可用于扩展该系统基本功能的标准应用程序。

(3) 现场控制层（FCS）　FCS 用于控制设备室、现场控制室和现场仪表室，执行现场 I/O 程序、PID 运算、现场存储及现场显示等功能。

(4) 仪表层（FIS）　FIS 位于工业生产设备现场，提供变送器、传感器、驱动装置和执行机构的信号调整（放大、隔离、整定）、数据采集和前端控制及有关连接电缆。

2. IPC-DCS 的网络结构

典型的 IPC-DCS 的网络体系是：一台 PC 作为主服务器，其他几台作为客户机，可同时访问主服务器中数据库的数据；此外还可以建立基于 Browser/WebServer 的浏览器风格的分布式应用。

从目前监控组态软件支持的网络结构体系来看，IPC-DCS 的网络结构体系可划分为 3 种类型：客户机/服务器结构、对等结构和混合结构。

(1) 客户机/服务器结构　它是一种基于网络的、从独立式结构扩展而来的结构。

网络上一台结点机作为服务器端，其他多个结点机作为其客户端，客户端通过网络服务程序可访问服务器端的过程数据，客户端本身没有数据库，过程 I/O 数据全都集中连接在服务器端，如图 8-10 所示。

监控组态软件应用程序安装到客户端和服务器端，客户端的应用程序可以与服务器端相同，也可以不同。

对于客户机/服务器结构，与过程 I/O 相连的服务器端只能有一个，客户端可以有一个或多个。无论是服务器端或是客户端的应用程序，都可以有完整的数据处理功能。

服务器端结点机的处理能力不仅影响整个系统的性能，而且其工作状态也直接关系整个系统的安全性。各个客户端结点机的大部分数据处理均在本地进行，其中某一台出现故障也不会对整个系统产生很大影响。

监控组态软件应用程序运行时，服务器端结点机上一般需要配置运行系统 View、数据库 DB、I/O Server 和服务器端网络服务程序 NetServer（或 SCOMServer、TelServer）；客户端结点机上一般需要配置运行系统 View 和客户端网络服务程序 NetClient（或 SCOMClient、TelClient）。

（2）对等结构　其结构如图 8-11 所示。每个网络结点既是服务器端，为其他结点提供数据，同时又是客户端，从其他结点上获取过程数据。也就是说，在对等结构中，结点之间可以互相访问对方的过程数据，每个结点都与过程 I/O 相连。

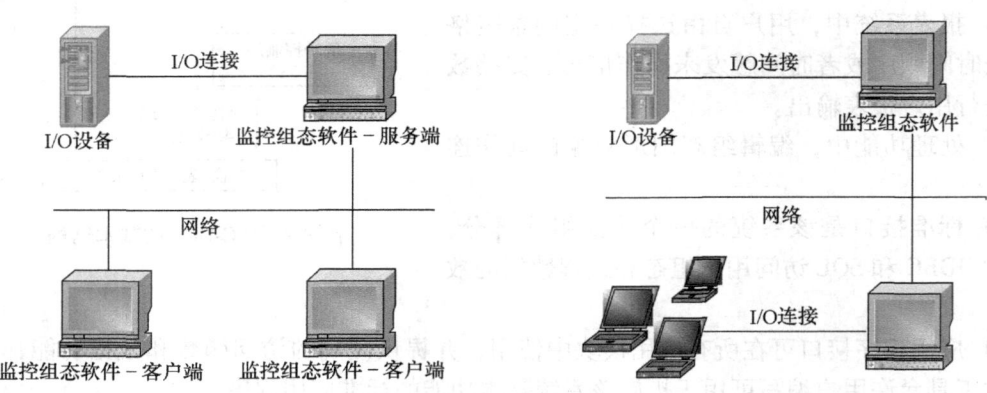

图 8-10　监控组态软件的客户/服务器结构　　　图 8-11　监控组态软件的对等结构

当过程 I/O 点数较多，生产装置的地域位置较分散时，适于采用这种结构。监控组态软件应用程序安装到对等结构中的每个结点机上，各个应用程序都不相同。每个结点机都要启动实时数据库 DB 和采集程序 I/O Server，以获取此结点相连的过程 I/O 数据。每个结点机也都可以访问其他结点机数据库中的数据。

在这种结构下，监控组态软件的每个结点机的运行环境需要启动运行系统 View、数据库 DB、I/O Server 和服务器端网络服务程序 NetServer（或 SCOMServer、TelServer）和客户端网络服务程序 NetClient（或 SCOMClient、TelClient）。

（3）混合结构　其结构如图 8-12 所示。当应用规模较大时，可以采用混合结构，包括从班组到车间、全厂在内的多层网络。数据流也是多样的，有生产过程数据、管理信息数据以及统计决策数据等。混合结构由客户机/服务器结构、对等结构等基本系统结构混合组成。

3. IPC-DCS 的通信方式

从目前监控组态软件支持的通信方式来看，IPC-DCS 的通信方式可划分为 3 种类型：串行通信、使用公众电话网拨号通信、通过以太网用 TCP/IP 通信。

（1）串行通信　监控组态软件的 SCOMServer 和 SCOMClient 支持计算机之间通过串行通信口联网，当串口使用 RS-232/RS-422 时，只能实现计算机间 1:1 的互联。如想实现 1:N 的计算机互联，则计算机必须配有 N 个串口，如图 8-13 所示。

当串口使用 RS-485 时，只需一个串口便可实现计算机间 1:N 的互联。N 的取值大小决定于 RS-485 的带载能力，如图 8-14 所示。

由于以太网使用双绞线，在不使用中继器的情况下传输距离不能超过 120m，如果没有光纤，那么采用 RS-422/RS-485（或将 RS-232 转换为 RS-422/RS-485 方式），通过 SCOMSever 和 SCOMClient 实现远程数据访问是一个很好的解决方案，通信距离可达 1200m。如果使用 RS-232 方式，通信距离则不超过 15m。

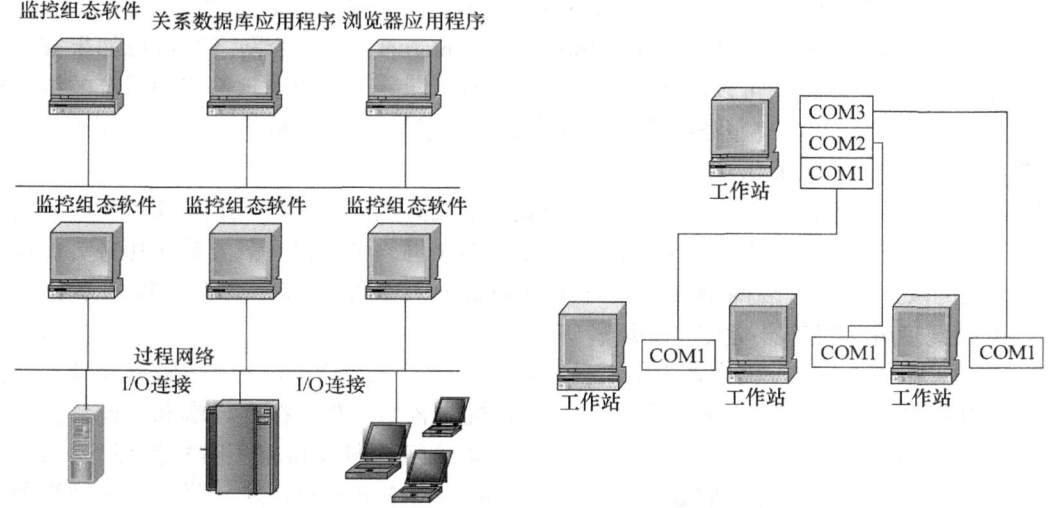

图 8-12 监控组态软件的混合结构　　图 8-13 以 RS-232 方式共享数据

（2）使用公众电话网拨号通信　TelClient、TelServer 支持计算机之间通过串行 MODEM 借助公众电话网建立监控组态软件应用程序间的远程数据访问，适用于距离超过 1200m 并且光纤局域网无法覆盖监控组态软件应用程序所在区域时的通信，实现计算机间 1∶1 的互联。在这种应用模式下，TelClient 在客户端拨叫 TelSever 端的电话号码，建立起数据连接通道。在使用者看来就像 2 台计算机位于本地一样。

如果想实现 1∶N 的计算机互联，则计算机必须配有 N 个串口，同时配备多条电话线。如果只有一条电话线的话，则 TelClient 在客户端只能采取轮换方式与各个 TelServer 拨号通信，这将会使数据更新速度受到影响，但如果使用 ISDN 线路的话，通信速度会提高。如果 TelClient 端和 TelServer 端都使用 ISDN 线路，实现 1∶30 的计算机互联，数据更新周期可以小于 50s。TelClient、TelServer 的工作原理如图 8-15 所示。

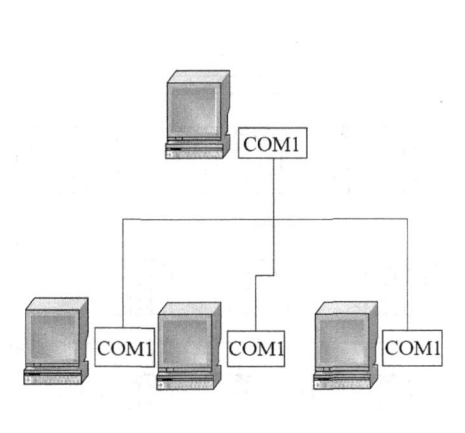

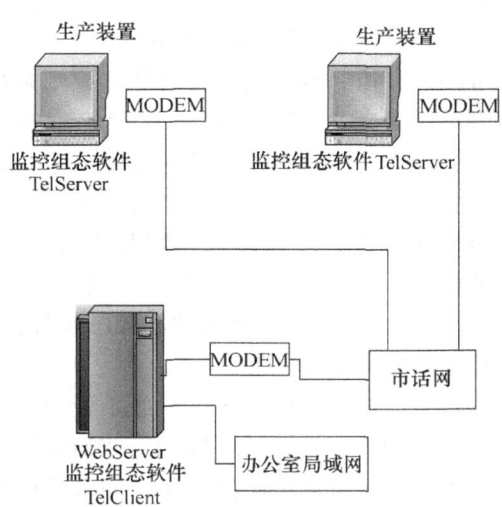

图 8-14 以 RS-485 方式共享数据　　图 8-15 通过公共电话网工作原理

（3）通过以太网用 TCP/IP 通信　NetServer 和 NetClient 支持计算机之间通过 TCP/IP 协议互联，不论是局域网或是广域网，是 Intranet 还是 Internet，任一个网络结点机如果安装了监控组态软件应用系统，均可以与网络中另一个安装了同一监控组态软件应用系统的结点机进行通信。通信模式为客户/服务器模式，网络服务程序 NetServer 和 NetClient 分别用于完成服务器端和客户端的网络通信功能。

如果指定某一网络结点机为服务器端，则服务器端必须启动实时数据库 DB 和服务器端网络服务程序 NetServer。其他作为客户端的一个或多个网络结点机，只要确定服务方的计算机名称，就可以通过客户端网络服务程序 NetClient 连接到服务器端，客户端的运行系统 View 就可以直接访问服务器端实时数据库 DB 中的数据。

如果指定某一网络结点机为客户端，且客户端的运行系统 View 要访问服务器端实时数据库 DB 中的数据，则必须首先确定服务器端结点机的名称，然后在客户端利用此计算机名称定义一个"数据源"，并在这个数据源下定义将要访问的服务器端实时数据库的变量名。客户端运行系统 View 一旦检索到数据源，就会自动启动 NetClient，并与服务器端网络服务程序 NetServer 建立连接。

实际上，任一结点机均可做服务器端或客户端。应用系统的任一结点机，在任何时刻既作为一个或多个客户机的服务器，也可作为客户端访问其他多个服务器。

8.3.4　基于 PLC 构成的分布式控制系统

PLC 采用层次化网络结构，从下至上依次分为输入/输出总线（IOBUS）、控制网络（CNET）、管理网络（MNET），一般为总线型拓扑结构，如图 8-16 所示。

最底层为输入/输出总线，负责与现场设备通信、采集信号、传送命令，对实时性要求比较高，采用周期 I/O 通信方式，传输速率为几十到几百 kbit/s。

中间层为控制网络，负责与控制器通信，传送监控信息，对实时性要求比较高，采用主从通信方式，传输速率为 1~10Mbit/s。

最高层为管理网络，负责传送操作监视和生产管理信息，对实时性要求一般，采用竞争通信方式，传输速率为 10~100Mbit/s。

可编程序控制器应用设计的基本原则是最大限度地满足被控对象（生产过程和设备）的控制要求，安全可靠，操作简单，维护方便。主要体现在控制方式、操作方式和系统结构这三个方面。

（1）控制方式　可编程序控制器的输入/输出以开关信号（DI 和 DO）为主、模拟信号（AI 和 AO）为辅，控制方式以逻辑控制和顺序控制为主、连续控制和特殊控制为辅。

根据被控对象的控制要求，如果设计结果只有开关信号（DI 和 DO），并只需要逻辑和顺序控制，那就选用一般的可编程序控制器；如果设计结果既有开关信号（DI 和 DO），又有模拟信号（AI 和 AO），不仅有逻辑控制和顺序控制，还有连续控制和特殊控制，那就选用高档的可编程序控制器，并且要选用相应的专用功能模块。

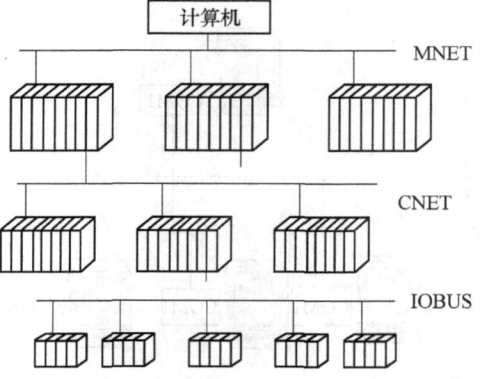

图 8-16　可编程序控制器的层次化网络结构

(2) 操作方式　可编程序控制器的操作方式体现在编程组态和操作监视的方式上及其相应的人机接口设备（编程器、操作监视器、操作员站和工程师站）的选择上。

按照设计选用小型整体式结构的可编程序控制器，一般配置手持式或便携式编程器，只能提供"离线编程"方式。因为它必须插在主机模块上才能进行编程，编程器和主机模块共用一个CPU，用工作方式开关"编程/运行"切换。当工作方式开关处于"编程"档，主机模块失去对现场的控制，只为编程器服务，这就是"离线编程"。当程序编好后，再把工作方式开关拨至"运行"档，主机模块又恢复对现场的控制。这种编程器体积小巧，价格便宜，适合在现场修改程序和调试。另外还可以配置小型操作监视器，用于现场的显示和少量的操作。

按照设计选用中大型可编程序控制器，一般配置图形监视器和图形编程器，各自独立工作，相互通信。主机模块除了完成对现场的控制，在一个扫描周期的通信段，一方面接收来自图形编程器和图形监视器的程序及参数，在下一个扫描周期按照新的程序和参数运行，实现了"在线编程"；另一方面把现场实时参数发送到图形监视器，供操作员监视生产过程和设备的运行状况。这种图形编程器和图形监视器的体积大，价格贵，功能强，提供多种编程语言，供操作员对生产过程和设备进行集中操作监视，构成了形象直观的动态操作监视环境。

(3) 系统结构　可编程序控制器的结构形式分为整体式和模块式两类，并可以采用层次化网络结构。

小型控制系统选用整体式结构主机模块，DI/DO点在8或16点之内，既可以单机独立工作，也可以多机联网工作。单机用PPI（点点接口）连接图形监视器和图形编程器；多机用MPI（多点接口）将多个主机模块、图形监视器和图形编程器连接在一起，形成总线型结构。

中大型控制系统选用模块式结构，采用机架或导轨式安装，除了主机架外，还有扩展机架和远程I/O机架。采用层次化网络结构，从下至上依次分为数据采集层、直接控制层和操作管理层。

8.4　现场总线控制系统

8.4.1　现场总线概述

现场总线是用于过程自动化和制造自动化等领域中最底层的通信网络，以实现微机化的现场测量控制仪表或设备之间的双向串行多结点数字通信。以现场总线为纽带构成的现场总线控制系统（Fieldbus Control System，FCS）是一种新型的自动化系统和底层控制网络，承担着生产过程测量与控制的特殊任务，现场总线还可与因特网（Internet）、企业内部网（Intranet）相连，使自动控制系统与现场设备成为企业信息系统和综合自动化系统中的一个组成部分。

现场总线技术将专用的微处理器置入传统的测量控制仪表，使之具备数字计算和数字通信能力，采用可进行简单连接的双绞线等作为总线，将多个测量控制仪表连接成网络系统，并按公开、规范的通信协议，在位于现场的多个测量控制仪表之间以及现场仪表与远程监控计算机之间，实现数据传输与信息交换，并构成各种适应于实际需要的自动控制系统。担任结点的现场仪表或设备，如传感器、变送器、执行器和编程器等，已不再是传统的单功能现场仪表，而是具有综合功能的智能仪表。例如，温度变送器不仅具有温度信号变换和补偿功能，而且还可以具有控制和运算功能；调节阀在其信号驱动和执行控制任务的基本功能上还增加了输出特性补偿、自校验和自诊断等功能。

现场总线系统在技术上具有以下特点：

(1) 系统的开放性　现场总线就是要致力于建立统一的工厂底层网络的开放系统，用户可按自己的需要和考虑，把来自不同供应商的产品组成大小随意的系统，通过现场总线构筑自动化领域的开放互连系统。

(2) 互可操作性与互换性　互可操作性是指实现互连的设备间或系统间的信息交互；而互换性则意味着不同生产厂家的、性能类似的设备可相互替换。

(3) 现场设备的智能化与功能自治性　由于现场总线系统将传感测量、补偿计算、工程量处理与控制等功能都已分散到现场设备中完成，因此仅靠现场设备既可完成自动控制的基本功能，又可随时诊断设备的运行状态。

(4) 系统结构的高度分散性　现场总线已构成了一种新的全分布式控制系统的体系结构。它从根本上改变了现有 DCS 集中与分散相结合的集散控制系统体系，简化了系统结构，提高了可靠性。

(5) 对现场环境的适应性　作为工厂网络底层的现场总线，工作在生产现场前端，是专为现场环境而设计的，可支持双绞线、同轴电缆、光缆、射频、红外线、电力线等，具有较强的抗干扰能力，能采用两线制实现供电与通信，并可满足本质安全防爆要求。

现场总线发展迅速，现处于群雄并起、百家争鸣的阶段。目前已开发出有 40 多种现场总线，如 Interbus、Bitbus、DeviceNet、MODbus、Arcnet、P-Net、FIP、ISP 等，其中最具影响力的有 5 种，分别是 FF、Profibus、HART、CAN 和 LonWorks。

8.4.2　基金会现场总线

基金会现场总线（FF）是由现场总线基金会（Fieldbus Foundation）组织开发的，以 ISO/OSI 开放系统互连层次模型为基础，取其物理层、数据链路层、应用层为 FF 通信模型的相应层次，并在应用层上增加了用户层。用户层的主要功能是针对自动化测量与控制的需要，定义信息存取的统一规则，采用设备描述语言规定通用的功能模块集。

1. 基金会现场总线与新型的网络集成自动化系统

基金会现场总线是为适应自动化系统、特别是过程自动化系统在功能、环境与技术上的需要而专门设计的。它可以工作在工业生产的现场环境，能适应本质安全防爆的要求，还可以通过传输数据的总线为现场设备提供工作电源。基金会现场总线是开放的，可以由来自于不同制造厂商的测量、控制设备构成，只要这些制造厂商所设计开发的设备遵循相同的协议规范。在产品的开发期间，要通过一致性测试，确保产品与协议规范的一致性。当把不同制造厂商的产品连接于同一网络系统时，作为网络结点的各设备间应能实现互操作；同时还应允许不同厂商生产的相同功能的设备之间具有互换性。所以，基金会现场总线被称为用于智能化现场设备和自动化系统的开放式、数字式、多结点的通信技术，在过程控制领域得到了广泛支持，并具有良好的发展前景。

基金会现场总线系统是一种全分布式自动化系统。它把控制功能完全下放到现场，仅由现场设备即可构成完整的控制功能，诸如对工业生产过程各个参数进行测量、信号变送、控制、显示、计算等，实现对生产过程的自动检测、监视、自动调节、顺序控制和自动保护等，保障工业生产处于安全、稳定、经济的运行状态。

基金会现场总线系统又是一种低带宽的通信网络，由具备通信、控制、测量等功能的现场设备作为网络结点，通过现场总线把它们互连为网络。由于它所采用的是串行数据通信，在仅由两根导线组成的网段上可挂接多个现场设备，从根本上改变了原有模拟仪表的一对一接线方式。在节约费用的同时，还给设计、安装、维护带来许多方便。它通过网络结点间的操作参数与数据的调用，实现信息共享与系统的各项自动化功能。作为网络结点的智能仪表具备通信接收、发送与通信控制的能力，其目的是实现人与人、机器与机器、人与机器、生产现场的运行控制信息与办公室的管理指挥信息的沟通。借助网络的信息传输与数据共享，组成多种复杂的测量、控制、计算功能，更有效、方便地实现生产过程的安全、稳定、经济运行，并进一步实现管理控制一体化的企业综合自动化系统。

作为工厂的底层网络，基金会现场总线相对一般的广域网、局域网而言，是一种低速网段，其传输速率的典型值为 31.25kbit/s、1Mbit/s 和 2.5Mbit/s。它可以由单一总线段或多总线段组成，也可以由网桥把不同传输速率、不同传输介质的总线段互连而构成，网桥在不同总线段之间透明地转换传输信息。基金会现场总线还可以通过网桥、网关、计算机接口卡，与工厂管理层的网段挂接，彻底打破了长期未解决的自动化信息孤岛的格局，形成完整的工厂信息网络，为实现企业综合自动化系统打下基础。

2. 基金会现场总线的主要技术

正因为基金会现场总线是工厂底层网络和全分布式自动化系统，围绕这两个方面形成了它的技术特色。其主要技术内容有如下 6 个方面：

（1）基金会现场总线的通信技术　它包括基金会现场总线的通信模型、通信协议、通信控制芯片、通信网络与系统管理软件等内容。它涉及一系列与网络相关的软、硬件，如通信栈软件，被称为圆卡的仪表内置接口卡，FF 总线与计算机的接口卡，各种网关、网桥、中继器等，它是现场总线的核心基础技术之一。

（2）标准化功能块（Function Block，FB）与功能块应用进程（Function Block Application Process，FBAP）　它提供一个通用结构，把实现控制系统所需要的各种功能划分为功能模块，使其公共特征标准化，规定它们各自的输入、输出、算法、事件、参数与块控制图，并把它们组成为可在某个现场设备中执行的应用进程，便于实现不同制造厂商产品的混合组态与调用。功能块的通用结构是实现开放系统构架的基础，也是实现各种网络功能与自动化功能的基础。

（3）设备描述（Device Description，DD）与设备描述语言（Device Description Language，DDL）　为实现现场总线设备的互操作性，支持标准的功能块操作，基金会现场总线采用了设备描述技术。设备描述为控制系统理解来自现场设备的数据意义提供必需的信息，因而也可以看作控制系统或主机对某个设备的驱动程序，即设备描述是设备驱动的基础。采用设备描述编译器，把 DDL 编写的设备描述的源程序转化成为机器可读的输出文件。控制系统正是凭借这些机器可读的输出文件来理解各制造厂商设备的数据意义。现场总线基金会把基金会的标准和经基金会注册过的制造厂商附加 DD 写成 CD-ROM，提供给用户。

（4）现场总线通信控制器与智能仪表或工业控制计算机之间的接口技术 在现场总线的产品开发中，常采用 OEM（Original Equipment Manufacturer）集成方法构成新产品。

（5）系统集成技术 它包括通信系统与控制系统的集成，如网络通信系统组态、网络拓扑、配线、网络系统管理、控制系统组态、人机接口、系统管理维护等。

（6）系统测试技术 它包括通信系统的一致性与可互操作性测试技术、总线监听分析技术、系统的功能与性能测试技术。一致性与可互操作性测试是为了保证系统的开放性而采取的重要措施。新产品一般要经授权过的第三方认证机构作专门测试，验证符合统一的技术规范后，将测试结果交基金会登记注册，授予 FF 标志。有时，对由具有 FF 标志的现场设备所组成的实际系统，还需进一步进行互可操作性测试和功能、性能测试，以保证系统的正常运转。总线监听分析用于测试、判断总线上通信信号的流通状态，以便于通信系统的调试、诊断与评价。对由现场总线设备构成的自动化系统，功能与性能测试技术还应包括对其实现的各种控制功能的能力、指标参数的测试，并可在测试基础上进一步开展对通信系统、自动化系统综合指标的评价。

3. 基金会现场总线的网络拓扑结构

基金会现场总线分高速、低速两种规范。低速总线 H1 的传输速率为 31.25kbit/s；高速总线 H2 的传输速度为 1Mbit/s 和 2.5Mbit/s 两种。低速现场总线 H1 支持点对点连接、总线型、菊花链型、树型拓扑结构，而高速现场总线 H2 只支持总线型拓扑结构。

基金会现场总线还支持桥接网，通过网桥把不同速率、不同传输介质的网段连成网络。网桥设备具有多个口，每个口只有一个物理层实体。基金会现场总线的桥接网中，任何两个设备之间只有一条数据通道，网桥内由数据链路层具体实现数据流的连接。图 8-17 为 FF 现场总线拓扑结构示意图。

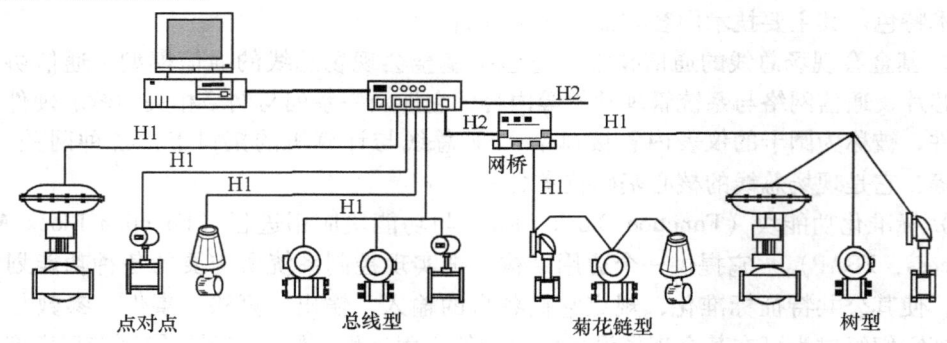

图 8-17 基金会现场总线的拓扑结构

作为统一标准的开放式可授权技术，基金会现场总线产品目前在国内尚处于研制、试用阶段。由于它所具有的技术特点，以及在设计、制造、使用、维护等方面给用户带来的性能和经济上的优势，因而具有良好的市场应用前景，并将对工业自动化领域的发展产生深远的影响。

8.4.3 过程现场总线

过程现场总线（Process Field Bus，PROFIBUS）是一种国际性的开放式现场总线标准。目前世界上许多自动化技术生产厂家都为它们的设备提供 PROFIBUS 接口。

根据应用特点，PROFIBUS 分为 PROFIBUS-DP、PROFIBUS-FMS、PROFIBUS-PA 三个兼容版本。其中 PROFIBUS-DP 是专为自动控制系统和设备级分散 I/O 之间的通信设计。使用 PROFIBUS-DP 模块可取代价格昂贵的 24V 或 0～20mA 并行信号线。PROFIBUS-FMS 解决车间级通用性通信任务，完成中等传输速度的循环和非循环通信任务，用于纺织工业、楼宇自动化、电气传动、传感器和执行器、可编程序控制器、低压开关设备等一般自动化领域。PROFIBUS-PA 专为过程自动化设计，采用标准的本质安全的传输技术，实现了 IEC1158-2 中规定的通信规程，用于对安全性要求高的场合及由总线供电的站点。

PROFIBUS 可使分散式数字控制器从现场底层到车间级网络化，该网络系统分为主站和从站。主站决定总线的数据通信，当主站得到总线控制权（令牌）时，没有外界请求也可以主动发送信息。从站为外围设备，典型的从站包括：输入/输出装置、阀门、驱动器和测量变送器等。它们没有总线控制权，仅对接收到的信息给予确认或当主站发出请求时向它发送信息。由于从站只需总线协议的一小部分，所以实施起来特别经济。

PROFIBUS 协议的结构参考了 ISO/OSI 模型，其中 PROFIBUS-DP 使用第 1 层、第 2 层和用户接口，第 3 层～第 7 层未加描述，这种结构确保了数据传输的快速和有效。直接数据链路映像（Direct Data Link Mapped，DDLM）提供易于进入第 2 层的用户接口，用户接口规定了用户、系统以及不同设备可以调用的应用功能，并详细说明了各种不同 PROFIBUS-DP 设备的设备行为，还提供了传输用的 RS-485 传输技术或光纤。PROFIBUS-FMS 对第 1、2 和 7 层均加以定义。应用层包括现场总线信息规范（FMS，Fieldbus Message Specification）和低层接口（LLI，Lower Layer Interface），FMS 包括了应用协议并向用户提供可广泛选择的强有力的通信服务，LLI 负责协调不同的通信关系并向 FMS 提供不依赖设备访问第 2 层的服务，它还为 PROFIBUS-FMS 提供了 RS-485 传输技术或光纤。PROFIBUS-PA 数据传输采用扩展的 "PROFIBUS-DP" 协议，根据 IEC1158-2 标准，这种传输技术可确保其本质安全性并使现场设备通过总线供电。使用分段式耦合器，PROFIBUS-PA 设备能很方便地集成到 PROFIBUS-DP 网络。PROFIBUS-DP 和 PROFIBUS-FMS 系统使用了同样的传输技术和统一的总线访问协议，因而这两套系统可在同一根电缆上同时操作。

PROFIBUS 提供三种类型的传输技术：DP 和 FMS 的 RS-485 传输；PA 的 IEC1158-2 传输；光纤。其传输速率为 9.6kbit/s～12Mbit/s，最大传输距离在 12Mbit/s 时为 100m，1.5Mbit/s 时为 400m，可用中继器延长至 10km。传输介质可以是双绞线，也可以是光缆。最多可挂接 127 个站点。

8.4.4 LonWorks 总线

1. LonWorks 技术概述

LonWorks 现场总线技术是美国 Echelon 公司为支持 LON（Local Operating Networks，局部操作网络）总线于 1991 年推出的，提供了一套包含所有设计、配置和支持控制网元素的完整开发平台。它采用了 ISO/OSI 模型的全部七层通信协议和面向对象的设计方法，通过网络变量把网络通信设计简化为参数设置，其通信速率从 300bit/s 至 1.5Mbit/s 不等，直接通信距离可达 2700m（78kbit/s，双绞线）；支持双绞线、同轴电缆、光纤、射频、红外线、电力线等多种通信介质。目前采用 LonWorks 技术的产品广泛地应用在工业、楼宇、家庭、交通、能源等自动化领域。

LonWorks 使用的开放式通信协议 LonTalk 为设备之间交换控制状态信息建立了一个通用的标准。在 LonTalk 协议的协调下,系统和产品融为一体,形成一个网络控制系统。LON 现场控制网络包括现场控制结点(这些结点可以是直接采用神经元芯片 Neuron 作为通信处理器和测控处理器,也可以是基于 Neuron 的 Host Base 结点)、通信介质和通信协议。

LonWorks 技术由以下几部分组成:LonWorks 结点和路由器,LonTalk 协议,LonWorks 收发器,网络开发工具(LonBuilder)和结点开发工具(NodeBuilder)。

路由器在 LonWorks 技术中是一个主要的部分。由于路由器的使用,使 LonWorks 总线突破其他现场总线的限制(不受通信介质、通信距离、通信速率的限制)。

在 LonWorks 总线中,当单个结点建成以后,需要一个网络工具为其分配逻辑地址,同时也需要将每个结点的网络变量和显示报文连接起来;一旦网络系统建成并正常运行后,需对其进行维护;此外还需要上位机随时了解该网络的所有结点网络变量和显示报文的变化情况。所以,网络管理的主要功能有:网络安装、网络维护和网络监控。

通过结点、路由器和网络管理这三部分有机的结合就可以构成一个带有多介质、完整的网络系统。

2. Neuron 芯片

LonWorks 技术的核心是 Neuron 芯片。它是高度集成的大规模集成电路,主要包括 MC143150 或 MC143120 两大系列,其中 MC143150 支持外部存储器,适合更为复杂的应用;而 MC143120 本身带有 ROM,不支持外部存储器。Neuron 芯片通过硬件和软件的独特结合,提供了处理来自监控设备的输入和通过各种网络媒介传送控制信息的所有关键功能,使一个 Neuron 芯片几乎包含一个现场结点的大部分功能块(应用 CPU、I/O 处理单元、通信处理器)。因此,一个 Neuron 芯片加上收发器便可构成一个典型的现场控制结点,使得开发低成本现场总线成为可能。

Neuron 芯片集成了 3 个 8 位的微处理器(CPU),分别完成不同的功能。CPU1 是 MAC 处理器,完成介质访问控制(Media Access Control),处理 ISO/OSI 七层网络协议的 1、2 层,其中包括驱动通信子系统的硬件和执行冲突避免算法。CPU2 是网络处理器,实现 ISO/OSI 网络协议的 3~6 层功能,处理网络变量、地址、认证、后台诊断、软件定时器、网络管理和路由等进程。MAC 处理器和网络处理器间通过网络缓冲区进行数据传递。CPU3 是应用处理器,执行用户程序。由于 OSI 网络协议的 1~6 层是固化在 ROM 中的,因而,用户只需编写应用 CPU 的程序,不需考虑网络编程。Neuron 的基本编程语言是 Neuron C,它是 ANSI C 针对 LonWorks 总线的分布控制应用经优化、加强而成。

为适合不同的通信介质,Neuron 芯片具有一个由 5 个引脚组成的通用网络通信口,可将 5 个引脚(CP0~CP4)配置成三种不同的接口工作方式,以适合不同的编码方案和不同的波特率。这三种工作方式是单端(Single-ended)、双端差分(Differential)和特殊目的(Special Purpose)方式。

3. LonTalk 协议

LonTalk 协议是为 LonWorks 总线设计的专用通信协议,它遵循 ISO/OSI 七层参考模型,提供了 OSI 参考模型规定的 7 层服务,这同其他的现场总线 4 层模型有显著的差别。它具有以下一些特点:发送的报文都是很短的数据(通常几个到几十个字节);通信带宽不高(几 kbit/s 到 2Mbit/s);网络上的结点往往是低成本、低维护的单片机;多结点,多通信介质；可靠性高，实时性强。

LonTalk 协议不受通信媒介、网络结构和网络拓扑的限制。它可在任何媒介下通信，如双绞线、光纤、电力线、同轴电缆、射频和红外线；采用总线、环形、星形等任何拓扑形式；使用现在所有通信结构，包括主从式、点对点和客户机/服务器结构。

LonTalk 协议提供四种基本报文服务：应答确认方式（Acknowledge）、请求/响应方式（Request/Response）、非应答重复方式（Unacknowledged Repeated）和非应答方式（Unacknowledged）。在前两种服务方式中，发送方需要得到每一个接收到报文的结点的应答信号，报文应答服务由网络处理器（Network Processor）完成，不必由应用程序来干预；后两种则不需要每一个接收到报文的结点向发送方应答或响应。LonTalk 协议支持授权报文，结点在网络安装时约定了一个 6 字节 48 位的授权字，接收者在接收报文时将检查发送者是否经授权，只有经发送方授权的报文方可接收，因此授权功能禁止非法访问结点。

LonTalk 协议的介质访问控制（MAC）子层是链路层的一部分，它使用 OSI 各层协议的标准接口和链路层的其他部分进行通信。在 ISO 国际标准中 IEEE802.3、IEEE802.4、IEEE802.5 定义了载波侦听多路访问/冲突检测（CSMA/CD）标准、令牌总线（TOKEN BUS）和令牌环（TOKEN RING）标准。LonTalk 协议中的 MAC 算法符合 CSMA/CD 标准，但对 CSMA/CD 算法做了改进，称为带预测的 P-坚持 CSMA，它在保留 CSMA 协议优点的同时，克服其在控制网络中的不足。P-坚持 CSMA 算法按固定概率 P 给出随机数量的时间片（最少 16 个），待发送的结点任意分布在这些时间片上。根据对信道上积压工作的估计，确定一个值为 1~63 的 n，由 n 来决定应该增加的时间片数。这种根据网络的负载情况动态调整时间片的方法，在网络负载轻时缩短了介质访问延时，在负载重时则减轻了冲突的可能。

另外，LonTalk 协议为提高紧急事件的响应时间，提供了一个可选择设置优先级的功能。该功能容许用户为每一个结点分配一个待定的优先级时间片（Priority Slot），在发送过程中，优先级数据报文将在该时间片里将数据报文发送出去。优先级时间片为 0~127，0 表示不需要等待立即发送，1 表示等待一个时间片，2 表示等待两个时间片，……，片号越低，优先级别越高，越先得到发送。这个时间片是加在 P-概率时间片之前的。所以，没有优先级的结点必须等待优先级时间片都完成之后，再等待 P-概率时间片后才发送。因而，加入优先级的结点比非优先级的结点具有更快的响应时间。

8.4.5 HART 通信协议

HART 协议是由美国 Rosemount 公司提出并开发、用于现场智能仪表和控制室设备之间通信的一种协议，已应用多年。由于 HART 协议有许多与众不同的优点，使它成为全球应用最为广泛的通信协议之一。据统计，1994 年，HART 变送器占世界智能变送器市场的 76%。

1. HART 协议概要

HART 通信协议参照 ISO/OSI 七层参考模型，简化并引用了其中 1，2，7 三层，即物理层、数据链路层和应用层。

物理层规定了 HART 通信的物理信号方式和传输介质。它采用基于 Bell202 标准的频移键控技术（FSK，Frequency Shift Keying），在 4~20mA 的模拟信号上叠加了一个幅度为 0.5mA 的正弦调制波，1200Hz 代表逻辑"1"，2200Hz 代表逻辑"0"，如图 8-18 所示。由于所叠加的正弦信号平均值为 0，所以数字通信信号不会干扰 4~20mA 的模拟信号，这就使数字信号与模拟信号并存而互不干扰，这是 HART 标准的重要优点。HART 通信具有点对点和多点连接模式，传输介质一般为双绞线，当传输距离较长时，可用屏蔽双绞线。通信速率为 1200bit/s。

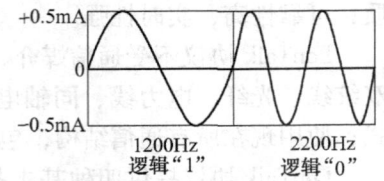

图 8-18　HART 数字通信信号

数据链路层规定了数据帧格式和数据通信规程。数据通信帧格式如图 8-19 所示，最长可达 25 个字节。HART 协议是主从式的通信协议，系统允许有两个主设备，最多可有 15 个从设备。从设备可寻址范围为 0~15，当地址为 0 时，为点对点模式；当地址为 1~15 时，为多点模式。智能变送器可以作为从设备应答主设备的询问，也可以处于"突发模式"，自动、连续地发送信息，后者速度较快，但仅用于点对点模式。

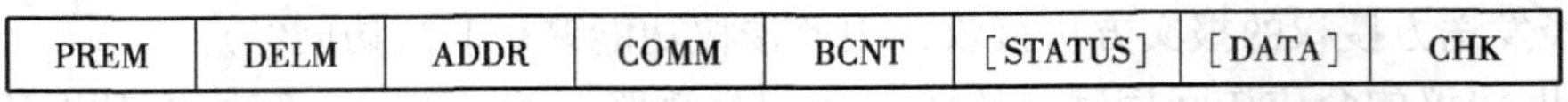

| PREM | DELM | ADDR | COMM | BCNT | [STATUS] | [DATA] | CHK |

PREM——Preamble 序文
DELM——Delimiter 起始字符
ADDR——Address 地址（源地址和目的地址）
CMD——Command HART 命令号
BCNT——Bytecount 字节数
STATUS——变送器通信状态（仅变送器向主设备通信时才有）
DATA——通信数据
CHK——Checksum 校验和

图 8-19　HART 数据通信帧格式

应用层规定了 HART 通信命令的内容（见表 8-1），智能设备从这些命令中辨识对方信息的含义。这些命令共分为三类：第一类是通用命令（Universal Commands），适用于所有符合 HART 协议的产品，如读制造厂号及产品型号，读过程变量值及单位，读电流百分比输出等；第二类是普通应用命令（Common-Practice Commands），适用于大部分符合 HART 协议的产品，但不同公司的 HART 产品可能会有少量区别，如写过程变量单位，微调 DA 的零点和增益，写阻尼时间常数等；第三类是特殊命令（Device-Specific Commands），这是各家公司针对具体产品的特殊性而设立的特有命令，互相不兼容。

表 8-1　HART 命令

命令号	功　能	类别	命令号	功　能	类别
0	读唯一识别符	通用	37	设置量程下限	普通
1	读原始变量	通用	40	进入/退出固定电流模式	普通
2	读电流值和百分比范围	通用	41	执行变送器自检	普通
3	读电流值和4个预定义动态变量	通用	43	设置 PV 值零点	普通
6	写轮询地址	通用	44	写 PV 单位	普通
11	由标志读唯一识别符	通用	45	DA 零点调整	普通
12	读信息	通用	46	DA 增益调整	普通
13	读标志、描述符和日期	通用	47	写转换功能	普通
14	读 PV 传感器信息	通用	48	读变送器附加状态位	普通
15	读输出信息	通用	49	写 PV 传感器编号	普通
16	读最终装配号	通用	59	写响应起始字符数	普通
17	写信息	通用	108	写突发模式命令号	普通
18	写标志、描述符和日期	通用	109	突发模式控制	普通
19	写最终装配号	通用	128	读变送器资料	特殊
34	写阻尼值	普通	129	写变送器资料	特殊
35	写量程值	普通	132	写变送器类型和测量范围	特殊
36	设置量程上限	普通	133	特征化变送器	特殊

2. HART 协议的特点与优势

1）因为模拟信号带有过程控制信息，同时，数字信号允许双向通信，HART 协议允许模拟信号和数字信号同时存在，这样就使动态控制回路更灵活、有效和安全。

2）因为 HART 协议能同时进行模拟和数字通信，因此，在与智能化现场仪表通信时还可和其他模拟设备混合使用，如记录仪、控制器等。

3）由于支持多个数字通信主机，在一根双绞线上可同时连接多个智能化仪表。

4）可通过租用电话线连接仪表，允许多站网络结构。这样多点网络可延伸一段相当长的距离，使远方的现场仪表使用相对便宜的接口设备。

5）提供"应答"式和"广播"式两种通信模式。

6）所有的 HART 设备使用同一个信息结构。允许通信主机，如控制系统或计算机系统与所有的与 HART 兼容的现场仪表以相同的方式通信。

7）在一个报文中能处理 4 个过程变量。测量多个数据的仪表可在一个报文中进行一个以上的过程变量的通信。在任一现场仪表中 HART 协议支持 256 个过程变量。

3. HART 协议应用

HART 通信的应用通常有以下三种方式。

第一种方式是用手持通信终端（HHT）与现场智能仪表进行通信，这是一种最普通的方式。通常，HHT 供仪表维护人员使用，不适合工艺操作人员经常使用。HHT 完全手动操作，无法通过编程对智能仪表进行自动操作，这种方式简单，但不够方便灵活。

为克服上述不足，市场上出现了一些带 HART 通信功能的控制室仪表，如 Arocom 公司的壁挂式仪表 MID，它可与多台 HART 仪表进行通信并组态，在控制室盘面为操作人员提供一个人机界面和信号扩展接口。虽然它并不参与现场控制，却可使智能变送器的内在功能得到充分的发挥和拓展。这是 HART 通信应用的第二种方式。

第三种方式是与 PC 机或 DCS 操作站进行通信。这是一种功能丰富、使用灵活的方案，特别是这种应用带有网络性质，使它与整个系统成为有机的整体，但它涉及到接口硬件和通信软件问题。在 DCS 上增加 HART 功能被认为是一种较为勉强的方式，因为 HART 通信传输的信息大多为仪表维护及管理信息，挤占 DCS 的操作站不太合适，而在 PC 机上增加 HART 通信功能及相应软件构成的设备管理系统（EMS）则较受欢迎。

8.4.6 CAN 总线

1. CAN 总线简介及特点

CAN（Controller Area Network）是现场总线技术的一种，它是一种架构开放、广播式的新一代网络通信协议，称为控制器局域网现场总线。CAN 原是德国 Bosch 公司为欧洲汽车市场所开发的，推出之初用于汽车内部测量和执行部件之间的数据通信，例如汽车刹车防抱死系统、安全气囊等。目前 CAN 总线可广泛应用于离散控制领域中的过程监控，特别是工业自动化的底层监控，以实现控制与测试之间可靠的实时数据交换。

CAN 总线有如下基本特点：

1）废除了传统的站地址编码，代之以对数据通信数据块进行编码，可以多主方式工作。

2）采用非破坏性仲裁技术，当两个结点同时向网络上传送数据时，优先级低的结点主动停止数据发送，而优先级高的结点可不受影响地继续传输数据，有效避免了总线冲突。

3）采用短帧结构，每一帧的有效字节数为 8 个（CAN 技术规范 2.0A），数据传输时间短，受干扰的概率低，重新发送的时间短。

4）每帧数据都有 CRC 效验及其他检错措施，保证了数据传输的高可靠性，适于在高干扰环境中使用。

5）CAN 结点在错误严重的情况下，具有自动关闭总线的功能，切断它与总线的联系，以使总线上其他操作不受影响。

6）CAN 可以点对点、一点对多点（成组）及全局广播集中方式传送和接收数据。

7）CAN 总线直接通信距离最远可达 10km，通信速率最高可达 1Mbit/s。

8）采用不归零码（Non Retrun to Zero, NRZ）编码/解码方式，并采用位填充（插入）技术。

2. CAN 总线通信介质访问控制方式

CAN 总线采用了 ISO/OSI 的 3 层模型：物理层、数据链路层和应用层。CAN 支持的拓扑结构为总线型。传输介质为双绞线、同轴电缆和光纤等。采用双绞线通信，当通信距离为 40m 时，传输速率为 1Mbit/s，当距离延长到 10km 时，传输速率为 50kbit/s，结点数可达 110 个。

CAN 的通信介质访问为带有优先级的 CSMA/CD。采用多主竞争方式结构，即网络上任意结点均可以在任意时刻主动地向网络上其他结点发送信息，而不分主从，即当发现总线空闲时，各个结点都有权使用网络。在发生冲突时，采用非破坏性总线优先仲裁技术，即当几个结点同时向网络发送消息时，运用逐位仲裁原则，借助帧中开始部分的表示符，优先级低的结点主动停止发送数据，而优先级高的结点可不受影响地继续发送信息，从而有效地避免了总线冲突，使信息和时间均无损失。例如，规定 0 的优先级高。每个结点都是边发送信息边检测网络状态，当某一个结点发送 1 而检测到 0 时，此结点知道有更高优先级的信息在发送，它就停止发送信息，直到再一次检测到网络空闲。

对于高优先级的通信请求，在 1Mbit/s 通信速率时，最长的等待时间为 0.15ms，完全可以满足现场控制的实时性要求。

CAN 的通信协议主要由实现 CAN 总线协议的 CAN 总线控制器和微控制器接口电路组成。通过简单的连接即可完成 CAN 协议的物理层和数据链路层的所有功能，应用层功能由微控制器完成。CAN 总线上的结点既可以是基于微控制器的智能结点，也可以是具有 CAN 接口的 I/O 器件。

3. 基于 CAN 总线的软件设计技术

CAN 控制器其内部硬件实现了 CAN 总线物理层和数据链路层的所有协议内容，有关 CAN 总线的通信功能均由 CAN 控制器自动管理执行。CAN 控制器对于 CPU 来说，是以确保双方独立工作的存储映像外围设备出现的。CAN 控制器的地址域由控制段和报文缓存器组成，在初始化向下加载期间，控制段可被编程以配置通信参数。CAN 总线上的通信也通过此段由 CPU 控制，被发送的报文必须写入发送缓存器，成功接收后，CPU 可以从接收缓存器读取报文，然后释放它，以备下次使用。对于 CAN 控制器，它与 CPU 之间的接口一般借助于 4 个特殊寄存器：地址寄存器、数据寄存器、控制寄存器和状态寄存器。对于单独的 CAN 控制器，CPU 可以通过其地址/数据总线对其寄存器直接寻址，就像 CPU 对一般外部 RAM 寻址一样。通过对这些寄存器编程操作，可很方便控制 CAN 控制器完成通信功能。

由于 CAN 总线在越来越多的领域应用，导致了不同应用领域提出通信报文标准化的要求。为此，1991 年 9 月 Phillips Semiconductors 制定并发布了 CAN 技术规范（Version 2.0），该技术规范包括 A 和 B 两部分。Version2.0A 给出了曾在 CAN 技术规范版本 1.2 中定义的 CAN 报文格式；Version2.0B 给出了标准和扩展两种报文格式。此后，1993 年 11 月 ISO 正式颁布了道路交通运输工具—数字信息交换—高速通信控制器局部网（CAN）国际标准（ISO-1898），为 CAN 标准化/规范化的推广铺平了道路。

CAN 总线开发系统价格低廉，OEM 用户容易操作，许多国际上大的半导体厂商也积极开发出支持 CAN 总线的专用芯片，其中，有智能 CAN 芯片，也有非智能 CAN 控制器、收发器。Motorola 公司 MC 68HC05X4 是在 68HC05 微控制器上加入了 CAN 模块；Philips 公司 P8XC592 微控制器上集成了 CAN 控制器，取代了原来的 I^2C 串行口；Philips 还生产了 82C200 独立 CAN 控制器、82C150CAN 串行链接 I/O（SLIO）器件、82C250 CAN 收发器、P8XCE598 带有集成 CAN 接口的电磁兼容微控制器；Intel 公司 82527 独立 CAN 控制器，可通过并行总线与各种微控制器连接，也可通过串口与非并行总线控制器连接。

由于 CAN 总线的高通信速率、高可靠性、连接方便、多主站、通信协议简单和高性能价格比等突出优点，深得许多工业应用部门的青睐，其应用由最初的汽车工业迅速发展至数控机床、农业机械、铁路运输、粮情检测、过程测控等各个方面。CAN 在国外的发展迅速，奔驰 S 型轿车采用的就是 CAN 总线系统；美国商用车辆制造商们也将注意力转向 CAN 总线；美国一些企业已将 CAN 作为内部总线应用在生产线和机床上。由于 CAN 总线可以提供较高的安全性，因此在医疗领域、纺织机械和电梯控制中也得到了广泛应用。

8.4.7 现场总线控制系统设计

1. 总线控制系统（FCS）的网络结构

FCS 采用层次化网络结构，从下至上依次分为现场总线网络 FNET、监控网络 SNET、生产管理网络 MNET 和决策管理网络 DNET。

（1）FCS 的现场总线网络　它是 FCS 的基础，由多条现场总线段构成，支持总线型、菊花链型和树型网络拓扑结构，传输速率从几十 kbit/s 到几 Mbit/s，常用的传输介质为双绞线。

（2）FCS 的监控网络　它是 FCS 的中枢，具有良好的实时性、快速的响应性、极高的安全性、网络的开放性等特点。监控网络选用局域网，符合 ISO/OSI 的七层参考模型以及 IEEE 提出的 IEEE 802 局域网标准，并选用国际流行的局域网协议，如 Ethernet、MAP 和 TCP/IP 等。传输介质采用同轴电缆或光缆，传输速率为 1~10Mbit/s，传输距离为 1~5km。

（3）FCS 的生产管理网络　该网络处于工厂级，覆盖一个厂区的各个网络结点。一般选用局域网，采用国际流行的局域网协议（如 Ethernet 等），传输距离为 5~10km，传输速率为 5~10Mbit/s，传输介质为同轴电缆或光缆，采用客户机/服务器模式。

（4）FCS 的决策管理网络　该网络处于公司级，覆盖整个公司的各个网络结点，选用局域网或区域网，采用局域网协议或光缆分布数据接口 FDDI，传输距离为 10~50km，传输介质为同轴电缆、光缆、电话线或无线，采用客户机/服务器模式。

2. FCS 总体设计的原则

总体设计在 FCS 的应用设计中起着向导的作用，指导详细设计和过程实施的各项工作。其内容是制定总体设计原则，确定控制管理方案，统计测控信号点，规划系统设备配置。

FCS 应用设计的标准可以分为低、中、高三档，分别对应常规控制策略、先进控制策略、控制管理一体化这三档。人们针对 FCS 不同的应用水平，分别制定总体设计原则，主要体现在控制水平、操作方式和系统结构 3 个方面。

（1）控制水平 目前，FCS 现场控制层的现场总线仪表只提供常规控制算法，其输入、输出、控制和运算功能块只能组成常规控制回路，如单回路、串级、前馈、比值和选择性控制等。如果要采用先进控制算法，只能在操作监控层的监控计算机站（SCS）上实现。

（2）操作方式 操作方式可以分为 3 种：第一种是设备级独立操作方式，操作员自主操作一台或几台设备，维持设备正常运行；第二种是装置级协调操作方式，操作员接收车间级调度指令，进行装置级协调操作；第三种是厂级综合操作方式，操作员接收厂级调度指令，进行厂级优化操作。

（3）系统结构 系统结构可分为 3 档：第一档为现场控制层和操作监控层，用监控网络（SNET）连接各台控制和管理设备，构成车间级系统，该档是基本的系统结构；第二档再增加生产管理层，用管理网络（MENT）连接各台生产管理设备，构成厂级系统；第三档再增加决策管理层，用决策网络（DNET）连接各台决策管理设备，构成公司级系统。

3. FCS 系统设备的配置

根据总体设计原则和系统结构的要求，分别对 FCS 的现场控制层、操作监控层、生产管理层和决策管理层进行功能设计，提出具体指标，并确定各层的设备配置。

（1）现场控制层设备配置 主要设备是现场控制仪表，另外还有现场总线辅助设备。其中，现场总线仪表有变送器和执行器，现场总线辅助设备有总线电源、本质安全栅、终端器、中继器和网桥。首先应认真分析生产工艺流程，统计测控信号，设计控制回路，并细化到功能块；然后配置相应的现场总线仪表，如变送器和执行器，不仅要满足测控信号的要求，而且要满足构成控制回路所需要的功能块的要求。遵循两条配置原则：一是构成控制回路的功能块在同一现场总线段上，即不跨越现场总线段组建控制回路，这样可以减少总线通信量并提高控制回路运行速度；二是满足现场总线段的物理层协议及拓扑结构。

（2）操作监控层设备配置 操作监控层的设备有工程师站（ES）、操作员站（OS）、监控计算机站（SCS）和现场总线接口（FBI）设备。根据生产装置和系统规模的大小，配置一台工程师站、若干台操作员站，一般用操作员站兼工程师站。如果有先进控制和协调控制，则需配置监控计算机站。现场总线接口有总线网卡和总线交换器两种结构形式。总线网卡插在操作员站或工程师站内，每个网卡提供一个或两个总线接口，每个接口对应一个现场总线段。总线交换器是一台独立的网络设备，对下提供多个现场总线接口，对上提供监控网络接口。如果只有一个或两个现场总线段，也只有一台操作员站兼作工程师站，则选用总线网卡；如果有多个现场总线段，并有多台操作员站或工程师站，则选用总线交换器。

（3）生产管理层和决策管理层设备配置 一般 FCS 的现场控制层和操作监控层都有定型产品供用户自由选择，而生产管理层和决策管理层的设备则无定型产品。这是因为管理没有统一的模式，所以必须由用户自行设计这两个管理层的结构。FCS 制造厂提供监控网络与生产管理网络之间的硬件、软件接口，再由用户配置生产管理层和决策管理层设备，建立计算机集成制造系统或计算机集成过程系统。

8.5 基于工业以太网和现场总线的分布式控制系统

8.5.1 工业以太网技术

1. 工业以太网的背景

现场总线的出现，是自动控制领域的一次变革。20 世纪 80 年代以来，现场总线的发展非常迅猛，但其中也暴露出许多不足。

首先，现有的现场总线标准过多。自现场总线诞生以来，世界各大厂商纷纷投入了大量人力和资金，开发了上百种现场总线，其中开放的现场总线也有二、三十种。虽然广大仪表和设备开发商以及用户对统一的现场总线呼声很高，但由于技术和市场经济利益等方面的原因，各种现场总线经过多年的争论也无法达成统一。1999 年千呼万唤中国际标准 IEC61158 终于出台，但包含了 8 个标准，未能统一到单一标准上来。

其次，现场总线在其自身的发展过程中，沿用了各大公司的专有技术，导致相互之间不能兼容，不能真正实现透明信息互访；同时也无一例外地过多强调了工业控制网络的特殊性，而忽视了其作为一种网络通信技术的普遍性。因此，尽管迫于市场和用户的压力，这些现场总线协议公开了，但其本质上还是"专有的"，对于广大仪表和设备开发商来讲，开发和实现技术还是专有的。

第三，Intranet/Internet 等信息技术的飞速发展，要求企业从现场设备层到管理层能够实现全面的无缝信息集成，并提供一个开放的基础构架，但目前的现场总线由于速度较低，支持的应用有限，难以和 Internet 信息集成，因此不能满足企业综合自动化的发展要求。

20 世纪 90 年代中期，在现场总线迅猛发展的同时，以以太网为代表的 COTS（Commercial-Off-The-Shelf）通信技术的发展也非常迅速，引起了自动化设备厂商和广大用户的注意，以太网开始进入工业控制领域。

2. 以太网的优点

与现场总线相比，以太网具有以下优点：

（1）通信速率高　通信速率为 10~100Mbit/s 的快速以太网已开始广泛应用，1 Gbit/s 的以太网也逐渐成熟，10Gbit/s 的以太网标准已经推出。而传统现场总线的通信速率最高只有 12Mbit/s，显然以太网的通信速率比现场总线要快得多，可以满足对带宽的更高要求。

（2）应用广泛　以太网是目前应用最为广泛的网络通信技术，受到广泛的技术支持。几乎所有的编程语言都支持以太网的应用开发，如 Java，Visual C++，VisualBasic 等。因此，如果采用以太网作为现场总线，可以保证有多种开发工具、开发环境可供选择。

（3）成本低廉　由于以太网应用广泛，因此受到生产厂商的高度重视与普遍支持，有许多硬件产品可供用户选择，且价格也低廉。目前以太网网卡的价格只有 PROFIBUS、FF 等现场总线网卡的 1/10，而且随着微电子技术的发展，其价格还会进一步下降。

（4）易于信息集成　由于具有相同的通信协议，以太网很容易与 Internet 连接，能实现办公自动化网络与工业控制网络的信息无缝集成。因此，工业控制网络采用以太网，可以避免其发展游离于网络技术的发展主流之外，从而使工业控制网络与信息网络技术互相促进，共同发展。

（5）可持续发展潜力大　由于以太网的广泛应用，其发展一直受到广泛的重视和大量的技术投入。在信息瞬息万变的时代，企业的生存与发展将在很大程度上依赖于一个快速而有效的通信管理网络，技术与需求的推动保证了以太网技术持续向前发展。

3. 以太网发展的障碍

与现场总线相比，以太网具有诸多优点，但以太网一直未能用于工业控制领域，因为以太网最初得到广泛应用是在办公自动化领域，当它向工业控制领域发展时存在以下障碍：

（1）通信存在不确定性　以太网采用1-坚持CSMA/CD介质访问和冲突处理机制，和其他网络如令牌网、令牌环网、主从式网络等相比，这是一种非确定性或随机性通信方式，导致了网络传输延时和通信响应的不确定性。对于工业控制网络，以太网的这种通信不确定性会导致系统控制性能下降，控制效果不稳定，甚至会引起系统振荡；在有紧急事件发生时，还可能因报警信息不能得到及时响应而导致灾难事故的发生，这是以太网应用于工业控制领域的主要障碍。

（2）不适用于恶劣的工业现场环境　由于工业现场环境与商业环境相比，条件恶劣，因此要求工业控制网络必须具备对气候环境的适应性，应具有耐冲击、耐振动、防尘防水，抗腐蚀以及较好的电磁兼容性，并要求很高的可靠性。

（3）安全性和总线供电　对于应用于工业现场的网络，还要求具有向现场仪表提供电源的能力，即总线供电；在易爆或可燃场合，需要解决防爆、隔爆、本质安全等问题。

（4）微处理器功能限制　在20世纪80年代时微处理器还处于初期发展阶段，功能简单，数字处理能力不强，不能处理以太网上捆绑使用的TCP/IP协议。同时发展初期以太网的优势不够明显，其通信控制芯片价格昂贵，应用狭窄，人们对其的熟悉程度非常有限，各种软硬件资源缺乏。

4. 工业以太网的发展现状

近年来，随着微电子技术、计算机技术和通信技术的突飞猛进，以太网也得到了飞速发展，使以太网全面应用于工业控制领域成为可能。

所谓工业以太网，一般来讲是指技术上与商用以太网兼容，但在产品设计时，在实时性、材质选用、产品强度以及适用性等方面能满足工业现场的需要。

当前工业以太网的发展体现在以下几个方面：

（1）通信实时性　以太网的发展，给解决以太网的实时性问题带来了新的契机。首先，以太网的通信速率的提高意味着网络负荷的减轻和网络传输延时的减小，同时发生冲突的几率大大下降。其次，采用交换式以太网减少或者消除了网络上的冲突域，全双工通信使得端口间同时接收和发送信息，避免冲突的发生。再次，采用星形网络拓扑结构，以太网交换机将网络划分为若干个网段，对网络上传输的数据进行过滤，使每个网段内数据的传输只限在本网段内进行，而不需经过主干网，也不占用其他网段的带宽，从而降低了所有网段和主干网的网络负荷。此外以太网在近几年出现的信息优先级、流量控制、虚拟局域网等新技术也都有助于提高以太网的实时性。

（2）工业环境适应性和可靠性　工业以太网和商用以太网在工业环境适应性和可靠性的区别如表8-2所示。

在工业以太网的工业环境适应性和可靠性方面，国外一些公司正积极开发适用于工业环境的网络设备和连接器件。美国 Synergetic 微系统公司、德国 Hirschmann 以及 Jetter AG 等公司专门开发和生产了导轨式集线器、交换机产品,安装在标准 DIN 导轨上,并由冗余电源供电,接插件采用牢固的 DB-9 结构。美国 Woodhead Connectivity 公司专门开发和生产了用于工业控制现场的加固型连接件(如加固的 RJ45 接头、具有加固 RJ45 接头的工业以太网交换机、加固型光纤转换器/中继器等),可用于工业以太网变送器、执行机构等。美国 NETSilicon 公司研制的工业级以太网通信接口芯片,每片价格已降至 10~15 美元,与各种现场总线芯片相比,具有很大的价格优势。在新发布的 IEEE 802.3af 标准中,对以太网的总线供电规范也进行了定义。此外,在实际应用中,主干网可采用光纤传输,现场设备的连接则可采用屏蔽双绞线,对于重要的网段还可采用冗余网络技术,以提高网络的抗干扰能力和可靠性。

表 8-2　工业以太网与商用以太网的区别

内容	工业以太网	商用以太网
元器件	工业级	商用级
接插件	耐腐蚀、防尘、防水,如加固型 RJ45、DB-9、航空接头等	一般 RJ45
工作温度	-40~+85℃,至少为-20~+70℃	5~40℃
工作电压	DC 24V	AC 220V
电源冗余	双电源	一般没有
安装方式	可采用 DIN 导轨或其他方式固定安装	桌面、机架等
电磁兼容性标准	EN 50081-2(工业级 EMC） EN 50082-2(工业级 EMC)	EN 50081-2（办公室用 EMC) EN 50082-2(办公室用 EMC)
MTBF 值	至少 10 年	3~5 年

5. 工业以太网协议

由于工业控制网络不单单是一个完成数据传输的通信网络,而且还是一个借助网络完成控制功能的控制系统。它除了完成数据传输之外,还需要依靠所传输的数据和指令,执行某些控制计算与操作功能,由多个网络结点协调完成控制任务。因而它需要在应用、用户等高层协议与规范上满足开放系统的要求,满足互操作条件。

对应于 ISO/OSI 的七层参考模型,以太网规范只映射其中的物理层和数据链路层,而在其之上的网络层和传输层协议,目前以 TCP/IP 协议为主(已成为以太网之上网络层和传输层事实上的标准)。而对较高的层次如会话层、表示层、应用层等没有作技术规定。目前商用计算机设备之间是通过 FTP(文件传送协议)、Telnet(远程登录协议)、SMTP(简单邮件传送协议)、HTTP(WWW 协议)、SNMP(简单网络管理协议)等应用层协议进行信息透明访问的,它们如今在互联网上发挥了非常重要的作用。但这些协议所定义的数据结构等特性不适合工业控制领域现场设备之间的实时通信。为满足工业控制系统的应用要求,必须在 TCP/IP 协议之上,建立完整的、有效的通信服务模型,制定有效的实时通信服务机制,协调好工业控制系统中实时和非实时信息的传输服务,形成为广大生产厂商和用户所接受的应用层、用户层协议,进而形成开放的标准。

为此,各现场总线组织纷纷将以太网引入其现场总线体系中的高速部分,利用以太网和

TCP/IP 技术以及原有的低速现场总线应用层协议，构成了所谓的工业以太网协议。已经发布的工业以太网协议主要有以下几种：

（1）HSE（High Speed Ethernet） HSE 是现场总线基金会摒弃了原有高速总线 H2 之后推出的基于以太网的协议，也是第一个成为国际标准的以太网协议。现场总线基金会明确将 HSE 定位于实现控制网络与 Internet 的集成。由 HSE 链接设备将 H1 网段信息传送到以太网的主干上并进一步送到企业的 ERP 和管理系统。操作员在主控室可以直接使用网络浏览器查看现场运行情况，现场设备同样也可以从网络获得控制信息。

HSE 在低四层直接采用以太网 + TCP/IP，在应用层和用户层直接采用 FF H1 的应用层服务和功能块应用进程规范，并通过链接设备将 FF H1 网络连接到 HSE 网段上。HSE 链接设备同时也具有网桥和网关的功能，其网桥功能可以连接多个 H1 总线网段，使不同 H1 网段上的 H1 设备之间能够进行对等通信而无需主机的干预。HSE 主机可以与所有的链接设备和链接设备上挂接的 H1 设备进行通信，使操作数据能传送到远程的现场设备，并接收来自现场设备的数据信息。

（2）PROFInet PROFIBUS 国际组织针对工业控制要求和 PROFIBUS 技术特点，提出了基于以太网的 PROFInet，它主要包含 3 方面的技术：

1）基于通用对象模型（COM）的分布式自动化系统。
2）规定了 PROFIBUS 和标准以太网之间的开放、透明通信。
3）提供了一个包括设备层和系统层、独立于制造商的系统模型。

PROFInet 采用以太网 + TCP/IP 作为低层的通信模型，采用 TCP/IP 协议加上应用层的 RPC/DCOM 来完成结点之间的通信和网络寻址。它可以同时挂接传统 PROFIBUS 系统和新型的智能现场设备。现有的 PROFIBUS 网段可以通过一个代理设备连接到 PROFInet 网络当中，使整套 PROFIBUS 设备和协议能够原封不动地在 PROFInet 中使用。传统的 PROFIBUS 设备可通过代理与 PROFInet 上面的 COM 对象进行通信，并通过 OLE 自动化接口实现 COM 对象之间的调用。

（3）Ethernet/IP Ethernet/IP 是 Rockwell 公司对以太网进入自动化领域做出的积极响应。EtherNet/IP 网络采用商业以太网通信芯片、物理介质和星形拓扑结构，利用以太网交换机实现各设备间的点对点连接，能同时支持 10Mbit/s 和 100Mbit/s 以太网商用产品。Ethernet/IP 的协议由 IEEE 802.3 物理层和数据链路层标准、TCP/IP 协议和控制与信息协议（Control Information Protocol，CIP）等 3 个部分组成。

Ethernet/IP 为提高设备间的互操作性，采用了 ControlNet 和 DeviceNet 控制网络中相同的 CIP。不同于以往的源/目的的通信模式，Ethernet/IP 采用生产者/消费者（Producer/Consumer）的通信模式，允许网络上的不同结点同时存取同一个源的数据。协议将信息分为显式和隐式两种。显式消息由 Ethernet/IP 应用 TCP/IP 发送，其数据段既包括协议信息又包括行为指令。收到显式信息后，结点执行所要求的任务并产生应答。隐式信息由 Ethernet/IP 采用 UDP/IP 发送，其数据段没有协议信息，仅包括实时 I/O 数据。

（4）Modbus TCP/IP Schneider 公司于 1999 年公布了 Modbus TCP/IP 协议，它并没有对 Modbus 协议本身进行修改，但为了满足通信实时性需要，改变了数据的传输方法和通信速率。

Modbus TCP/IP 协议以一种非常简单的方式将 Modbus 帧嵌入到 TCP 帧中，这是一种面向连接的方式，每一个请求都要求一个应答。这种请求/应答的机制与 Modbus 的主/从机制相互配合，使交换式以太网具有很高的确定性。利用 TCP/IP 协议，通过网页的形式可以使用户界面更加友好，利用网络浏览器就可以查看企业内部的设备运行情况。Schneider 公司已经为 Modbus 注册了 502 号端口，这样就可以将实时数据嵌入到网页中。通过在设备中嵌入 Web 服务器，就可以将 Web 浏览器作为设备的操作终端。

但是，Modbus 协议本身存在一些缺陷，如不支持诸如基于对象的通信模型等一些正在被广泛采用的网络新技术；用户使用时，必须手工配置一些参数，如信息数据类型、寄存器号等等。

以上这些协议目前还仅用于企业综合自动化网络的中、上层通信，是各种现场总线与以太网集成的一种手段。从发展趋势看，这些组织也正在研究将以太网直接应用于现场设备层通信。

世界上成立了许多关于工业以太网的行业协会和组织，如在美国成立了 IEA（Industrial Ethernet Association，工业以太网协会），其主要目的在于建立以太网为工业控制中的通信标准；IAONA（Industrial Automation Open Network Alliance，工业自动化联网联盟）的目标是在工厂层推动以太网的应用；ODVA（Open DeviceNet Vendors Association，开放式设备网络供应商协会），则是美国 Rockwell 公司成立的开放性总线组织；在欧洲成立了 IDA（Interface for Distribution Automation，分布式自动化接口组织），其主要目的是推广以太网在工业自动化领域和嵌入式系统领域的应用。在全球，成立了 IEA（Industrial Ethernet Alliance，工业以太网联盟），其目的是建立工业控制界的以太网产品标准。

6. 工业以太网的发展趋势与前景

目前工业以太网已经在企业综合自动化系统中的信息管理层、过程监控层得到了广泛应用，并成为事实上的标准。未来工业以太网将在企业综合自动化系统现场设备之间的互连和信息集成中发挥越来越重要的作用。总的来说，工业以太网的发展趋势将体现在以下几个方面：

（1）工业以太网与现场总线相结合　工业以太网的研究近几年才引起国内外的关注，而现场总线经过二十多年的发展，在技术上日渐成熟，并且形成了一定的市场。就目前而言，工业以太网全面代替现场总线还存在一些问题，需要深入研究基于工业以太网的全新控制系统体系结构，开发出基于工业以太网的系列产品。因此，近一段时间内，工业以太网的发展将与现场总线相结合，具体表现在：

1）物理介质采用以太网连线，如双绞线、光纤等。
2）在工业现场使用工业以太网交换机。
3）采用 IEEE 802.3 物理层和数据链路层标准、TCP/IP 协议。
4）应用层采用现场总线的应用层协议。
5）兼容现有成熟的传统控制系统，如 DCS、PLC 等。

（2）工业以太网直接应用于现场设备层通信成为趋势　随着以太网通信速率的提高，全双工通信、交换技术等的发展，为以太网通信实时性的解决使其直接应用于现场设备层通信提供了技术可能。为此，国际电工委员会 IEC 正着手起草实时以太网（Real-time Ethernet，RTE）标准，旨在推动以太网在工业控制领域的全面应用，重点解决如实时通信技术、总线供电技术、远距离传输技术、网络安全技术和可靠性技术等。

8.5.2 基于工业以太网和现场总线构成的分布式控制系统

20世纪80年代兴起的现场总线技术和20世纪90年代兴起的工业以太网技术，沟通了生产过程现场级控制设备之间及其与更高控制管理层之间的联系，使自控系统与设备加入工厂信息网络，使企业信息沟通范围延伸到生产现场。

这里以在钢铁企业建立覆盖全企业的综合自动化计量系统为例介绍基于现场总线和工业以太网技术的分布式控制系统。该计量系统使得生产、管理部门及时了解企业及各车间的水、电、气、油等各种介质的实时和历史生产、消耗状况，为生产调度提供及时、可靠、丰富的数据。管理部门在进行生产计划作业时可以做到均衡生产，合理安排检修计划等，从而最终达到促进生产、节能降耗、提高效益的目的。同时综合自动化计量系统作为工业企业网的一部分，能与企业的信息网融为一体，从而使得生产、决策、经营管理融为一体。

基于工业以太网的分布式控制系统网络结构从逻辑上可分为现场设备层、控制管理层、生产管理层三个层次。

现场设备层的主要作用是连接现场设备，完成数据的原始采集。现场层的主要硬件设备是 PROFIBUS DP 主站（S7-300PLC）和 PROFIBUS DP 从站（ET200M）。在设计现场层的网络时，采用分散式 I/O 作为总线接口。

数据的采集根据企业的车间分布分为多个采集区域，每个区域内由一个 PROFIBUS DP 主站和几个 PROFIBUS DP 从站组成，PLC 作为主站，ET200M 作为从站。PROFIBUS DP 总线采用光纤或屏蔽双绞线。

一个采集区域的网络结构如图 8-20 所示。

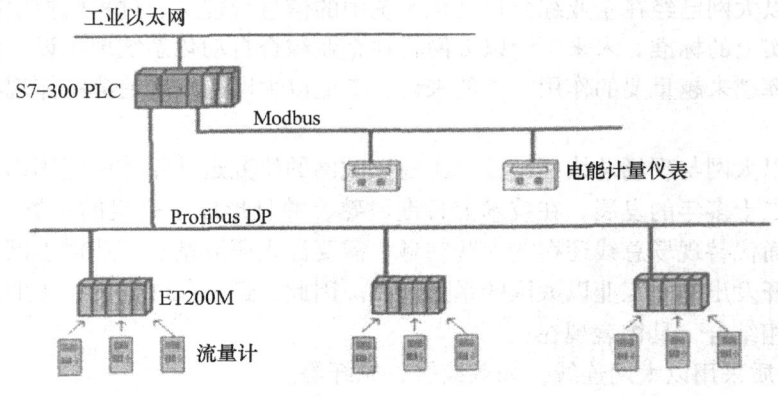

图 8-20 现场设备层网络结构示意图

在控制管理层，SCADA 服务器和各 PROFIBUS DP 主站通过 SIMATIC NET 工业以太网进行通信，将现场采集实时数据传送到 SCADA 结点并进行处理，在本地实现流程图显示、趋势曲线、历史数据保存、历史曲线查询、参数调整、报警管理、报表管理等功能。控制管理层的硬件设备主要是 PROFIBUS DP 主站和 SCADA 服务器，如图 8-21 所示。

SIMATIC NET 工业以太网技术提供符合国际标准 IEEE802.3/IEEE802.3u 的单元网络，可以无缝地集成到企业以太网中，以 10Mbit/s 的速率进行传输。SIMATIC NET 在工业以太网中，既可以使用电气网络，也可以使用光纤，或光电混合网络。电气网络最远可达 1.5km，光纤网络最远可为 200km。

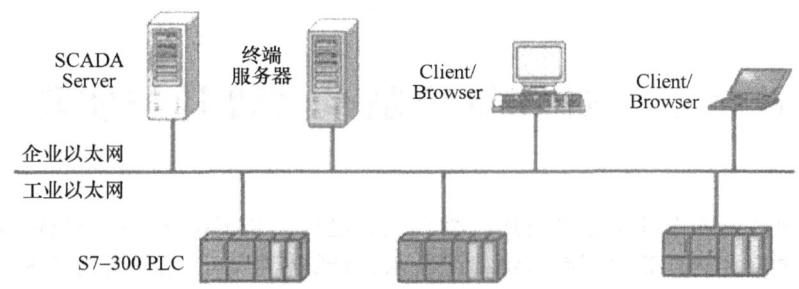

图 8-21　控制管理层和生产管理层网络结构示意图

PROFIBUS DP 主站通过工业以太网通信处理器 CP343-1 连接到工业以太网中。SCADA 服务器上安装 CP1613 通信处理器和 SIMATIC S7-1613 通信软件，以 SAPI-S7 的方式与各 PROFIBUS DP 主站的 CP343-1 模块进行通信。

在生产管理层，服务器根据不同用户的需要，将 SCADA 服务器上的流程图显示、趋势曲线、历史数据保存、历史曲线查询、报警管理、报表管理等服务提供给生产管理部门的用户，使用户及时了解生产消耗状况，为管理决策提供及时、翔实、可靠的统计资源。用户计算机访问服务器有两种模式可采用，即 Client/Server 的方式和 Browser/Server 的方式。

思考题与习题

8-1　概述可编程控制器的网络结构及其通信方式。
8-2　概述可编程控制器的应用设计原则、设计过程和设计方法。
8-3　DCS 的现场控制站一般应具备哪些功能？
8-4　DCS 的软件系统包括哪些部分？各部分的主要功能是什么？
8-5　DCS 的控制网络有什么特点？
8-6　试述 DCS 控制单元的主要技术指标及其具体的含义。
8-7　与传统控制系统相比，现场总线控制系统具有哪些特点和优势？
8-8　什么是工业以太网，为什么在工业现场能够采用以太网技术？

第 9 章 计算机控制系统设计与实现

计算机控制系统的设计是综合运用各种知识的过程，系统设计人员不仅需要具有一定生产工艺方面的知识，而且需要了解自动检测技术、计算机控制理论、通信技术、电子技术等方面的知识。本章讨论计算机控制系统设计的原则和一般步骤，计算机控制系统的工程设计与实现，并介绍四个典型的工程设计实例。

9.1 系统设计的原则与步骤

尽管计算机控制的生产过程多种多样，且系统的设计方案和技术指标也是千变万化，但在计算机控制系统的设计与实现过程中，设计原则与步骤基本相同。

9.1.1 系统设计的原则

1. 安全可靠

计算机控制系统的工作环境比较恶劣，存在着各种干扰，而且它所担当的控制重任又不允许它发生异常现象。因为一旦出现故障，轻者影响生产，重者造成事故。因此，在设计过程中，要把安全可靠放在首位。

系统的可靠性是指系统在规定的条件下和规定的时间内完成规定功能的能力。在计算机控制系统中，可靠性指标一般用系统的平均无故障时间（Mean Time Between Failure, MTBF）和平均维修时间（Mean Time To Restoration, MTTR）来表示。MTBF 反映了系统可靠工作的能力，MTTR 表示系统出现故障后立即恢复工作的能力。一般希望 MTBF 要大于某个规定值，而 MTTR 值越短越好。

为提高系统可靠性，首先要选用高性能的主控模板，保证在恶劣的工业环境下仍能正常运行。其次是设计可靠的控制方案，并具有各种安全保护措施，比如报警、事故预测、事故处理和不间断电源等。

为了预防计算机控制系统故障，常设计后备装置。对于一般的控制回路选用手动操作作为后备；对于重要的控制回路，选用常规控制仪表作为后备。一旦控制模板出现故障，就把后备装置切换到控制回路中去，维持生产过程的正常运行。

在计算机控制系统中提供各种软、硬件的冗余设置，如电源冗余、I/O 模块冗余、控制模板冗余、控制网络冗余以及操作站冗余，以提供系统的可靠性。

2. 满足工艺要求

在设计计算机控制系统时，应满足生产过程所提出的各种要求和性能指标。设计的性能指标不应低于生产工艺要求，但片面追求过高的性能指标而忽视设计成本也是不可取的。

3. 操作维护方便

操作方便表现在操作简单、直观形象和便于掌握，既要体现操作的先进性，又要兼顾原有的操作习惯。例如，操作工习惯于 PID 控制器的面板操作，那么 CRT 画面可设计成回路操作显示画面。

维护方便体现在易于查找和排除故障,采用标准的功能模板式结构,并在功能模板上安装工作状态指示灯和监测点,便于维修人员检查和更换故障模板。配置故障诊断程序,帮助确认故障位置。

4. 实时性强

计算机控制系统的实时性,表现在对内部和外部事件能及时响应,并做出相应的处理,不丢失信息,不延误操作。计算机处理的事件一般分为两类,一类是定时事件,如数据的定时采集、运算控制等;另一类是随机事件,如事故、报警等。对于定时事件,系统设置查询时钟,保证定时处理。对于随机事件,系统设置中断,并根据故障的轻重缓急,预先分配中断级别,一旦事故发生,保证优先处理紧急故障。

5. 通用性好

计算机控制系统的通用灵活性体现在两方面,一是硬件模板设计采用标准总线结构,配置各种通用的功能模板,以便在扩充功能时,只需增加功能模板就能实现;二是软件模块或控制算法采用标准模块结构,用户无需二次开发,只需按要求选择各种功能模块,灵活地进行控制系统组态。

6. 经济效益高

计算机控制系统设计时要考虑性能价格比。经济效益表现在两个方面,一是系统本身的性能价格比要尽可能高;二是投入产出比要尽可能低。

9.1.2 系统设计的步骤

计算机控制系统的设计虽然随被控对象、控制方式和系统规模的变化而有所差异,但系统设计的基本内容和主要步骤大致相同,系统工程项目的研制可分为4个阶段:工程项目与控制任务的确定阶段;工程项目的设计阶段;离线仿真和调试阶段;在线调试和运行阶段。

1. 工程项目与控制任务的确定阶段

工程项目与控制任务的确定一般由甲、乙双方共同完成。其中甲方是任务的委托方,乙方是系统工程项目的承接方。在一个计算机控制系统工程的研制和实施中,总是存在着甲、乙双方关系。

(1) 甲方提出任务委托书 在委托乙方承接系统工程项目前,甲方一定要提供正式的书面任务委托书。该委托书一定要有明确的系统技术性能指标要求,还要包含经费、计划进度和合作方式等内容。

(2) 乙方研究任务委托书 乙方在接到任务委托书后要认真阅读,并逐条研究。含混不清、认识上有分歧和需补充或删节的地方要逐条标出,拟订出进一步研究的问题及修改意见。

(3) 双方对委托书进行确认性修改 在乙方对委托书进行了认真研究之后,双方应就委托书的确认或修改事宜进行协商和讨论。为避免因行业和专业不同所带来的局限性,在讨论时应有各方面有经验的人员参加。经过确认或修改过的委托书中不应有含义不清的词汇和条款,而且双方的任务和技术界限必须划分清楚。

(4) 乙方初步进行系统总体方案设计 由于任务和经费没有落实,这时总体方案的设计只能是粗线条的。在条件允许的情况下,应多做几个方案比较。这些方案应在"粗线条"

的前提下尽量详细，把握的尺度是能清楚地反映出三大关键问题：技术难点、经费概算和工期。

（5）乙方进行方案可行性论证　方案可行性论证的目的是要估计承接该项任务的把握性，并为签订合同后的设计工作打下基础。论证的主要内容是：技术可行性、经费可行性和进度可行性。对控制项目，对可测性和可控性也应给予充分重视。

（6）签订合同书　合同书是双方达成一致意见的结果，也是双方合作的依据和凭证。合同书（或协议书）包含如下内容：经过双方修改和认可的甲方"任务委托书"的全部内容；双方的任务划分和各自应承担的责任；合作方式；付款方式；进度和计划安排；验收方式及条件；成果归属及违约的解决办法。

2. 工程项目的设计阶段

工程项目设计阶段主要包括组建项目研制小组、系统总体方案的设计、方案论证与评审、硬件和软件的细化设计、硬件和软件的调试、系统的组装等。

（1）组建项目研制小组　签订合同或协议后，系统的研制进入设计阶段。为了完成系统设计，应首先确定项目组并明确分工和相互的协调合作关系。

（2）系统总体方案设计　包括系统结构、组成方式、现场设备的选择、硬件和软件的功能划分、控制策略和控制算法的确定等。经过多次协调，最后才形成合理的总体设计方案。总体方案要形成硬件和软件的框图，并建立说明文档。

1）系统总线与主机机型。计算机控制系统中除了常用的并行总线 IEEE-488 和串行总线 RS-232C 外，还经常用到可用于远距离通信、多站点互联的通信总线 RS-422 和 RS-485，具体选择时可根据通信的速率、距离、系统拓扑结构、通信协议等要求来综合分析确定。

应根据系统需求、维护、发展并兼顾供货、系统升级、软件兼容等实际情况合理选择主机类型。

2）I/O 接口。计算机控制系统的生产厂家通常以功能模板的形式生产 I/O 接口，其中最主要的有：模拟量输入/输出（AI/AO）模板、数字量输入/输出（DI/DO）模板，此外还有脉冲计数/处理模板、多通道中断控制模板、RS-232/RS-422 通信模板以及信号调理模板、专用（接线）端子板等各种专用模板。

AI/AO 模板包括 A/D 板、D/A 板及信号调理电路等。AI 模板输入信号可能是 0～±5V、0～10mA、4～20mA 以及热电偶、热电阻和各种变送器的输出信号。AO 模板输出信号可能是 0～5V、1～5V、0～10mA、4～20mA 等。选择 AI/AO 模板时必须注意分辨率、转换速度、量程范围等技术指标。

DI/DO 模板种类很多，常见的有 TTL 电平的 DI/DO 和带光隔离的 DI/DO。通常与主机共地装置的接口可采用 TTL 电平，其他装置与主机之间则采用光隔离。如果是大功率的 DI/DO 系统，往往选用大容量的 TTL 电平的 DI/DO，而将光隔离及驱动功能安排在主机总线之外的非总线模板上，如继电器板等。

总之，控制系统中的 I/O 接口模板的类型、组合、数量等应该按具体被控生产过程的输入输出参数的种类、数量、控制要求，并适当考虑系统将来扩充需要来确定。

3）变送器。变送器包括温度变送器、压力变送器、流量变送器、液位变送器、差压变送器、各种电量变送器等，是将相应的被测物理变量转换为可以远传的统一标准电信号（0～10mA、4～20mA 等）的仪表，变送器的输出信号被送至控制模板进行处理，实现数据采集功能。

常用的变送器有 DDZ-Ⅱ型、DDZ-Ⅲ型以及新发展起来的 DDZ-S 型。其中 DDZ-Ⅱ型的输出是 0~10mA DC，采用四线制 220V 供电；而 DDZ-Ⅲ型输出是 4~20mA DC，采用二线制 24V DC 供电，故比 DDZ-Ⅱ型性能好，使用方便；DDZ-S 型是在前两种基础上，吸取了同类变送器的先进技术，采用模拟技术与数字技术相结合的新一代变送器。近年来，现场总线仪表也得到了较多的应用。系统设计人员可根据被测参数的种类、量程、被测对象的介质类型和环境、系统的控制精度要求以及项目投资等多种因素来选择变送器的具体型号。

4) 执行机构。执行机构分为气动、电动和液压三种类型。气动执行机构结构简单、价格低、防火防爆，但需要额外配置气源及电气转换器，使用不方便；电动执行机构体积小、种类多、使用方便；液压执行机构推动力大、精度高。由于计算机控制系统通常要实现连续精确的控制，因此常选用气动或电动执行机构。在选用气动执行机构时，先要将 0~10mA 或 4~20mA 电信号经电气转换器转换成标准的 0.02~0.1MPa 气压信号之后才可使用。电动执行机构则可直接接受来自主机的输出信号 4~20mA 或 0~10mA。此外，在某些对控制精度要求不高或只需实现开关控制的控制系统，则可选用电磁阀、有触点和无触点开关等。

执行机构的选择除了类型外，还要考虑阀的流量特性（如线性、等百分比、快开等），若是选择气动调节阀，还要从工艺生产安全的角度出发，考虑选择气关式或气开式（即有气时开阀，一旦无气时就关阀）。当仪表供气系统故障或控制信号突然中断，调节阀阀芯应处于使生产装置安全的状态。例如，进入工艺设备的流体是易燃易爆的，为防止爆炸，调节阀应选气开式；若流体容易结晶，调节阀应选气关式，以防堵塞。此外执行机构的选择还需考虑防腐、防尘、防震等措施。

5) 其他现场设备。其他现场设备指的是现场控制系统中一些必不可少的辅助设备，如很多场合都有的流量泵、计量泵、安装移动成份仪表的扫描机架及其控制箱等，控制室内装修、空调等，这些设备在硬件工程设计中也必须考虑在内。

(3) 方案论证与评审　这是对系统设计方案的把关和最终裁定。评审后确定的方案是进行具体设计和工程实施的依据，应邀请有关专家、主管领导及甲方代表参加。评审后应重新修改总体方案，评审过的方案设计应该作为正式文件存档，原则上不应再作大的改动。

(4) 硬件和软件的细化设计　此步骤只能在总体方案评审后进行，如果进行得太早会造成资源的浪费和返工。对于硬件设计来说，就是选购模板或设计制作专用模板；对软件设计来说，就是进行软件编程实现系统功能。

(5) 硬件和软件的调试　硬件、软件的设计中都需边设计边调试边修改，往往要经过几个反复过程才能完成。

(6) 系统的组装　硬件、软件分别调试成功后，就可进行系统的组装。组装是离线仿真和调试阶段的前提和必要条件。

3. 离线仿真和调试阶段

离线仿真和调试是指在实验室进行的仿真和调试。离线仿真和调试后，还要进行考机运行，如图 9-1a 所示。考机的目的是要在连续不停机的运行中暴露和解决问题。硬件调试包括调试 I/O 模板、现场仪表和执行器、网络及通信功能等。软件调试的顺序是子程序、功能模块和主程序。控制模块的调试应分为开环和闭环两种情况进行。

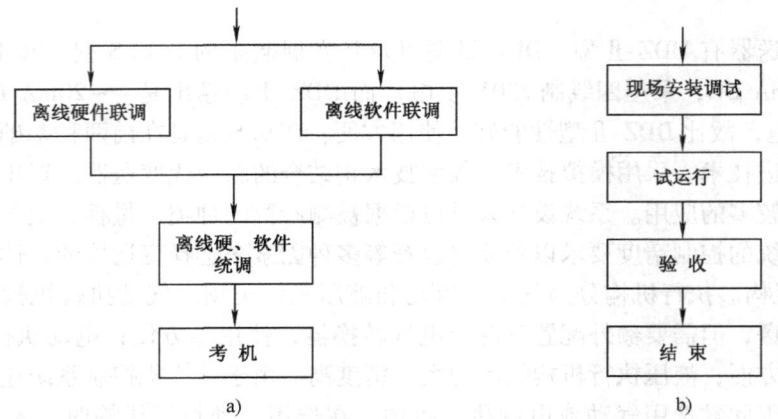

图 9-1 系统仿真、调试和运行流程
a) 离线仿真和调试阶段流程 b) 在线调速和运行阶段流程

4. 在线调试和运行阶段

系统离线仿真和调试后便可进行在线调试和运行，在线调试和运行就是将系统和生产过程连接在一起，进行现场调试和运行。尽管离线仿真和调试工作非常认真、仔细，现场调试和运行仍可能出现问题，因此必须认真分析加以解决。系统运行正常后，可以再试运行一段时间，即可组织验收。验收是系统项目最终完成的标志，应由甲方主持乙方参加，双方协同办理。验收完毕后形成验收文件存档。整个过程可用图 9-1b 来形象地说明。

9.2 计算机控制系统的可靠性技术

9.2.1 控制系统的抗干扰设计

1. 计算机控制系统的抗干扰技术

计算机控制系统抗干扰的方法有硬件措施、软件措施，还有软硬件结合的措施。一般说来，硬件措施如果得当，可将绝大多数干扰拒之门外，但或多或少仍然有些干扰窜入计算机系统，引起不良后果，所以软件抗干扰措施作为第二道防线是必不可少的。另外，软件抗干扰措施往往是以 CPU 的开销为代价的，这会影响到系统的工作效率和实时性；硬件抗干扰措施的效率高，但会增加系统的投资和设备的负担。因此成功而有效的抗干扰措施是由硬件和软件相结合构成的。有关干扰来源和类型，串模和共模干扰及其抑制等已在第 2 章 2.5 节中介绍，本小节主要介绍其他方面的软硬件抗干扰技术。

（1）长线传输干扰及其抑制　计算机控制系统的信号传输通常要从生产现场的传感器到计算机，经过控制计算后再由计算机传送到生产现场执行机构。因此，用于信号传输的连线往往长达几十米，甚至数百米，即使在中央控制室内，各种连线也有几米到十几米。信号在长线中的传输过程中，会遇到 3 个问题：长线传输易受到外界干扰；具有信号延时；高速变化的信号在长线中传输时会引起波反射现象。信号的多次反射现象使信号波形严重地畸变，并引起干扰脉冲。

对长线传输干扰的抑制主要是考虑消除长线传输中的波反射或将它抑制到最低限度。采用的方法主要有：终端阻抗匹配或始端阻抗匹配。

要注意的是，由于计算机采用高速集成电路，这里所说的长线的"长"是相对的，取决于集成电路的运算速度。例如，对于毫微秒级的数字电路来说，1 米左右的连线就应当作长线来看待；而对于十毫微秒级的数字电路，几米长的连线才当作长线处理。

（2）信号线的选择和敷设　在计算机控制系统的设计与实施中，如果能合理地选择信号线，并在实际施工中正确地敷设，则能在相当的程度上抑制干扰；反之，不但不能抑制干扰，还会给系统引入干扰，造成不良的影响。

1）信号线的选择。对信号线的选择，一般从实用、经济和抗干扰 3 方面考虑，其中抗干扰能力应放在首位。在不降低抗干扰能力的条件下，尽量选用价钱便宜、敷设方便的信号线。

在对信号精度要求比较高或干扰现象比较严重的现场，采用屏蔽信号线是提高抗干扰能力的可行途径。几种常用电缆的主要屏蔽结构及其效果见表 9-1。

从信号线价格、强度及施工方便等因素出发，信号线的截面积在 $2mm^2$ 以下为宜，一般采用 $1.5mm^2$ 和 $1.0mm^2$ 两种。多股线电缆因为其可挠性好、适宜于电缆沟有拐角和狭窄的地方等优点而更多地被采用。

表 9-1　屏蔽信号线性能列表

屏蔽结构	干扰衰减比	屏蔽效果/dB	特　点
铜　网 （密度 85%）	103∶1	40.3	电缆的可挠性好 （短距离敷设较好）
铜带叠卷 （密度 90%）	376∶1	51.5	带有焊药，便于接地 （通用性好）
铝聚酯树酯带叠卷	6610∶1	76.4	为便于接地，使用电缆沟 （抗干扰效果好）

2）信号线的敷设。选择了合适的信号线还必须合理地进行敷设才能达到抗干扰的目的。在信号线的敷设中要注意下列事项：

① 模拟信号线与数字信号线不能合用同一股电缆，更要绝对避免信号线与电源线合用同一股电缆。

② 屏蔽系统的屏蔽层应该接地。在频率低于 1MHz 时，一点接地即可。当频率高于 1MHz 时，最好在多个位置接地。通常的做法是在每隔波长十分之一的长度处接地，且接地线的长度应小于波长的 1/12。如果接地不良（接地电阻过大、接地电位不均衡等），会产生电势差，将构成屏蔽系统的最大障碍和隐患。

③ 信号线的敷设尽量远离干扰源，比如避免敷设在大容量变压器、电动机等电器设备的近旁。如果有条件，应将信号线单独穿管配线，在电缆沟内从上到下依次架设信号电缆、直流电源电缆、交流低压电缆、交流高压电缆等。

④ 信号电缆与电源电缆必须分开，并尽量避免平行敷设。如果因为现场条件有限，信号电缆与电源电缆不得不敷设在一起时应满足：电缆沟内设置隔板，且隔板与大地连接；电源电缆使用屏蔽罩；电缆沟内用电缆架或在沟底自由敷设时，信号电缆与电源电缆间距要大于 15cm；如电源为交流电压 220V AC 电流 10A 且电缆无屏蔽时，两者间距应在 60cm 以上。

2. 系统供电与接地技术

（1）供电技术　计算机控制系统一般由交流电网供电（220V AC，50Hz）。电网的干扰，频率的波动将直接影响到系统的可靠性与稳定性。此外，在系统正常运行过程中，计算机的供电不允许中断，否则不但会使计算机丢失数据，而且还会影响生产。因此，必须考虑采取电源保护措施，防止电源干扰，并保证不间断地供电。

1) 供电系统的一般保护。计算机控制系统的供电一般采用图 9-2 所示的结构。交流稳压器的设置是为了抑制电网电压波动的影响，保证交流 220V 供电。由于交流电网频率为 50Hz，其中混杂了部分高频干扰信号，故采用低通滤波器让 50Hz 的基波通过，而滤除高频干扰信号。最后由直流稳压电源（或开关电源）给计算机供电。开关电源用调节脉冲宽度的办法调整直流电压，以开关方式工作，功耗低，对电网电压的波动适应性强，抗干扰性能好。

图 9-2 一般计算机控制系统供电结构

2) 电源异常的保护。由于计算机控制系统的供电不允许中断，一般采用不间断电源 UPS。正常情况下由交流电网供电，同时给电池组充电。如果交流电供电中断，电池组经逆变器输出交流代替外界交流供电，这是一种无触点的不间断的切换。UPS 用电池组作为后备电源，如果外界交流电中断时间长，就需要大容量的蓄电池组。此外为了确保供电安全，可以采用交流发电机，或第二路交流供电线路。

(2) 接地技术　计算机控制系统接地的目的有两个：一是抑制干扰，使计算机稳定地工作；二是保护计算机、电器设备和操作人员的安全。通常接地可分为工作接地和保护接地两大类。保护接地主要是为了避免操作人员因绝缘层的损坏而发生触电危险以及保证设备的安全；工作接地则主要是为了保证控制系统稳定可靠地运行，防止地形成环路引起干扰。本小节主要介绍工作接地。

1) 接地系统分析。由于计算机控制系统中的"地"有多种，接地线主要分为：模拟地，数字地，安全地，系统地，交流地。

模拟地是系统中的传感器、变送器、放大器、A/D 和 D/A 转换器中模拟电路的零电位。由于模拟信号往往有精度要求，有时信号比较小，且直接与生产现场相连，必须认真对待。

数字地是计算机中各种数字电路的零电位，为避免对模拟信号造成数字脉冲的干扰，数字地应与模拟地分开。

安全地又称为保护地或机壳地，其目的是让设备机壳（包括机架、外壳、屏蔽罩等）与大地等电位，以免因机壳带电而影响人身及设备安全。

系统地是上述几类地的最终回流点，直接与大地相连，如图 9-3 所示。由于地球是体积非常大的导体，其静电容量也非常大，电位比较恒定，所以人们将它的电位作为基准电位，即零电位。

交流地是计算机交流供电电源地，即动力线地，其地电位很不稳定。在交流地上任意两点之间很容易有几伏至几十伏的电位差存在，会带来各种干扰。因此交流地绝对不允许与上述几类地相连，并且交流电源变压器的绝缘性能要好，以绝对避免漏电现象。

根据接地理论，低频电路（频率小于 1MHz）应单点接地，高频电路（频率大于 10MHz）应就近多点接地。介于低频与高频之间时，单点接地的地线长度不得超过波长的

1/12，否则应采用多点接地。单点接地的目的是避免形成地环路，地环路产生的电流会引入到信号回路内形成干扰。

在计算机控制系统中，一般对上述各类地采用分别回流法单点接地，如图9-3所示。回流线往往采用由多层铜导体构成的汇流条而不是一般的地线，这种汇流条的截面呈矩形，各层之间有绝缘层，可以减少自感。在要求较高的系统中，分别采用横向及纵向汇流条，机柜内各层机架间分别设置汇流条，以最大限度地减少公共阻抗的影响。在空间上将数字地汇流条

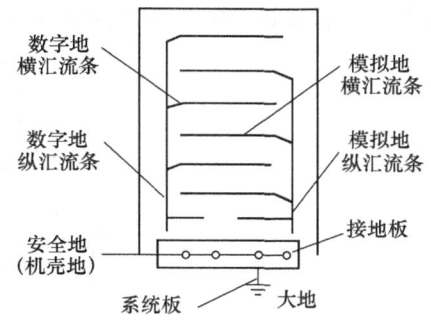

图9-3 分别回流法接地示例

与模拟地汇流条间隔开来，以避免通过汇流条间电容产生耦合。安全地（机壳地）始终是与信号地（数字地、模拟地）浮离开的。这些地只在最后汇聚一点，并常常通过铜接地板交汇，然后用线径不小于300mm²的多股铜软线焊接在接地板上后深埋于地下。

2）低频接地技术。由于实际的计算机控制系统中信号频率大部分都在1MHz以下，因此这里只讨论低频接地而不涉及高频问题。

① 一点接地方式。信号地线的接地方式应采用一点接地。常用的有串联接地（或称共同接地）和并联接地（或称分别接地）两种接法，如图9-4和图9-5所示。

从防止噪声的角度看，图9-4所示的串联接地方式是不合理的，因为地线电阻r_1、r_2和r_3是串联的，各电路间相互会发生干扰。这种方式当各电路的电平相差不大时还可勉强使用；但当各电路的电平相差很大时就不能再使用，因为高电平将会产生很大的地电流并干扰到低电平电路中去。采用这种接地方式还应注意将低电平的电路放在距接地点最近的地方，即图9-4中最接近地电位的A点上。

并联接地方式在低频时最适用，因为各电路的地电位只与本电路的地电流和地线阻抗有关，不会因地电流而引起各电路间的耦合，其缺点是需要连很多根地线。

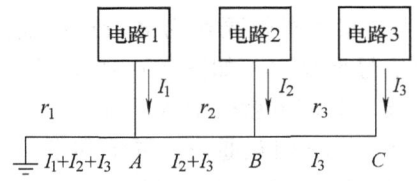

图9-4 串联一点接地

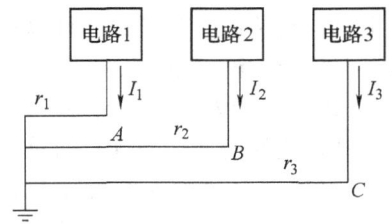

图9-5 并联一点接地

② 实用的低频接地。一般在低频时采用串联一点接地的综合接法，即分组接法：将低电平电路经一组共同的地线接地；高电平电路经另一组共同地线接地，也就是说在同一组中的电路功率、噪声电平相差不大。

在一般的过程计算机控制系统中为避免噪声耦合至少有3条分开的地线，如图9-6所示，一种是低电平电路地线，如数字地、模拟地等；一种是继电器、电动机、电磁开关等强电元器件的地（称为噪声地）；再一种是机壳、仪器柜的外壳地（称为金属件地）。如果仪器设备使用交流电源，则电源地应与金属件地相连。在系统连接时，要把这三种地线在一点

接地，可解决计算机控制系统的大部分接地问题。

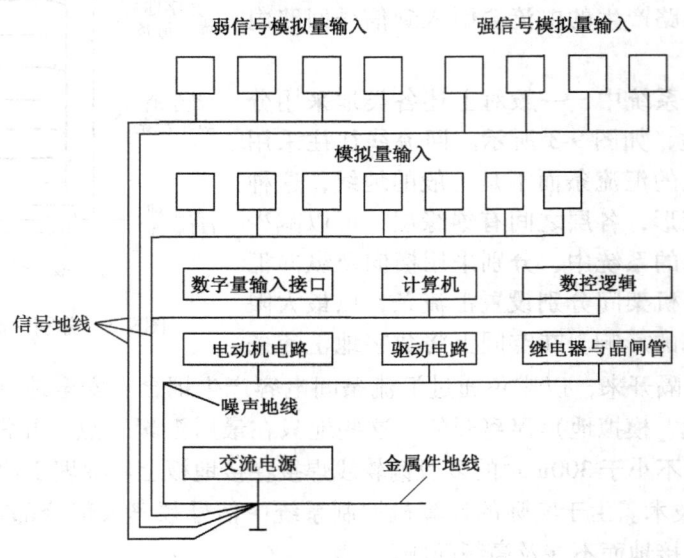

图 9-6 实用低频接地方式

3）输入通道的接地技术

① 电路一点地基准。实际的模拟量输入通道可以简化成由信号源、输入馈线和输入放大器三部分组成。这部分接地常见的错误是将信号源与输入放大器分别接地形成双端接地。由于各处接地体几何形状、材料、埋地深度不可能完全相同，土壤的电阻率等因地层结构各异也相差较大，导致接地电阻和接地电位不尽相同。这种接地电位的不相等，不仅产生磁场耦合的影响，而且还会引起环流噪声干扰。正确的接地方法是单端接地，即当接地点位于信号源端时，放大器电源不接地；当接地点位于放大器端时，信号源不接地。

② 电缆屏蔽层的接地。当信号电路是一点接地时，低频电缆的屏蔽层也应一点接地。如欲将屏蔽一点接地，则应选择较好的接地点。

4）主机外壳接地。为了提高计算机的抗干扰能力，将主机外壳作为屏蔽罩接地。而把机内器件与外壳绝缘，绝缘电阻大于 $50M\Omega$，即机内信号地浮空，如图 9-7 所示。这种方法安全可靠，抗干扰能力强，但制造工艺复杂，一旦绝缘电阻降低就会引入干扰。

5）多机系统的接地。在计算机网络系统中，多台计算机相互通信，资源共享。如果接地不合理，将使整个网络系统无法正常工作。若几台计算机的距离比较近（如安装在同一机房内），可采用类似图 9-8 所示的多机一点接地的方法。各机柜用绝缘板垫起来，以防多点接地。对于远距离的计算机网络，则通过隔离的办法把地分开，例如采用变压器隔离技术、光隔离技术和无线电通信技术等。

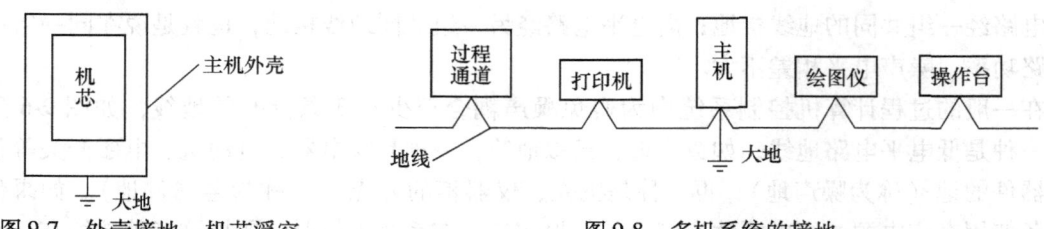

图 9-7 外壳接地，机芯浮空　　　　　　图 9-8 多机系统的接地

3. 计算机控制系统的防雷设计

根据雷电电磁脉冲（LEMP）理论和实践证明：计算机控制系统设备损坏的主要原因是雷电感应浪涌电压造成的。雷电感应浪涌电压是一种产生在微秒至毫秒之间的尖峰冲击电压，即瞬态过电压。它可以通过电源线、通信线和信号线把感应浪涌电压波引入设备内部，分别损坏电源模板、通信模板、I/O 模板，致使系统产生误动作，甚至瘫痪。

当雷击发生在输电线路或在输电线路附近时，将在输电线路上形成雷电冲击波，雷电冲击波容易与工频回路耦合，从而进入计算机控制系统的电源模块。采用三级浪涌电压保护器（也叫瞬态过电压保护器，SPD）是计算机控制系统目前比较理想的防雷保护措施。三级浪涌电压保护器的分布为：第一级在变压器二次侧、进线柜断路器后的三根相线和中性线上，分别对地并联，主要泄放外线等产生的较强过电压，其雷通量大，但是这些避雷器启动电压高而且有较大的分散电容，与负载之间成为分流的关系，从而使加在下一级设备上的残压高，一般为避雷器启动电压的 2~2.5 倍。第二级在 PLC 或 UPS 等专用配电母线处的三根相线和中性线上，分别对地并联，主要泄放第一级残压，分流配电线路上传输过程中的感应或耦合过电压和其他用电设备的操作过电压，有效抑制各种电磁干扰。第三级在主机、UPS 或其他自控设备接线板熔断器后的相线和中性线上，分别对地并联，主要泄放前面的残压，进一步保护设备不受过电压的干扰。

注意，防雷的首要原则是将雷电流直接接引至地下泄放，因而应采用上节提供的正确的接地方法。

9.2.2 控制系统的软件可靠性设计

在计算机控制系统中除了整个系统的结构和每个具体的控制模板和 I/O 模板需要仔细设计硬件抗干扰措施之外，还需要注重软件抗干扰措施的应用。有时一个偶然的人为或非人为干扰，例如并不很强烈的雷击，就使得硬件抗干扰措施无能为力，导致主控模板死机（即程序跑飞）或者控制出错（此时 CPU 内部寄存器内容被修改或者 RAM 和 I/O 口数据被修改）。这在某些工业环节将造成重大的事故。这时，使用软件抗干扰措施就可以在一定程度上避免和减轻这些意外事故的后果。

软件抗干扰技术是利用软件运行过程中的自我监视和控制网络中各机器间的相互监控，来监督和判断控制系统是否出错或失效的一个方法，这是计算机控制系统抗干扰的最后一道屏障。

1. 计算机控制系统失控表现

在工业现场环境的干扰下，计算机控制软件的周期性、相关性及实时性可能会受到破坏，程序无法正常执行，导致控制系统的失控，其表现是：

1）程序计数 PC 值发生变化，破坏了程序的正常运行。PC 值被干扰后的数据是随机的，因此引起程序执行混乱，在 PC 值的错误引导下，程序执行一系列毫无意义的指令，最后常常进入一个毫无意义的"死循环"中，使系统失去控制。

2）输入/输出接口状态受到干扰，破坏了计算机控制软件的相关性和周期性，造成系统资源被某个任务模块独占，使系统发生"死锁"。

3）数据采集误差加大。干扰侵入系统的前向通道，叠加在信号上，导致数据采集误差加大。特别是当前向通道的传感器接口是小电压信号输入时，此现象更加严重。

4) RAM 数据区受到干扰发生变化。干扰窜入渠道、受干扰数据性质的不同，系统受损坏的状况也不同，有的造成数值误差，有的使控制失灵，有的改变程序状态，有的改变某些部件（如定时器/计数器、串行口等）的工作状态等。

5）控制失灵。在计算机控制系统中，控制输出常常是依据某些条件状态的输入及其逻辑处理结果而定。在这些环节中，由于干扰的侵入，会造成条件状态错误，致使输出控制误差加大，甚至控制失常。

2. 输入/输出数字量的软件抗干扰技术

（1）输入数字量的软件抗干扰技术　干扰信号多呈毛刺状，作用时间短，利用这一特点，对于输入的数字信号，可以通过重复采集的方法，将随机干扰引起的虚假输入状态信号滤除掉。若多次数据采集后，信号总是变化不定，则停止数据采集并报警；或者在一定采集时间内计算出现高电平、低电平的次数，将出现次数多的电平作为实际采集数据。对每次采集的最高次数限额可按照实际情况适当调整。

（2）输出数字量的软件抗干扰技术　当系统受到干扰后，往往使可编程的输出端口状态发生变化，因此可以通过反复对这些端口定期重写控制字、输出状态字，来维持既定的输出端口状态。只要可能，其重复周期尽可能短，外部设备收到一个被干扰的错误信息后，还来不及作出有效的反应，一个正确的输出信息又来到了，就可及时防止错误动作的发生。对于重要的输出设备，最好建立反馈检测通道，CPU 通过检测输出信号来确定输出结果的正确性，如果检测到错误，便及时修正。

3. 指令冗余技术

计算机的指令系统中，指令由操作码和操作数组成，操作码指明 CPU 要完成什么样的操作，而操作数是操作码的对象。有单字节指令、双字节指令和三字节指令等，单字节指令只有操作码，隐含操作数；双字节指令，第一个字节是操作码，第二个字节是操作数；三字节指令第一个字节是操作码，后二个字节是操作数。CPU 的取值过程是先取操作码，后取操作数。如何判断是操作码还是操作数就是通过取指令的顺序，而取指令的顺序完全由程序计数器 PC 来控制，因此，一旦 PC 受干扰出现错误，程序便会脱离正常运行轨道，而出现"飞车"现象，即操作数数值改变以及将操作数当作操作码的错误。因单字节指令中仅含有操作码，其中隐含有操作数，所以当程序跑飞到单字节指令时，便自动纳入正常轨道。但当跑飞到某一双字节指令时，有可能落在操作数上，从而继续出错。当程序跑飞到三字节指令时，因其有两个操作数，继续出错的机会就更大。

为了使跑飞的程序在程序区内迅速纳入正轨，应该多用单字节指令，并在关键地方人为地插入一些单字节指令，如 NOP，或将有效单字节指令重复书写，称之为指令冗余。指令冗余显然会降低系统的效率，但随着科技的进步，指令的执行时间越来越短，所以一般可以不必考虑其对系统的影响，因此该方法得到了广泛的应用。具体编程时，可从以下两方面进行指令冗余：

1）在一些对程序流向起决定作用的指令和某些对工作状态起重要作用的指令之前插入两条 NOP 指令，以保证跑飞的程序能迅速纳入正常轨道。

2）在一些对程序流向起决定作用的指令和某些对工作状态起重要作用的指令的后面重复书写这些指令，以确保这些指令的正确执行。

综上所述，指令冗余技术可以减少程序跑飞的次数，使其很快纳入正常程序轨道。但采用指令冗余技术使程序纳入正常轨道的条件是：跑飞的程序必须在程序运行区，并且必须能执行到冗余指令。

4. 软件陷阱技术

当跑飞程序进入非程序区（如 EPROM 未使用的空间）或表格区时，采用指令冗余技术使程序回归正常轨道的条件便不能满足，此时就不能再采用指令冗余技术，但可以利用软件陷阱技术拦截跑飞程序。

软件陷阱技术就是一条软件引导指令，强行将捕获的程序引向一个指定的地址，在那里有一段专门对程序出错进行处理的程序。

软件抗干扰的内容还有很多，例如，检测量的数字滤波、坏值剔出；人工控制指令的合法性和输入设定值的合法性判别等等，这些都是一个完善的计算机控制系统必不可少的。

9.2.3 控制系统的冗余设计

计算机控制系统的冗余技术是提高可靠性的重要手段。在计算机控制系统中，对可能会影响整体功能的重要环节或对全局产生影响的公用环节，应有重点地采用冗余技术。

计算机控制系统的冗余技术可以分为多重化自动备用和简易的手动备用两种方式。

多重化自动备用就是对设备或部件进行双重化或三重化设置，万一发生故障时，备用设备或部件自动从备用状态切入到运行状态。它还可以进一步分为同步运转方式、待机运转方式、后退运转方式。

1）同步运转方式就是让两台或两台以上的设备或部件同步运行，进行相同的处理，并将其输出进行核对，只有当它们的输出一致时，才作为正确的输出，这种系统称为"双重化系统"（Dual System）。也可以将设备三重化设置，在三台设备中取两个相等的输出作为正确的输出值，这种方式具有很高的可靠性，但投入也比较大。

2）待机运转方式就是使一台设备处于待机状态，在发生故障时，启动待机设备来保证系统正常运行。这种方式称为 1:1 的备用方式，这种类型的系统称为"双工系统"（Duplex System）。类似地，对于 N 台同样设备采用一台设备待机的备用方式就称为 N:1 备用。在 DCS 中一般对局部的设备采用 1:1 备用方式，对整个系统则采用 N:1 的备用方式。待机运行方式是计算机控制系统中主要采用的冗余技术。

3）后退运转方式就是使用多台设备，在正常运行时，各自分担各种功能运行，当其中之一发生故障时，其他设备放弃其中一些不重要的功能，进行互相备用。这种方式显然是最经济的，但相互之间必须存在公用部分，而且软件编制也相当复杂。

简易的手动备用方式即采用手动操作方式实现对自动控制方式的备用。当自动方式发生故障时，通过切换成手动工作方式，来保持系统的控制功能。

一般在进行计算机控制系统设计时，主要包括如下关键部件的冗余设置：电源冗余、输入/输出模块冗余、控制回路冗余、控制网络冗余以及操作站冗余等。

9.2.4 自动/手动切换

计算机控制系统具有很多优点：效益好、精度高、产品质量高、减少环境污染、适应面广，因此计算机控制装置应用越来越多。然而，由于控制任务集中于一台计算机，一旦失效就会造成整个过程瘫痪，甚至导致破坏性事故，因此对计算机的可靠性要求非常苛刻。为了解决可靠性问题而采用冗余设备又会使投资成倍增加，为此，在控制系统中多采用模拟操作器和 D 型直接手操器作为后备操作器，当计算机故障时，操作人员可进行手动操作，而手动到自动、自动到手动切换的方法一般是由人工转换。

1. 基本计算机控制系统

图 9-9 为基本计算机控制系统，它由计算机、过程输入/输出通道、外围设备以及检测、变送器、伺服放大器、执行器等组成。

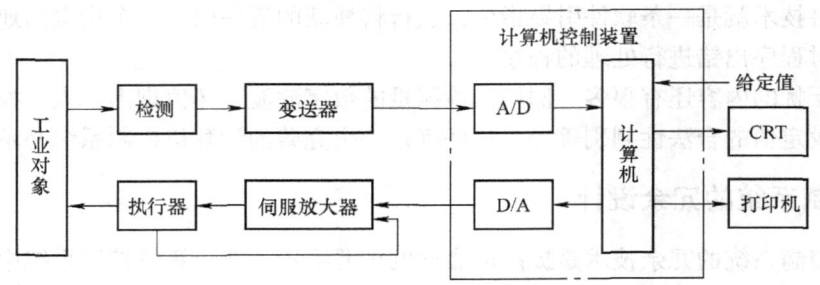

图 9-9　基本计算机控制系统

此控制系统中，作为控制信号，计算机是通过 D/A 转换器输出一个模拟电压（或电流）信号，它表示给定的执行器阀位值。若执行器实际阀位与此值不相等，则伺服放大器会输出一个信号使执行器动作，直到实际阀位值与给定值相等。

显然，当计算机或 A/D、D/A 故障时，将无法对被控对象进行控制，因而系统的安全性不能得到保证。

2. 带模拟操作器和 D 型直接手操器系统

图 9-10 为带模拟操作器和 D 型直接手操器系统，构成两级手操后备控制手段。模拟操作器主要完成常规自动/手动（A/M）双向无扰动切换操作，D 型直接手操器一般用于紧急状态下，如计算机控制装置、模拟操作器、伺服放大器等故障情况下的后备控制操作。

由图 9-10 中可知，当计算机控制系统投运时，模拟操作器的自动/手动切换开关 A/M 置手动（M），进行手动操作控制。当系统投运成功后，自动/手动切换开关 A/M 置自动。计算机工作正常后，输出"OFF"信号给模拟操作器，从而转入自动控制运行。模拟操作器的工作原理如下：

1) 当 A/D 或 D/A 故障时，计算机检测出故障，则发出"ON"信号给模拟操作器，使其切换到手动，从而进入手动运行。当 A/D 或 D/A 恢复正常后，计算机自动检测出恢复信号，则发送"OFF"给模拟调节器，系统恢复到自动运行。

2) 当计算机掉电时，则计算机在接到掉电信号后，需及时发出"ON"信号给模拟调节器，使其切换到手动运行。

D 型直接手操器（简称 D 型操作器）是由伺服放大器、手操器和后备操作集一体的智能操作器，是 DCS 系统调节器控制输出和智能调节器控制输出的后备操作器，可实现自动/手动（A/M）的双向无扰动切换。D 型操作器的工作原理如下：

1) 自动工作状态。切换开关切换到自动（A）位置（图 9-10 中开关"实线"所示的开关状态），通过切换开关使得伺服放大器与单相伺服电动机绕组连接，由计算机控制装置（调节器）通过模拟操作器发出的控制信号和执行器反馈的阀位信号进行比较运算后，经伺服放大器功率放大后，控制单相伺服电机正反向运转，从而带动执行机构的运动。

2) 手动工作状态。切换开关切换到手动（M）位置（图9-10中开关"虚线"所示开关状态），伺服放大器输出端与伺服电动机绕组断开，电机绕组通过操作开关与电网电源接通，实现电机正反向控制。同时，通过切换开关将执行机构的阀位信号连接到计算机控制装置（调节器），使得计算机控制装置输出阀位跟踪信号，并保持相等。这样，由手动（M）切换到自动（A）时，便可实现阀位无扰动切换。

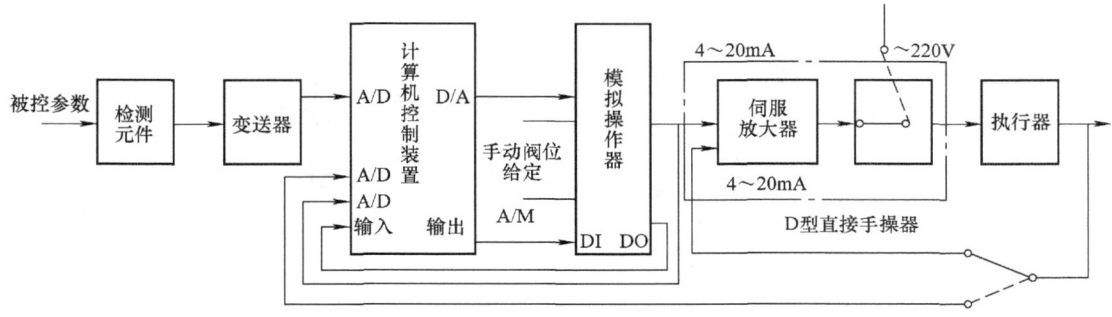

图 9-10　带模拟操作器和 D 型直接手操器系统

9.3　基于工业 PC 的计算机测控系统设计实例

生物发酵是食品、制药工业的关键生产工序之一。在发酵过程中，发酵条件是影响过程代谢变化的主要因素。因此，保证发酵在最佳的条件下进行是实施自动控制的根本目的。综合来说，在发酵条件方面应有以下一些工艺要求：

（1）温度　微生物生长、维持及产物的生物合成都是在一系列酶的催化作用下完成的，温度是保证酶活性的重要条件。因此，发酵必须在一个严格的温度条件下进行，工艺上应有用于温度调节的设备并配合自动控制系统完成温度的控制。

（2）压力　为了使发酵物不被细菌感染，需要对通入的压缩气体进行过滤消毒，并保证发酵罐内呈现正压，以免外部未经处理的空气进入。

（3）pH 值　pH 能影响酶促反应、代谢途径的变化及细胞的结构和功能，还会影响化合物的离解程度。因此，工艺必须保证能对发酵罐的 pH 值进行调整。

（4）溶解氧　在发酵的过程当中，为获得大量的能量来满足菌体的生长、繁殖以及产物的合成，往往需要消耗大量的氧，溶解氧的浓度影响到微生物的呼吸并最终影响到代谢。因此，工艺上往往使用调节通风量和搅拌电动机转速的方法来对溶解氧进行调整。

发酵过程控制点示意图如图 9-11 所示。

9.3.1　系统方案设计

1. 温度控制

温度是影响生化反应过程的一个重要变量，因为不仅微生物菌体本身对温度十分敏感，而且涉及菌体生长和产物合成的酶都必须在一定温度下才能具有高的活性，因此，生化反应过程的温度控制是很重要的。影响生化反应温度的主要因素有微生物发酵热、电动机搅拌

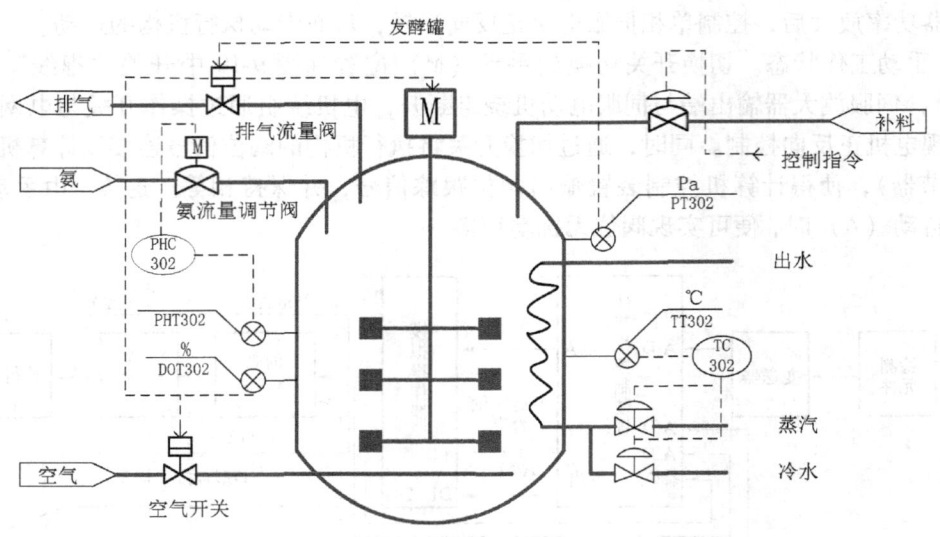

图 9-11 发酵过程控制点示意图

热、冷却水本身的温度变化以及周围环境温度的改变。

对于微生物发酵来说,最佳发酵温度的选择必须考虑到上述影响的各个方面,既要有利于提高生物合成反应的速度,又要顾及生物合成反应的持续性,同时还要兼顾其他环境条件的影响,如:当发酵罐的搅拌强度低时,可以适当降低发酵温度,以增加氧的溶解度及减少空气的消耗。

发酵罐温度控制采用了单回路 PID 控制器,由温度测量元件、控制器、调节阀和被控过程生化反应器四部分组成。

生化发酵罐通常采用冷却水的方式带走生化反应热,小型发酵罐通常采用夹套式冷却形式,大型的生化反应器通常采用在反应器内装盘管冷却器形式,后者冷却效果更好,但是要占用生化反应器的有效反应体积。

如果冷却水温度干扰比较明显,也可以测量冷却水温度,将此信号直接前馈到冷却水调节阀上,从而补偿冷却水温度干扰对发酵罐温度控制的影响,即前馈补偿控制与发酵罐温度反馈控制共同组成前馈-反馈控制系统。

对于发酵过程温度波动较大的情况,还可采用分程控制方案。分程控制方案的原理图如图 9-12 所示。

分程控制系统的工作过程如下:发酵罐备料工作完成后,温度控制系统开始运行,因为起始温度低于设定值,控制器输出信号增大,使蒸汽阀打开,以达到使发酵罐升温的目的;发酵罐升温后,反应开始,放出热量,直至发酵罐

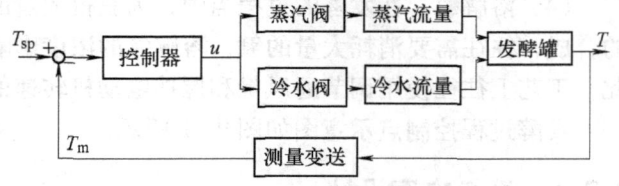

图 9-12 分程控制系统原理图

温度超过设定值后,蒸汽阀将逐渐关闭,冷却水阀将开启,从发酵罐中移走反应热,以达到控制发酵罐温度的目的。设计分程控制有两方面的目的,一是为了扩大调节阀的可调范围,以改善控制系统的品质;二是满足工艺上操作的特殊要求。

2. 压力控制

发酵罐操作压力的变化，将会引起氧在发酵液中的分压改变，也就是说影响着溶解氧浓度的变化。影响发酵罐的压力主要是供给的消毒空气的压力变化，通常控制发酵罐的压力是通过调节排出气体的量来控制，一般也用单回路控制方法。

3. pH 值控制

pH 是发酵过程中必须控制的重要变量之一。补氨是微生物发酵过程中常用的一种调节 pH 的方法。但补氨只有在 pH 较低、氨氮也偏低的时候进行，如果 pH 偏高而氨氮偏低，可以补入硫酸铵或者氯化铵。pH 和氨氮都偏高，则应补糖（特别是葡萄糖）。只有当 pH 偏低而氨氮偏高的情况下，才考虑补碱予以调节。无论采用什么方法调节 pH，工艺要求应平稳进行，不能大起大落以致破坏微生物赖以生长和代谢的稳定环境，因此在 pH 值控制中，必须严格控制好氨水的加入量，绝对不能过量。本系统采用补氨方法来控制 pH。

pH 控制系统由 pH 测量电极和变送器、pH 控制器（pHC）、空气开关和气动开关阀组成。为了防止调节阀门的泄漏，采用了气动开关阀，由电磁空气开关进行调节。控制器根据 pH 偏差信号计算开关阀门的开关周期和开与关的时间长短来控制输入氨水的量。控制开关周期通常设定为一分钟，开关时间则由偏差信号进行 PID 运算。

4. 溶解氧（DO）值的控制

对于耗氧的微生物发酵来说，溶解氧浓度是一个十分重要的控制变量。溶解氧控制可通过控制发酵罐压力或空气流量的方法来进行控制，由于压力控制系统与空气流量控制系统互相有影响，即有耦合作用，而发酵压力通常需保持恒定，因为提高发酵压力，使得发酵中的二氧化碳的溶解度也增加，这不仅会改变发酵液的 pH 值，而且也会影响氧的溶解度，因此常用调节空气流量的方法来控制溶解氧。

9.3.2 系统硬件设计

1. 传感器及变送器的选择

发酵自动化中可能用到的仪表有温度探头及变送器，微差压变送器，pH 值探头及变送器，溶解氧探头及变送器。它们的选择原则及注意事项如下：

（1）温度探头及变送器　由于发酵温度一般控制在 28～38℃ 之间，对于某一特定的发酵过程其温度控制可能要求波动在某特定温度设定值上下的 0.5℃ 甚至 0.2℃ 的范围内，因此对温度探头的精度提出了很高的要求，在发酵过程当中常用的温度探头为 A 级铠装 PT100 热电阻或一体化温度变送器，接线盒采用防溅式或防水式。尽量选择热响应时间小的探头，这对提高温度控制质量有相当的作用。

（2）微差压变送器　由于罐内只要保持一定的正压即能达到工艺要求，过大的正压不利于生产的节能降耗，因此选择 0～1kPa 的微差压变送器即可，原理上可以是电容式，也可以是谐振式。

（3）pH 值探头及变送器　pH 值测量要注意 pH 值探头的高温特性，因为在发酵批次之间有一个高温消毒过程，此时罐内温度高达 120℃ 甚至更高，为避免高温对 pH 值探头的损坏，可考虑如下措施：一是对高温消毒蒸汽的温度进行控制，限制其温度在不超过 120℃（或更低）的范围内，选择高温型的 pH 值探头；另一种是使用一种专用的带驱动装置的护套，在进行高温消毒前自动将 pH 值探头由罐内抽出返回护套，消毒过后再自动将 pH 值探头重新插入发酵罐内。

(4) 溶解氧探头及变送器 溶解氧探头的选择需考虑其高温性能。溶解氧探头有直接接触式和膜式两种,一般说来,发酵上使用膜式溶解氧探头居多。

(5) 执行器 在发酵自动控制的过程当中,对执行器的选择有着严格的要求。在 pH 值调节上需要选择工作可靠的隔膜开关阀,它有两个优点:一是关断可靠;二是阀内不会有残留液。另外,阀的口径选择要合适,不能太大,否则进行 pH 调整时容易过调。在温度和压力调节方面,执行器没有特殊的要求。温度调节常采用直行程单座调节阀,压力调节采用碟阀。

2. 控制器的选择

每个发酵罐涉及的数据采集点和控制信号如表 9-2 所示。

表 9-2 监控点情况一览表

描述	范围说明		描述	范围说明	
发酵罐内的温度	Pt100	0~150℃	回水温度	Pt100	0~150℃
发酵罐内的 pH 值	4~20mA	0~14	进水温度	Pt100	0~150℃
发酵罐内的溶氧	4~20mA	0~150%	发酵罐内压力	4~20mA	0~160kPa
发酵罐的空气流量	4~20mA	0~120m^3/min	冷水控制阀	DO 输出电磁阀	
电动机转速	4~20mA	0~1000r/min	蒸汽控制阀	DO 输出电磁阀	
空气流量控制阀	4~20mA	AO 输出电动阀	氨流量控制阀	DO 输出电磁阀	
排出气体流量控制阀	4~20mA	AO 输出电动阀	变频调速器	4~20mA	AO 输出电动阀

由于发酵自动控制中没有过于复杂的控制需求,这里选择研华 IPC 和 ADAM 模块实现自动采集控制。控制器及 I/O 模块如表 9-3 所示。

表 9-3 控制器及 I/O 模块选型

设备名称	说明
IPC	研华 IPC-610 工控机
I/O 模块 (AI)	研华 ADAM-5017 (8 路模拟量输入)
I/O 模块 (DO)	研华 ADAM-5060 (6 路继电器输出)
I/O 模块 (AO)	研华 ADAM-5024 (4 通道模拟量输出)
温度信号	研华 ADAM-5013 (3 路热电阻输入模块)

系统结构如图 9-13 所示。

9.3.3 系统软件设计

发酵自动控制系统采用组态王作为组态软件,完成如下功能:
1) 显示罐布置图、详细图、生产简介、工艺图。
2) 实时在线显示各参数图。
3) 检测各点的趋势显示。
4) 可由键盘输入给定值或修改参数。
5) 定时或即时打印参数报表。
6) 随机屏幕复制打印各种工艺、详细图、趋势图。

第 9 章 计算机控制系统设计与实现

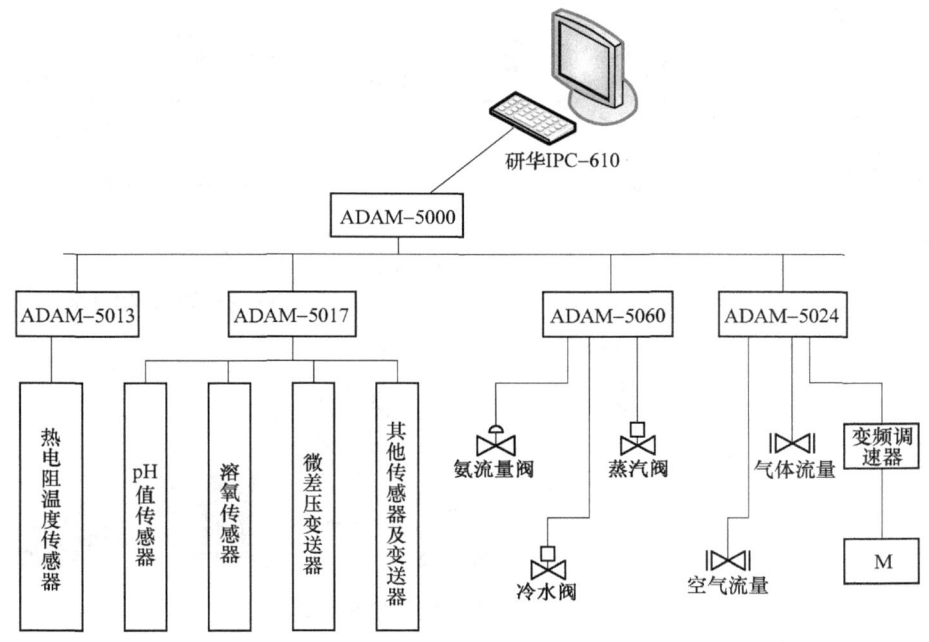

图 9-13 基于 IPC 的计算机测控系统结构示意图

7) 设置操作员密码,保证系统的安全性。
8) 手动—控制室远操—自动的双向无扰动切换。
9) 发酵时间计时。
10) 对各回路进行控制。

9.4 基于网络结构的计算机测控系统设计实例 1

污水处理厂的控制主要包括进水闸门的控制,刮泥机、除沫设备和压滤机的控制,曝气池 DO 浓度控制,回流污泥量控制,投药量控制等。所需检测项目包括:各处理设施的进水量,沉砂池水位,沉砂量和筛渣量,初沉池的排泥量,供气量,回流污泥量,剩余污泥量,投药量,滤饼或脱水污泥重量,各种设施和设备的耗电量,燃料用量等。其工艺流程图如图 9-14 所示。

9.4.1 系统方案设计

1. 污水厂监控系统的控制方式

本监控系统为二级分布式控制系统,中央计算机为第一级,污水厂的远程数据采集单元 RTU 为第二级,采用分散控制、集中管理的方式。从控制方式上看,可以分为三级控制:人工控制、RTU 自动控制、中控室计算机远程遥控,下面分别加以说明。

(1) 人工控制 当污水厂处于检修、手动工况时采用人工控制方式。操作人员通过污水厂操作台上的操作按钮,启动或停止相关的设备,RTU 只检测设备的运行工况、生产数据和故障判断,并送中央控制计算机进行显示,不进行故障保护控制。

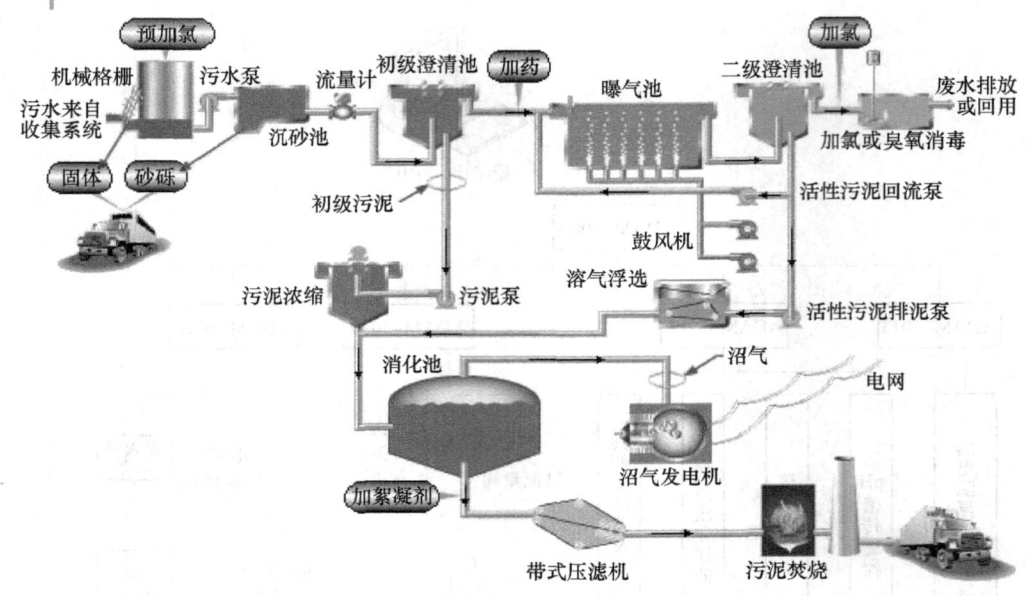

图 9-14 污水处理厂工艺流程图

(2) RTU 自动控制 就地 RTU 采集现场数据（如液位、流量、压力和溶解氧浓度等），经分析处理，自动控制现场的机械设备如阀、格栅、转碟和泵等，主要包括：RTU 对氧化沟溶解氧浓度的自动控制，RTU 对机械格栅清污的自动控制，RTU 对回流污泥的自动控制，故障监测和保护控制。

(3) 中控室远程遥控 操作人员在中央监控计算机上通过键盘发布控制指令至各个现场 RTU 控制器，远程遥控各现场设备的工作。

2. 污水厂监控系统的控制策略

污水处理系统是一个系统工程，首先应着眼全局制定出整体控制策略，而对局部的重要参数又要有具体的控制方案。

(1) 整体控制策略 污水处理系统的基本目的是收集污水并加以处理后排放入海。因而从整体角度，其控制策略主要包括三个方面：

1) 物流平衡控制。物流不平衡，一定会造成局部地区的满溢或抽干，引发事故。物流是否平衡反映在液位，因而设计中，除污水厂中个别装置是通过溢流维持液位外，所有液位（或泥位）均设置控制系统。

2) 质量控制。这主要反映在对污水处理的控制上，如氧化沟中的溶解氧控制，活性污泥回流比控制，排海泵站 pH、COD/BOD、SS 和 TP 的控制等。原则上讲这些指标通过检测均能实现自动控制，但目前限于控制手段，大多数指标仅处于自动监测、人工操作阶段。

3) 安全控制。包括工艺过程的安全运行和设备的安全运行两个方面。前者如高水位、高泥位报警，低水位、低泥位停机泵等；后者如电动机过载、缺相、轴温超高、泄漏等的报警和保护。

(2) 氧化沟溶解氧控制 考虑一座氧化沟设置有 3 台溶解氧分析仪，18 台转碟（其中 6 台可变频调速）。其控制流程如图 9-15 所示。溶解氧的控制可有两种方案：第一种是由 2 台可变频调速转碟、4 台二级调速转碟与一台溶解氧分析仪组成一套控制系统，这样一座氧化沟有三套控制系统。另一种方案是对 3 台溶解氧分析仪的检测信号先进行前置处理,包括信号可靠性分析和信号平滑滤波等,得到一个较为正确的平均信号值。然后按此值同时去控制 6 台可变频调速的转碟和 12 台二级调速转碟。第一种方案,调节响应较快,也有利于整个氧化沟中溶解氧的均匀分布,但对溶解氧分析仪的可靠性要求较高,必须每台正确。而第二种方案则相反,只要其中一台溶解氧分析仪可靠即能实现正常自动运行。由于这二种方案各有利弊,在 PLC 软件中兼有这两种方案,在运行时可由操作人员切换设置。

(3) 初沉池污泥泵房前池泥位控制 初沉池污泥泵房内设两台进泥泵。进泥管上各设一个进泥阀,泵房前池内设置高低泥位开关。泵房前池泥位控制策略为:按时间周期控制泵和阀的起停。而时间周期的设定修正有两种方式:人工设定和按泥位开关的动作来作出修正,如图 9-16 所示。

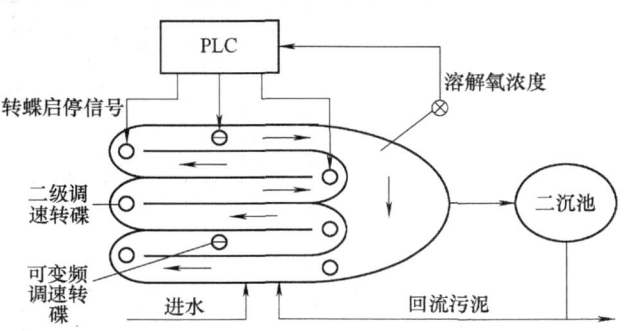

图 9-15 氧化沟溶解氧控制流程示意图

若高位开关动作,一方面立即起动第二台泵,另一方面修正时间周期的设定,减小 ΔT(ΔT 可"正"可"负","负"表示两台污泥泵同时运转)。若低位开关动作,则相反。

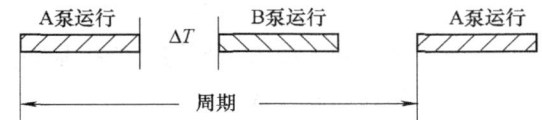

图 9-16 进泥泵运行时间示意图

(4) 回流污泥控制 回流污泥系统把二沉池中沉淀下来的绝大部分活性污泥再回流到氧化沟,以保证氧化沟中有足够的微生物浓度。回流污泥量和回流比是活性污泥系统的重要工艺参数。

回流比 R 是指回流污泥量 Q_r 与入流污水量 Q 之比,即 $R = Q_r/Q$。回流系统的控制有三种方式:

① 保持回流量 Q_r 恒定。
② 保持回流比 R 恒定。
③ 定期或随时调节回流量 Q_r 及回流比 R,使系统状态处于最佳。

第①种方式只适用于入流污水量 Q 相对较稳定的情况。若 Q 变化较大,会出现一系列的问题。它导致活性污泥量在氧化沟和二沉池内的不合理分配。

第②种方式,保持回流比 R 恒定,在剩余污泥排放量基本不变的情况下,可保持活性污泥浓度、有机负荷以及二沉池内泥位的基本恒定,不随入流污水量 Q 的变化而变化,从而保证相对稳定的处理效果。

第③种方式为利用回流污泥浓度 RSS 和混合液浓度 $MLSS$ 来调节回流比 $R = \dfrac{MLSS}{RSS - MLSS}$。其缺点主要在于操作上的复杂性以及可靠性的降低。

可采用第②种和第③种相结合的方式,将整个控制任务分成二部分:一部分是恒定回流比控制;另一部分是回流比设定值修正。

1) 恒定回流比控制。该方案需测取回流污泥量和入流污水量,操纵手段是调节回流污泥量。该系统在"过程控制"中属于"比值控制"的范畴。

2) 回流比的设定值修正。回流比的设定值原理图如图9-17所示,其中 Q_{rr} 为回流量 Q_r 的设定值。回流比可由人工设定,也可由 RSS 和 MLSS 按上面算式的计算值 R 来设定。当确信计算值 R 合适时,可实现在线修正回流比的控制。当对计算值 R 不够确信时,则加入人工判断后定时修正设定值。

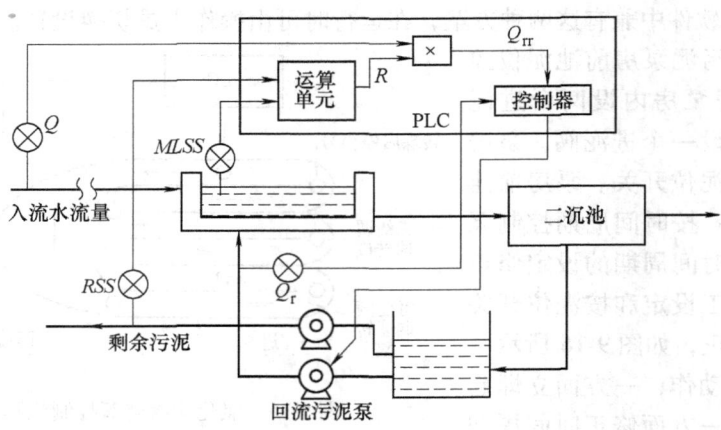

图 9-17　活性污泥回流比控制示意图

(5) 栅渣清除控制　栅渣是格栅上的拦截物。格栅除污机的控制除手动现场开停外,控制器可实现以下几种控制方式:

1) 按时间周期启停。

2) 按格栅前后液位差来决定起停。当液位差超过某个数值(如 0.2m)时,起动格栅除污机;液位差小于某个值(如 0.1m)时,停格栅除污机。

3) 当液位差低于某个值时,按时间周期起停,而当液位差高于某个值时立即起动并连续运行,直到液位差达到正常范围,格栅恢复按时间周期运行。

第 1 种控制方式与液位差计的运行情况无关,可靠性高,但它对污物负荷的变化适应差。第 2、3 两种控制方式能适应污物负荷的变化,但需确保液位差计的良好运行。以上几种控制方式可由操作人员按实际情况进行设置。另外,格栅除污机可与螺旋输送压榨机联动运行。在起动格栅机的同时起动螺旋输送压榨机。在格栅机停止后,螺旋输送机再运行一段时间,如 0~20s(可调)后停止。而螺旋输送机停止工作后,压榨机再运行一段时间,如 0~120s(可调)后停止。其控制方案示意图如图9-18所示。

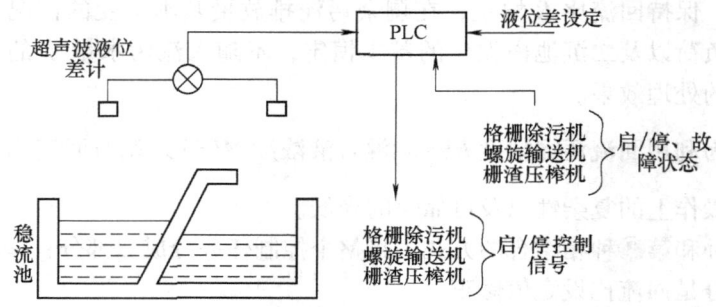

图 9-18　栅渣清除控制示意图

9.4.2 系统网络结构设计

系统控制室为分散控制系统的管理控制站所在，设有服务器、工程师站、操作员站、视频监控计算机、彩色喷墨打印机、黑白激光打印机、UPS 电源、模拟屏、投影仪。现场控制站对生产过程中的工艺参数进行数据采集并对工艺设备实施自动控制，其通过冗余光纤环网与操作员站进行数据通信。操作员站通过标准以太网与主监控中心的服务器进行数据通信，如图 9-19 所示。

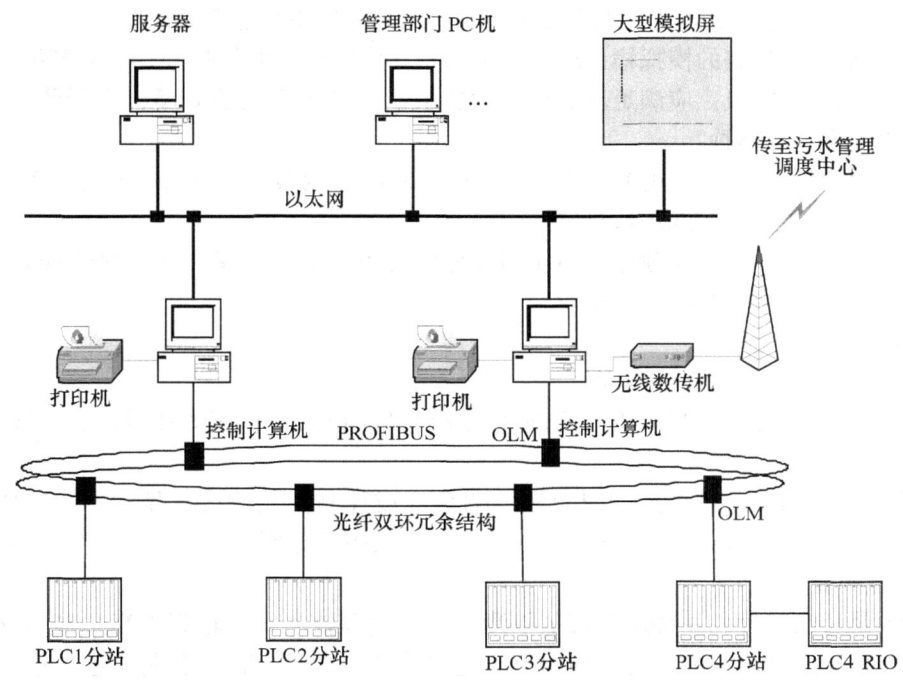

图 9-19　污水处理厂计算机控制系统网络结构示意图

控制室设有五台计算机。其中一台为系统服务器；一台为工程师站，装有先进的组态软件以进行开发；两台为操作员站，可通过各种画面监视全厂工艺参数变化、设备运行和故障发生情况；另有一台为视频监控计算机，用于监视厂区内各监视点实时图像，并驱动模拟屏显示。

服务器配备了 Windows NT 4.0 Server 以及 SQL Server7.0 数据库，用于生成报表数据文件，这样每台计算机均可生成各自报表；操作员站运行在 WINDOWS NT Workstation 操作系统下，并用 Siemens 公司的 WinCC6.0 运行版生成生动、友好的人机界面，对污水厂各生产环节进行动态显示、实时监控。工程师站配备了 Windows NT 4.0 Workstation，并装有 Siemens 公司的 WinCC6.0 开发版，可以进行组态开发、参数修改。

控制室内设打印机，可随时打印所需要的各种资料以及图形，并可定时打印日报、周报、月报表等。

根据污水处理的分区在厂内设数个现场控制站，分别负责水区、泥区和排海泵站的工艺参数的采集、设备运行和控制等。

9.4.3 系统硬件设备选型与设计

1. 仪表选配的一般要求

1）精确度：指在正常使用条件下，仪表测量结果的准确程度，误差越小，精确度越高。一般生产过程物理量检测仪表的精确度为±1%，水质分析仪表的精确度为±2%（测高浊水的浊度仪的精确度为±5%）。

2）响应时间：当对被测量进行测量时，仪表指示值总要经过一段时间才能显示出来，这段时间即为仪表的响应时间。水质分析仪表响应时间应不超过3min。

3）输出信号：仪表的模拟输出应是4~20mA DC信号，负载能力不小于600Ω。

4）仪表的防护等级：应满足所在环境的要求，一般应不低于IP65，用于药剂投加系统的检测仪表要求能耐腐蚀。

5）电源：四线制的仪表电源多为220V AC、50Hz，两线制的仪表电源为24V DC。

6）现场监测仪表：宜选用数显仪。

7）仪表的工作电源：应独立，不应和计算机共用电源，以保证发生故障和检修时电源互不干扰，使各自都能稳定可靠地运行。

2. 水位测量

选择液位计时应考虑以下因素：

1）测量对象：考虑被测介质的物理和化学性质，以及工作压力和温度、安装条件、液位变化的速度等；

2）测量和控制要求：考虑测量范围、测量（或控制）精确度、显示方式、现场指示、远距离指示、与计算机的接口、安全防腐、可靠性及施工方便性。

3. 流量测量

流量测量分为两种，一种用于流量检测，参与过程控制，以达到提高生产自动化水平，提高产品质量和产量的目的；另一种用于流量的计量，不仅计量产品的产量，还是企业主要技术经济指标计算的依据。

流量计的选型应考虑以下因素：

1）任何型号的流量计都必须有国家计量部门检定的证书方可选用。

2）流量计本身的压力损失要小。

3）根据行业要求，流量计的准确度应不低于2.5级。

4）安装现场条件应满足所选流量计对直管段的要求。

5）所选流量计应能适应安装现场环境条件如温度、湿度、电磁干扰等。

6）所选流量计应能适用于待测的液体介质。

4. 浊度的测量

浊度是水体浑浊程度的度量，也就是水体中存在微细分散的悬浮性粒子，使水透明度降低的程度。浊度仪是测量水体浑浊程度的仪器，主要用于对水质的监测和管理。浊度是一项很重要的水质指标，因此对浊度仪的选择显得尤为重要。浊度仪可分为目视浊度仪和光电浊度仪两大类。光电浊度仪就其用途可分为工艺监控（连续测定）浊度仪和实验室（包括便携式）浊度仪，就其设计原理又可分为透射光浊度仪和散射光浊度仪。

浊度仪取样点的选择应与工艺专业紧密结合，选取最有代表性的点，取样孔最好不要开在被取样管道的顶部，避免将管道中的气泡抽进取样管而影响浊度仪的测量准确度，水样的提取最好用小型采样泵取样，保证取样管内有一定流速，不易在管道内壁结垢。取样管道的口径应根据仪表取样水的总需要量决定。

5. 显示仪表的选用

应选用智能化显示仪表，其功能齐全，能进行数字信号处理，而且测量值用液晶显示，操作方便，可以保存数据，具有自诊断功能。在某些情况下，同时需要本地显示与远程传送，此时不宜采取信号串联方式，而应采用信号分配器，即一路输入，两路输出，一路输出送显示仪表，另一路输出送 PLC。

6. 仪表系统的接地和防雷

接地可分为保护接地和工作接地。保护接地是为避免工作人员因设备绝缘损坏或绝缘性能下降而遭受触电危险和保护设备的安全。工作接地是为保证仪表稳定可靠地运行。工作接地的原则是单点接地。由于对地电位差的存在，如果出现一个以上的接地点就会形成地回路，将干扰引入仪表中。所以，同一信号回路、同一屏蔽层只能有一个接地点。仪表工作接地可单独设置或与保护接地共用同一接地体。从工程实践经验来看，接地电阻一般应不超过 1Ω。

一般污水处理厂设施分散，构筑物低矮，地形平坦、空旷，特别是有些流量计井位于厂区之外，在这种情况下，仪表设备的被雷击几率增加。因此，安装品质优良，动作可靠的避雷器，是不可缺少的保护措施，如采用德国 Pepperl + Fuchs 公司的 ESP 系列避雷栅用于流量计和电源的保护，效果良好。

7. 控制器及仪表的选型

RTU 采用 Siemens 公司的 S7-300 系列 PLC，各监测点所需仪表见表 9-4。

表 9-4　污水处理厂测量点及仪表选型

工艺参数	测量介质	测量部位	重要仪表
流量	污水	进、出水管道	电磁流量计、超声波流量计
		明渠	超声波明渠流量计
		回流污泥管路	电磁流量计
		回流污泥渠道	超声波明渠流量计
		剩余污泥管路	电磁流量计
		消化污泥管路	电磁流量计（所有仪表要求防爆）
	沼气	进、出水	孔板流量计、涡街流量计、质量流量计
		消化池	孔板流量计、涡街流量计、质量流量计（所有仪表要求防爆）
	空气	曝气池空气管路	孔板流量计、涡街流量计、质量流量计、均速管流量计
		污泥热交换器	孔板流量计、涡街流量计、质量流量计

(续)

工艺参数	测量介质	测量部位	重要仪表
压力	污水	泵站进出口管路	弹簧管式压力表、压力变送器
	污水	消化池	压力变送器（所有仪表要求防爆）
	污泥	泵站进出口管路	弹簧管式压力表、压力变送器
	污泥	曝气管道鼓风机出口	弹簧管式压力表、压力变送器
	污泥	沼气柜	压力变送器
	沼气	消化池	差压变送器、沉入式压力变送器（所有仪表要求防爆）
液位	污水	进水泵站集水池	超声波液位计
	污水	格栅前、后液位差	超声波液位计
	污水	浓缩池	超声波液位计
	污水	进、出水管路或渠道	超声波液位计
	污泥	进、出水管路或渠道	超声波液位计
pH	污水	曝气池、二沉池、回流污泥管路	pH 计
浊度	污水	二沉池	浊度仪
污泥浓度	污泥	进/出水	污泥浓度计
甲烷	污水、污泥	消化沼气管路	CH4 监测仪（所有仪表要求防爆）
COD	污水	接触池出水	COD 在线测量仪
溶解氧	污水	进/出水	溶解氧测定仪

所选控制器及 I/O 模块如表 9-5 所示。

表 9-5 控制器及 I/O 模块选型

设备名称	说　　明
PLC	西门子 CPU314 (256D64A)，含电源模块
I/O 模块（DI）	西门子 SM321 (16)
I/O 模块（DO）	西门子 SM322 (16)
I/O 模块（AI）	西门子 SM331 (8)

9.4.4　系统软件设计及系统组态

系统软件采用西门子 WinCC6.0 进行工艺流程及操作画面组态，具有流程画面、参数画面、操作画面、报警画面及趋势画面等功能，以 Step 7 Micro Win32 作为控制算法编程软件。

系统主画面如图 9-20 所示，主要表现整个系统的流程。在画面的左上角设有系统时钟和日历，在右上角的按钮中，"退出运行"、"退出系统"按钮分别可以完成退出运行状态和退出系统到 Windows 的功能，"报警记录"用来切换画面至报警画面查看报警信息。"1#PLC"、"2#PLC"、"3#PLC"、"4#PLC"分别切换至 1#PLC、2#PLC、3#PLC、4#PLC 的主画面。

当设备运行时，画面上设备周围的流程线将发生流动，而设备处于停止状态时，流程线将变成实线。同时在画面上有一个"流动线"按钮,当按下鼠标右键时,流动线消失变为实线,画面将出现整个流程图;当按下鼠标左键时,重新出现流动线。

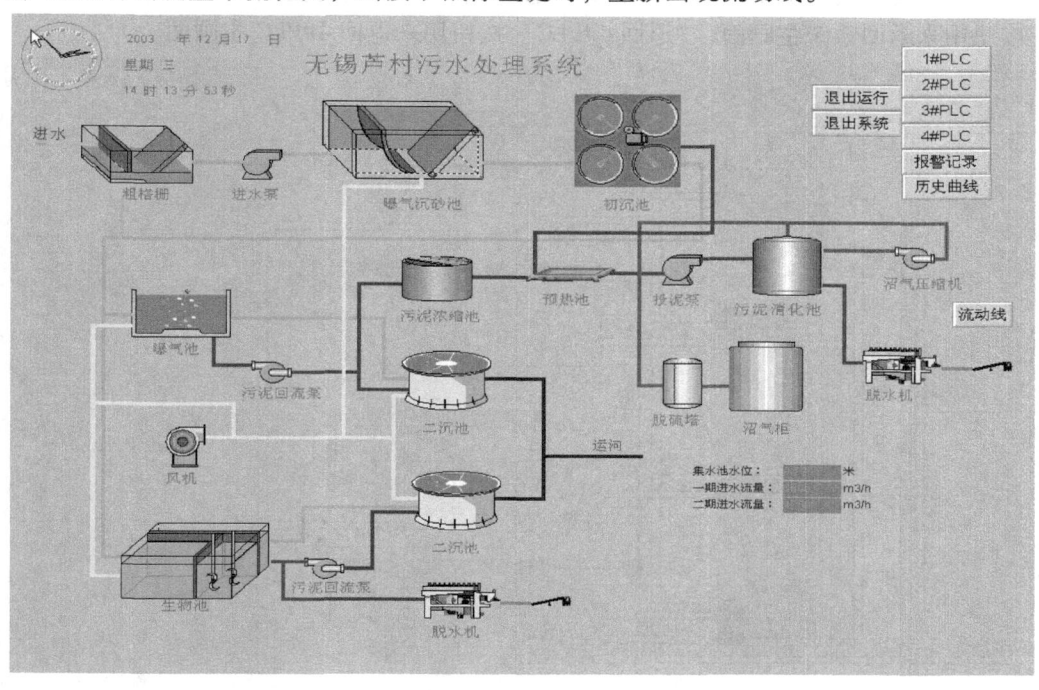

图 9-20 系统主画面总图

4#PLC 主画面如图 9-21 所示,每一个设备旁的灯颜色表示该设备的运行状态,当灯为绿色时,表明该设备处于运行状态,当灯为红色时,表示该设备处于停止状态。

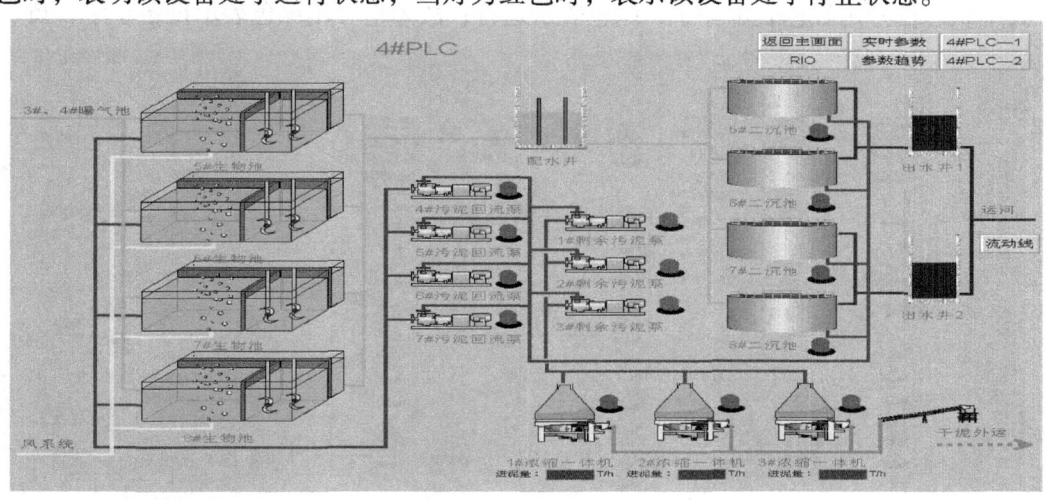

图 9-21 4#PLC 主画面

"返回主画面"按钮用来返回系统主画面,"实时参数"按钮连接到 4#PLC 的实时参数显示,实时显示参数的采集周期为 1s。"参数趋势"按钮连接 4#PLC 模拟量参数的实时趋势,用以表现参数走向。"4#PLC-1"、"4#PLC-2"、"RIO"连接 3 个 4#PLC 的分画面。

4#PLC 的一个分画面如图 9-22 所示,主要表现了 5#～8#生物池工艺流程。4#PLC 一共有 8 台进风的调节阀,其控制界面的按钮是位于 4#PLC-1 画面的调节阀旁的"远控按钮"。调节阀控制面板一般情况下不显示,当按下按钮时,相对应的控制面板出现。"返回主画面"按钮用来返回系统主画面,"返回 4#PLC"按钮用来返回 4#PLC 主画面。

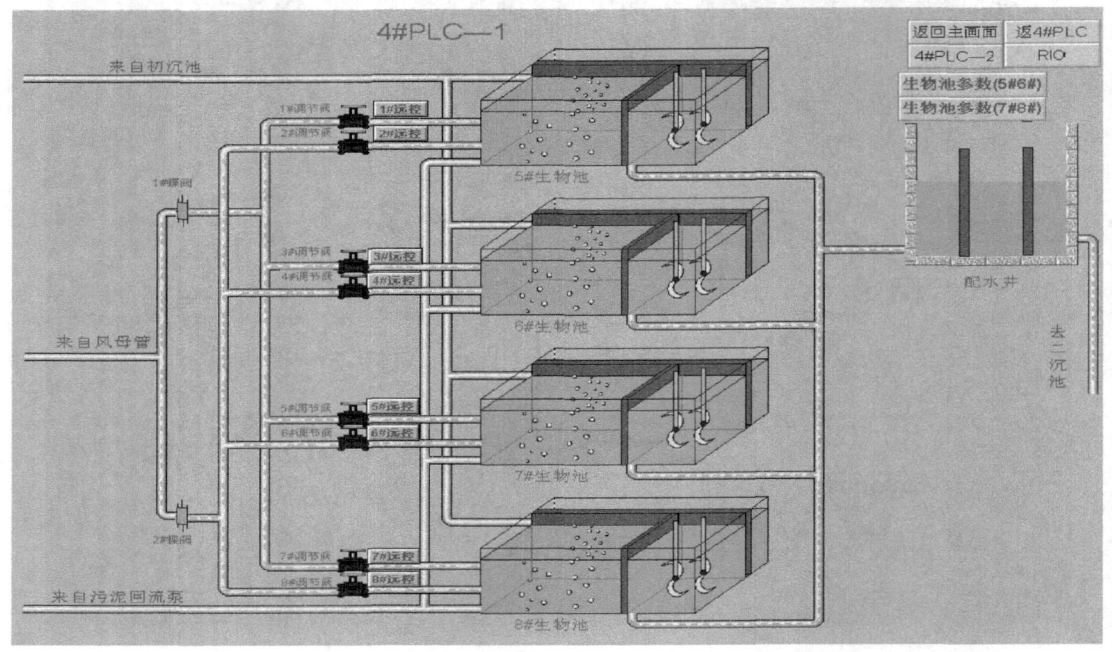

图 9-22 4#PLC 分画面

"生物池参数(5#、6#)"如图 9-23 所示,用来表现生物池参数、相关设备状态及远控。其中状态信号用红色表示停止,绿色表示运行;故障信号用绿色表示设备正常,黄、淡

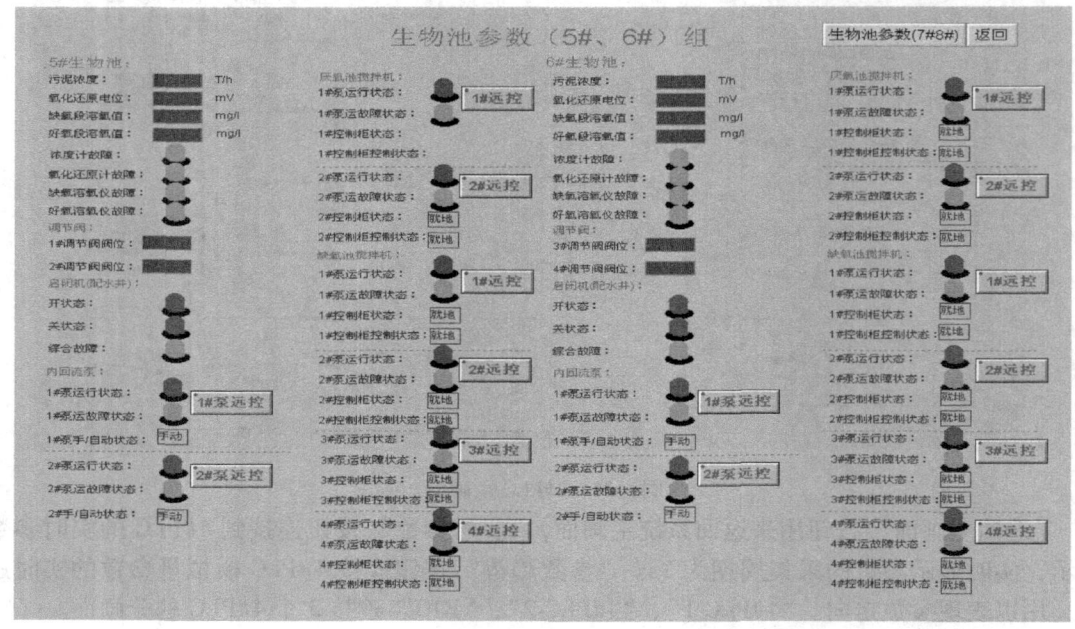

图 9-23 生物池参数

蓝闪光表示设备处于故障状态。电动机输出信号采用按键方式实现,当按下左键时,电动机起动;当按下右键时,关闭信号输出,电动机停止。

PLC4#—RIO 如图9-24所示,主要包括了浓缩一体机及其加药系统信号。"返回主画面"按钮用来返回系统主画面,"返回4#PLC"按钮用来返回4#PLC主画面。

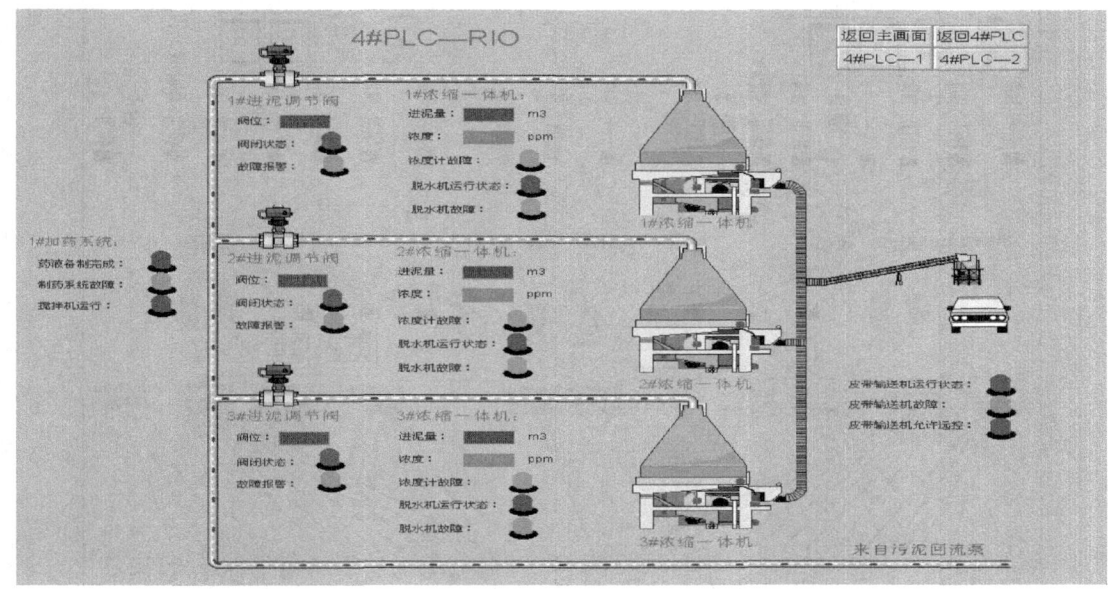

图 9-24　4#PLC-RIO

9.5　基于网络结构的计算机测控系统设计实例 2

9.5.1　控制功能要求

某电厂3#、4#机组采用HOLLiAS-MACS分散控制系统作为电厂热工自动化的主要控制系统,实现数据采集处理(DAS)、事件顺序记录(SOE)、历史数据存储和检索(HSR)及报表等功能。控制功能包括:模拟量控制系统(Modulation Control System, MCS)、数据采集系统(DAS)、锅炉(燃烧器)管理系统(Furnace Safety Supervision System, FSSS)、辅机顺控系统(Sequence Control System, SCS)、电气顺控系统(Electrical Control System, ECS)、汽机旁路控制系统(Turbine Bypass Control System, TBC)、机组协调控制系统(Co-ordination Control System, CCS)等7个子系统。

HOLLiAS-MACS系统实现了与其他7个系统的通信任务,分别为DEH/MEH监控系统(Digital Electronic Hydraulic Control System,数字电液控制系统;Micro-Electronic-Hydraulic Control System,微型数字电液控制系统)、炉管泄漏报警装置、锅炉吹灰控制系统、发电机励磁装置、厂用电监控系统、温度数据采集前端(Intelligent Data Acquisition System, IDAS)及厂级监控系统(Supervisory Information System, SIS)等。

该系统采用Client/Server体系结构,控制管理网络采用两层结构,星形连接,控制网络双冗余配置。控制网络和管理网络的分离有利于将交换机设备故障风险分散,同时大大减少了数据处理量和网络上的拥塞。远程控制站（循环水泵房）采用100MB/s以太网光纤连入系统，网络实际结构如图9-25所示。

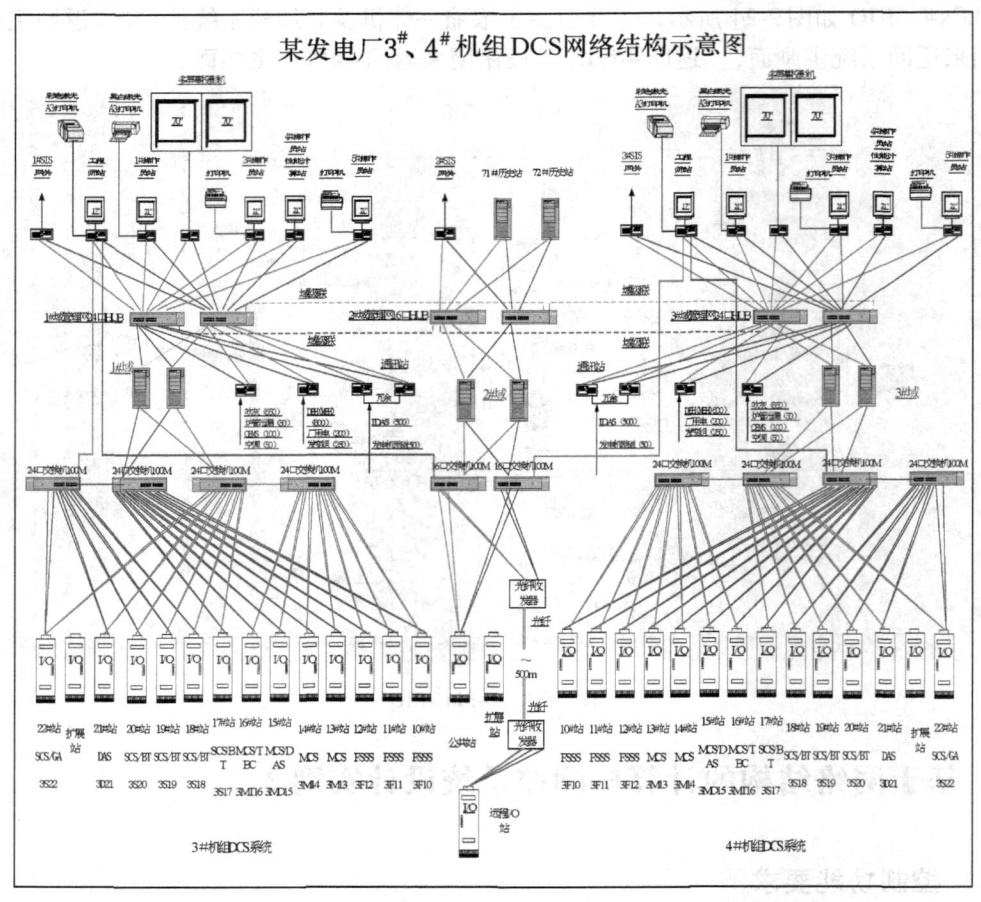

图9-25　网络实际结构图

该项目采用HOLLiAS-MACS系统作为监控软件平台，其中：ConMaker完成算法的组态与下装，而FacView完成人机监控和与控制器的通信。每个ConMaker工程用于单个IO控制站的控制方案，共有28个ConMaker工程对应28个I/O控制站。

FacView工程用于建立通信连接及人机交互界面，按照功能的不同，系统包括13个子工程，分别是：

1) COMM31：3#机组1#通信站工程，用于吹灰、炉管泄漏、烟气连续监测系统（Continuous Emission Monitoring System，CEMS）、空调系统通信设备的接入。

2) COMM32：3#机组2#通信站工程，用于DEH、厂用电、发变组系统通信设备的接入。

3) COMM33：3#机组3#通信站工程，用于IDAS、发电机励磁系统通信设备的接入。

4) COMM41：4#机组1#通信站工程，用于吹灰、炉管泄漏、CEMS、空调系统通信设备的接入。

5) COMM42：4#机组2#通信站工程，用于DEH、厂用电、发变组系统通信设备的接入。

6) COMM43：4#机组3#通信站工程，用于IDAS、发电机励磁系统通信设备的接入。

7）QBDB1：公用系统数据库工程，用于公用系统监控数据接入。

8）QBDB2：趋势、报警服务器工程，用于整个 DCS 系统的趋势记录、报警检测、时间服务等。

9）QBDB3：3#机组数据库工程，用于 3#机组监控数据接入。

10）QBDB4：4#机组数据库工程，用于 4#机组监控数据接入。

11）QBDC3：3#机组操作员站图形工程，用于操作员对 3#机组及公用系统进行监控。

12）QBDC4：4#机组操作员站图形工程，用于操作员对 4#机组及公用系统进行监控。

13）QBDZ：值长站图形工程，用于值长对 3#、4#机组及公用系统进行监控。

9.5.2 FSSS 控制功能

FSSS（Furnace Safety Supervision System，锅炉炉膛安全监控系统）是控制系统的一个重要功能，主要包括锅炉自动吹扫逻辑、油检漏试验程控逻辑、MFT 动作及首出逻辑、OFT 动作及首出逻辑、冷却风系统的保护联锁和 24 个油角的点火程控启、停等，各功能均有专用的操作、指示面板。主要任务是完成锅炉的点火控制，油、煤燃烧器的控制与管理，制粉系统启、停顺控。

FSSS 系统的正确、可靠地投运，是关系到锅炉安全、经济运行的重要保证。

1. 系统基本配置

制粉系统：采用双进双出磨煤机正压直吹式制粉系统，每台炉配有 4 台 BBD-4062 型双进双出钢球磨煤机，两台密封风机和 8 台给煤机，如图 9-26 所示。

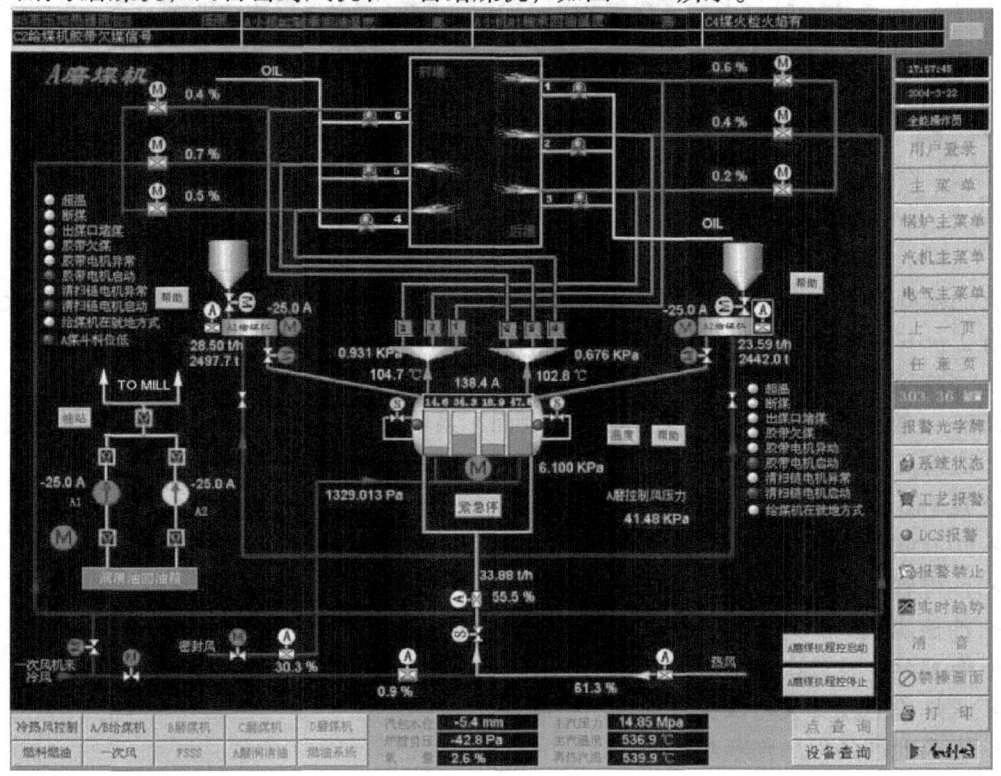

图 9-26　制粉系统图

火嘴：每台炉配有 4 台 BBD-4062 型双进双出钢球磨煤机，每台磨煤机有 6 个火嘴，配置 24 台 OD 型双旋风浓缩型煤粉燃烧器，前、后墙各 12 只。

油系统：锅炉配有 24 台油枪、错列布置在下炉膛的前后墙炉拱上，前墙 12 只、后墙 12 只。每个油燃烧器配有一只进油阀，一只吹扫阀。油枪带气动执行器，采用高能点火器（可伸缩）打火，如图 9-27 所示。

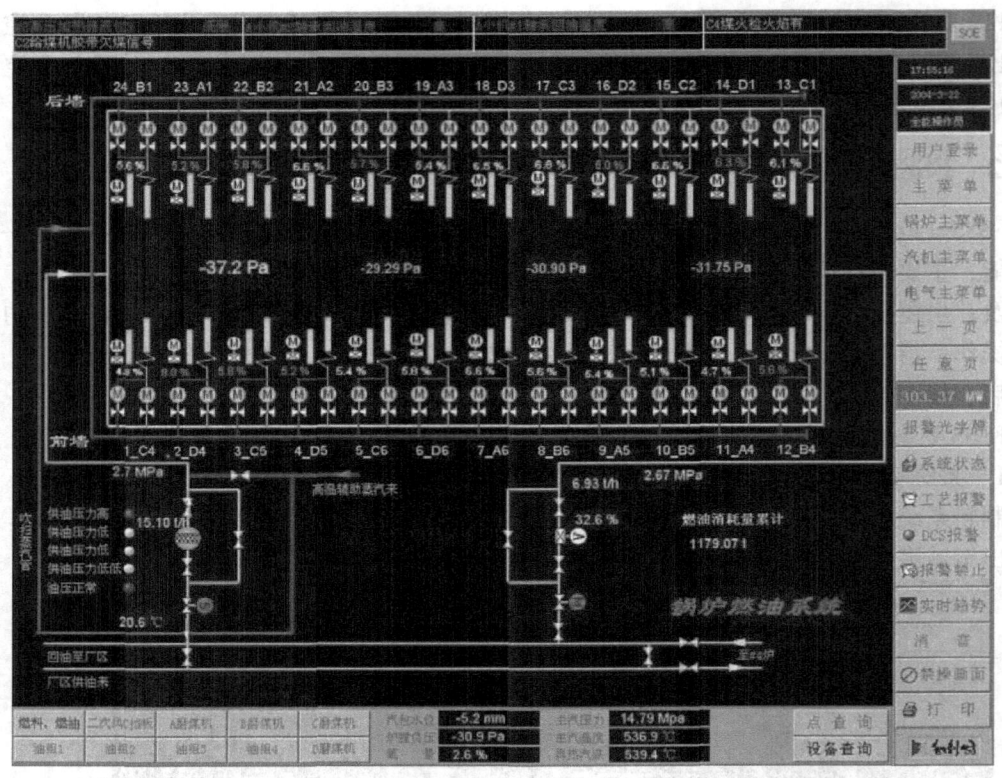

图 9-27 油系统图

火焰检测器：共配有 32 只火焰检测器，其中 16 只为煤火检，16 只为油火检。火检系统配有 2 台互为备用的冷却风机。

2. 控制设计及组态示例

FSSS 系统的操作画面主要有公共逻辑画面、系统帮助画面、油组控制画面、煤组控制画面、油组及煤组的程控画面等。

公共逻辑由以下部分组成：
- 炉膛吹扫
- 油母管的逻辑控制及监视
- 油检漏试验
- 燃料跳闸及首次跳闸原因显示
- 火焰检测及其火检探头冷却风的控制
- 点火允许条件的判断与形成
- 锅炉吹扫后炉压偏差保护

- 二次风挡板的联锁控制
- 减负荷（Runback 切除燃烧器）控制
- 有关锅炉燃烧的所有联锁和报警

油组控制逻辑由以下部分组成：
- 油组方式的选择
- 油组启动程序
- 油组启动允许
- 油组启动故障的判断与控制
- 油组停止程序
- 油组停止故障的判断与控制
- 产生紧急停组命令
- 所有油燃烧器均停止后，产生油组停止信号
- 油组中各油枪的清扫

油燃烧器控制逻辑由以下部分组成：
- 油燃烧器启动允许判断
- 油燃烧器启动程序
- 油燃烧器停止程序
- 油燃烧器清扫程序
- 油枪进、退控制
- 打火器打火控制
- 油吹扫阀控制
- 油阀控制
- 油燃烧器紧急停止控制

煤组逻辑由以下部分组成：
- 磨煤机系统的手动/自动方式选择
- 磨系统的启动控制
- 煤组启动允许
- 程控自动启动煤组、程控手动启动煤组
- 非程控启动煤组，即全手动
- 磨系统的停止控制
- 煤组程控停止允许
- 程控自动停止煤组、程控手动停止煤组
- 非程控停止煤组
- 紧急停磨控制
- 产生紧急停磨控制
- 操作员紧急停磨控制
- 紧急停磨程序控制

9.5.3 CCS 控制功能

1. CCS 机组负荷指令

（1）机组负荷指令（Unit Load Demand，ULD）的产生　设有机组主控手动、自动站。自动时负荷指令来自 AGC（Automatic Generation Control，自动发电控制），通过 RTU（Remote Terminal Unit，远程终端设备）或 SIS 系统；手动时，负荷指令由操作员给出。自动或手动产生的负荷指令经高、低限幅和速率限制后，并行地送往汽轮机主控和锅炉主控以及其他系统。

（2）调频控制　当操作员选择"转速控制方式"时，控制汽机转速以维持系统频率。这时机组负荷指令自动跟踪汽机实发功率以避免出现扰动。在调频瞬间过去后，系统返回 AGC 控制时无扰动。

（3）高低限幅　高低限可调。当机组负荷指令达到高限或低限时，被阻止进一步增加或减少，并报警。

（4）机组负荷指令变化率　正常工作时，机组负荷指令受最大变化率的控制。此上限值由操作员可调。本设计采用限制变化率为 0 的手段实现负荷指令的闭锁加、减和保持功能。当机组负荷指令确已受到升、降速率限制时，有相应的确保安全措施并报警。

（5）辅机故障减负荷（Run Back，RB）　当两台引风机中突然有一台跳闸，仅一台维持运行时，而这时机组负荷指令 ULD 又大于单引风机所能承受的负荷时，发生引风机 RB。相似的有送风机 RB、一次风机、给水泵 RB。当 RB 产生时，机组将由汽轮锅机炉协调控制方式转换到机跟炉方式，同时切除若干锅炉燃烧器。

（6）设备能力对机组负荷指令的限制

在下列情况下闭锁负荷增大：
1）汽机调门开度在最大点；
2）机组指令比实发功率大一定值；
3）机前压力比设定值低一定值（暂定 1MPa）；
4）炉膛压力比设定值低一定值；
5）机组指令被高限幅。

在下列情况下闭锁负荷减小：
1）汽机调门开度在最低点；
2）机组指令比实发功率低一定值；
3）机前压力比设定值高一定值；
4）炉膛压力比设定值高一定值；
5）机组指令被低限幅；
6）给水流量比设定值高一定值；

2. 汽机主控

汽机主控（TM）系统的目的是建立汽机阀位指令。

（1）协调方式下的汽机指令　汽机指令按照如下模型：

$$QJZL = ULD + (MWe - TPe) + \int (MWe - TPe)$$

其中，QJZL 为汽机指令，ULD 为机组负荷指令，MWe 为机组负荷指令减去实发功率，TPe 为机前压力设定值减去实际机前压力。ULD 为前馈环节，MWe – TPe 为比例环节。$\int$ (MWe – TPe) 为积分环节。

（2）汽机跟踪方式下的汽机指令　锅炉主控在手动，汽机主控在自动。汽机主控用来控制机前压力，锅炉指令作前馈的基本信号，此信号与机前压力设定值相除作为最终前馈，机组指令跟踪实发功率。

（3）锅炉跟踪方式下的汽机指令　锅炉主控在自动，汽机主控在手动。操作员在汽机主控器上设置汽机阀位指令，用机前压力设定值作为最终前馈，机组指令跟踪实发功率。

（4）基本方式下的汽机指令　锅炉和汽机功能独立，锅炉主控和汽机主控均在手动，可分别改变锅炉和汽机的负荷。

（5）自动升负荷方式　在变压运行被选定后，操作员可以选择三种方式升负荷：

1）固定阀位/可变压力方式：操作员将汽机调门置于某一固定位置，系统在升负荷过程中，主汽压力按规律升压至额定值，负荷升至 85% 时，主汽压力设定值为定值，汽机调门无扰动地开始调节。

2）固定阀位 ±10% 调节：在升负荷至 85% 期间，为了响应机组负荷波动和保证频率稳定，汽机调门可在 ±10% 范围内调节。

3）程序方式升负荷：在低负荷情况下（<25% 负荷），保持主汽压力在一低压设定值，调节汽机调门去满足负荷指令，负荷上升至 25% 时，以方式 2）运行，负荷增至 85% 时，系统转为全定压方式。

3. 锅炉主控

锅炉主控（BM）的目的是产生燃烧率指令，以控制燃烧。

（1）协调方式下的锅炉指令　目标负荷前馈信号（FFULD）与能量偏差信号 Δ 经过 PID 运算后的结果相加后产生的指令为协调方式下的锅炉指令。

$$\Delta = \left(p_1 + C_k \frac{dp_b}{dt} \right) - \left(p_s \frac{p_1}{p_t} \right)$$

式中　Δ——能量偏差信号；
　　　p_1——主汽门前压力；
　　　C_k——汽包等的储热系数；
　　　p_b——汽包压力；
　　　p_s——主汽门前压力设定值；
　　　p_t——调速级后第一级压力。

（2）锅炉跟踪方式下的锅炉指令　锅炉主控在自动，汽机主控在手动。ULD 以实际负荷代替，用做机组燃烧率的前馈指令。除此之外锅炉指令遵循的模型与 CCS 方式相同。

采用 DEB 直接能量平衡法，能够使汽机侧的能量需求与锅炉侧的能量供给达到平衡，以快速响应机组负荷指令的变化。CCS 负荷管理中心对设定负荷指令进行限速、限幅、闭锁增减等处理后得出实际负荷指令。同时也可实现 RB、一次调频、风煤交叉等功能。AGC 以机炉协调控制方式为基础，可接收电网发来的负荷指令，快速响应电网负荷的需要。

9.5.4　MCS 控制功能

MCS 控制功能主要完成对 165 套调节设备和 50 多个自动调节回路的控制。其中主要模拟量控制范围包括：送风机控制 FDF，炉膛压力控制 IDF，一次风机控制 RAF，给水控制 FW，主汽温度控制 SH，再热汽温控制 RH，磨煤机负荷控制，球磨机出口温度控制，除氧器水位控制 DA，辅助系统控制等。

主汽温度为使阀门开度与流量线性化增加了一级流量控制 PID；送风风量设定单独采用了一个 PID，通过参数设置实现风煤交叉功能。

机组给水控制设计为全程调节系统，用调旁路阀和调速给水泵来实现。机组启动或低负荷（<14%）时，根据汽包水位冲量来控制旁路给水阀，根据汽包压力及给水管道系统的阻力来控制给水泵转速，以保证给水泵出口有足够的但不过量的压力。系统脱离低负荷状态时，自动打开主给水电动门，控制器转为控制给水泵转速，旁路阀保持其阀位不变。当机组负荷 14%～20% 时采用给水泵进行单冲量控制，负荷大于某值时（>20%），给水控制系统自动地由单冲量（汽包水位）转为三冲量（汽包水位、主汽流量、给水流量）控制。自动调节系统不仅给运行人员提供了清晰明了的操作界面，也为热工维护人员绘制了类似 SAMA 图式的调试界面，图 9-28 为给水全程控制调试画面。

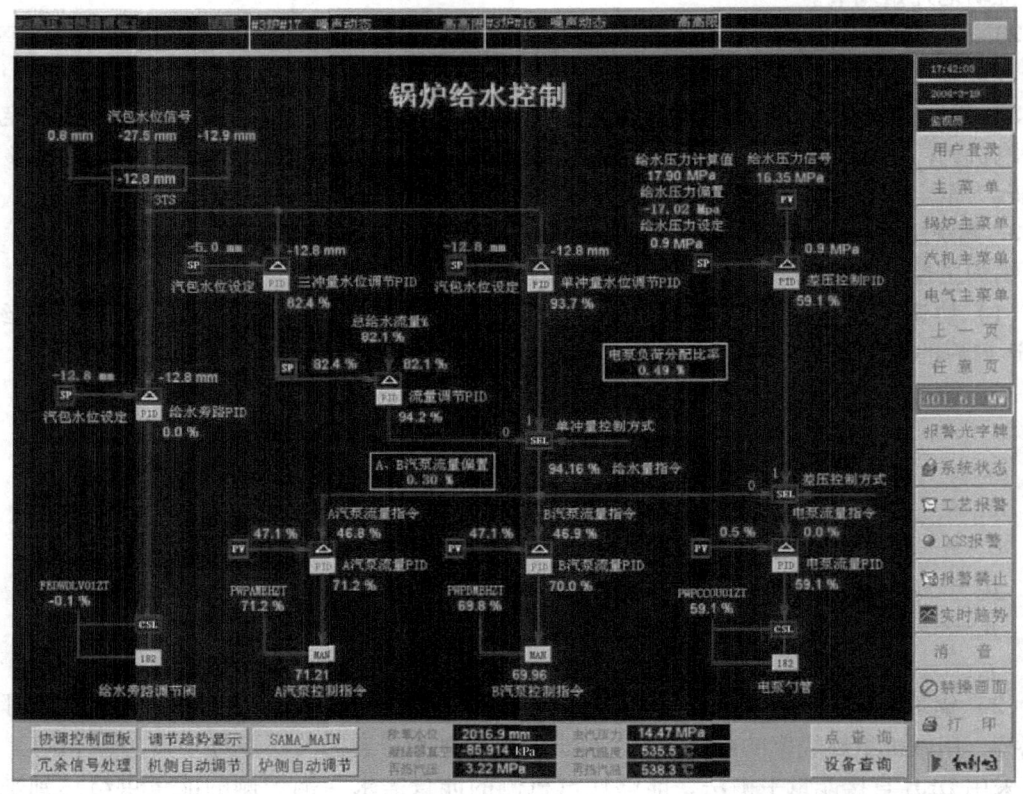

图 9-28　给水全程控制调试画面

为保证系统全程稳定可调，包括启动时给水阀的调节、电动给水泵的转速控制、气动给水泵的转速控制及泵切换时的操作而考虑了以下方面：

- 三冗余汽包水位测量、压力补偿后选中值。
- 系统设计中考虑当蒸汽流量波动时，前馈信号中附加了一个额外的正或负增量，以补偿虚假水位的影响。
- 进省煤器给水流量的冗余测量及温度补偿。理论上总给水量应与蒸汽流量平衡。总给水量等于加过热器一、二级喷水量减去连排水量。蒸汽流量等于主汽流量加旁路蒸汽流量。
- 考虑了给水泵转速控制与调节阀控制的协调。
- 根据投入自动运行给水泵的数量，汽包水位控制器增益自动补偿。
- 两台给水泵之间负荷切换无扰动。

9.5.5 第三方设备/系统通信站的冗余设计

HOLLiAS-MACS 系统支持 I/O 设备通信冗余，并不要求 I/O 设备本身具有冗余功能，HOLLiAS-MACS 系统能自动识别设备的通信状态，在不同通信站或不同端口上配置的同一设备名、设备号的所有设备中检测到第一个正常的设备，并与其进行通信，从而实现通信站或通信通道冗余，因此在 HOLLiAS-MACS 系统下通过扩充不具有冗余功能的设备可实现设备通信冗余，如图 9-29 所示。

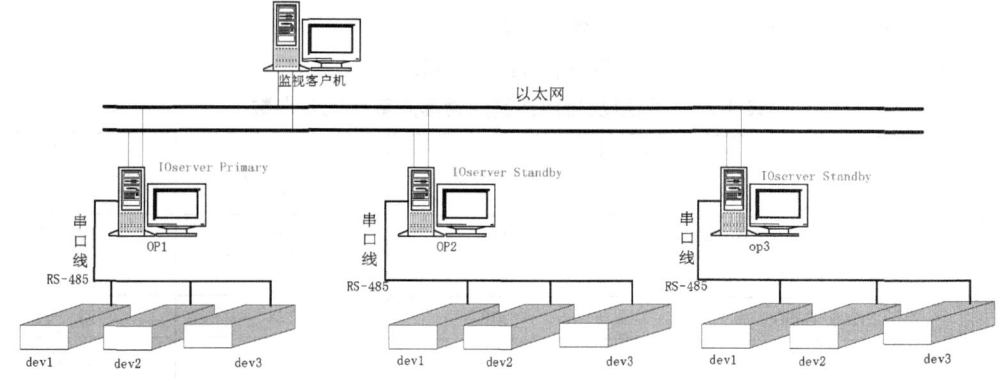

图 9-29 通信站、通信通道冗余设计图

该工程实现第三方通信清单如表 9-6 所示。

表 9-6 工程实现第三方通信清单

序号	设备	通信需求描述
1	锅炉吹灰控制	通信协议：MODBUS；物理层：RS-485
2	DEH/MEH	通信协议：MODBUS；物理层：RS-232
3	厂用电监控系统	通信协议：MODBUS；物理层：RS-485
4	温度数据采集前端（IDAS）	通信协议：MODBUS；物理层：RS-485
5	发电机励磁装置	通信协议：MODBUS；物理层：RS-485
6	烟气连续监测系统（CEMS）	通信协议：MODBUS；物理层：RS-232
7	发变组保护系统	通信协议：MODBUS；物理层：RS-485
8	集控楼集中空调控制系统	通信协议：MODBUS；物理层：RS-485
9	炉管泄漏报警装置	通信协议：MODBUS；物理层：RS-232
10	厂级监控系统（SIS）	通信协议：OPC；物理层：以太网

9.5.6 系统配置

该电厂（4×300MW）3#、4#机工程分为 3 个域，其中 3#机组为 1#域，4#机组为 2#域，3#、4#机公用系统和循环水泵房远程 I/O 为 0#域。工程操作界面考虑 3#、4#分开，3#机操作 1#域，4#机操作 2#域，公用系统 0#域可以在 3#机操作也可以在 4#机操作。总共提供现场控制机柜 28 台，端子柜 28 台，服务器柜 6 个，配电柜 2 个，继电器柜 3 个，接地柜 1 个，操作台 10 个，打印台 4 个。HMI 设备：操作员站 10 台，历史站 2 台，系统服务器 6 台，工程师站 2 台，72″大屏幕站 2 套，通信站 8 台，SIS 网关机 2 台，24 口网络交换机 16 台，GPS 设备 1 套。

每个单元机组配置 13 对冗余控制器，采用 PROFIBUS-DP 总线挂接 525 个 I/O 模块及中断设备。接受 DCS 系统控制的设备数量为：电动机 88 台，各类阀门、加热器等设备 441 个，调节设备 165 个，断路器、快切装置等电气设备 67 个，并可通过通信控制 88 个吹灰器和 7 个电动门。

公用系统配置 2 对冗余控制器带 46 个 I/O 模块，分别用于监控两台机组的电气公用部分和机、炉公用部分；DCS 总计控制设备为 1754 台。

其中 3#机组及公用系统的物理点数和配置点数如表 9-7 所示。

表 9-7　3#机组及公用系统的物理点数和配置点数

类型	内容	配置点数	实际点数	冗余率
AI	4~20mA（对外供电型）	464	375	19.18%
	4~20mA/0~10mA	472	422	10.59%
	Pt100/Cu50	328	278	15.24%
	热电偶	232	182	21.55%
AO	4~20mA	248	209	15.73%
PI	TTL	16	9	43.75%
DI	干接点	3008	2672	11.17%
	AC220V	1612	1401	13.09%
SOE（事件顺序记录）		240	182	13.09%
合计		6620	5730	24.17%

整个工程（3#、4#、公用系统）实际的物理点数为：11016 点，总配置点数为：12664 点。第三方设备的双向冗余通信、远程采集点及单向通信点数总计为：1300 点。

控制组态产生的变量约 8500 点，显示、报警、趋势标签总计：27000 点。

各站测点设备分配时，除按功能分配外，仍需考虑如下一些原则：

- 危险分散：同一设备冗余的测点分配到不同模块；冗余设备的测点分配给不同的控制站或不同的模件组上。
- 接线方便：同一设备的非冗余的相关测点尽量安排在一起。
- 备用：基本保证各模块 10% 及以上的备用率。
- 重要信号冗余：如主燃料跳闸（MFT）、连锁保护等，采用硬接线不同站、模块多路输出等方法。
- 关键信号隔离：DCS 系统与其他系统（如 DEH）的模拟信号采用有源型隔离器进行隔离。

9.6 带材纠偏计算机控制系统设计实例

本书 1.2.2 小节给出了带材纠偏计算机控制系统实例，带材放卷过程跑偏运动的纠偏系统组成框图如图 9-30 所示，纠偏系统工作原理参见 1.2.2 小节，此处不再赘述。

9.6.1 控制功能要求与方案设计

图 9-30 所示系统的基本纠偏过程为：当光电传感器检测到带材的边缘向左（右）跑偏时，纠偏控制器根据控制算法发出控制命令给直流伺服电动机系统（即纠偏执行系统），再由电动推杆（滚珠丝杠）机构推动摆动式导向辊的扭转运动以克服跑偏的影响，使得带材回正。导向辊安装于带材下面且紧贴带材，这种纠偏方法是依据运动带材沿着与导向辊轴线相垂直的方向行进的原理。此外，检测带材边缘跑偏量的是 U 形结构的透射型光电传感器，安装在机械设备的固定处，不随摆动式导向辊而动，该传感器的输出电压与接收的光量成正比，0V 代表无偏，电压值的大小反映跑偏量的大小，符号表示左右方向。

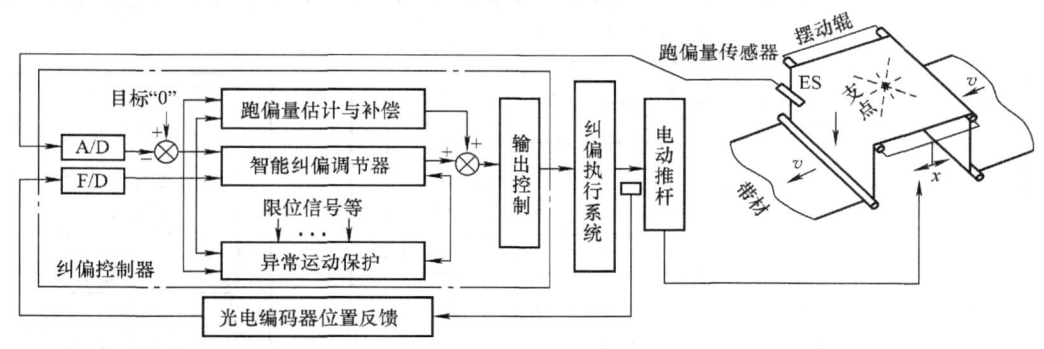

图 9-30　纠偏控制系统工作流程示意图

纠偏控制系统的被控量是跑偏量，控制目标值是 0mm；被控对象是电动推杆（滚珠丝杠）机构及其推动的摆动式导向辊，以及所纠偏的带材；控制量则是直流伺服系统所产生的左右位移量。

用于带材纠偏控制系统的执行系统一般有直流伺服系统、电液伺服系统等，电液伺服系统由于易污染环境、液压元件成本高等缺点，现已较少采用，故本系统选用直流伺服系统。因此作为控制器的计算机应具有控制直流伺服系统的 PWM 信号，而被控量的反馈是一模拟电压值，故计算机还应具有 A/D 转换接口，系统还应具有一般计算机控制系统所需要的显示、人机界面、报警、通信等功能。

本系统选用高速 MCU（C8051F020）作为控制器；控制系统的软件采用 C51 编程语言进行编程；控制算法采用 PID 或者改进 PID 算法。

9.6.2 硬件设计方案

纠偏系统不仅要实现对带材跑偏的纠正，还应具有对电动机过电流、跑偏过限等异常状况的处理能力，以及良好的人机交互性能和与外围设备通信的能力。纠偏系统的硬件总体结构如图 9-31 所示。

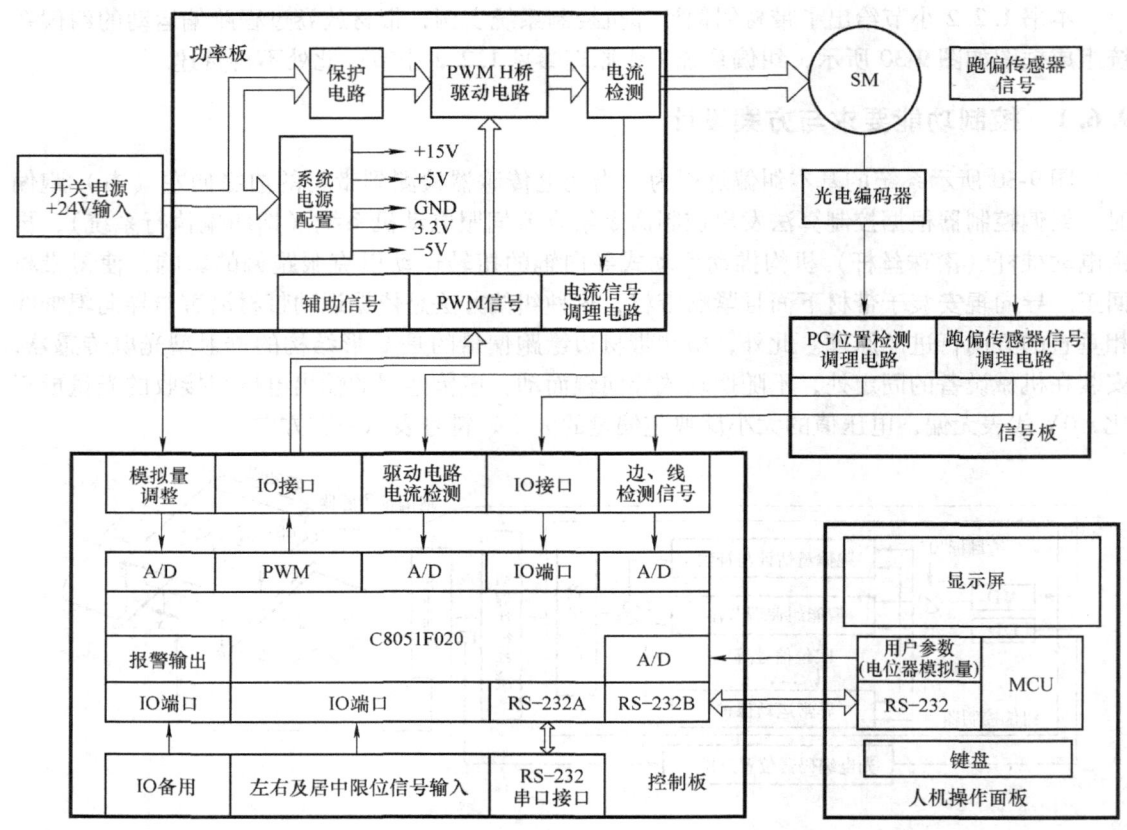

图 9-31 纠偏控制系统硬件总体结构框图

纠偏系统的控制器电路可分为以下几个模块：

（1）主控制板电路　其包括微控制器 C8051F020 及必要的外围设备，该微控制器拥有高速的数据处理能力和丰富的片内资源，包含两路以上 PWM 端口，以实现纠偏电动机的 H 桥驱动；另外包含 4 路以上 A/D 转换端口，用于对系统模拟量信号进行模/数转换及分析；两组以上的通信接口，分别用于人机界面及外部设备的通信。

（2）信号采集电路　其包括电动机工作电流信号采集、PG 脉冲信号调理、跑偏信号反馈。在设计这些信号采集电路时，必须经过信号滤波、信号调整电路，把信号转换成微控制器可识别的有效信号。

（3）功率板电路　其主要包括系统电源配置电路、电动机驱动电路以及零位调整电路等。为保证电动机能可靠工作，添加了保护电路及电动机工作电流检测电路。功率板输入电源电压为 DC24V，由单路开关电源提供，主要因为其具有多种保护功能并可提供稳定的电压，简化系统的电路设计。

（4）人机交互控制面板 其包括一个点阵式的显示屏；6 个 LED 信号指示灯；一个电位器用于纠偏比例系数调节；若干功能按键，则可手动配置系统参数；人机交互面板选择 STC89C58 单片机为控制核心，以 LCD19264 作为显示模块，通过 RS-232C 串行接口，实现与主控制器芯片的信息交换。

9.6.3 软件设计方案

由图 9-30 可知，纠偏系统的控制器软件可分为两大部分：人机界面部分程序及主控制板部分程序。主控制板作为纠偏控制器的核心，其软件总体结构框图如图 9-32 所示。主要包含了各类信号的采样输入、前馈控制器、跑偏频率估计、纠偏参数配置器、纠偏主控算法及系统保护控制器。其中，系统保护控制器对限位信号及电机过电流信号进行处理，以保证纠偏控制器工作在稳定状态；而前馈控制器对纠偏直流伺服电动机的纠偏量进行及时控制，改善纠偏的效果。

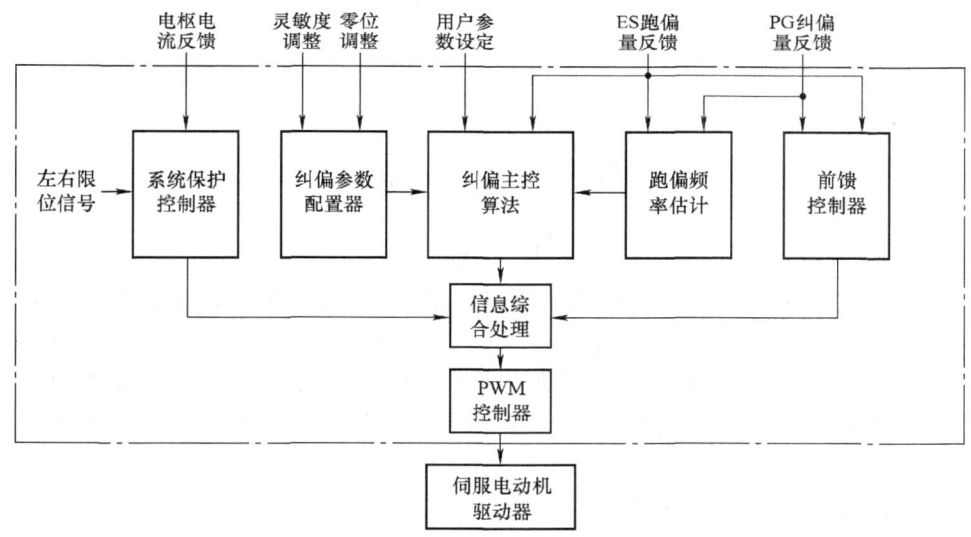

图 9-32 纠偏系统控制器主控制板软件总体结构框图

通过获取灵敏度及零位设定参数，结合人机交互控制电路传送来的用户设定参数以及硬件电路输入反馈信号，配置纠偏参数、调整跑偏频率并实施纠偏控制算法；最后，通过计算结果去改写 PWM 生成模块的寄存器，最终形成了纠偏执行电动机的控制信号。

9.6.4 系统数学模型与控制算法

纠偏系统的数学模型框图如图 9-33 所示。图中的 y、y^* 分别是传感器处带材的综合跑偏量及其期望值（$y^*=0$）（mm）；x_p、x 分别是摆动辊处的跑偏量与纠偏作用量（mm）；x_p' 为 x_p 的估计量（mm）；u_r 为纠偏调节器的输出（V）；u_c 为纠偏执行系统的指令（V）；u_f 为前馈补偿器的输出（V）。

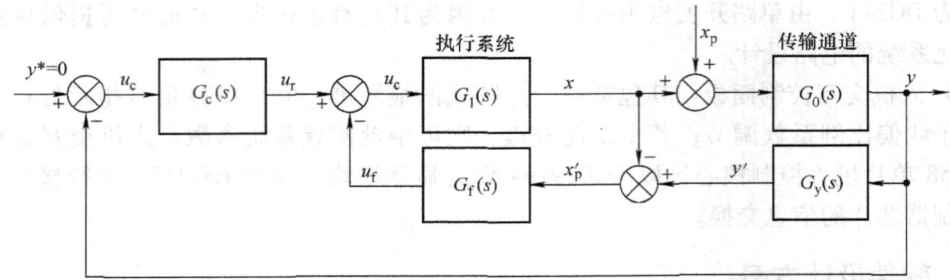

图 9-33 纠偏系统数学模型框图

$G_0(s)$ 为传输通道的传递函数，$G_1(s)$ 为直流伺服电动机式执行系统的传递函数，$G_c(s)$ 为线性纠偏调节器的传递函数，$G_f(s)$ 为前馈补偿器的传递函数，$G_y(s)$ 则是综合偏差观测器的传递函数，其中

$$G_0(s) = \frac{1}{\tau_0 s + 1} \tag{9-1}$$

$$G_1(s) = \frac{k_0}{s(\tau_m s + 1)} \tag{9-2}$$

选取

$$G_f(s) = \frac{1}{k_0} \cdot \frac{s}{1/(k_0 F)s + 1} \tag{9-3}$$

$$G_y(s) = \frac{\tau_0 s + 1}{(\tau_0/F)s + 1} \tag{9-4}$$

$$k_0 = \frac{m}{60 i C_e} \tag{9-5}$$

在式(9-1)~式(9-5)中，τ_0 为从摆动辊到跑偏量传感器间的传输通道的时间常数(s)，$\tau_0 = L/V$，而 L、V 分别为摆动点到检测点的间距(m)及线速度(m/s)；τ_m 为纠偏执行系统的机电时间常数(s)；F 为微分增益，推荐值为 $F = 10 \sim 20$，F 值决定了不完全微分环节的滤波时间常数；m、i 分别为丝杆导程(mm)与减速比($i > 1$)；C_e 为直流伺服电动机的反电动势系数[V/(r/min)]。

线性纠偏调节器的传递函数为

$$G_c(s) = \frac{u_r(s)}{0 - y(s)} = \frac{k_p(\tau_d s + 1)}{(\tau_d/F)s + 1} \tag{9-6}$$

为求输出 $Y(s)$ 对跑偏量 $X_p(s)$ 的传递函数，将纠偏系统数学模型框图化简，如图 9-34 所示，则可求得

$$\frac{Y(s)}{X_p(s)} = \frac{[1 - G_1(s)G_f(s)]G_0(s)}{1 + G_c(s)G_1(s)G_0(s)}$$

$$\approx \frac{s^2/\omega_0^2}{(\tau_0 s + 1)[(s^2/\omega_0^2) + (2\xi/\omega_0)s + 1]} \tag{9-7}$$

式中，

$$\omega_0 = \sqrt{k_0 k_p / \tau_m} \tag{9-8}$$

$$\xi = \frac{1}{2\sqrt{k_0 k_p \tau_m}} \tag{9-9}$$

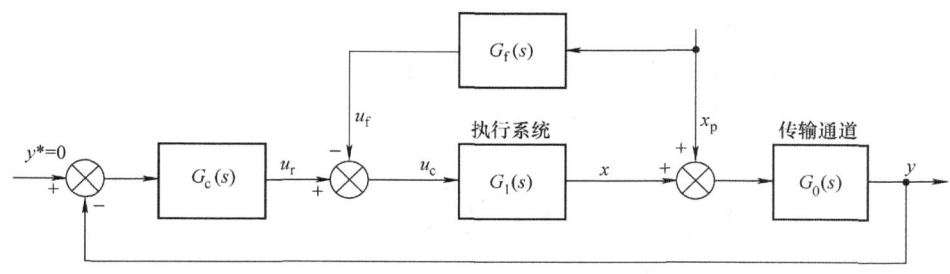

图 9-34　纠偏系统数学模型化简框图

在式(9-7)的推导过程中，已令

$$\tau_d = \tau_0 \tag{9-10}$$

此外，由于 F 值很大，故可先将 $G_f(s)$、$G_c(s)$ 中的小滤波环节忽略，以突出主要矛盾，得

$$k_p = \frac{1}{4\xi^2 k_0 \tau_m} \tag{9-11}$$

参照第 5 章，可知式(9-6)的线性纠偏调节器为不完全微分 PD 控制器。设数字纠偏系统的采样周期为 T，运用连续化设计方法可以求得纠偏数字控制算法

$$U_r(s)\left(\frac{\tau_d}{F}s + 1\right) = E(s)k_p(\tau_d s + 1) \tag{9-12}$$

$$\frac{\tau_d}{F} \cdot \frac{du_r(t)}{dt} + u_r(t) = k_p \tau_d \frac{de(t)}{dt} + k_p e(t) \tag{9-13}$$

$$\frac{\tau_d}{F} \cdot \frac{u_r(k) - u_r(k-1)}{T} + u_r(k) = k_p \tau_d \frac{e(k) - e(k-1)}{T} + k_p e(k) \tag{9-14}$$

$$u_r(k) = \frac{\tau_d}{FT + \tau_d} u_r(k-1) + \frac{Fk_p(T + \tau_d)}{FT + \tau_d} e(k) - Fk_p \tau_d e(k-1) \tag{9-15}$$

式(9-10)、式(9-11)为线性复合纠偏调节器的参数整定公式，其中，ξ 的推荐值为 0.4~0.7。

以下是线性复合纠偏控制的性能分析。由式(9-7)可知：

对于阶跃型跑偏 $x_p(t) = x_{pm}1(t)$，则有 $y(\infty) = 0$；对于正弦型跑偏 $x_p(t) = x_{pm}\sin\omega_p t$，则有 $y_s(\infty) \approx (\omega_p^2 / [\omega_0^2 \sqrt{(\tau_0 \omega_p)^2 + 1}])x_{pm} < \varepsilon$。即，可以选择调节器参数 k_p 使得偏差在允许的误差范围 ε 以内。

为提高动态纠偏性能，并减缓摆动辊在零位附近的颤振，在纠偏系统一般控制算法的基础上，提出以下智能纠偏算法：

1) $e(k) = 0 - y(k)$，　$\Delta e(k) = e(k) - e(k-1)$
2) $x_p'(k) = y(k) - x(k-1)$
3) IF　$|e(k)| \leq \delta_1$　OR　$(\delta_1 < |e(k)| \leq \delta_2$　AND　$e(k)[\Delta e(k)] < 0)$
　　　THEN　$u_r(k) = 0$
4) IF　$|e(k)| > \delta_1$　AND　$e(k)[\Delta e(k)] > 0$
　　　THEN　$u_r(k) = Au_r(k-1) + Be(k) + Ce(k-1)$
5) IF　$|u_r(k)| \geq u_{r\max}$

$$\text{THEN} \begin{cases} u_r(k) = u_{r\max} \\ u_f(k) = Du_f(k-1) + E[x_p'(k) - x_p'(k-1)] \\ u_c(k) = u_r(k) - u_f(k) \end{cases}$$

算法中

$$A = \frac{\tau_d}{FT + \tau_d} \qquad B = \frac{Fk_p(T + \tau_d)}{FT + \tau_d}$$

$$C = -\frac{Fk_p\tau_d}{FT + \tau_d} \qquad D = \frac{C_e}{C_e + Fk_0T} \qquad E = DF$$

其中，δ_1、δ_2 可分别取 0.5mm、1.0mm，其余系数为对象参数。

思考题与习题

9-1 简述计算机控制系统的设计原则。

9-2 在做计算机控制系统总体方案设计时，要考虑哪些问题？

9-3 提高计算机控制系统可靠性，软件方面有哪些方法？

参 考 文 献

[1] 何克忠，李伟. 计算机控制系统[M]. 北京：清华大学出版社，1998.
[2] 谢剑英，贾青. 微型计算机控制技术[M]. 3版. 北京：国防工业出版社，2001.
[3] 于海生，潘松峰，于培仁，等. 微型计算机控制技术[M]. 北京：清华大学出版社，1999.
[4] 杨树兴，李擎，苏中，等. 计算机控制系统：理论、技术与应用[M]. 北京：机械工业出版社，2006.
[5] 王慧. 计算机控制系统[M]. 2版. 北京：化学工业出版社，2005.
[6] 孙优贤，褚健. 工业过程控制技术 方法篇[M]. 北京：化学工业出版社，2005.
[7] 俞金寿. 工业过程先进控制[M]. 北京：中国石化出版社，2002.
[8] 史新福，冯萍. 32位微型计算机原理. 接口技术及其应用[M]. 2版. 北京：清华大学出版社，2007.
[9] 赖寿宏. 微型计算机控制技术[M]. 北京：机械工业出版社，2000.
[10] 薛安克，彭冬亮，陈雪亭. 自动控制原理[M]. 西安：西安电子科技大学出版社，2004.
[11] 李正军. 计算机控制系统[M]. 北京：机械工业出版社，2004.
[12] 杨心强，邵军力. 数据通信与计算机网络[M]. 北京：电子工业出版社，1998.
[13] 黎连业. 计算机网络基础和网络工程[M]. 北京：人民邮电出版社，1998.
[14] 王建华，黄河清. 计算机控制技术[M]. 北京：高等教育出版社，2003.
[15] 张靖，刘少强. 检测技术与系统设计[M]. 北京：中国电力出版社，2001.
[16] 王幸之，等. 单片机应用系统抗干扰技术[M]. 北京：北京航空航天大学出版社，2000.
[17] 刘乐善，欧阳明星，刘学清. 微型计算机接口技术及应用[M]. 武汉：华中科技大学出版社，2000.
[18] 孔德仁，何云峰，狄长安. 仪表总线及应用[M]. 北京：国防工业出版社，2005.
[19] 西门子(中国)有限公司自动化与驱动集团. 深入浅出西门子S7-200PLC[M]. 北京：北京航空航天大学出版社，2005.
[20] 邝志刚，方景林，谷兆麟，等. 计算机控制：基础·技术·工具·实例[M]. 北京：清华大学出版社，2005.
[21] 王正林，王胜开，陈国顺. MATLAB/Simulink与控制系统仿真[M]. 北京：电子工业出版社，2005.
[22] 陈兆宽. 计算机过程控制软件设计[M]. 北京：电子工业出版社，1993.
[23] 龚运新，方立友. 工业组态软件实用技术[M]. 北京：清华大学出版社，2005.
[24] 阳宪惠. 现场总线技术及其应用[M]. 北京：清华大学出版社，1999.
[25] 杨廷善，周莉. 计算机和测控系统总线手册[M]. 北京：人民邮电出版社，1993.
[26] 国家工业控制机及系统工程技术研究中心. 嵌入式工控机技术趋势. http://www.zhr.cc/Html/Article/property-economy/advisory-report/2007-1-12/3333610210.html.
[27] 贺昱曜. 运动控制系统[M]. 西安：西安电子科技大学出版社，2009.
[28] 陈德传. 矫正织物蛇行跑偏运动的智能纠偏系统[J]. 纺织学报，2007，6(28).
[29] 赵震. 锅炉燃烧控制方案的设计和应用[J]. 自动化仪表，2012，3(33).
[30] 梁恩泉，巨林仓，欧伟. 新一代控制系统PKS[J]. 中国仪器仪表，2004，4(1).
[31] 曹祝玲. 实现微机控制系统自动手动运行与自动切换[J]. 工业控制计算机，1990(1).
[32] 张良仪，朱勇. 工业锅炉微机控制[M]. 上海：上海交通大学出版社，1991.

[33] 黄海燕,黎冰.基于模型计算的控制系统的分析和设计[J].石油化工自动化,2008(6)
[34] 高素萍.DCS控制系统中数据库系统的设计与实现[J].计算机工程与设计,2005,26(10).
[35] 《工业自动仪表与系统手册》编辑委员会.工业自动化仪表与系统手册[M].北京:中国电力出版社,2008.